"十二五"职业教育国家规划教材
经全国职业教育教材审定委员会审定

微课版

建筑结构

第四版

新世纪高职高专教材编审委员会 组编

主　编　王家鼎　王映梅

副主编　吐拉洪　吴剑锋

　　　　何军建　丁玉容

主　审　杨会芹

U0245104

大连理工大学出版社

图书在版编目(CIP)数据

建筑结构 / 王家鼎,王映梅主编. — 4 版. — 大连:
大连理工大学出版社,2018.8(2022.8 重印)
新世纪高职高专建筑工程技术类课程规划教材
ISBN 978-7-5685-1481-1

Ⅰ.①建… Ⅱ.①王… ②王… Ⅲ.①建筑结构-高
等职业教育-教材 Ⅳ.①TU3

中国版本图书馆 CIP 数据核字(2018)第 103065 号

大连理工大学出版社出版
地址:大连市软件园路 80 号　邮政编码:116023
发行:0411-84708842　邮购:0411-84708943　传真:0411-84701466
E-mail:dutp@dutp.cn　URL:http://dutp.dlut.edu.cn
大连雪莲彩印有限公司印刷　　　　　大连理工大学出版社发行

幅面尺寸:185mm×260mm　　　印张:24.5　　　字数:616 千字
2009 年 4 月第 1 版　　　　　　　　　　2018 年 8 月第 4 版
2022 年 8 月第 5 次印刷

责任编辑:康云霞　吴媛媛　　　　　　　责任校对:陈星源
封面设计:张　莹

ISBN 978-7-5685-1481-1　　　　　　　定　价:56.80 元

总 序 《《《《

　　我们已经进入了一个新的充满机遇与挑战的时代,我们已经跨入了 21 世纪的门槛。

　　20 世纪与 21 世纪之交的中国,高等教育体制正经历着一场缓慢而深刻的革命,我们正在对传统的普通高等教育的培养目标与社会发展的现实需要不相适应的现状做历史性的反思与变革的尝试。

　　20 世纪最后的几年里,高等职业教育的迅速崛起,是影响高等教育体制变革的一件大事。在短短的几年时间里,普通中专教育、普通高专教育全面转轨,以高等职业教育为主导的各种形式的培养应用型人才的教育发展到与普通高等教育等量齐观的地步,其来势之迅猛,发人深思。

　　无论是正在缓慢变革着的普通高等教育,还是迅速推进着的培养应用型人才的高职教育,都向我们提出了一个同样的严肃问题:中国的高等教育为谁服务,是为教育发展自身,还是为包括教育在内的大千社会? 答案肯定而且唯一,那就是教育也置身于其中的现实社会。

　　由此又引发出高等教育的目的问题。既然教育必须服务于社会,它就必须按照不同领域的社会需要来完成自己的教育过程。换言之,教育资源必须按照社会划分的各个专业(行业)领域(岗位群)的需要实施配置,这就是我们长期以来明乎其理而疏于力行的学以致用的问题,这就是我们长期以来未能给予足够关注的教育目的问题。

　　众所周知,整个社会由其发展所需要的不同部门构成,包括公共管理部门如国家机构、基础建设部门如教育研究机构和各种实业部门如工业部门、商业部门等等。每一个部门又可做更为具体的划分,直至同它所需要的各种专门人才相对应。教育如果不能按照实际需要完成各种专门人才培养的目标,就不能很好地完成社会分工所赋予它的使命,而教育作为社会分工的一种独立存在就应受到质疑(在市场经济条件下尤其如此)。可以断言,按照社会的各种不同需要培养各种直接有用人才,是教育体制变革的终极目的。

随着教育体制变革的进一步深入,高等院校的设置是否会同社会对人才类型的不同需要一一对应,我们姑且不论,但高等教育走应用型人才培养的道路和走研究型(也是一种特殊应用)人才培养的道路,学生们根据自己的偏好各取所需,始终是一个理性运行的社会状态下高等教育正常发展的途径。

高等职业教育的崛起,既是高等教育体制变革的结果,也是高等教育体制变革的一个阶段性表征。它的进一步发展,必将极大地推进中国教育体制变革的进程。作为一种应用型人才培养的教育,它从专科层次起步,进而应用本科教育、应用硕士教育、应用博士教育……当应用型人才培养的渠道贯通之时,也许就是我们迎接中国教育体制变革的成功之日。从这一意义上说,高等职业教育的崛起,正是在为必然会取得最后成功的教育体制变革奠基。

高等职业教育才刚刚开始自己发展道路的探索过程,它要全面达到应用型人才培养的正常理性发展状态,直至可以和现存的(同时也正处在变革分化过程中的)研究型人才培养的教育并驾齐驱,还需要假以时日,还需要政府教育主管部门的大力推进,需要人才需求市场的进一步完善,尤其需要高职教学单位及其直接相关部门肯于做长期的坚韧不拔的努力。新世纪高职高专教材编审委员会就是由全国100余所高职高专院校和出版单位组成的、旨在以推动高职高专教材建设来推进高等职业教育这一变革过程的联盟共同体。

在宏观层面上,这个联盟始终会以推动高职高专教材的特色建设为己任,始终会从高职高专教学单位实际教学需要出发,以其对高职教育发展的前瞻性的总体把握,以其纵览全国高职高专教材市场需求的广阔视野,以其创新的理念与创新的运作模式,通过不断深化的教材建设过程,总结高职高专教学成果,探索高职高专教材建设规律。

在微观层面上,我们将充分依托众多高职高专院校联盟的互补优势和丰裕的人才资源优势,从每一个专业领域、每一种教材入手,突破传统的片面追求理论体系严整性的意识限制,努力凸现高职教育职业能力培养的本质特征,在不断构建特色教材建设体系的过程中,逐步形成自己的品牌优势。

新世纪高职高专教材编审委员会在推进高职高专教材建设事业的过程中,始终得到了各级教育主管部门以及各相关院校相关部门的热忱支持和积极参与,对此我们谨致深深谢意,也希望一切关注、参与高职教育发展的同道朋友,在共同推动高职教育发展、进而推动高等教育体制变革的进程中,和我们携手并肩,共同担负起这一具有开拓性挑战意义的历史重任。

新世纪高职高专教材编审委员会
2001 年 8 月 18 日

前 言 ◀◀◀◀◀

《建筑结构》（第四版）是"十二五"职业教育国家规划教材，也是新世纪高职高专教材编审委员会组编的建筑工程技术类课程规划教材之一。

《建筑结构》（第三版）出版以来，国家相继修订了一些和建筑结构相关的规范和规程，包括《装配式混凝土结构技术规程》（JGJ 1—2014）、《混凝土结构设计规范》（GB 50010—2010）（2015 年版）、《建筑抗震设计规范》（GB 50011—2010）（2016 年版）、《钢结构设计标准》（GB 50017—2017）等。为了贯彻执行现行国家标准，与时俱进，我们对《建筑结构》（第三版）进行了以下修订：

1. 根据《装配式混凝土结构技术规程》（JGJ 1—2014），新增模块三——新型装配式混凝土结构，包括新型装配式混凝土结构一般规定及材料要求，新型装配式混凝土结构预制构件、连接及楼盖，新型装配式混凝土框架结构及新型装配式混凝土剪力墙结构等四章内容。

2. 根据《钢结构设计标准》（GB 50017—2017），对模块四——钢结构的内容进行了修改，主要包括新增截面板件宽厚比等级的概念、钢板的牌号及附表 B-3 建筑结构用钢板的设计用强度指标值，修改了附表 B-1 钢材的设计用强度指标值、附表 B-2 焊缝的强度设计值等。

3. 根据《混凝土结构设计规范》（GB 50010—2010）（2015 年版），取消了 HRBF335 钢筋，限制使用 HRB335 和 HPB300 钢筋；调整了 HRB500 钢筋的抗压强度设计值，由原来的 410 MPa 调整为 435 MPa；调整了预应力螺纹钢筋的抗压强度设计值，由原来的 410 MPa 调整为 400 MPa。

4. 根据《建筑抗震设计规范》（GB 50011—2010）（2016 年版），对剪力墙的边缘构件范围和可不设约束边缘构件的最大轴压比进行了修改。

5. 根据砌体结构在我国使用越发减少的趋势，对原模块三——砌体结构进行了删减，删除了砌体结构构件承载力计算内容，保留了砌体结构材料种类及构造要求等内容。

6. 根据国家相关标准及规范，新增了抗震钢筋的概念、种类及应用范围。

本教材共分五个模块:模块一为基本理论,主要介绍建筑结构的概念、分类、设计方法以及建筑抗震的基本知识;模块二为钢筋混凝土结构,主要包括钢筋混凝土基本构件的计算方法以及梁板结构、钢筋混凝土单层工业厂房、多层及高层钢筋混凝土房屋的设计内容;模块三为新型装配式混凝土结构,主要讲述新型装配式混凝土框架结构及剪力墙结构的一般规定及节点构造要求;模块四为钢结构,主要讲述钢结构连接、基本构件计算、门式刚架轻型钢结构以及钢屋盖;模块五为砌体结构,主要讲述砌体结构材料种类、强度等级及砌体房屋构造要求。

本教材由新疆建设职业技术学院王家鼎、甘肃建筑职业技术学院王映梅任主编,新疆建设职业技术学院吐拉洪、东北石油大学秦皇岛分校吴剑锋、安徽水利水电职业技术学院何军建、合肥通用职业技术学院丁玉容任副主编,洛阳理工大学王新武、新疆建设职业技术学院马桂珍参与了部分章节的编写。具体编写分工如下:王家鼎编写第1~3、14、20~21章和附录;吐拉洪编写了第12、15、26章;马桂珍编写第25章;王新武编写第18章;丁玉容编写第19章;王映梅编写第4~7章、22~24章;吴剑锋编写第8~9、13章;何军建编写第10~11章;王家鼎、何军建编写了第16章;王家鼎、吐拉洪编写了第17章。本教材由王家鼎负责统稿和定稿。滨州职业学院杨会芹担任本教材主审。

在编写本教材的过程中,我们参考、引用和改编了国内外出版物中的相关资料以及网络资源,在此表示深深的谢意!请相关著作权人看到本教材后与出版社联系,出版社将按照相关法律的规定支付稿酬。

尽管我们在探索《建筑结构》教材特色的建设方面做出了许多努力,但由于编者水平有限,教材中仍可能存在一些疏漏和不妥之处,恳请读者批评指正,并将建议及时反馈给我们,以便修订时完善。

编　者

2018 年 7 月

所有意见和建议请发往:dutpgz@163.com

欢迎访问职教数字化服务平台:http://sve.dutpbook.com

联系电话:0411-84707424　84706676

目 录 ◀◀◀◀◀

模块三　新型装配式混凝土结构

模块四　钢结构

模块一

基本理论

第1章　绪　论

学习目标

掌握建筑结构的基本概念,理解"作用"的含义,熟悉建筑结构的基本要求及分类,了解建筑结构课程的特点与学习方法。

1.1　建筑结构的基本概念

建筑物中由若丁构件连接而成的、能承受"作用"的骨架体系称为建筑结构,简称结构。作用分为直接作用和间接作用。

直接作用习惯上称为荷载,系指施加在结构上的力。

微课1

建筑结构概念

间接作用系指非力因素引起结构变形或破坏的原因。比如,温度变化引起结构构件热胀冷缩,地基下沉引起房屋开裂,地震引起房屋倒塌。因此,温度变化、地基下沉、地震等非力因素是间接作用。

建筑结构由水平构件、竖向构件和基础组成。

水平构件包括板、梁等,承受竖向作用;竖向构件包括柱、墙等,支承水平构件并承受水平作用与竖向作用;基础将建筑物承受的作用传至地基。

1.2　建筑结构的基本要求及分类

1.2.1　建筑结构的基本要求

新型建筑材料的生产、施工技术的进步、结构分析方法的发展,都给建筑设计带来了新的灵活性。但是,这种灵活性并不排除现代建筑结构需要满足的基本要求。这些要求是:

1.平衡

平衡的基本要求就是保证结构和结构的任一部分都不发生运动,力的平衡条件总能得到满足。从宏观上看,建筑物应该是静止的。

平衡的要求是结构与"机构"即几何可变体系的根本区别,建筑结构的整体或结构的任何部分都应当是几何不变的。

2. 稳定

整体结构或结构的一部分作为刚体不允许发生危险的运动。这种危险可能来自结构自身，例如雨篷的倾覆；也可能来自地基的不均匀沉陷或地基土的滑移（滑坡），例如，意大利的比萨斜塔由于地基不均匀沉降引起的倾斜。

3. 承载能力

结构或结构的任一部分在预计的荷载作用下必须安全可靠，具备足够的承载能力。结构工程师对结构的承载能力负有不容推卸的责任。

4. 适用

结构应当满足建筑物的使用目的，不应出现影响正常使用的过大变形、过宽裂缝、局部损坏、振动等。

5. 经济

现代建筑的结构部分造价通常不超过建筑总造价的 20%～30%，采用的结构应当使建筑的总造价最低。结构的经济性并不是指单纯的造价，而是体现在多个方面，而且结构的总造价既受材料和劳动力价格比值的影响，也受施工方法、施工速度以及结构维护费用（如钢结构的防锈、木结构的防腐等）的影响。

要实现上述各项要求，在结构设计中就应贯彻"技术先进、经济合理、安全适用、确保质量"的结构设计原则。

1.2.2 建筑结构的分类

根据建筑结构所采用的主要材料及其受力和构造特点，可以进行如下分类。

1. 按材料分类

根据结构所用材料的不同，建筑结构可分为以下几类：

（1）混凝土结构

以混凝土为主要材料建造的结构称为混凝土结构，包括素混凝土结构、钢筋混凝土结构和预应力混凝土结构。钢筋混凝土结构和预应力混凝土结构都是由混凝土和钢筋两种材料组成的。钢筋混凝土结构是应用最广泛的结构，除一般工业与民用建筑外，许多特种结构（如水塔、水池、高烟囱等）也采用钢筋混凝土建造。

微课2

混凝土结构优缺点

混凝土结构具有节省钢材、就地取材（指所占比例很大的砂、石料）、耐火耐久、可模性（可按需要浇捣成任何形状的性质）好、整体性好的优点。其缺点是自重较大、抗裂性较差等。

（2）砌体结构

砌体结构是由块体（如砖、石或其他材料的砌体）及砂浆砌筑而成的结构，目前大量用于居住建筑和多层民用房屋（如办公楼、教学楼、商店、旅馆等）中，其中以砖砌体的应用最为广泛。

砌体结构具有就地取材、成本低等优点，结构的耐久性和耐腐蚀性也很好。其缺点是自重大、施工砌筑速度慢、现场作业量大等，且烧砖要占用大量土地。

（3）钢结构

钢结构是以钢材为主制作的结构，主要用于大跨度的建筑（如体育馆、剧院等）屋盖、吊车吨位很大或跨度很大的工业厂房骨架和吊车梁，以及超高层建筑的房屋骨架等。

钢结构材料质量均匀、强度高，构件截面小、质量轻，可焊性好，制造工艺比较简单，便于工业化施工。其缺点是钢材易腐蚀,耐火性较差,价格较贵。

（4）木结构

木结构是以木材为主制作的结构,但由于受自然条件的限制,我国木材相当缺乏,所以目前仅在山区、林区和农村有一定的采用。

木结构制作简单、自重轻、容易加工。其缺点是易燃、易腐、易受虫蛀。

2. 按受力和构造特点分类

根据结构的受力和构造特点,建筑结构可以分为以下几种主要类型:

（1）混合结构

混合结构的楼、屋盖一般采用钢筋混凝土结构构件,而墙体及基础等采用砌体结构,"混合"之名即由此而得。

（2）排架结构

排架结构的主要承重体系是屋面横梁（屋架或屋面大梁）、柱及基础,主要用于单层工业厂房。屋面横梁与柱的顶端铰接,柱的下端与基础固结。

（3）框架结构

框架结构由横梁、柱及基础组成主要承重体系。横梁与柱刚性连接成整体框架,底层柱脚与基础固结。

微课3

建筑结构分类 1
（按受力和构造特点分类）

微课4

建筑结构分类 2
（按受力和构造特点分类）

（4）剪力墙结构

纵横布置的成片钢筋混凝土墙体称为剪力墙。剪力墙的高度通常为从基础到屋顶,其宽度可以是房屋的全宽。剪力墙与钢筋混凝土楼、屋盖整体连接,形成剪力墙结构。

（5）框架-剪力墙结构

框架与剪力墙共同形成结构体系,剪力墙主要承受水平荷载,而框架柱主要承受竖向荷载,这样的结构体系称为框架-剪力墙结构。

（6）筒体结构

由若干片剪力墙围合而成的封闭井筒式结构称为筒体结构。

（7）其他形式的结构

除上述结构外,在高层和超高层房屋结构体系中,还有钢-混凝土组合结构;单层厂房中除排架结构外,还有刚架结构;在单层大跨度房屋的屋盖中,有壳体结构、网架结构、悬索结构等。

1.3 建筑结构课程的特点和学习方法

1.3.1 建筑结构课程的特点

1. 材料的特殊性

除钢材外,其余结构材料（如混凝土、砌体等）的力学性能都不同于材料力学中所学的匀质弹性材料的性能。

2. 公式的试验性

由于混凝土和砌体材料具有特殊性,所以其计算公式一般是在试验分析的基础上建立起来的,因此应注意相关公式的适用范围。

3.设计的规范性

建筑结构构件的设计计算依据是现行的各种有关国家标准和规范。本书涉及的主要有：《建筑结构可靠度设计统一标准》(GB 50068—2001)、《建筑结构荷载规范》(GB 50009—2012)、《混凝土结构设计规范》(GB 50010—2010)、《砌体结构设计规范》(GB 50003—2011)、《建筑抗震设计规范》(GB 50011—2010)、《钢结构设计标准》(GB 50017—2017)、《高层建筑混凝土结构技术规程》(JGJ 3—2010)等。

4.解答的多样性

无论是进行结构布置还是结构构件设计，同一问题往往有多种方案或解答，故需要综合考虑多方面的因素，以选择较为合理的解答。

1.3.2 建筑结构课程的学习方法

1.深刻理解重要的概念

建筑结构有些内容的概念性很强，在学习过程中，对重要的概念的理解有时可能不会一步到位，而是随着学习的深入和时间的推移才能逐步理解。

2.熟练掌握计算基本功

建筑结构课程的计算公式多，符号多。本教材将较全面地介绍钢筋混凝土结构构件的设计计算、砌体结构的基本设计计算和钢结构构件和连接的设计计算；在熟悉公式的基础上，要多做练习，才能掌握基本构件的设计和计算。

3.重视构造要求

本书对建筑结构的构造要求(包括一般构造要求和抗震构造措施)做了详细的介绍，目的是使学生更好地适应施工现场。但构造要求内容繁多，难于记忆，应在理解的基础上，结合工地参观、多媒体课件演示等综合手段加以巩固和消化，切忌死记硬背。

本章小结

1. 建筑结构是指房屋骨架或建筑的结构整体。
2. 建筑结构的基本要求包括平衡、稳定、承载能力、适用及经济。
3. 根据结构所用材料的不同，建筑结构可分为混凝土结构、砌体结构、钢结构以及木结构。
4. 根据结构的受力和构造特点，建筑结构可以分为混合结构、排架结构、框架结构、剪力墙结构、框架-剪力墙结构、筒体结构以及其他形式的结构。

复习思考题

1-1 什么是建筑结构？建筑结构的基本要求包括哪些？

1-2 根据结构所用材料不同，建筑结构可分为哪几种？各有何特点？

1-3 根据建筑结构的受力和构造特点，建筑结构可分为哪些结构形式？

第2章 结构设计方法

学习目标

掌握结构上的作用效应、结构抗力以及极限状态设计方法，熟悉结构的功能要求，了解结构设计的基准期和设计使用年限。

2.1 结构设计的基准期和设计使用年限

2.1.1 设计基准期

结构设计所采用的荷载统计参数以及与时间有关的材料性能取值，都需要选定一个时间参数——设计基准期。我国所采用的设计基准期为50年。

微课5

设计基准期与设计使用年限

2.1.2 设计使用年限

设计使用年限是指设计规定的一个时期。在这一规定时期内，房屋建筑在正常设计、正常施工、正常使用和维护下不需要进行大修就能按其预定目的使用。结构的设计使用年限应按表 2-1 确定。

表 2-1 设计使用年限

类　别	1	2	3	4
设计使用年限/年	5	25	50	100
示　例	临时性结构	易于替换的结构构件	普通房屋和构筑物	纪念性建筑和特别重要的建筑结构

显然，设计使用年限不同于设计基准期的概念。但对于普通房屋和构筑物，设计使用年限和设计基准期均为 50 年。

2.2 结构的功能要求、作用效应和结构抗力

2.2.1 结构的功能要求

结构在规定的设计使用年限内，应满足下列各项功能要求。

1. 结构安全性要求

(1)在正常施工和正常使用时,能承受可能出现的各种作用。

(2)在设计规定的偶然事件发生时及发生后,仍能保持必需的整体稳定性。所谓整体稳定性,是指偶然事件发生时和发生后,建筑结构仅产生局部的损坏而不致发生连续倒塌。

2. 结构适用性要求

结构在正常使用时应具有良好的工作性能。如受弯构件在正常使用时,不出现过大的挠度及过宽的裂缝等。

3. 结构耐久性要求

结构在正常维护下具有足够的耐久性。所谓足够的耐久性,是指结构在规定的工作环境中,在预定时期内,其材料性能的恶化不致导致结构出现不可接受的失效概率。从工程概念上讲,就是指在正常维护条件下,结构能正常使用到规定的设计使用年限。

对于混凝土结构,其耐久性应根据环境类别和设计使用年限进行设计。

根据不同的环境类别和设计使用年限,对结构混凝土的最大水灰比、最小水泥用量、最低混凝土强度等级、最大氯离子含量、最大碱含量等都有具体规定,以满足其耐久性要求。

2.2.2 作用和作用效应

1. 作用及其分类

作用是指施加在结构上的集中力或分布力(称为直接作用,即通常所说的荷载)以及引起结构变形或破坏的非力因素(称为间接作用)。本教材主要涉及直接作用(荷载)。

结构上的各种作用,可按下列性质分类:

(1)按时间的变异分类(图 2-1)

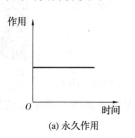
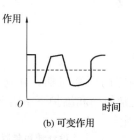
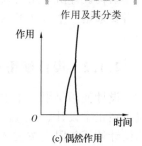

(a) 永久作用　　　　(b) 可变作用　　　　(c) 偶然作用

图 2-1　作用按时间的变异分类

按时间的变异,作用可分为永久作用、可变作用和偶然作用。

①永久作用:是指在设计基准期内量值不随时间变化,或其变化与平均值相比可以忽略不计的作用,如结构及建筑装修的自重、土壤压力、基础沉降及焊接变形等。

②可变作用:是指在设计基准期内量值随时间而变化,且其变化与平均值相比不可忽略的作用,如屋面活载、雪荷载、风荷载等。

③偶然作用:是指在设计基准期内不一定出现,而一旦出现其量值很大且持续时间很短的作用,如地震、爆炸、撞击等。

(2)按空间位置的变异分类

按空间位置的变异,作用可以分为固定作用(在结构上具有固定分布,如自重)和自由作用(在结构上一定范围内可以任意分布,如楼面上的人群荷载、吊车荷载等)。

(3)按结构的反应特点分类

按结构的反应特点,作用可分为静态作用(使结构不产生加速度或产生的加速度可以忽略不计)和动态作用(使结构产生的加速度不可忽略)。一般的结构荷载,如自重、楼面上的人群荷载、雪荷载等,都可视为静态作用,而地震、吊车荷载、设备振动等,则属于动态作用。

2. 作用的随机性

同一时间可能有多种结果,但事先不能确定哪一种一定发生(不确定性),而事后有唯一结果的性质称为作用的随机性。

显然,结构上的作用具有随机性。例如:楼面上的人群荷载、风荷载、雪荷载以及吊车荷载等,都不是固定不变的,其数值可能较大,也可能较小;它们可能出现,也可能不出现;而一旦出现,则可测定其数值大小和位置;此外,风荷载还具有方向性。即使是结构构件的自重,由于制作过程中不可避免的误差、所用材料种类的差别,也不可能与设计值完全相等。这些都是作用的随机性。

3. 作用效应

由作用引起的结构或结构构件的反应,例如,内力、变形和裂缝等,称为作用效应。

微课8

作用效应与结构抗力

根据结构构件的连接方式(支承情形)、跨度、截面几何特性以及结构上的作用,可以用材料力学或结构力学方法计算出作用效应。例如,当简支梁的计算跨度为 l_0,截面刚度为 B,荷载为均布荷载 q 时,则可知该简支梁的跨中弯矩 M 为 $\frac{1}{8}ql_0^2$,支座边剪力 V 为 $\frac{1}{2}ql_n$(l_n 为净跨),跨中挠度为 $5ql_0^4/(384B)$ 等。

因作用和作用效应是一种因果关系,故作用效应也具有随机性。

2.2.3 结构抗力

结构或结构构件承受作用效应的能力称为结构抗力。

影响结构抗力的主要因素是结构的几何参数和所用材料的性能。由于结构构件的制作误差和安装误差会引起结构几何参数的变异,结构材料因材质和生产工艺等的影响,其强度和变形性能也会有差别(即使是同一工地按同一配比制作的同一强度等级的混凝土或是同一钢厂生产的同一种钢材,其强度和变形性能也不会完全相同),因此结构抗力也具有随机性。

2.3 极限状态设计方法

2.3.1 极限状态的定义和分类

1. 极限状态

什么是极限状态?简单来说,就是整个结构或结构的一部分超过某一特定状态就不能满足设计规定的某一功能要求,此特定状态称为该功能的极限状态。极限状态实质上就是结构可靠(有效)或不可靠(失效)的界限。

微课9

极限状态及其分类

2. 极限状态的分类

《建筑结构可靠度设计统一标准》(GB 50068—2001)将极限状态划分为承载能力极限状

态和正常使用极限状态两类。

（1）承载能力极限状态

承载能力极限状态是指对应于结构、结构构件达到最大承载能力或出现不适于继续承载的变形的状态。承载能力极限状态直接关系到结构的安全,任何工程结构均需做承载能力极限状态的设计,且要求其出现的失效概率相当低。

当结构或结构构件出现下列状态之一时,应认为其超过了承载能力极限状态:

①整个结构或结构的一部分作为刚体失去平衡(如倾覆、滑移等)。

②结构构件或其连接部分因材料强度不够而破坏(包括疲劳破坏),或因过度的塑性变形而不适于继续承载。

③结构转变为机动体系,如图 2-2 所示钢筋混凝土两跨连续梁在荷载作用下形成机动体系。

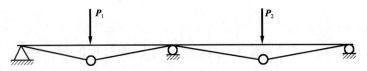

图 2-2　两跨连续梁形成机动体系

④结构或结构构件丧失稳定(如压屈等)。

⑤地基丧失承载能力而破坏(如地基失稳等)。

（2）正常使用极限状态

正常使用极限状态是指对应于结构、结构构件达到正常使用或耐久性的某项规定的限值的状态。一般说来,结构或结构构件均需要进行正常使用极限状态的设计。

当结构或结构构件出现下列状态之一时,应认为超过了正常使用极限状态:

①影响正常使用或外观的变形。

②影响正常使用或耐久性的局部损坏(包括裂缝)。

③影响正常使用的振动。

④影响正常使用的其他特定状态。

正常使用极限状态通常涉及结构的工作条件和性能,例如,梁的变形是否过大,裂缝是否过宽等,并不引起结构破坏,也不造成生命和财产的严重损失。因此,正常使用极限状态设计的可靠度水平一般要低于承载能力极限状态设计。

2.3.2　承载能力极限状态设计

承载能力极限状态的设计表达式为

$$\gamma_0 S_d \leqslant R_d \tag{2-1}$$

微课10

极限状态表达式与安全等级

式中　　γ_0——结构重要参数,在持久设计状况和短暂设计状况下,对安全等级为一级的结构构件,其值不应小于 1.1;对安全等级为二级的结构构件,其值不应小于 1.0;对安全等级为三级的结构构件,其值不应小于 0.9;在地震设计状况下应取 1.0。

　　　　S_d——荷载效应组合的设计值,在持久设计状况和短暂设计状况下按作用的基本组合计算;在地震设计状况下应按作用的地震组合计算。

　　　　R_d——结构构件抗力的设计值,按有关建筑结构设计规范的规定确定。

1. 荷载基本组合的效应设计值 S_d

(1)由可变荷载效应控制的组合,其设计值按下式进行计算:

$$S_d = \sum_{j=1}^{m} \gamma_{G_j} S_{G_{jK}} + \gamma_{Q_1} \gamma_{L_1} S_{Q_{1K}} + \sum_{i=2}^{n} \gamma_{Q_i} \gamma_{L_i} \psi_{C_i} S_{Q_{iK}} \tag{2-2}$$

式中　γ_{G_j} —— 第 j 个永久荷载的分项系数。当永久荷载效应对结构不利时,对由可变荷载效应控制的组合,应取 1.2,对由永久荷载效应控制的组合,应取 1.35;当永久荷载对结构有利时,不应大于 1.0。

　　　γ_{Q_i} —— 第 i 个可变荷载分项系数。其中 γ_{Q_1} 为主导可变荷载的分项系数,对标准值大于 4 kN/m² 的工业房屋楼面结构的活荷载应取 1.3,其他情况应取 1.4。

　　　γ_{L_i} —— 第 i 个可变荷载考虑设计使用年限的调整系数。其中 γ_{L_1} 为主导可变荷载 Q_1 考虑设计使用年限的调整系数;当结构设计使用年限为 5、50、100 年时,楼面和屋面活荷载的调整系数 γ_L 分别为 0.9、1.0、1.1;对雪荷载和风荷载按荷载规范或有关规定采用。

　　　$S_{G_{jK}}$ —— 按第 j 个永久荷载标准值 G_{jK} 计算的荷载效应值。

　　　$S_{Q_{iK}}$ —— 按第 i 个可变荷载标准值 Q_{iK} 计算的荷载效应值。其中 $S_{Q_{1K}}$ 为诸可变荷载效应中起控制作用者。

　　　ψ_{C_i} —— 可变荷载 Q_i 的组合值系数。对民用建筑楼屋面均布活荷载,一般取 0.7(书库、储藏室、通风机房及电梯机房等取 0.9),其他可变荷载 Q_i 的组合值系数按有关规定选用。

　　　m —— 参与组合的永久荷载数。

　　　n —— 参与组合的可变荷载数。

(2)由永久荷载效应控制的组合,其设计值按下式进行计算:

$$S_d = \sum_{j=1}^{m} \gamma_{G_j} S_{G_{jK}} + \sum_{i=1}^{n} \gamma_{Q_i} \gamma_{L_i} \psi_{C_i} S_{Q_{iK}} \tag{2-3}$$

式中　γ_{G_j} —— 意义同前,但取值为 1.35,其余符号同式(2-2)。

荷载基本组合的效应设计值 S_d 应从式(2-2)和式(2-3)中选用最不利的效应设计值确定。

2. 荷载偶然组合的效应设计值 S_d

(1)用于承载能力极限状态计算的效应设计值,按下式进行计算:

$$S_d = \sum_{j=1}^{m} S_{G_{jK}} + S_{A_d} + \psi_{f_1} S_{Q_{1K}} + \sum_{i=2}^{n} \psi_{q_i} S_{Q_{iK}} \tag{2-4}$$

式中　S_{A_d} —— 按偶然荷载标准值计算的荷载效应值;

　　　ψ_{f_1} —— 第一个可变荷载的频遇值系数,按《建筑结构荷载规范》(GB 50009—2012)采用;

　　　ψ_{q_i} —— 第 i 个可变荷载的准永久值系数,按《建筑结构荷载规范》(GB 50009—2012)采用。

(2)用于偶然事件发生后受损结构整体稳固性验算的效应设计值,按下式进行计算:

$$S_d = \sum_{j=1}^{m} S_{G_{jK}} + \psi_{f_1} S_{Q_{1K}} + \sum_{i=2}^{n} \psi_{q_i} S_{Q_{iK}} \tag{2-5}$$

式中符号意义同前。

2.3.3 正常使用极限状态设计

混凝土结构构件应根据其使用功能及外观要求,按下列规定进行正常使用极限状态验算:

①对需要控制变形的构件,应进行变形验算。

②对不允许出现裂缝的构件,应进行混凝土拉应力验算。

③对允许出现裂缝的构件,应进行受力裂缝宽度验算。

④对舒适度有要求的楼盖结构,应进行竖向自振频率验算。

对于正常使用极限状态,应根据不同的设计要求,采用荷载的标准组合、频遇组合或准永久组合,并应按下列表达式进行设计:

$$S_d \leqslant C \tag{2-6}$$

式中　C——结构或结构构件达到正常使用要求的规定限值,如变形、裂缝、振幅、加速度、应力等限值,应按有关建筑结构设计规范的规定采用。

1. 荷载组合

（1）标准组合

主要用于当一个极限状态被超越时将产生严重的永久性损害的情况,其荷载效应组合的 S_d 应按下式进行计算:

$$S_d = \sum_{j=1}^{m} S_{G_{jK}} + S_{Q_{1K}} + \sum_{i=2}^{n} \psi_{C_i} S_{Q_{iK}} \tag{2-7}$$

对照式(2-7)和式(2-2)可知:当式(2-2)的荷载分项系数与设计使用年限的调整系数均取为 1.0 时,即式(2-7)。

（2）频遇组合

对可变荷载而言,荷载频遇值是指设计基准期内其超越的总时间为规定的较小概率或超越概率为规定概率的荷载值。频遇组合的荷载效应组合设计值 S_d 按下式进行计算:

$$S_d = \sum_{j=1}^{m} S_{G_{jK}} + \psi_{f_1} S_{Q_{1K}} + \sum_{i=2}^{n} \psi_{q_i} S_{Q_{iK}} \tag{2-8}$$

式中符号意义同前。

（3）准永久组合

荷载准永久值也是针对可变荷载而言的,主要用于长期效应是决定性因素时的一些情况。准永久值反映可变荷载的一种状态,按照在设计基准期内荷载达到和超过该值的总持续时间与设计基准期的比值为 0.5 来确定。准永久组合的荷载效应组合的设计值按下式进行计算:

$$S_d = \sum_{j=1}^{m} S_{G_{jK}} + \sum_{i=1}^{n} \psi_{q_i} S_{Q_{iK}} \tag{2-9}$$

式中符号意义同前。

2. 具体内容设计

混凝土结构构件在按承载能力极限状态设计后,应按规范规定进行裂缝控制验算以及受弯构件的挠度验算。

（1）裂缝控制验算

根据所处环境类别和结构类别,首先选用相应的裂缝控制等级及最大裂缝宽度限值 $w_{\lim}$。裂缝控制等级共分为三级,见表 2-2。

表 2-2　　　　　　　　　结构构件的裂缝控制等级及最大裂缝宽度限值

环境类别	钢筋混凝土结构		预应力混凝土结构	
	裂缝控制等级	$w_{\lim}$/mm	裂缝控制等级	$w_{\lim}$/mm
一	三级	0.3(0.4)	三级	0.20
二 a				0.10
二 b		0.2	二级	—
三 a,三 b			一级	—

注:①括号内数字用于年平均相对湿度小于 60% 的受弯构件。
　　②对处于四、五类环境下的结构构件,另见专门标准规定。

微课11

裂缝控制等级

裂缝控制等级为一级的构件严格要求不出现裂缝,按荷载效应标准组合计算时,构件受拉边缘混凝土不应产生拉应力;裂缝控制等级为二级时,一般要求不出现裂缝,按荷载效应标准组合时,构件受拉边缘混凝土拉应力不应大于混凝土轴心抗拉强度标准值 f_{tk};裂缝控制等级为三级的构件允许出现裂缝。

对钢筋混凝土构件,按荷载准永久组合并考虑长期作用影响计算时,构件的最大裂缝宽度不应超过表 2-2 规定的最大裂缝宽度限值。对预应力混凝土构件,按荷载标准组合并考虑长期作用影响计算时,构件的最大裂缝宽度不应超过表 2-2 规定的最大裂缝宽度限值;对二 a 类环境的预应力混凝土构件,尚应按荷载准永久组合计算,且构件受拉边缘混凝土的拉应力不应大于混凝土的抗拉强度标准值。

另外,对混凝土楼盖结构应根据使用功能的要求进行竖向自振频率验算,并符合下列要求:

①住宅和公寓不宜低于 5 Hz。

②办公楼和旅馆不宜低于 4 Hz。

③大跨度公共建筑不宜低于 3 Hz。

（2）受弯构件的挠度验算

计算受弯构件的最大挠度时,应按荷载效应标准组合并考虑荷载长期作用的影响。其计算值不超过表 2-3 规定的挠度限值。

表 2-3　　　　　　　　　　　受弯构件的挠度限值

构件类型	楼盖、屋盖及楼梯构件			吊车梁	
	$l_0 < 7$ m	$7 \leqslant l_0 \leqslant 9$ m	$l_0 > 9$ m	手动吊车	电动吊车
挠度限值	$l_0/200(l_0/250)$	$l_0/250(l_0/300)$	$l_0/300(l_0/400)$	$l_0/500$	$l_0/600$

注:①l_0 为构件的计算跨度,对悬臂构件,按实际悬臂长度的 2 倍取用。
　　②括号内数值适用于使用上对挠度有较高要求的构件。
　　③若构件制作时预先起拱且使用上允许,则在计算挠度时可将计算值减去起拱值,预应力构件尚可减去预加力所产生的反拱值。

2.3.4　按极限状态设计时材料强度和荷载的取值

1. 材料强度指标的取值

由上述极限状态设计表达式可知,材料的强度指标有两种:标准值和设计值。

材料强度标准值是结构设计时所采用的材料强度的基本代表值,也是生产中控制材料性能质量的主要指标。

在建筑结构中,材料强度标准值系按标准试验方法测得的具有不小于95%保证率的强度值,即

$$f_k = f_a - 1.645\sigma \qquad (2-10)$$

式中　　f_k、f_a——材料强度的标准值和平均值;

　　　　σ——材料强度的均方差。

材料强度设计值系由强度标准值除以相应的材料分项系数确定,即

$$f_d = \frac{f_k}{\gamma_d} \qquad (2-11)$$

式中　　f_d——材料强度设计值;

　　　　γ_d——材料分项系数。

材料分项系数及其强度设计值主要通过对可靠指标的分析及工程经验标准确定。

2. 荷载代表值

荷载代表值是设计中用以验算极限状态所采用的荷载量值,主要是标准值、组合值和准永久值、频遇值等。

微课12

荷载代表值

荷载的标准值是荷载的基本代表值,为设计基准期内最大荷载统计分布的特征值。实际作用在结构上的荷载的大小具有不定性,应当按随机变量,采用数理统计的方法加以处理,这样确定的荷载是具有一定概率的最大荷载值。《建筑结构荷载规范》(GB 50009—2012)规定,对于结构自身重力,可以根据结构的设计尺寸和材料的重度确定。可变荷载应由设计基准期内最大荷载统计分布,取其某一分位值作为该荷载的代表值。

对可变荷载,使组合后的荷载效应在设计基准期内的超越概率,能与该荷载单独出现时的相应概率趋于一致的荷载值;或使组合后的结构具有统一规定的可靠指标的荷载值,称为可变荷载的组合值。

对可变荷载,在设计基准期内,其超越的总时间约为设计基准期一半的荷载值,称为可变荷载准永久值。

对可变荷载,在设计基准期内,其超越的总时间为规定的较小比率或超越频率为规定频率的荷载值,称为可变荷载频遇值。

【例题 2-1】 某单层工业厂房屋面梁的自重引起的跨中弯矩标准值 $M_{G_{1K}} = 11.25$ kN·m,屋面板自重引起的屋面梁跨中弯矩标准值 $M_{G_{2K}} = 40.5$ kN·m,屋面可变荷载引起的屋面梁跨中弯矩标准值 $M_{Q_{1K}} = 9$ kN·m,屋面积灰荷载引起的屋面梁跨中弯矩标准值 $M_{Q_{2K}} = 6.75$ kN·m,屋面可变荷载组合系数为0.7,准永久值系数为0.5,屋面积灰荷载组合系数为0.9,准永久值系数为0.8。该结构安全等级为二级,厂房使用年限为50年,求:

(1)屋面梁跨中弯矩荷载效应基本组合设计值 M_d。

(2)屋面梁跨中弯矩荷载效应标准组合设计值 M_d。

(3)屋面梁跨中弯矩荷载效应准永久组合设计值 M_d。

【解】（1）屋面梁跨中弯矩荷载效应基本组合设计值

①按可变荷载效应控制的组合计算

$$M_d = \sum_{j=1}^{m} \gamma_{G_j} S_{G_{jK}} + \gamma_{Q_1} \gamma_{L_1} S_{Q_{1K}} + \sum_{i=2}^{n} \gamma_{Q_i} \gamma_{L_i} \psi_{C_i} S_{Q_{iK}} =$$
$$1.2 \times 11.25 + 1.2 \times 40.5 + 1.4 \times 1.0 \times 9 + 1.4 \times 1.0 \times 0.7 \times 6.75 =$$
$$81.32 \text{ kN} \cdot \text{m}$$

②按永久荷载效应控制的组合计算

$$M_d = \sum_{j=1}^{m} \gamma_{G_j} S_{G_{jK}} + \sum_{i=1}^{n} \gamma_{Q_i} \gamma_{L_i} \psi_{C_i} S_{Q_{iK}} =$$
$$1.35 \times 11.25 + 1.35 \times 40.5 + 1.4 \times 1.0 \times 0.7 \times 9 + 1.4 \times 1.0 \times 0.9 \times 6.75 =$$
$$87.19 \text{ kN} \cdot \text{m}$$

屋面梁跨中弯矩荷载效应基本组合设计值应为 $M_d = 87.19 \text{ kN} \cdot \text{m}$

(2)屋面梁跨中弯矩荷载效应标准组合设计值

$$M_d = \sum_{j=1}^{m} S_{G_{jK}} + S_{Q_{1K}} + \sum_{i=2}^{n} \psi_{C_i} S_{Q_{iK}} =$$
$$11.25 + 40.5 + 9 + 0.9 \times 6.75 =$$
$$66.83 \text{ kN} \cdot \text{m}$$

(3)屋面梁跨中弯矩荷载效应准永久组合设计值

$$M_d = \sum_{j=1}^{m} S_{G_{jK}} + \sum_{i=1}^{n} \psi_{qi} S_{Q_{iK}} =$$
$$11.25 + 40.5 + 0.5 \times 9 + 0.8 \times 6.75 =$$
$$61.65 \text{ kN} \cdot \text{m}$$

本章小结

1.我国结构所采用的设计基准期为 50 年。

2.设计使用年限是设计规定的一个时期,在这一规定时期内,房屋建筑在正常设计、正常施工、正常使用和维护下不需要进行大修就能按其预定目的使用。

3.结构在规定的设计使用年限内,应满足结构安全性要求、结构适用性要求以及结构耐久性要求。

4.结构上的各种作用,按时间的变异分类可分为永久作用、可变作用和偶然作用。

5.结构或结构构件承受作用效应的能力称为结构抗力。

6.结构极限状态就是整个结构或结构的一部分超过某一特定状态就不能满足设计规定的某一功能要求,此特定状态称为该功能的极限状态。极限状态实质上就是结构可靠(有效)或不可靠(失效)的界限。

7.极限状态主要包括承载能力极限状态和正常使用极限状态两类。

复习思考题

2-1　什么是设计使用年限?我国是如何划分设计使用年限的?

2-2　结构在规定的设计使用年限内,应满足哪些功能要求?

2-3　什么是极限状态?极限状态包括哪几类?

2-4　什么是承载能力极限状态?在何种情况下可认为超过了承载能力极限状态?

2-5　什么是正常使用极限状态?在何种情况下可认为超过了正常使用极限状态?

第3章　建筑结构抗震知识简介

学习目标

掌握基本烈度、地震设防烈度的含义,掌握场地的概念以及场地类别的划分方法。熟悉震级与烈度的含义,了解地震的基本概念。

3.1　地震的相关概念

3.1.1　地震

地震(通常又称地动)是指岩石圈的振动。一次强烈地震过后往往会伴随着一系列较小的地震,称为余震。地震发生时会产生地震波,地震波是地震发生时由于震源的岩石破裂而产生的弹性波,分为体波和面波,体波又分为横波(P波)和纵波(S波)两种。横波传播速度为2.0~5 km/s,引起地面的水平振动,是地震时造成建筑物破坏的主要原因;纵波传播速度为3.5~10 km/s,能引起地面上下振动。地震时,纵波先到达地表,所以人先感觉到地面上下振动,但由于纵波衰减比横波快,所以离震中较远的地方,只会感觉到水平振动。地震波产生的地方称为震源。震源在地面上的垂直投影称为震中,震中是地表距离震源最近的地方,也是震动最强烈、受地震破坏程度最严重的地方。震中及其附近的地方称为震中区。震中到震源的深度称为震源深度。观测点到震中的距离称为震中距。观测点到震源的距离称为震源距。

3.1.2　震级与烈度

目前衡量地震大小的标准主要有震级和烈度两种。震级是地震强度大小的度量,根据地震释放的能量来划分。目前国际上一般采用美国地震学家 Charles Francis Richter 和 Beno Gutenberg 于1935年共同提出的震级划分法,即现在通常所说的里氏(地震)震级。里氏震级是地震波最大振幅以10为底的对数,并选择距震中100 km的距离为标准。里氏震级每增强一级,释放的能量约增加31倍。小于里氏2.5级的地震,人们一般不易感觉到,称为小震或微震;里氏2.5~5.0级的地震,震中附近的人会有不同程度的感觉,称为有感地震;大于里氏5.0级的地震,会造成建筑物不同程度的损坏,称为破坏性地震。

微课13

震级与烈度

地震烈度是指地震对地面及地面上建筑物所造成的破坏程度。由地震时地面建筑物受破坏的程度、地形地貌改变、人的感觉等宏观现象来判定，从感觉不到至建筑物全部损毁，地震烈度分为 1～12 度。5 度以上才会造成破坏。每次地震的震级数值只有一个，但烈度则因观测点的不同而不同。

3.1.3 基本烈度、地震设防烈度与地震区划

基本烈度是指一个地区在一定时期（我国取 50 年）内在一般场地条件下，可能遭遇到的超越概率为 10％的地震烈度值。它是一个地区进行抗震设防的依据。

微课14

基本烈度与地震设防烈度

地震设防烈度是指按国家规定的权限批准作为一个地区抗震设防依据的地震烈度，一般情况下，取基本烈度。

依据地质构造资料、历史地震规律、强震观测资料，采用地震危险性分析的方法，可以计算给出每一地区在未来一定时限内关于某一烈度（或地震动加速度值）的超越概率，从而，可以将国土划分为不同基本烈度所覆盖的区域。这一工作称为地震区划。

3.1.4 地震的分类

地震一般可分为人工地震和天然地震两大类。由人类活动，如开山、开矿、爆破等引起的地震称为人工地震，除此之外的地震统称为自然地震。

地震按成因可分为构造地震、火山地震、陷落地震、诱发地震。构造地震是主要的破坏地震，它是由于地壳运动引起地壳岩层断裂错动而发生的地壳震动。由于地球不停地运动和旋转，所以内部能量会产生巨大应力作用在地壳表面。应力长期缓慢的作用，造成地壳的岩层发生弯曲变形，当应力超过岩石本身所能承受的强度时，便会使岩层断裂错动，内部能量突然释放，形成构造地震。火山地震是由于火山活动时岩浆喷发冲击或热力作用而引起的地震。实际上地震和火山往往存在关联，火山爆发可能会激发地震，而发生在火山附近的地震也可能引起火山爆发。陷落地震是由于地下水溶解可溶性岩石，或由于地下采矿形成的巨大空洞，造成地层崩塌陷落而引发的地震。这类地震约占地震总数的 3％，震级也都比较小。在特定的地区因某种地壳外界因素诱发而引起的地震，称为诱发地震。这些外界因素可能是地下核爆炸、陨石坠落、油井灌水等，其中最常见的是水库地震。水库蓄水后改变了地面的应力状态，且库水渗透到已有的断层中，起到润滑和腐蚀作用，促使断层产生新的滑移。但是，并不是所有的水库蓄水后都会发生水库地震，只有当库区存在活动断裂、岩性刚硬等条件，才有诱发的可能性，这也是论证水库地点的依据之一。

地震按震源深度分为浅源地震、中源地震、深源地震。震源深度小于 70 km 的是浅源地震；中源地震震源深度为 70～300 km；深源地震震源深度大于 300 km。一般来说，震源越浅，地震的破坏性越大。破坏性地震一般是浅源地震，震源深度一般不超过 20 km。

3.2 建筑抗震的基本要求

3.2.1 抗震设防目标

我国通过颁发文件的形式规定了各地区的抗震设防烈度。进行抗震设计的建筑抗震设防目标是：当遭遇低于本地区抗震设防烈度的多遇地震时，主体结构不受损坏或不需修理即可继

续使用;当遭遇相当于本地区抗震设防烈度的地震时,可能损坏,但经一般性修理仍可继续使用;当遭遇高于本地区抗震设防烈度的罕遇地震时,不致倒塌或发生危及生命的严重破坏。也就是通常所说的"小震不坏,中震可修,大震不倒"。

建筑抗震设计分为作用-抗力计算和抗震措施。作用-抗力计算就是计算地震对建筑的作用、作用产生的效应,并将此效应与其他作用效应进行组合来设计建筑结构抗力(包括截面尺寸、配筋、构件节点等)。抗震措施是除作用-抗力计算以外的抗震设计内容,主要是从工程经验来加强抗震构造措施。本教材主要涉及后者。

3.2.2　抗震设防类别

根据建筑使用功能的重要性,《建筑抗震设计规范》(GB 50011—2010)将建筑分为四个抗震设防类别:

(1)特殊设防类:指使用上有特殊设施,涉及国家公共安全的重大建筑工程和地震时可能发生严重次生灾害等特别重大灾害后果,需要进行特殊设防的建筑,简称甲类。

(2)重点设防类:指地震时使用功能不能中断或需尽快恢复的生命线相关建筑,以及地震时可能导致大量人员伤亡等重大灾害后果,需要提高设防标准的建筑,简称乙类。

(3)标准设防类:指大量的除(1)(2)(4)款以外按标准要求进行设防的建筑,简称丙类。

(4)适度设防类:指使用上人员稀少且震损不致产生次生灾害,允许在一定条件下适度降低要求的建筑,简称丁类。

3.2.3　抗震设防标准

(1)特殊设防类,应按高于本地区抗震设防烈度一度的要求加强其抗震措施;但抗震设防烈度为9度时应按比9度更高的要求采取抗震措施。同时,应按批准的地震安全性评价的结果且高于本地区抗震设防烈度的要求确定其地震作用。

(2)重点设防类,应按高于本地区抗震设防烈度一度的要求加强其抗震措施;但抗震设防烈度为9度时应按比9度更高的要求采取抗震措施;地基基础的抗震措施,应符合有关规定。同时,应按本地区抗震设防烈度确定其地震作用。

(3)标准设防类,应按本地区抗震设防烈度确定其抗震措施和地震作用,达到在遭遇高于当地抗震设防烈度的预估罕遇地震影响时不致倒塌或发生危及生命安全的严重破坏的抗震设防目标。

(4)适度设防类,允许根据本地区抗震设防烈度的要求适当降低其抗震措施,但抗震设防烈度为6度时不应降低。一般情况下,仍应按本地区抗震设防烈度确定其地震作用。

3.3　场　　地

3.3.1　场地及其地震效应

场地是指建筑物所在地,其范围大体相当于厂区、居民点和自然村的范围。历史震害资料表明,建筑物震害除与地震类型、结构类型等有关外,还与其下卧层的构成、覆盖层厚度密切相关。调查分析,房屋倒塌率随土层厚度的增加而加大;比较而言,软弱场地上的建筑物震害一般重于坚硬场地。进一步深入的理论分析证明,多层土的地震效应主要取决于三个基本因素:覆盖层厚度、土层剪切波速、岩土阻抗比。

3.3.2 覆盖层厚度

覆盖层厚度的原意是指从地表面至地下基岩面的距离。从地震波传播的观点看,基岩界面是地震波传播途径中的一个强烈的折射与反射面,此界面以下的岩层振动刚度要比上部土层的相应值大很多。根据这一背景,工程上常这样判定:当下部土层的剪切波速达到上部土层剪切波速的 2.5 倍,且下部土层中没有剪切波速小于 400 m/s 岩土层时,该下部土层就可以近似看作基岩。由于工程地质勘察手段往往难以取得深部土层的剪切波速数据,为了实用上的方便,我国《建筑抗震设计规范》(GB 50011—2010)进一步采用土层的绝对刚度定义覆盖层厚度:地下基岩或剪切波速大于 500 m/s 的坚硬土层至地表面的距离,称为覆盖层厚度。

3.3.3 场地的类别

建筑的场地类别,应根据土层等效剪切波速和场地覆盖层厚度按表 3-1 划分为四类,其中 I 类分为 I_0、I_1 两个亚类。

表 3-1　　　　　　　　　　各类建筑场地覆盖层厚度　　　　　　　　　　m

岩石的剪切波速,或土层等效剪切波速/$(m \cdot s^{-1})$	场地类型				
	I_0	I_1	II	III	IV
$V_s > 800$	0				
$500 < V_{se} \leqslant 800$		0			
$250 < V_{se} \leqslant 500$		<5	≥5		
$150 < V_{se} \leqslant 250$		<3	3~50	>50	
$V_{se} \leqslant 150$		<3	3~15	15~80	>80

注:表中 V_s 系指岩石的剪切波速,V_{se} 系指土层等效剪切波速。

从表 3-1 中可知,场地类别是根据土层等效剪切波速和场地覆盖层厚度两个指标综合确定的。场地覆盖层厚度上文已做解释。土层等效剪切波速计算公式为

$$V_{se} = d_0 / t \tag{3-1}$$

$$t = \sum_{i=1}^{n} (d_i / v_{si}) \tag{3-2}$$

式中　V_{se}——土层等效剪切波速(m/s);

d_0——计算深度(m),取覆盖层厚度和 20 m 两者的较小值;

t——剪切波在地面至计算深度之间的传播时间;

d_i——计算深度范围内第 i 层土层的厚度(m);

v_{si}——计算深度范围内第 i 层土层的剪切波速(m/s);

n——计算深度范围内土层的分层数。

对于不超过 10 层和高度 24 m 以下的丙类建筑及丁类建筑,当无实测剪切波速时,可根据岩土名称和性状,按表 3-2 划分土的类型,再利用当地经验在表 3-2 的剪切波速范围内估算各土层的剪切波速。

表 3-2   土的类型划分和剪切波速范围

土的类型	岩土名称和性状	土层剪切波速/(m·s⁻¹)
岩石	坚硬、较硬且完整的岩石	$V_s>800$
坚硬土或软质岩石	破碎和较破碎的岩石或软和较软的岩石,密实的碎石土	$500<V_{se}\leq800$
中硬土	中密、稍密的碎石土,密实、中密的砾和粗、中砂,$f_{ak}>150$ 的黏性土和粉土,坚硬黄土	$250<V_{se}\leq500$
中软土	稍密的砾和粗、中砂,除松散外的细、粉砂,$f_{ak}\leq150$ 的黏性土和粉土,$f_{ak}>130$ 的填土,可塑新黄土	$150<V_{se}\leq250$
软弱土	淤泥和淤泥质土,松散的砂,新近沉积的黏性土和粉土,$f_{ak}\leq130$ 的填土,流塑黄土	$V_{se}\leq150$

注:f_{ak} 为由荷载试验等方法得到的地基承载力特征值(kPa);V_s 为岩土剪切波速。

【例 3-1】 已知某建筑场地的钻孔地质资料,见表 3-3,试确定该场地的类别。

表 3-3   钻孔资料

土层底部深度/m	土层厚度/m	岩土名称	土层剪切波速/(m·s⁻¹)
2	2	杂填土	200
6	4	粉土	270
12	6	细砂	330
21	9	中砂	530

【解】 (1)确定覆盖层厚度

因为地表 12 m 以下土层的 $V_s=530$ m/s>500 m/s,故 $d_0=12$ m。

(2)计算等效剪切波速,按式(3-1)及式(3-2)有

$$V_{se}=12/(\frac{2}{200}+\frac{4}{270}+\frac{6}{330})=279.09 \text{ m/s}$$

查表 3-1,V_{se} 位于 250~500 m/s 且 $d_0>5$ m,故属 Ⅱ 类场地。

📎 **本章小结**

1.地震(通常又称地动)是指岩石圈的振动。地震一般可分为人工地震和天然地震两大类。地震按成因可分为构造地震、火山地震、陷落地震和诱发地震;按震源深度可分为浅源地震、中源地震和深源地震。目前衡量地震大小的标准主要有震级和烈度两种。

2.我国通过颁发文件的形式规定了各地区的抗震设防烈度。进行抗震设计的建筑抗震设防目标是:小震不坏,中震可修,大震不倒。

3.建筑应根据其使用功能的重要性分为四个抗震设防类别,分别是特殊设防类,简称甲类;重点设防类,简称乙类;标准设防类,简称丙类;适度设防类,简称丁类。

4.场地是指建筑物所在地,其范围大体相当于厂区、居民点和自然村的范围。建筑的场地类别,应根据土层等效剪切波速和场地覆盖层厚度分为四类,分别是 Ⅰ、Ⅱ、Ⅲ、Ⅳ 类。

📄 **复习思考题**

3-1 解释震级与烈度的含义,并说明两者的异同。

3-2 解释基本烈度与设防烈度的含义。

3-3 我国抗震设防的目标是什么?

3-4 建筑抗震设防类别根据其使用功能的重要性分为哪几个类别?

3-5 解释场地的概念含义,并说明场地类别如何划分。

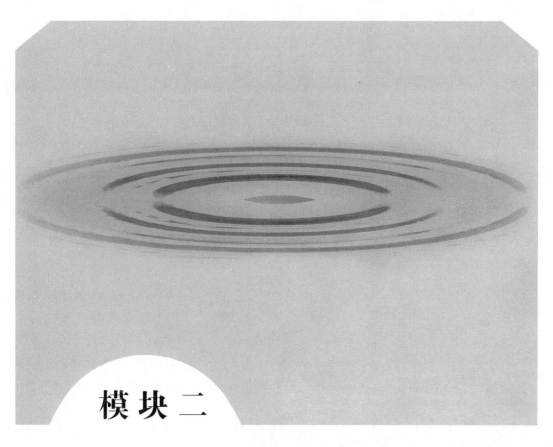

模块二

钢 筋 混 凝 土 结 构

第4章 钢筋混凝土结构材料的力学性能

学习目标

　　理解钢筋和混凝土的主要力学性能；了解混凝土徐变、收缩性能及其对混凝土构件的影响；能正确合理地选择钢筋和混凝土材料；理解保证钢筋和混凝土黏结作用的构造措施。

　　钢筋混凝土结构是由钢筋和混凝土两种力学性能不同的材料组成的，结构构件在荷载作用下，其力学性能与匀质弹性材料有很大的差异。为了正确掌握混凝土结构的受力特征和设计方法，必须了解钢筋和混凝土的力学性能。

4.1　混凝土的力学性能

4.1.1　混凝土强度

1.混凝土立方体抗压强度和强度等级

微课15

混凝土强度

　　混凝土立方体抗压强度是指按照标准方法制作、养护的棱长为 150 mm 的立方体试件，在 28 d 或设计规定龄期以标准试验方法测得的抗压强度。具有 95% 保证率的混凝土立方体抗压强度称为混凝土立方体抗压强度标准值，用符号 $f_{cu,k}$ 表示。

　　由于试件的尺寸效应，当混凝土强度等级小于 C60 时，采用非标准试件所测得的立方体抗压强度标准值与标准试件所测得的立方体抗压强度标准值的关系是：

$$f_{cu,k}(150)=0.95f_{cu,k}(100)$$
$$f_{cu,k}(150)=1.05f_{cu,k}(200)$$

　　括号里的数字代表立方体棱长，单位为 mm。

　　混凝土强度等级按立方体抗压强度标准值 $f_{cu,k}$ 确定。《混凝土结构设计规范》（GB 50010—2010）按立方体抗压强度标准值的大小将混凝土分为 14 个强度等级，即 C15、C20、C25、C30、C35、C40、C45、C50、C55、C60、C65、C70、C75、C80。其中 C 代表混凝土，C 后面的数字表示混凝土立方体抗压强度标准值，单位为 N/mm²。如 C30 表示立方体抗压强度标准值为30 N/mm² 的混凝土强度等级。C50～C80 属高强混凝土的范畴。

　　《混凝土结构设计规范》（GB 50010—2010）规定：素混凝土结构的强度等级不应低于 C15；钢筋混凝土结构的混凝土强度等级不应低于 C20；采用强度等级 400 N/mm² 及以上的钢筋

时，混凝土强度等级不应低于 C25；预应力混凝土结构的混凝土强度等级不宜低于 C40，且不应低于 C30；承受重复荷载的钢筋混凝土构件，混凝土强度等级不应低于 C30。

2. 混凝土轴心抗压强度

实际工程中，混凝土结构构件的形状、大小、受力情况及所处的环境与混凝土立方体试件的情况完全不同。受压构件通常不是立方体而是棱柱体，所以采用棱柱体试件比立方体试件更能反映混凝土的实际抗压性能。

试验证明：混凝土抗压强度的大小与试件的高度 h 和截面宽度 b 的比值 h/b 有关。h/b 越大，其抗压强度降低越多，当 h/b 大于 3 时，其强度趋于稳定。我国采用 150 mm×150 mm×300 mm 的棱柱体作为标准试件，在标准条件下养护至 28 d 龄期，按照标准试验方法测得轴心抗压强度。具有 95% 保证率的混凝土轴心抗压强度称为混凝土轴心抗压强度标准值，用符号 f_{ck} 表示。

考虑实际构件制作、养护和受力情况，实际构件强度与试件强度之间存在的差异，《混凝土结构设计规范》(GB 50010—2010)基于安全取偏低值，轴心抗压强度标准值与立方体抗压强度标准值 $f_{cu,k}$ 的关系按下式确定：

$$f_{ck} = 0.88 \alpha_{c1} \alpha_{c2} f_{cu,k} \tag{4-1}$$

式中 α_{c1}——混凝土轴心抗压强度(简称棱柱体强度)与混凝土立方体抗压强度(简称立方体强度)的比值，当混凝土强度等级≤C50 时，$\alpha_{c1} = 0.76$；当混凝土强度等级为 C80 时，$\alpha_{c1} = 0.82$；当 C50<混凝土强度等级<C80 时，α_{c1} 在 0.76 和 0.82 之间按线性内插取值。

α_{c2}——混凝土脆性折减系数，当混凝土强度等级≤C40 时，$\alpha_{c2} = 1.0$；当混凝土强度等级为 C80 时，$\alpha_{c2} = 0.87$；当 C40<混凝土强度等级<C80 时，α_{c2} 在 1.0 和 0.87 之间按线性内插取值。

3. 混凝土轴心抗拉强度

混凝土轴心抗拉强度可采用圆柱体或立方体的劈裂试验来间接测定。混凝土轴心抗拉强度标准值 f_{tk} 与混凝土立方体抗压强度标准值 $f_{cu,k}$ 的关系为

$$f_{tk} = 0.88 \times 0.395 f_{cu,k}^{0.55} (1 - 1.645\delta)^{0.45} \alpha_{c2} \tag{4-2}$$

式中 δ——混凝土立方体抗压强度变异系数。

《混凝土结构设计规范》(GB 50010—2010)中的轴心抗压强度标准值 f_{ck} 和轴心抗拉强度标准值 f_{tk} 由立方体抗压强度标准值 $f_{cu,k}$ 经计算确定，计算结果见附表 A-1。

混凝土的强度设计值由强度标准值除以混凝土材料分项系数 γ_c 确定。γ_c 取为 1.40，计算结果见附表 A-2。

4. 复合应力状态下的混凝土强度

实际混凝土结构构件处于单向受力状态的情况较少，大多处于复合应力状态。混凝土所受的应力状态不同，其强度值是变化的。

混凝土在双向应力作用下，其强度应力变化规律如下：在双向压应力作用下，一个方向的抗压强度随另一方向的抗压应力的增大而增大，混凝土双向受压强度比单向受压强度最多可提高 27%；在双向拉应力作用下，混凝土双向受拉强度接近于单向受拉强度；在拉、压应力共同作用下，无论是受拉强度还是受压强度都低于单向受拉或受压时的强度。

混凝土在三向受压的情况下，其受到的侧向压力约束了混凝土的横向变形，并抑制了混凝土内部裂缝的发生和发展，从而大大提高了混凝土的轴心抗压强度，其计算公式为

$$f_{cc} = f_c + 4\delta_\tau \tag{4-3}$$

式中　f_c——无侧向压应力的混凝土轴心抗压强度；

　　　δ_τ——侧向压应力。

4.1.2　混凝土的变形

混凝土的变形有两类：一类是由荷载作用引起的受力变形，包括一次短期荷载、重复荷载作用下的变形和长期荷载作用下的变形；另一类是由非荷载作用引起的体积变形，包括化学收缩、干湿变形和温度变形等。

1.混凝土在荷载作用下的变形

（1）混凝土在一次短期荷载作用下的$\sigma\text{-}\varepsilon$曲线

混凝土在一次短期荷载作用下的$\sigma\text{-}\varepsilon$曲线，能很好地反映混凝土的强度和变形性能，并可作为结构构件承载力计算的理论依据。

典型的混凝土轴心受压$\sigma\text{-}\varepsilon$曲线如图4-1所示。从图4-1中可以看出：这条曲线包括上升段和下降段两部分。在Oa段应力较小$[\sigma\leqslant(0.3\sim0.4)f_c]$，为一条直线，说明混凝土变形为弹性变形，称$a$点为比例极限点；超过$a$点时，曲线开始弯曲，应变的增长速度较应力快，材料呈现出一定的塑性性质；超过临界点b点$(\sigma>0.8f_c)$时，随着水泥胶体的黏性流动以及混凝土内部的初始微裂缝的开展，新裂缝相继产生，混凝土的塑性变形显著增大，于c点达到混凝土的轴心抗压强度f_c（峰值应力）。试验表明，不同强度等级的普通混凝土达到轴心抗压强度时的应变ε_0（峰值应变）相差不多，工程中均取$\varepsilon_0=0.002$。当应力超过c点后，$\sigma\text{-}\varepsilon$曲线为下降段，随着应变的增大，应力反而减小。当应变达到e点——极限值ε_{cu}（极限应变）时，混凝土破坏。极限应变ε_{cu}取0.0033。

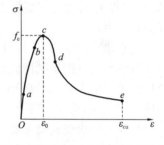

图4-1　混凝土在一次短期荷载作用下的$\sigma\text{-}\varepsilon$曲线

从$\sigma\text{-}\varepsilon$曲线可以看出，随着应力的增大，应变增长的速度快于应力的增长，说明在高应力状态下，混凝土的变形主要以塑性变形为主。

（2）混凝土的变形模量和剪切模量

混凝土是非弹性材料，其受压应力-应变关系是一条曲线。在不同的应力阶段，应力与应变之比不是一个定值，通常称为变形模量。混凝土的变形模量有如下三种表示方法。

①混凝土的弹性模量

混凝土只有在应力很小$(\sigma_c\leqslant0.3f_c)$时才存在弹性模量，如图4-2所示。通常取混凝土在一次短期荷载作用下的$\sigma\text{-}\varepsilon$曲线原点的切线斜率作为混凝土的弹性模量，用$E_c$表示，单位为N/mm²。《混凝土结构设计规范》（GB 50010—2010）中各种不同强度等级混凝土的弹性模量的计算公式为

$$E_c=\frac{1.0\times10^5}{2.2+34.7/f_{cu,k}}\qquad(4\text{-}4)$$

混凝土弹性模量可以通过附表A-3查得。

②混凝土的变形模量（割线模量）

当应力较大时，弹性模量已不能正确地反映混凝土的受力性能，为此引出混凝土的变形模量，用E_c'表示。它是原点O与$\sigma\text{-}\varepsilon$曲线上点$c$连线的斜率，如图4-2所示，即

$$E_c'=\tan\alpha_1\qquad(4\text{-}5)$$

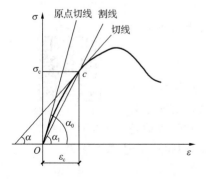

图4-2　混凝土的弹性模量和变形模量

E'_c随着应力的增大而降低。混凝土的变形模量E'_c与弹性模量E_c之间的关系为

$$E'_c = \upsilon E_c$$

式中　　υ——混凝土弹性系数,通常为 0.4~1.0。

③混凝土的切线模量

在混凝土σ-ε曲线上任一点应力为σ_c处作一切线,其切线的斜率称为应力σ_c时混凝土的切线模量。如图 4-2 所示,即

$$E''_c = \tan \alpha \tag{4-6}$$

混凝土的切线模量是一个变量,它随着混凝土的应力增大而减小。

混凝土的剪切模量是指剪应力与剪应变的比值,用G_c表示

$$G_c = 0.4 E_c \tag{4-7}$$

(3)混凝土在长期荷载作用下的变形

混凝土在长期荷载作用下(应力不变),其应变随时间增长而继续增加的现象,称为混凝土的徐变。混凝土的徐变将导致构件刚度降低,对预应力混凝土构件将引起预应力损失。试验资料表明,混凝土在长期荷载作用下,徐变先快后慢,通常在最初 6 个月内可完成最终徐变量的 70%~80%,12 个月内大约完成徐变总量的 90%,其余部分则在后续几年内逐渐完成。

关于徐变产生的原因,目前尚无统一解释,通常可以这样理解:一是混凝土中的水泥凝胶体在荷载作用下产生黏性流动,并把它所承受的压力逐渐转给骨料,使骨料压应力增大,试件变形也随之增大;二是混凝土内部的微裂缝在荷载长期作用下不断发展和增加,使徐变增大。当应力不大时,徐变的发展以第一种原因为主;当应力较大时,则以第二种原因为主。

混凝土的徐变现象对混凝土结构构件的性能有很大影响,会加大构件的变形,在钢筋混凝土构件中引起截面应力重分布,在预应力混凝土结构中,则会引起预应力损失,从而降低构件的使用性能。但徐变能消除钢筋混凝土内的应力集中,使应力较均匀地重新分布;对大体积混凝土,徐变能消除一部分由于温度变形所产生的破坏应力。

影响混凝土的徐变的主要因素有:

①水泥用量越多,水灰比越高,徐变越大。

②骨料级配越好,骨料的强度及弹性模量越高,徐变越小。

③构件养护条件越好,徐变越小。

④构件受到的压应力越大,徐变越大。

⑤构件受力前的强度越高,徐变越小。

2.混凝土在非荷载作用下的变形

混凝土在空气中结硬时体积减小的现象称为收缩。混凝土的收缩值随时间而增长。

(1)化学收缩

一般水泥水化生成物的体积比反应前物质的总体积小,从而导致水化过程的体积收缩,这种收缩称为化学收缩。化学收缩随混凝土硬化龄期的延长而增加,在 40 d 内收缩值增长较快,以后逐渐稳定。化学收缩是不能恢复的,它对结构物不会产生明显的破坏作用,但在混凝土中可能产生微细裂缝。

(2)湿胀干缩变形

当混凝土在水中硬化时,体积产生微小膨胀;当混凝土在干燥空气中硬化时,体积将产生

收缩。一般来说,混凝土的收缩值比膨胀值大得多,混凝土的线收缩率为 $(1.5\sim 2.0)\times 10^{-4}$,即收缩量为 $0.15\sim 0.20$ mm/m。

混凝土的湿胀变形量很小,对结构一般无破坏作用。但干缩变形对混凝土危害较大,它可能使混凝土表面出现拉应力而开裂,严重影响混凝土的耐久性。因此,应采取以下措施减少混凝土的收缩:

①加强养护:在养护期内使混凝土处于潮湿环境。

②减小水灰比:水灰比增大,会使混凝土收缩量大大增加。

③减少水泥用量:水泥含量减少,骨料含量相对增加,因骨料的体积稳定性比砂浆好,故可减少混凝土的收缩。

④加强振捣:混凝土捣固得越密实,内部孔隙量越少,收缩量也就越小。

(3)温度变形

混凝土的热胀冷缩变形称为温度变形。混凝土温度线膨胀系数为 $(1.0\sim 1.5)\times 10^{-5}/℃$,即温度升高(或降低)1 ℃,膨胀(或收缩)量为 $0.01\sim 0.015$ mm/m。

对大体积混凝土工程,应设法降低混凝土的发热量,如使用低热水泥、减少水泥用量、采用人工降温以及对表层混凝土加强保温保湿措施等,以减少内、外温差,防止裂缝的产生和开展。对纵向较长的混凝土及钢筋混凝土结构,应考虑混凝土温度变形所产生的危害,每隔一段长度应设置温度伸缩缝,并在结构内配置温度钢筋。

4.2 钢筋的力学性能

钢筋是建筑工程中不可或缺的重要建筑材料。钢筋混凝土结构和预应力混凝土结构对钢筋的要求是:具有较高的强度、较好的塑性变形能力、良好的加工工艺性能、与混凝土有较高的黏结力。

微课19

钢筋的力学性能

4.2.1 钢筋的品种

钢筋按生产加工工艺和力学性能的不同,可分为热轧钢筋、冷加工钢筋、热处理钢筋和钢丝。

1.热轧钢筋

热轧钢筋是低碳钢、普通低合金钢在高温状态下轧制而成的。热轧钢筋依据其强度不同分为 HPB300、HRB335、HRB400、HRBF400、RRB400、HRB500、HRBF500 等级别。其中:HPB300 是指强度级别为300 MPa 的普通热轧光圆钢筋,其规格限于直径 6～14 mm;HRB500 是

微课20

钢筋的分类

指强度级别为500 MPa 的普通热轧带肋钢筋;HRBF500 是指强度级别为 500 MPa 的细晶粒热轧带肋钢筋;RRB400 是指强度级别为 400 MPa 的余热处理带肋钢筋;RRB 系列余热处理钢筋是指热轧后立即穿水,进行表面控制冷却,然后利用芯部余热自身完成回火处理所得的成品钢筋。

以上钢筋除 HPB300 外,如果满足以下条件在牌号后面加 E,成为抗震钢筋。

①钢筋的抗拉强度实测值与屈服强度实测值的比值不小于 1.25。

②钢筋的屈服强度实测值与屈服强度标准值的比值不大于 1.30。

③钢筋的最大力下总伸长率不小于 9%。

2.冷加工钢筋

（1）冷拉钢筋

冷拉钢筋是指在常温下将热轧钢筋通过强力拉伸，使其应力超过屈服强度而进入强化阶段，而后卸荷所得到的钢筋。钢筋冷拉后可以除锈、调直、提高屈服强度，但钢筋的塑性有所下降。

（2）冷拔钢筋

冷拔钢筋是指将热轧钢筋通过硬质合金冷拔模，经过几次强行冷拔而成的钢筋，如图 4-3 所示。经过冷拔，钢筋的抗拉强度和抗压强度都有很大提高，而塑性显著降低。冷拔钢筋的直径有 A3、A4 和 A5 三种规格，主要以钢丝束的形式作为预应力钢筋（可简写为预应力筋）。

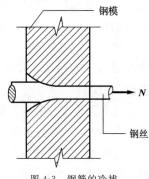

图 4-3 钢筋的冷拔

（3）冷轧带肋钢筋

冷轧带肋钢筋是指用普通低碳钢或低合金钢在常温下轧制而成的表面带有肋纹的钢筋。冷轧带肋钢筋的强度很高，其极限强度与冷拔低碳钢丝相近，但伸长率则有明显的降低。

目前我国使用的冷轧带肋钢筋有 CRB550、CRB650、CRB800 和 CRB970 四个牌号。CRB550 钢筋用于现浇混凝土板或梁、柱箍筋；而 CRB650、CRB800 和 CRB970 钢筋则应用于中小型预应力混凝土构件。

钢筋经过冷加工，其内部组织晶格发生变化，从而提高了钢筋的屈服强度和极限强度，同时塑性有所降低。需要指出的是：冷拉只能提高钢筋的抗拉强度，而不能提高钢筋的抗压强度；需要焊接的钢筋应先焊接后再冷拉。

3.热处理钢筋

热处理钢筋是将特定强度的热轧钢筋再经过加热、淬火和回火等调制工艺处理的钢筋。热处理后的钢筋强度得到较大幅度提高，而塑性降低不多。热处理钢筋属于无明显屈服点钢筋，伸长率小，质地脆硬。其有 $40Si_2Mn$、$48Si_2Mn$、$45Si_2Cr$ 三种类型。

4.钢丝

结构用钢丝包括中强度预应力钢丝、消除应力钢丝及钢绞线。钢丝的强度较高，塑性较差，其变形特点为无明显屈服点，一般用于预应力混凝土结构。

4.2.2 钢筋的力学性能

混凝土结构中所用的钢筋可以分为两类：一是有明显屈服点的钢筋，二是无明显屈服点的钢筋。

1.有明显屈服点的钢筋

有明显屈服点的钢筋的 σ-ε 曲线如图 4-4 所示。由图 4-4 可知，应力达到 a 点之前，应力与应变成正比，a 点对应的应力为比例极限，Oa 段称为弹性阶段，材料处于弹性状态。当应力超过比例极限后，应变比应力增大得快，应力与应变为一定的曲线关系，表现出钢筋的塑性性质。当应力达到 b 点时，应力即使不增大，应变也继续增大，材料产生纯塑性变形，

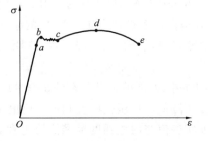

图 4-4 有明显屈服点的钢筋的 σ-ε 曲线

微课21

有明显屈服点的
钢筋力学性能

直到 c 点。这种现象称为钢筋的"屈服",对应于 b 点的应力称为钢筋的屈服强度,bc 段称为"屈服台阶"。过 c 点后,随着应力的增大,变形随之增大,应力-应变关系重新形成上升曲线,称为钢筋的强化阶段,直至达到 d 点,钢筋的应力达到极限抗拉强度。过 d 点以后,试件在拉力作用下出现颈缩而断裂,称为破坏阶段。e 点对应的应变为钢筋的伸长率,是衡量钢筋塑性性能的重要指标。

钢筋混凝土结构设计中取钢筋的屈服强度作为强度计算的依据。这是因为钢筋的应力达到屈服强度后,在应力保持不变或略有波动的情况下,产生持续的塑性变形,构件可能在钢筋未进入强化阶段之前就已破坏或产生过大的变形及裂缝。

钢筋的受压性能与受拉性能相似,在达到屈服强度之前,受压钢筋也具有理想的弹性性质,其值与钢筋受拉时相同。在屈服后,受压钢筋在应力保持不变的情况下产生明显的塑性变形,然后进入强化阶段。与受拉钢筋的不同在于受压钢筋没有明显的极限抗压强度。

2. 无明显屈服点的钢筋

无明显屈服点的钢筋的 σ-ε 曲线如图 4-5 所示。从图 4-5 中可以看出:当应力超过比例极限以后,虽然钢筋表现出越来越明显的塑性性质,但应力和应变都仍然持续增大,直到极限抗拉强度,曲线上没有出现明显流幅。这种钢筋的强度较高,塑性性能较差。在结构设计中,通常取残

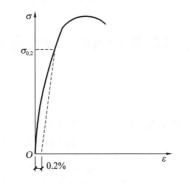

图 4-5　无明显屈服点的钢筋的 σ-ε 曲线

微课22

无明显屈服点的
钢筋力学性能

余应变为 0.2% 时所对应的应力 $\sigma_{0.2}$ 作为无明显屈服点钢筋的强度标准值,称为"条件屈服强度"。《混凝土结构设计规范》(GB 50010—2010)规定:$\sigma_{0.2} = 0.85\sigma_{b}$($\sigma_{b}$ 为无明显屈服点的钢筋的极限抗拉强度)。

常用普通钢筋的强度标准值、设计值见附表 A-4。横向钢筋的抗拉强度设计值 f_{yv} 应按表中 f_y 的数值采用;当用作受剪、受扭、受冲切承载力计算时,若其数值大于 360 N/mm² ,应取 360 N/mm²。预应力钢筋的强度标准值、设计值见附表 A-5。

3. 钢筋的塑性

钢筋除了要有足够的强度外,还应具有一定的塑性变形能力。通常用钢筋断后伸长率和冷弯性能两个指标衡量钢筋的塑性。冷弯是将直径为 d 的钢筋绕直径为 D 的弯芯弯曲到规定的角度后无裂纹、断裂及起层现象,则表示合格。弯芯的直径 D 越小,弯转角越大,说明钢筋的塑性越好。钢筋断后伸长率越大,塑性越好。

钢筋断后伸长率只能反映钢筋断口颈缩区域残余变形的大小,而且不同标距长度 l_0 得到的伸长率结果不一致;另外在计算中忽略了钢筋的弹性变形,因此它不能反映钢筋受力时的总体变形能力,也容易产生人为误差。鉴于钢筋及预应力钢筋对结构安全的重要性,我国《混凝土结构设计规范》(GB 50010—2010)参考国际标准列入钢筋最大力作用下(延性)总伸长率 δ_{gt} ,以提高混凝土结构的变形能力和抗震性能。

普通钢筋及预应力钢筋在最大力作用下的总伸长率限值见附表 A-6。

4. 钢筋的弹性模量

钢筋的弹性模量 E_s 取其比例极限与应变的比值。各种钢筋受拉和受压时的弹性模量相同,其具体数值见附表 A-7。

5. 钢筋的选用

钢筋混凝土结构中的钢筋及预应力混凝土结构中的钢筋应按下列规定选用:

(1)纵向受力普通钢筋宜采用 HRB400、HRB500、HRBF400、HRBF500 钢筋,也可采用 HPB300、HRB335、RRB400 钢筋。

(2)梁、柱纵向受力普通钢筋应采用 HRB400、HRB500、HRBF400 钢筋。

(3)箍筋宜采用 HRB400、HRBF400、HPB300、HRB500、HRBF500 钢筋,也可采用 HRB335 钢筋。

(4)预应力钢筋宜采用预应力钢丝、钢绞线和预应力螺纹钢筋。

(5)限制使用 HRB335 钢筋,仅使用直径 14 mm 及以下的 HRB335 钢筋,主要用于中、小跨度楼板配筋及剪力墙的分布配筋,还可用于构件的构造配筋。

4.3 钢筋与混凝土之间的黏结

4.3.1 黏结作用

钢筋混凝土结构构件中,钢筋和混凝土这两种力学性能完全不同的材料能在一起共同工作,共同变形,除了二者有大致相同的温度变形(钢材温度线膨胀系数:$1.2 \times 10^{-5}/℃$)之外,主要是因为钢筋与混凝土之间存在着黏结作用。试验证明,钢筋与混凝土之间的黏结力,主要由以下三方面组成:

微课23

混凝土与钢筋的黏结

(1)化学胶结力:混凝土在结硬过程中,水泥胶体与钢筋间产生吸附胶结作用。混凝土强度等级越高,胶结力越大。

(2)摩擦力:混凝土的收缩使钢筋周围的混凝土握裹在钢筋上,当钢筋和混凝土之间出现相对滑动的趋势时,其接触面上将产生摩擦力。

(3)机械咬合力:由于钢筋表面粗糙不平所产生的机械咬合作用。机械咬合力占总黏结力的 50% 以上,变形钢筋的机械咬合力远大于光面钢筋的机械咬合力。

4.3.2 保证钢筋和混凝土黏结作用的构造措施

为保证钢筋与混凝土共同工作,提高黏结作用,在结构设计中应采取一定的构造措施。

1. 受力钢筋应具有足够的锚固长度

混凝土结构中,钢筋若要发挥其在某个控制截面的强度,必须将纵向受力钢筋伸过其受力截面一定长度,以利用该长度上钢筋与混凝土的黏结作用把钢筋锚固在混凝土中,这一长度称为钢筋的锚固长度。

微课24

钢筋的锚固

当计算中充分利用钢筋的抗拉强度时,受拉钢筋的锚固应符合下列要求:

(1)纵向受拉钢筋的基本锚固长度 l_{ab} 按下式计算:

$$l_{ab} = \alpha \frac{f_y}{f_t} d \qquad (4\text{-}8)$$

式中 l_{ab}——受拉钢筋的基本锚固长度；

　　　f_y——钢筋抗拉强度设计值（N/mm²）；

　　　f_t——混凝土轴心抗拉强度设计值（N/mm²），当混凝土强度等级高于 C60 时，按 C60 取值；

　　　d——锚固钢筋的公称直径（mm）；

　　　α——锚固钢筋的外形系数，按表 4-1 采用。

表 4-1　　　　　　　　　　　　　锚固钢筋的外形系数

钢筋类型	光圆钢筋	带肋钢筋	螺旋肋钢丝	三股钢绞线	七股钢绞线
α	0.16	0.14	0.13	0.16	0.17

注：光圆钢筋末端应做 180°弯钩，弯后平直段长度不应小于 $3d$，但用作受压钢筋时可不做弯钩。

（2）受拉钢筋的锚固长度应根据锚固条件按下列公式计算，且不应小于 200 mm。

$$l_a = \zeta_a l_{ab} \qquad (4\text{-}9)$$

式中 l_a——受拉钢筋的锚固长度；

　　　ζ_a——锚固长度修正系数，对于普通钢筋，按表 4-2 要求取值，当多于一项时，可按连乘计算，但不应小于 0.6，对预应力钢筋，可取 1.0。

表 4-2　　　　　　　　　　纵向受拉普通钢筋的锚固长度修正系数 ζ_a

编号	条　件		锚固长度修正系数 ζ_a
1	当带肋钢筋的公称直径大于 25 mm 时		1.10
2	环氧树脂涂层带肋钢筋		1.25
3	施工过程中易受扰动的钢筋		1.10
4	锚固钢筋的保护层厚度（d 为锚固钢筋的直径）	$3d$	0.80
		$3d \sim 5d$	0.70～0.80 之间内插法取值
		$5d$	0.70
5	当纵向受力钢筋的实际配筋面积大于其设计计算面积时（抗震设防要求及直接承受动载作用的构件除外）		（设计计算面积/实际配筋面积）的比值

当锚固钢筋的保护层厚度不大于 $5d$ 时，锚固长度范围内应配置横向构造钢筋，其直径不应小于 $d/4$。对于梁、柱等构件间距不应大于 $5d$，对于板、墙等平面构件间距不应大于 $10d$，且均不应大于 100 mm（d 为锚固钢筋的直径）。

混凝土结构中的受压钢筋，当计算中充分利用纵向钢筋的抗压强度时，其锚固长度不应小于上述规定的受拉锚固长度的 70%。

受压钢筋不应采用末端弯钩和一侧贴焊锚筋的锚固措施。

2. 保证钢筋可靠连接

结构中钢筋的连接主要有绑扎搭接、焊接连接和机械连接。轴心受拉及小偏心受拉构件的纵向受力钢筋不得采用绑扎搭接接头；其他构件中的钢筋采用绑扎搭接时，受拉钢筋直径不宜大于 25 mm，受压钢筋直径

微课25

钢筋的连接

不宜大于 28 mm。绑扎接头必须保证足够的搭接长度。

纵向受拉钢筋绑扎搭接接头的搭接长度 l_1（图 4-6）应满足式（4-10）的要求，且不应小于 300 mm。

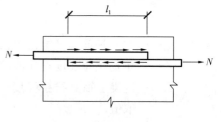

$$l_1 = \zeta_1 l_a \qquad (4\text{-}10)$$

图 4-6 钢筋的搭接长度

式中 l_1——纵向受拉钢筋的搭接长度，mm；

  l_a——纵向受拉钢筋的锚固长度，mm；

  ζ_1——纵向受拉钢筋搭接长度修正系数，按表 4-3 采用。

表 4-3 纵向受拉钢筋搭接长度修正系数

纵向钢筋搭接接头面积百分率/%	≤25	50	100
ζ_1	1.2	1.4	1.6

构件中的纵向受压钢筋，当采用搭接连接时，其受压搭接长度不应小于纵向受拉钢筋搭接长度的 70%，且不应小于 200 mm。

3.保证足够的混凝土保护层厚度和钢筋间的净距

混凝土结构构件应保证有足够的混凝土保护层厚度和钢筋间的净距，以保证黏结力的传递。《混凝土结构设计规范》（GB 50010—2010）规定：构件中受力钢筋的混凝土保护层厚度不应小于钢筋的公称直径，且应符合附表 A-8 的规定。

微课26

混凝土保护层厚度

4.选择直径较小的钢筋及变形钢筋

变形钢筋的黏结性能较好，同时，为了减小裂缝宽度，在同样钢筋截面面积的前提下，宜选择直径较小的钢筋及变形钢筋。光面钢筋的黏结性能较差，故除直径≤12 mm 的受压钢筋和焊接网、焊接骨架中的光面钢筋外，其余光面钢筋的末端均应做弯钩。

5.根据混凝土的浇筑状况，进行分层浇筑及二次振捣

钢筋与混凝土之间的黏结力还与混凝土的浇筑状况有关。在混凝土浇筑深度超过 300 mm 的上部水平钢筋底面，由于混凝土的骨料下沉和气泡的逸出，形成一层强度较低的混凝土层，它将削弱钢筋与混凝土的黏结作用。因此，对截面高度较大的构件应分层浇筑并采用二次振捣。

本章小结

1.混凝土的强度主要包括：混凝土立方体抗压强度、混凝土轴心抗压强度、混凝土轴心抗拉强度和复合应力状态下的混凝土强度。

2.混凝土的变形有两类：一类是受力变形，包括一次短期荷载、重复荷载作用下的变形和长期荷载作用下的变形；一类是体积变形，包括化学收缩、干湿变形和温度变形等。

3.钢筋按生产加工工艺和力学性能的不同，可分为热轧钢筋、冷加工钢筋、热处理钢筋和钢丝。

4.混凝土结构设计中，软钢取钢筋的屈服强度作为钢筋强度计算的依据。

5.衡量钢筋质量的力学指标包括屈服强度、极限强度、伸长率、钢筋冷弯性能以及钢筋最大力作用下总伸长率。

6. 钢筋混凝土结构构件中,钢筋和混凝土这两种力学性能完全不同的材料之所以能在一起共同工作,除了二者有大致相同的温度变形之外,主要是因为钢筋与混凝土之间存在着黏结作用。

7. 钢筋与混凝土之间的黏结力,主要由化学胶结力、摩擦力和机械咬合力组成。

8. 在实际工程中,应采取相应的构造措施保证钢筋和混凝土的黏结作用。

复习思考题

4-1 混凝土的强度指标有哪些?

4-2 混凝土的强度等级是如何划分的? 解释 C30 的含义。

4-3 结构设计中,混凝土的强度等级如何选用?

4-4 混凝土的收缩和徐变有什么本质区别? 影响收缩和徐变的因素有哪些?

4-5 减少混凝土收缩和徐变的方法有哪些?

4-6 热轧钢筋分为几个级别? 分别用什么符号表示?

4-7 钢筋力学性能的指标有哪些? 软钢为什么取屈服强度作为钢筋计算依据?

4-8 衡量钢筋塑性性能的指标有哪些?

4-9 钢筋与混凝土之间的黏结作用由几部分组成?

4-10 保证钢筋与混凝土之间黏结作用的措施有哪些?

第 5 章 钢筋混凝土受弯构件

学习目标

　　了解受弯构件的截面形式与配筋构造;深入理解受弯构件适筋梁各受力阶段的应力分布特点、破坏特征及配筋率对破坏性质的影响,正截面承载力计算基本假定及其意义;掌握单筋矩形截面正截面承载力计算及其配筋构造;了解双筋矩形截面和单筋 T 形截面正截面承载力的计算。

　　理解受弯构件斜截面的破坏形式及影响因素,掌握受弯构件斜截面抗剪承载力计算及其适用条件;了解保证受弯构件斜截面抗弯承载力的构造要求。

5.1　受弯构件的一般构造要求

　　在建筑结构中,梁和板是最常见的受弯构件。常见梁的截面形式有矩形、T 形、工字形,板的截面形式有矩形实心板和空心板等,如图 5-1 所示。

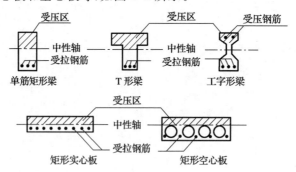

图 5-1　梁和板的截面形式

5.1.1　板的构造

1. 板的厚度

　　板的厚度应满足承载力、刚度和抗裂的要求。现浇钢筋混凝土板的厚度:单向板不小于 $l_0/30$,双向板不小于 $l_0/40$。现浇钢筋混凝土板的最小厚度要求见表 5-1。

表 5-1 现浇钢筋混凝土板的最小厚度

板的类别		最小厚度/mm
单向板	屋面板	60
	民用建筑楼板	60
	工业建筑楼板	70
	行车道下的楼板	80
双向板		80
密肋楼盖	面板	50
	肋高	250
悬臂板(根部)	悬臂长度不大于 500 mm	60
	悬臂长度 1 200 mm	100
无梁楼板		150
现浇空心楼盖		200

2. 板的钢筋

板的钢筋有受力钢筋和分布钢筋,如图 5-2 所示。

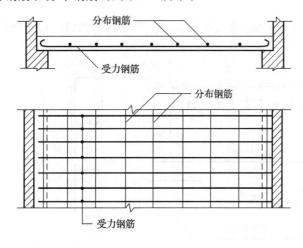

微课27

板内钢筋

图 5-2　板的钢筋

(1)受力钢筋

受力钢筋沿板的跨度方向在受拉区配置,承受荷载作用下所产生的拉力。

受力钢筋的直径应经计算确定,一般为 6~12 mm,其间距:当板厚 $h \leqslant 150$ mm 时,不宜大于 200 mm;当板厚 $h > 150$ mm 时,不宜大于 $1.5h$ 且不宜大于 250 mm。为了保证施工质量,钢筋间距也不宜小于 70 mm。

(2)分布钢筋

分布钢筋布置在受力钢筋的内侧,与受力钢筋垂直。分布钢筋的作用:将板上荷载分散到受力钢筋上;固定受力钢筋的位置;抵抗混凝土收缩和温度变化产生的沿分布钢筋方向的拉应力。

板中单位宽度上分布钢筋的截面面积不宜小于单位宽度上受力钢筋截面面积的 15% 且配筋率不宜小于 0.15%;其直径不宜小于 6 mm,间距不宜大于250 mm。

5.1.2 梁的构造

1. 梁的截面尺寸

梁的截面高度(梁高)h可根据跨度要求按高跨比h/l来估计。对于一般荷载作用下的梁,当梁高不小于表5-2规定的最小截面高度时,梁的挠度要求一般能得到满足,可不进行挠度验算。为了统一模板尺寸和便于施工,当梁高$h \leqslant 800$ mm时,取50 mm的倍数,当$h >$ 800 mm时,则取100 mm的倍数。

表5-2   梁的最小截面高度   mm

项次	构件种类		简支梁	两端连续梁	悬臂梁
1	整体肋形梁	次梁	$l/15$	$l/20$	$l/8$
		主梁	$l/12$	$l/15$	$l/6$
2	独立梁		$l/12$	$l/15$	$l/6$

梁的截面宽度(梁宽)b一般可根据梁高h来确定,通常取梁宽$b = (\frac{1}{3} \sim \frac{1}{2})h$。常用的梁宽为150 mm、200 mm、250 mm、300 mm,一般级差取50 mm。

2. 梁的钢筋

梁的钢筋有纵向受力钢筋、弯起钢筋、箍筋、架立钢筋和纵向构造钢筋等,如图5-3所示。

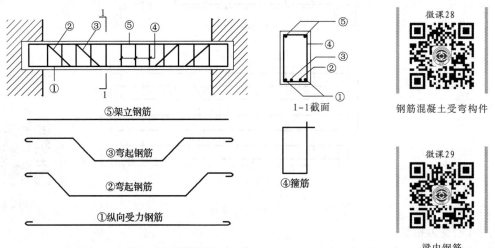

⑤架立钢筋

③弯起钢筋

②弯起钢筋

①纵向受力钢筋

1—1截面

④箍筋

微课28

钢筋混凝土受弯构件

微课29

梁内钢筋

图5-3 梁的钢筋

(1)纵向受力钢筋

纵向受力钢筋的作用是承受由弯矩产生的拉力,常用直径为12~25 mm。当梁高$h \geqslant$ 300 mm时,其直径不应小于10 mm;当$h < 300$ mm时,不应小于8 mm。

为保证钢筋与混凝土之间具有足够的黏结力和便于浇筑混凝土,梁上部纵向受力钢筋水平方向的净距不应小于30 mm和$1.5d$(d为纵向受力钢筋的最大直径),下部纵向受力钢筋水平方向的净距不应小于25 mm和d。梁下部纵向受力钢筋配置多于2层时,2层以上钢筋水平方向的中距应比下面2层的中距增大1倍。各层钢筋之间的净距不应小于25 mm和d。

为了解决粗钢筋及配筋密集引起设计、施工困难,在梁的配筋密集区域可采用并筋的配筋形式。直径28 mm及以下的钢筋并筋数量不应超过3根;直径32 mm的钢筋并筋数量宜为

2 根；直径 36 mm 及以上的钢筋不应采用并筋。并筋应按单根等效钢筋进行计算，等效钢筋的等效直径应按截面面积相等的原则换算确定。

相同直径的二并筋等效直径可取为 1.41 倍单根钢筋直径；三并筋等效直径可取为 1.73 倍单根钢筋直径。二并筋可按纵向或横向的方式布置；三并筋宜按品字形布置，并均将并筋的重心作为等效钢筋的重心。

（2）弯起钢筋

弯起钢筋一般由纵向受力钢筋弯起而成（图 5-3）。弯起钢筋的作用：弯起段用来承受弯矩和剪力产生的主拉应力；弯起后的水平段可承受支座处的负弯矩。弯起钢筋的弯起角度：当梁高 $h \leqslant 800$ mm 时，采用 45°；当梁高 $h > 800$ mm 时，采用 60°。

（3）箍筋

箍筋主要用来承受剪力，同时还固定纵向受力钢筋并和其他钢筋一起形成钢筋骨架。梁中的箍筋应按计算确定，如按计算不需要时，则应按《混凝土结构设计规范》（GB 50010—2010）规定的构造要求配置箍筋。

箍筋的最小直径与梁高有关：当梁高 $h \leqslant 800$ mm 时，不宜小于 6 mm；当 $h > 800$ mm 时，不宜小于 8 mm。梁中配有计算需要的纵向受压钢筋时，箍筋直径尚不应小于 $d/4$（d 为受压钢筋最大直径）。

箍筋分开口式和封闭式两种形式，开口式只用于无振动荷载或开口处无受力钢筋的现浇 T 形梁的跨中部分，除此之外均应采用封闭式。

箍筋一般采用双肢；当梁宽 $b \leqslant 150$ mm 时，用单肢箍；当梁宽 $b > 400$ mm 且在一层内纵向受压钢筋多于 3 根，或当梁宽 $b \leqslant 400$ mm 且一层内纵向受压钢筋多于 4 根时，应设置四肢箍（由 2 个双肢箍筋组成，也称复合箍筋），箍筋的肢数和形式如图 5-4 所示。

| (a) 单肢 | (b) 双肢 | (c) 四肢 | (d) 封闭式 | (e) 开口式 |

图 5-4　箍筋的肢数和形式

（4）架立钢筋

架立钢筋设置在梁的受压区，用来固定箍筋和形成钢筋骨架。若受压区配有纵向受力钢筋，则可不再配置架立钢筋。架立钢筋的直径与梁的跨度有关：当跨度小于 4 m 时，不宜小于 8 mm；当跨度为 4～6 m 时，不应小于 10 mm；当跨度大于 6 m 时，不宜小于 12 mm。

（5）纵向构造钢筋

当梁的腹板高度 $h_w \geqslant 450$ mm 时，在梁的两个侧面应沿高度配置纵向构造钢筋（图 5-5），每侧纵向构造钢筋（不包括梁上部、下部受力钢筋及架立钢筋）的截面面积不应小于腹板截面面积 bh_w 的 0.1%，但当梁宽较大时可以适当放

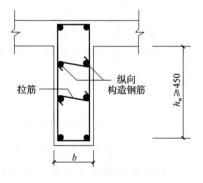

图 5-5　纵向构造钢筋

松，且其间距不宜大于 200 mm。此处，腹板高度 h_w 对矩形截面，取有效高度；对 T 形截面，取有效高度减去翼缘高度；对工字形截面，取腹板净高。

5.1.3 混凝土保护层和截面有效高度

1. 混凝土保护层

为防止钢筋锈蚀和保证钢筋与混凝土的黏结,梁、板的受力钢筋均应有足够的混凝土保护层厚度。

混凝土保护层指结构构件中钢筋(包括箍筋、构造筋、分布筋等)外边缘至构件表面范围用于保护钢筋的混凝土,如图 5-6 所示。构件中受力钢筋的混凝土保护层厚度不应小于受力钢筋的直径(单筋的公称直径或并筋的等效直径),且应符合附表 A-8 的规定。混凝土结构的环境类别见附表 A-9。

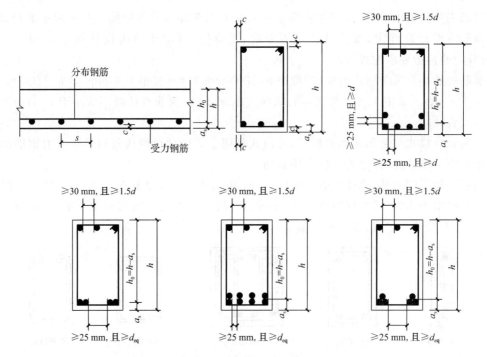

图 5-6   混凝土保护层厚度和截面有效高度

2. 截面有效高度 h_0

计算梁、板承载力时,因为混凝土开裂后,拉力完全由钢筋承担,故梁、板能发挥作用的截面高度应为从受压混凝土边缘至受拉钢筋合力点的距离,这一距离称为截面有效高度,用 h_0 表示,如图 5-6 所示。

$$h_0 = h - a_s \tag{5-1}$$

式中 h_0——受弯构件的截面有效高度,mm;

a_s——纵向受拉钢筋合力点至截面受拉区外边缘的距离,mm。

根据钢筋净距和混凝土保护层最小厚度,并考虑到梁、板常用钢筋的平均直径(梁中钢筋平均直径 $d=20$ mm,板中钢筋平均直径 $d=10$ mm),在室内正常环境下,可按下述方法近似确定 h_0 值。

(1)对于梁,截面的有效高度 h_0 见表 5-3。

微课30

截面有效高度

表 5-3　　　　　　　　　截面的有效高度 h_0（一类环境）　　　　　　　　mm

混凝土保护层厚度	截面的有效高度 h_0				
	一排纵筋	二排纵筋	纵向二并筋	横向二并筋	三并筋
25	$h_0 = h - 45$	$h_0 = h - 70$	$h_0 = h - 55$	$h_0 = h - 45$	$h_0 = h - 55$
20	$h_0 = h - 40$	$h_0 = h - 65$	$h_0 = h - 50$	$h_0 = h - 40$	$h_0 = h - 50$

（2）对于板：当混凝土保护层厚度为 15 mm 时，$h_0 = h - 20$；当混凝土保护层厚度为 20 mm 时，$h_0 = h - 25$。

5.2　受弯构件正截面承载力计算

　　钢筋混凝土受弯构件，在弯矩较大的区段可能发生垂直于构件纵轴截面的受弯破坏，即正截面破坏。为了保证受弯构件不发生正截面破坏，构件必须有足够的截面尺寸，并通过正截面承载力的计算，在构件的受拉区配置一定数量的纵向受力钢筋。

5.2.1　受弯构件正截面受弯性能

1. 受弯构件正截面的破坏形式

　　受弯构件的正截面破坏形式以梁为试验研究对象。根据试验研究，梁的正截面（图5-7）破坏形式主要与纵向受拉钢筋的配筋率 ρ 有关。配筋率 ρ 的计算公式为

微课31

$$\rho = \frac{A_s}{bh_0} \text{ 或 } \rho = \frac{A_s}{bh_0} \times 100\%^{①} \qquad (5-2)$$

纵向受力钢筋配筋率

式中　A_s——纵向受拉钢筋的截面面积；

　　　b——梁截面宽度；

　　　h_0——梁截面有效高度。

　　根据配筋率的不同，钢筋混凝土梁有三种破坏形式（图 5-8）：

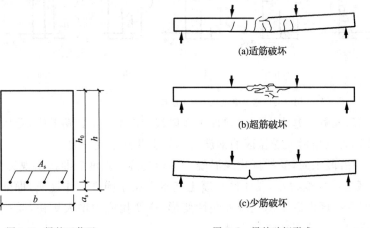

(a)适筋破坏

(b)超筋破坏

(c)少筋破坏

图 5-7　梁的正截面　　　　图 5-8　梁的破坏形式

微课32

正截面破坏形态

（1）适筋梁

　　适筋梁是指配筋适量的梁。其破坏的主要特点是受拉钢筋首先达到屈服强度，受压区混

①配筋率在计算中多以百分率表示，又称为配筋百分率，故其计算公式多采用后一种形式。

凝土的压应力随之增大,当受压区混凝土达到极限压应变时,构件即告破坏(图5-8(a)),这种破坏称为适筋破坏。这种梁在破坏前,钢筋经历着较大的塑性伸长,构件产生较大的变形和裂缝,其破坏过程比较缓慢,破坏前有明显预兆,为塑性破坏。适筋梁因其材料强度能得到充分发挥,受力合理,破坏前有预兆,故工程中应把钢筋混凝土梁设计成适筋梁。

(2)超筋梁

超筋梁是指受拉钢筋配得过多的梁。由于钢筋过多,所以这种梁在破坏时,受拉钢筋还没有达到屈服强度,而受压混凝土却因达到极限压应变而先被压碎,从而使整个构件破坏(图5-8(b)),这种破坏称为超筋破坏。超筋梁的破坏是突然发生的,破坏前没有明显预兆,为脆性破坏。这种梁配筋虽多,却不能充分发挥作用,所以是不经济的。因此,工程中应尽量避免采用超筋梁。

(3)少筋梁

少筋梁是指梁内受拉钢筋配得过少的梁。由于钢筋过少,所以只要受拉区混凝土一开裂,钢筋就会随之达到屈服强度,构件将产生很宽的裂缝和很大的变形,甚至因钢筋被拉断而破坏(图5-8(c))。这也是一种脆性破坏,破坏前没有明显预兆,工程中不得采用少筋梁。

为了保证钢筋混凝土受弯构件的配筋适当,不出现超筋破坏和少筋破坏,必须控制截面的配筋率,使它处于最大配筋率和最小配筋率范围之内。

2. 适筋梁工作的三个阶段

适筋梁的工作和应力状态,自承受荷载起到破坏为止,可分为三个阶段(图5-9)。

微课33

适筋梁受力的三个阶段

(1)第Ⅰ阶段:混凝土开裂前的未裂阶段

当开始加荷载时弯矩较小,截面上混凝土与钢筋的应力不大,梁的工

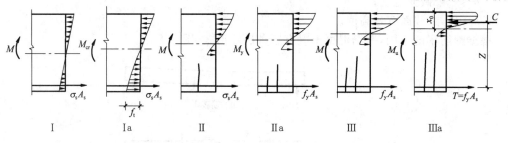

图5-9 适筋梁工作的三个阶段

作情况与匀质弹性梁相似,混凝土基本上处于弹性工作阶段,应力与应变成正比,受压区及受拉区混凝土应力分布可视为三角形。受拉区的钢筋与混凝土共同承受拉力。

荷载逐渐增大到这一阶段末时,受拉区边缘混凝土达到其抗拉强度而即将出现裂缝,此时用Ⅰa表示。这时受压区边缘应变很小,受压区混凝土基本上属于弹性工作性质,即受压区应力图仍接近于三角形,但受拉混凝土出现较大塑性变形,应变比应力增大更快,受拉区应力图为曲线,中性轴的位置较第Ⅰ阶段初略有上升。

在这一阶段中,截面中性轴以下受拉区混凝土尚未开裂,整个截面参加工作,一般称之为整体工作阶段,这一阶段梁上所受荷载大致在破坏荷载的25%以下。

Ⅰa阶段可作为受弯构件抗裂度的计算依据。

(2)第Ⅱ阶段:混凝土开裂后至钢筋屈服前的带裂缝工作阶段

当荷载继续增大,梁正截面所受弯矩值超过M_{cr}后,受拉区混凝土应力超过了混凝土的抗

拉强度,这时混凝土开始出现裂缝,应力状态进入第Ⅱ阶段,这一阶段一般称为带裂缝工作阶段。

进入第Ⅱ阶段后,梁的正截面应力发生显著变化。在已出现裂缝的截面上,受拉区混凝土基本上退出工作,受拉区的拉力主要由钢筋承受,因而钢筋的应力突增,所以裂缝立即开展到一定的宽度。这时,受压区混凝土应力图成为平缓的曲线,但仍接近于三角形。

带裂缝工作阶段的时间较长,当梁上所受荷载为破坏荷载的 25%～85% 时,梁都处于这一阶段。当弯矩继续增大,使受拉钢筋应力刚达到屈服强度时,称第Ⅱ阶段末,以Ⅱa表示。

第Ⅱ阶段相当于梁使用时的受力状态,可作为使用阶段验算变形和裂缝开展宽度的依据。

(3)第Ⅲ阶段:钢筋开始屈服至截面破坏的破坏阶段

纵向受拉钢筋达到屈服强度后,梁正截面就进入第Ⅲ阶段工作。随着荷载的进一步增大,由于钢筋的屈服,钢筋应力保持不变,而其变形继续增大,截面裂缝急剧开展,中性轴不断上升,从而使混凝土受压区高度迅速减小,混凝土压应力随之增大,压应力分布图明显地呈曲线。当受压混凝土边缘达到极限压应变时,受压区混凝土被压碎崩落,导致梁的最终破坏,这时称为第Ⅲ阶段。

第Ⅲ阶段自钢筋应力达到屈服强度起至全梁破坏止,又称受弯构件的破坏阶段。第Ⅲ阶段末(Ⅲa)的截面应力图就是计算受弯构件正截面抗弯能力的依据。

5.2.2 单筋矩形截面受弯构件正截面承载力计算

仅在受拉区配置钢筋的矩形截面,称为单筋矩形截面。

1. 受弯构件正截面承载力计算的一般规定

(1)受弯构件正截面承载力计算的基本假定

《混凝土结构设计规范》(GB 50010—2010)规定,包括受弯构件在内的各种混凝土构件的正截面承载力应按下列基本假定计算:

微课34

基本假定

① 截面应变保持平面。

② 不考虑混凝土的抗拉强度。

③ 混凝土受压的应力-应变关系采用曲线表示,如图 5-10 所示,其方程为

当 $\varepsilon_c \leqslant \varepsilon_0$ 时
$$\sigma_c = f_c \left[1 - \left(1 - \frac{\varepsilon_c}{\varepsilon_0} \right)^n \right] \tag{5-3}$$

当 $\varepsilon_0 < \varepsilon_c \leqslant \varepsilon_{cu}$ 时
$$\sigma_c = f_c \tag{5-4}$$

式中 σ_c——混凝土压应变为 ε_c 时的混凝土压应力;

n——系数,$n \leqslant 2.0$;

ε_0——混凝土压应力刚达到 f_c 时的混凝土压应变,当 $f_{cu,k} \leqslant 50$ N/mm² 时,$\varepsilon_0 = 0.002$;

ε_{cu}——正截面的混凝土极限压应变,当 $f_{cu,k} \leqslant 50$ N/mm² 时,$\varepsilon_{cu} = 0.0033$,轴心受压时 $\varepsilon_{cu} = \varepsilon_0$。

④ 纵向钢筋的应力-应变关系曲线如图 5-11 所示,其方程为
$$-f_y' \leqslant \sigma_s = E_s \cdot \varepsilon_s \leqslant f_y \tag{5-5}$$

式中 f_y'、f_y——普通钢筋抗压、抗拉强度设计值。

纵向受拉钢筋的极限拉应变取为 0.01。

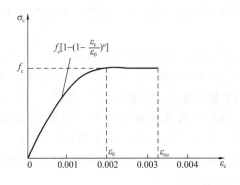

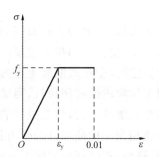

图 5-10　混凝土受压的应力-应变关系曲线　　　图 5-11　纵向钢筋的应力-应变关系曲线

（2）等效矩形应力图

受弯构件正截面承载力计算时，受压区混凝土的应力图形可简化为
等效的矩形应力图（图 5-12）。

图形简化原则：①混凝土压应力的合力 C 大小相等；②两图形中受压
区合力 C 的作用点不变。

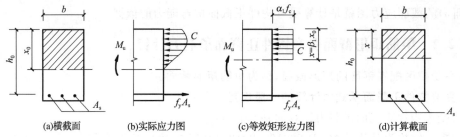

(a)横截面　　　(b)实际应力图　　　(c)等效矩形应力图　　　(d)计算截面

图 5-12　受弯构件正截面应力图

按上述简化原则，等效矩形应力图的混凝土受压区高度 $x = \beta_1 x_0$（x_0 为实际受压区高度），
等效矩形应力图的应力值为 $\alpha_1 f_c$（f_c 为混凝土轴心抗压强度设计值），对系数 α_1 和 β_1 的取值
《混凝土结构设计规范》（GB 50010—2010）规定：

①当混凝土强度等级不超过 C50 时，$\alpha_1 = 1.0$；当混凝土强度等级为 C80 时，$\alpha_1 = 0.94$；其
间按线性内插法取用。

②当混凝土强度等级不超过 C50 时，$\beta_1 = 0.8$；当混凝土强度等级为 C80 时，$\beta_1 = 0.74$；其
间按线性内插法取用。

（3）界限相对受压区高度 ξ_b 和最大配筋率 ρ_{max}

适筋梁和超筋梁破坏特征的区别：适筋梁是受拉钢筋先达到屈服，而
后受压区混凝土被压碎；超筋梁是受压区混凝土先被压碎，而受拉钢筋未
达到屈服。当梁的配筋率达到最大配筋率 ρ_{max} 时，在发生受拉钢筋屈服的
同时，受压区边缘混凝土达到极限压应变被压碎破坏，这种破坏称为界限
破坏。

当受弯构件处于界限破坏时，等效矩形截面的界限受压区高度 x_b 与截面有效高度 h_0 的
比值 $\dfrac{x_b}{h_0}$ 称为界限相对受压区高度，以 ξ_b 表示。例如，当实际配筋量大于界限状态破坏时的配
筋量时，即实际的相对受压区高度 $\xi = \dfrac{x}{h_0} > \xi_b$ 时，钢筋不能屈服，则构件破坏属于超筋破坏。

如 $\xi \leqslant \xi_b$，构件破坏时钢筋应力就能达到屈服强度，即属于适筋破坏。由此可知，界限相对受压区高度 ξ_b，就是判断适筋破坏或者超筋破坏的特征值。表 5-4 列出了常用有屈服点的钢筋的 ξ_b 值及 $\alpha_{s\,max}$。

表 5-4　有屈服点的钢筋的 ξ_b 及 $\alpha_{s\,max}$

钢筋级别	抗拉强度设计值 $f_y/(\mathrm{N \cdot mm}^{-2})$	ξ_b		$\alpha_{s\,max}$	
		$\leqslant$C50	C80	$\leqslant$C50	C80
HPB300	270	0.576	0.518	0.410	0.384
HRB335	300	0.550	0.493	0.400	0.372
HRB400，HRBF400，RRB400	360	0.518	0.463	0.384	0.356
HRB500，HRBF500	435	0.482	0.429	0.366	0.337

在表 5-4 中，当混凝土强度等级介于 C50 与 C80 之间时，ξ_b 可用线性内插法求得。ξ_b 确定后，可得出适筋梁界限受压区高度 $x_b = \xi_b h_0$，同时根据图 5-12(c)写出界限状态时的平衡公式，推出界限状态的配筋率，即

$$\rho_{max} = \xi_b \frac{\alpha_1 f_c}{f_y} \times 100\% \tag{5-6}$$

（4）最小配筋率 ρ_{min}

钢筋混凝土受弯构件中纵向受力钢筋的最小配筋率见附表 A-10。

2. 单筋矩形截面受弯构件正截面承载力的计算

（1）基本公式及适用条件

受弯构件正截面承载力的计算，就是要求由荷载设计值在构件内产生的弯矩小于或等于按材料强度设计值计算得出的构件受弯承载力设计值，即

微课37

$$M \leqslant M_u \tag{5-7}$$

式中　M——弯矩设计值；

M_u——构件正截面受弯承载力设计值。

单筋矩形截面受弯构件正截面承载力计算基本公式及适用条件

图 5-13 所示为单筋矩形截面受弯构件正截面计算简图。由平衡条件可得出其承载力基本计算公式为

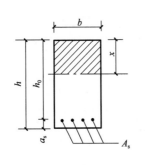
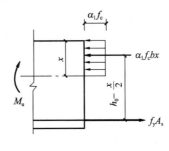

图 5-13　单筋矩形截面受弯构件正截面计算简图

$$\sum X = 0 \qquad \alpha_1 f_c b x = f_y A_s \tag{5-8}$$

$$\sum M = 0 \qquad M \leqslant M_u = \alpha_1 f_c b x \left(h_0 - \frac{x}{2} \right) \tag{5-9}$$

或

$$M \leqslant M_u = f_y A_s \left(h_0 - \frac{x}{2} \right) \tag{5-10}$$

式中　f_c——混凝土轴心抗压强度设计值；

　　　f_y——钢筋抗拉强度设计值；

　　　b——截面宽度；

　　　x——混凝土受压区高度；

　　　A_s——受拉钢筋截面面积；

　　　h_0——截面有效高度；

　　　a_s——纵向受力钢筋合力点至截面受拉区外边缘的距离；

　　　α_1——系数，当混凝土强度等级不超过 C50 时，$\alpha_1 = 1.0$，混凝土强度为 C80 时，$\alpha_1 = 0.94$，混凝土强度在其间时，按线性内插法确定。

上述公式必须满足下列适用条件：

①为了防止超筋破坏，应满足

$$\xi \leqslant \xi_b \quad 或 \quad x \leqslant x_b = \xi_b h_0 \quad 或 \quad \rho \leqslant \rho_{max} \tag{5-11}$$

若将 $x_b = \xi_b h_0$ 代入式(5-9)中，可求得单筋矩形截面所能承受的最大弯矩 M_{umax}，该式也能够作为防止形成超筋梁的条件，即

$$M \leqslant M_{umax} = \alpha_1 f_c b h_0^2 \xi_b (1 - 0.5\xi_b) \tag{5-12}$$

②为了防止少筋破坏，应满足

$$\rho \geqslant \rho_{min} \quad 或 \quad A_s \geqslant \rho_{min} bh \quad (\rho_{min} 的求法见附表 A-10)。 \tag{5-13}$$

根据《混凝土结构设计规范》(GB 50010—2010)，检验最小配筋率时构件截面采用全截面面积。

(2)基本公式的应用

在设计中，既可以直接应用公式法求解，也可以应用表格法求解。直接应用基本公式求解，需解二元二次方程组，很不方便。现将基本计算公式进行推导，并编制了实用计算表格，简化了计算。改写后的公式为

由公式 $\xi = \dfrac{x}{h_0}$ 可知：$x = \xi \cdot h_0$，设：$M = M_u$。

①将 x 代入式(5-9)可得

$$M = \alpha_1 f_c b h_0^2 \xi (1 - 0.5\xi) \tag{5-14}$$

令 $\alpha_s = \xi(1 - 0.5\xi)$，则有 $M = \alpha_1 f_c b h_0^2 \alpha_s$

$$\xi = 1 - \sqrt{1 - 2\alpha_s} \tag{5-15}$$

②将 x 代入式(5-10)得

$$M = f_y A_s h_0 (1 - 0.5\xi)$$

令 $\gamma_s = 1 - 0.5\xi$，则有

$$M = f_y A_s h_0 \gamma_s$$

$$\gamma_s = \frac{1 + \sqrt{1 - 2\alpha_s}}{2} \tag{5-16}$$

式中　α_s——截面抵抗矩系数；

　　　γ_s——内力矩的力臂系数，$\gamma_s = \dfrac{z}{h_0}$，$z = h_0 - \dfrac{x}{2}$。

式中的系数 α_s 和 γ_s 均为 ξ 的函数，所以可以把它们之间的数值关系用表格表示，见附表A-11。

另外，单筋矩形截面的最大受弯承载力为

$$M_{u\,max} = \alpha_1 f_c b h_0^2 \xi_b (1 - 0.5\xi_b) = \alpha_1 f_c b h_0^2 \alpha_{s\,max} \tag{5-17}$$

式中

$$\alpha_{s\,max} = \xi_b (1 - 0.5\xi_b)$$

(3)单筋矩形截面受弯构件正截面承载力的计算有两种情况，即截面设计与承载力校核。

①截面设计

已知:弯矩设计值 M,构件截面尺寸 b、h,混凝土强度等级和钢筋级别。

求:所需受拉钢筋截面面积 A_s。

解: Ⅰ. 设 h_0:$h_0 = h - a_s$。

Ⅱ. 求 α_s:$\alpha_s = \dfrac{M}{\alpha_1 f_c b h_0^2}$。

若 $\alpha_s > \alpha_{s\,max}$,则应加大截面尺寸,或提高混凝土强度等级,或改用双筋截面;

若 $\alpha_s \leqslant \alpha_{s\,max}$,则按以下步骤计算。

Ⅲ. 根据 α_s,由式(5-15)或式(5-16)计算 ξ 或 γ_s;或由附表 A-11 查出 ξ 或 γ_s。

Ⅳ. 求 A_s

$$A_s = \frac{\alpha_1 f_c b h_0 \xi}{f_y} \quad \text{或} \quad A_s = \frac{M}{f_y \gamma_s h_0}$$

求出 A_s 后,可按附表 A-12 或附表 A-13 选择钢筋并满足构造要求。

Ⅴ. 检查截面实际配筋率是否低于最小配筋率,即

$$\rho \geqslant \rho_{min} \quad \text{或} \quad A_s \geqslant \rho_{min} b h$$

若不满足,应按最小配筋率配置纵向受力钢筋。

②承载力校核

已知:弯矩设计值 M,构件截面尺寸 b、h,钢筋截面面积 A_s,混凝土强度等级和钢筋级别。

求:正截面受弯承载力设计值 M_u,验算是否满足 $M \leqslant M_u$。

解: Ⅰ. 求 h_0:$h_0 = h - a_s$。

Ⅱ. 验算最小配筋率条件

$$\rho = \frac{A_s}{bh} \times 100\% \geqslant \rho_{min} \quad \text{或} \quad A_s \geqslant \rho_{min} b h$$

若不满足,则原截面设计不合理,应修改设计。

Ⅲ. 求 ξ

$$\xi = \frac{f_y A_s}{\alpha_1 f_c b h_0}$$

（Ⅰ）若 $\xi > \xi_b$,取 $\xi = \xi_b$,则正截面受弯承载力应为

$$M_u = \alpha_1 f_c b h_0^2 \xi_b (1 - 0.5\xi_b) = \alpha_1 f_c b h_0^2 \alpha_{s\,max}$$

（Ⅱ）若 $\xi \leqslant \xi_b$,则正截面受弯承载力应为

$$M_u = \alpha_1 f_c b h_0^2 \xi (1 - 0.5\xi)$$

Ⅳ. 验算截面是否满足:$M \leqslant M_u$。

【例 5-1】 某办公楼矩形截面简支梁,计算跨度 $l_0 = 5.6$ m,截面尺寸 $b \times h = 200\ \text{mm} \times 500\ \text{mm}$,梁上作用均布荷载设计值 $q = 25$ kN/m(已包括自重),混凝土强度等级为 C25,钢筋选用 HRB335 级,环境类别为一类。试确定该梁的纵向受拉钢筋截面面积 A_s,并选配钢筋。

微课38

单筋梁设计问题例题 5-1

【解】 (1)确定材料强度设计值(查书中相应表格表 5-4 及附表 A-2)

对 C25 混凝土,$\alpha_1 = 1.0$,$f_c = 11.9\ \text{N/mm}^2$,$f_t = 1.27\ \text{N/mm}^2$;对 HRB335 级钢筋,$f_y = 300\ \text{N/mm}^2$,$\alpha_{s\,max} = 0.400$。

(2)求弯矩设计值

$$M = \frac{1}{8} q l_0^2 = \frac{1}{8} \times 25 \times 5.6^2 = 98\ \text{kN} \cdot \text{m}$$

（3）配筋计算

假设钢筋一排布置，则

$$h_0 = h - 45 = 500 - 45 = 455 \text{ mm}$$

$$\alpha_s = \frac{M}{\alpha_1 f_c b h_0^2} = \frac{98 \times 10^6}{1.0 \times 11.9 \times 200 \times 455^2} = 0.199 < \alpha_{s\max} = 0.400$$

此梁不可能超筋。

$$\gamma_s = \frac{1 + \sqrt{1 - 2\alpha_s}}{2} = \frac{1 + \sqrt{1 - 2 \times 0.199}}{2} = 0.888$$

或查附表 A-11 按内插法法计算得 $\gamma_s = 0.888$

$$A_s = \frac{M}{f_y \gamma_s h_0} = \frac{98 \times 10^6}{300 \times 0.888 \times 455} = 809 \text{ mm}^2$$

查附表 A-12 选用 $2\,\Phi\,20 + 1\,\Phi\,16$ 钢筋（$A_s = 829.1 \text{ mm}^2$）。截面配筋如图 5-14 所示。

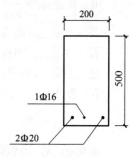

图 5-14　例 5-1 图

（4）验算最小配筋率

$$0.45 \frac{f_t}{f_y} \times 100\% = 0.45 \times \frac{1.27}{300} \times 100\% = 0.191\% < 0.2\%，取 \rho_{\min} = 0.2\%$$

$$A_s = 829.1 \text{ mm}^2 > \rho_{\min} bh = 0.2\% \times 200 \times 500 = 200 \text{ mm}^2$$

【例 5-2】 某学校教室梁截面尺寸 $b \times h = 250 \text{ mm} \times 500 \text{ mm}$，梁承受弯矩设计值 $M = 100 \text{ kN} \cdot \text{m}$，混凝土强度等级为 C25，已配置 $4\,\Phi\,16$ HRB400 级受力钢筋，环境类别为一类。试验算该梁是否安全。

微课39

单筋梁复核例题 5-2

【解】 （1）确定计算数据

确定材料强度设计值（查表 5-4 及附表 A-2）：$\alpha_1 = 1.0，f_c = 11.9 \text{ N/mm}^2$，$f_t = 1.27 \text{ N/mm}^2，f_y = 360 \text{ N/mm}^2，\xi_b = 0.518$

由附表 A-12 查得钢筋截面面积：$A_s = 804 \text{ mm}^2$

梁截面有效高度：$h_0 = h - a_s = 500 - 45 = 455 \text{ mm}$

（2）验算最小配筋率

$$0.45 \frac{f_t}{f_y} \times 100\% = 0.45 \times \frac{1.27}{360} \times 100\% = 0.159\% < 0.2\%，取 \rho_{\min} = 0.2\%$$

$$A_s = 804 \text{ mm}^2 > \rho_{\min} bh = 0.2\% \times 250 \times 500 = 250 \text{ mm}^2$$

（3）求受弯承载力设计值 M_u

$$\xi = \frac{f_y A_s}{\alpha_1 f_c b h_0} = \frac{360 \times 804}{1.0 \times 11.9 \times 250 \times 455} = 0.214 < \xi_b = 0.518$$

$$\begin{aligned} M_u &= \alpha_1 f_c b h_0^2 \xi (1 - 0.5\xi) = 1.0 \times 11.9 \times 250 \times 455^2 \times 0.214 \times (1 - 0.5 \times 0.214) \\ &= 1.177 \times 10^8 \text{ N} \cdot \text{mm} = 117.7 \text{ kN} \cdot \text{m} > M = 100 \text{ kN} \cdot \text{m} \end{aligned}$$

该梁安全。

【例 5-3】 某办公楼走廊现浇钢筋混凝土简支板截面及配筋如图 5-15 所示，计算跨度 $l_0 = 2.24 \text{ m}$。采用 C20 混凝土、HPB300 级钢筋，1 m 板宽范围内承受均布荷载设计值 $q = 5 \text{ kN/m}$（包括自重），环境类别为一类，试验算该板是否安全。

【解】 （1）确定计算数据

确定材料强度设计值（查表 5-4 及附表 A-2）：$\alpha_1 = 1.0，f_c = 9.6 \text{ N/mm}^2，f_t = 1.10 \text{ N/mm}^2$，$f_y = 270 \text{ N/mm}^2，\xi_b = 0.576$

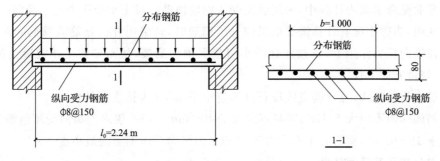

图 5-15 例 5-3 图

由附表 A-13 查得钢筋截面面积:$A_s=335$ mm^2

板的有效高度:$h_0=h-a_s=80-25=55$ mm(C20 混凝土,板的混凝土保护层厚度为 20 mm)

(2)验算最小配筋率

$$0.45\frac{f_t}{f_y}\times100\%=0.45\times\frac{1.1}{270}\times100\%=0.183\%<0.2\%,取\ \rho_{min}=0.2\%$$

$$A_s=335\ mm^2>\rho_{min}bh=0.2\%\times1\ 000\times80=160\ mm^2$$

(3)求弯矩设计值 M

取 1 m 宽板带进行验算,即 $b=1\ 000$ mm。

跨中截面最大弯矩设计值为

$$M=\frac{1}{8}ql_0^2=\frac{1}{8}\times5\times2.24^2=3.136\ kN\cdot m$$

(4)求受弯承载力设计值 M_u

$$\xi=\frac{f_yA_s}{\alpha_1f_cbh_0}=\frac{270\times335}{1.0\times9.6\times1\ 000\times55}=0.171<\xi_b=0.576$$

$M_u=\alpha_1f_cbh_0^2\xi(1-0.5\xi)=1.0\times9.6\times1\ 000\times55^2\times0.171\times(1-0.5\times0.171)=$
4.541×10^6 N · mm$=4.541$ kN · m$>M=3.136$ kN · m

该板安全。

5.2.3 双筋矩形截面正截面承载力的计算

1. 双筋矩形截面的概念

在受拉区和受压区同时设置受力钢筋的截面称为双筋截面。受压区的钢筋承受压力,称为受压钢筋,其截面面积用 A_s' 表示,如图 5-16 所示。

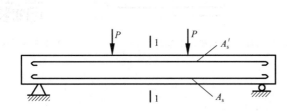
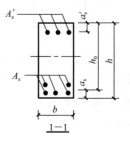

图 5-16 双筋矩形截面示意图

双筋矩形截面主要用于以下几种情况:

①弯矩很大,按单筋矩形截面计算所得的 ξ 大于 ξ_b,而梁截面尺寸受到限制,混凝土强度等级又不能提高时。

②在不同荷载组合情况下,梁截面承受异号弯矩。

在正截面受弯承载力计算中,采用纵向受压钢筋协助混凝土承受压力是不经济的。

试验证明,当梁中配有计算需要的纵向受压钢筋时,若采用开口箍筋或箍筋间距过大,则受压钢筋在纵向压力作用下,将被压屈凸出引起保护层崩裂,从而导致受压混凝土的过早破坏。因此,规范有如下规定:

①箍筋应为封闭式,且弯钩直线段长度不应小于 $5d$(d 为箍筋直径)。

②箍筋的间距不应大于 $15d$,同时不应大于 $400\ mm$。当一层内的纵向受压钢筋多于 5 根且直径大于 $18\ mm$ 时,箍筋间距不应大于 $10d$(d 为纵向受压钢筋的最小直径)。

2. 基本公式及其适用条件

双筋矩形截面受弯构件正截面受弯承载力计算简图如图 5-17 所示。

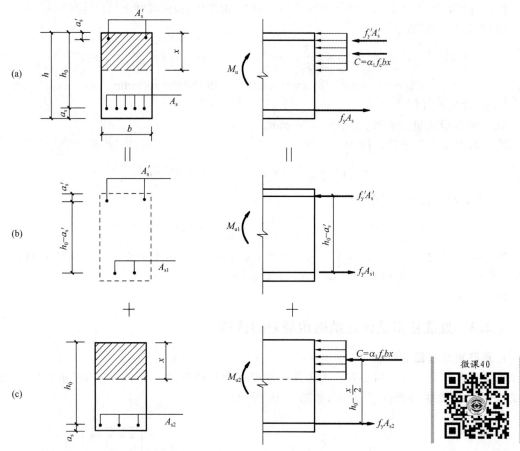

图 5-17 双筋矩形截面受弯构件正截面受弯承载力计算简图

微课 40

双筋梁公式及适用条件

(1)基本公式

由力的平衡条件,可得

$$\sum X=0 \qquad \alpha_1 f_c bx + f'_y A'_s = f_y A_s \qquad (5\text{-}18)$$

$$\sum M=0 \qquad M \leqslant M_u = \alpha_1 f_c bx\left(h_0 - \frac{x}{2}\right) + f'_y A'_s(h_0 - a'_s) \qquad (5\text{-}19)$$

(2)适用条件

①为了保证受拉区纵向受力钢筋先于受压区混凝土压碎前屈服,

$$x \leqslant \xi_b h_0 \qquad (5\text{-}20)$$

②为了保证受压区纵向受力钢筋在构件破坏时达到抗压强度设计值，

$$x \geqslant 2a'_s \tag{5-21}$$

当 $x < 2a'_s$ 时，受压钢筋的应变 ε'_y 很小，受压钢筋不可能屈服。此时取 $x = 2a'_s$，则正截面受弯承载力计算公式为

$$M \leqslant M_u = f_y A_s (h_0 - a'_s) \tag{5-22}$$

3. 公式应用

(1) 截面设计

双筋梁的截面设计分为两种情况。

情况 1：已知截面尺寸 $b \times h$，混凝土强度等级及钢筋级别，弯矩设计值 M。

求：受压钢筋 A'_s 和受拉钢筋 A_s。

此时，为了节约钢材，充分发挥混凝土的强度，取 $\xi = \xi_b$，即 $x = \xi_b h_0$，令 $M = M_u$，由式(5-19)可得

$$A'_s = \frac{M - \alpha_1 f_c b x \left(h_0 - \frac{x}{2}\right)}{f'_y (h_0 - a'_s)} = \frac{M - \alpha_1 f_c b h_0^2 \xi_b (1 - 0.5\xi_b)}{f'_y (h_0 - a'_s)} = \frac{M - \alpha_1 f_c b h_0^2 \alpha_{s\,max}}{f'_y (h_0 - a'_s)}$$

由式(5-18)可得

$$A_s = \frac{\alpha_1 f_c b h_0}{f_y} \xi_b + A'_s \frac{f'_y}{f_y}$$

情况 2：已知截面尺寸 $b \times h$、混凝土强度等级、钢筋级别、弯矩设计值 M 及受压钢筋 A'_s，求：受拉钢筋 A_s。

此时，为了节约钢材，要充分利用已知的 A'_s，从而计算出的 A_s 才会最小。

如图 5-17 所示，令 $M = M_u$，将 M 分解为两部分，即

$$M = M_1 + M_2$$

其中，$M_1 = f'_y A'_s (h_0 - a'_s)$，$M_2 = M - M_1$。

M_2 相当于单筋梁，求解 A_{s2} 及 A_s：

① 求 α_s：$\alpha_s = \dfrac{M_2}{\alpha_1 f_c b h_0^2}$

② 求 ξ 或 γ_s：$\xi = 1 - \sqrt{1 - 2\alpha_s}$ 或 $\gamma_s = \dfrac{1 + \sqrt{1 - 2\alpha_s}}{2}$ 或由附表 A-11 查出 γ_s 或 ξ。

Ⅰ. 若 $\xi \leqslant \xi_b$ 且 $x = \xi h_0 \geqslant 2a'_s$，则

$$A_{s2} = \frac{\alpha_1 f_c b h_0 \xi}{f_y} \quad \text{或} \quad A_{s2} = \frac{M_2}{f_y \gamma_s h_0}$$

$$A_s = A_{s1} + A_{s2} = \frac{A'_s}{f'_y} f_y + A_{s2}$$

Ⅱ. 若 $\xi > \xi_b$，则表明 A'_s 不足，可按 A'_s 未知情况 1 计算。

Ⅲ. 若 $x = \xi h_0 < 2a'_s$，则表明 A'_s 不能达到其设计强度 f'_y，即 $\sigma'_s \neq f'_y$。

此时取 $x = 2a'_s$，$A_s = \dfrac{M}{f_y (h_0 - a'_s)}$

(2) 截面复核

已知：截面尺寸 $b \times h$，混凝土强度等级及钢筋级别，受拉钢筋 A_s 及受压钢筋 A'_s，弯矩设计值 M。求：正截面受弯承载力 M_u，验算是否满足 $M \leqslant M_u$。

①由式(5-18)求 x：$x = \dfrac{f_y A_s - f'_y A'_s}{\alpha_1 f_c b}$

②验算适用条件：

Ⅰ．若 $2a'_s \leqslant x \leqslant \xi_b h_0$，则 $M_u = \alpha_1 f_c b x (h_0 - \dfrac{x}{2}) + f'_y A'_s (h_0 - a'_s)$

Ⅱ．若 $x < 2a'_s$，取 $x = 2a'_s$，则 $M_u = f_y A_s (h_0 - a'_s)$

Ⅲ．若 $x > \xi_b h_0$，取 $\xi = \xi_b$，则 $M_u = \alpha_1 f_c b h_0^2 \xi_b (1 - 0.5\xi_b) + f'_y A'_s (h_0 - a'_s)$

③验算是否满足 $M \leqslant M_u$。

注意：在混凝土结构设计中，凡是正截面承载力复核题，都必须求出混凝土受压区高度 x 值。

【例 5-4】 已知梁的截面尺寸为 $b \times h = 200\ \text{mm} \times 500\ \text{mm}$，混凝土强度等级为 C40，纵筋采用 HRB400 级，截面弯矩设计值 $M = 350\ \text{kN} \cdot \text{m}$，环境类别为一类。求：所需受拉和受压钢筋截面面积 A_s、A'_s。

微课41

双筋梁截面设计第一种
情况例题 5-4

【解】 假定梁内纵向受拉钢筋双排布置，$a_s = 65\ \text{mm}$，受压钢筋单排布置，$a'_s = 40\ \text{mm}$。

(1)计算截面有效高度：$h_0 = h - a_s = 500 - 65 = 435\ \text{mm}$

(2)判别是否采用双筋矩形截面①

$$M_u = \alpha_1 f_c b h_0^2 \alpha_{s\,max} = 1.0 \times 19.1 \times 200 \times 435^2 \times 0.384 \times 10^{-6} = 277.6\ \text{kN} \cdot \text{m} < M = 350\ \text{kN} \cdot \text{m}$$

采用双筋矩形截面。

(3)求 A'_s

取 $\xi = \xi_b$，则有

$$A'_s = \frac{M - \alpha_1 f_c b h_0^2 \alpha_{s\,max}}{f'_y (h_0 - a'_s)} = \frac{350 \times 10^6 - 1.0 \times 19.1 \times 200 \times 435^2 \times 0.384}{360 \times (435 - 40)} = 509\ \text{mm}^2$$

(4)求 A_s

$$A_s = A'_s \frac{f'_y}{f_y} + \frac{\alpha_1 f_c b h_0 \xi_b}{f_y} = 509 \times \frac{360}{360} + \frac{1.0 \times 19.1 \times 200 \times 435 \times 0.518}{360} = 2\ 900\ \text{mm}^2$$

(5)选筋：A_s：6 ⌀ 25　$(A_s = 2\ 945\ \text{mm}^2)$，$A'_s$：2 ⌀ 18　$(A'_s = 509\ \text{mm}^2)$

【例 5-5】 已知梁的截面尺寸为 $b \times h = 300\ \text{mm} \times 600\ \text{mm}$，混凝土强度等级为 C35，纵筋采用 HRB400 级，配有纵向受压钢筋 2 ⌀ 16，截面弯矩设计值 $M = 340\ \text{kN} \cdot \text{m}$，环境类别为一类。求：所需受拉钢筋截面面积 A_s。

微课42

双筋梁截面设计第二种
情况例题 5-5

【解】 假定梁内纵向受拉钢筋、受压钢筋单排布置 $a_s = a'_s = 40\ \text{mm}$。

(1)计算截面有效高度：$h_0 = h - a_s = 600 - 40 = 560\ \text{mm}$

(2)求 A_{s1} 及 M_1：$A_{s1} = \dfrac{f'_y A'_s}{f_y} = \dfrac{402 \times 360}{360} = 402\ \text{mm}^2$

$$M_1 = f'_y A'_s (h_0 - a'_s) = 360 \times 402 \times (560 - 40) = 75\ 254\ 400\ \text{N} \cdot \text{mm}$$

(3)求 M_2：$M_2 = M - M_1 = 340\ 000\ 000 - 75\ 254\ 400 = 264\ 745\ 600\ \text{N} \cdot \text{mm}$

(4)求 A_{s2}：$\alpha_s = \dfrac{M_2}{\alpha_1 f_c b h_0^2} = \dfrac{264\ 745\ 600}{1.0 \times 16.7 \times 300 \times 560^2} = 0.169 < \alpha_{s\,max} = 0.384$

此梁不可能超筋。

---

① 计算中相关数据可查本书相关表格获得。

$$\gamma_s = \frac{1+\sqrt{1-2\alpha_s}}{2} = \frac{1+\sqrt{1-2\times0.169}}{2} = 0.907，或由附表 A-11 得出 \gamma_s = 0.907。$$

$$A_{s2} = \frac{M_2}{f_y\gamma_s h_0} = \frac{264\ 745\ 600}{360\times0.907\times560} = 1\ 448\ mm^2$$

（5）求 A_s：$A_s = A_{s1} + A_{s2} = 402 + 1\ 448 = 1\ 850\ mm^2$

（6）选筋：A_s：$4\ \Phi\ 25(A_s = 1\ 964\ mm^2)$

【例 5-6】 已知梁的截面尺寸为 $b\times h = 250\ mm\times500\ mm$，混凝土强度等级为 C25，纵筋采用 HRB335 级，配有纵向受压钢筋 $2\ \Phi\ 18$，纵向受拉钢筋 $6\ \Phi\ 22$。环境类别为一类。确定该梁的受弯承载力。

微课43

双筋梁截面复核例题 5-6

【解】 梁内纵向受拉钢筋双排布置 $a_s = 70\ mm$，受压钢筋单排布置 $a'_s = 45\ mm$。

（1）计算截面有效高度：$h_0 = h - a_s = 500 - 70 = 430\ mm$

（2）求 x：
$$x = \frac{f_y A_s - f'_y A'_s}{\alpha_1 f_c b} = \frac{300\times2\ 281 - 300\times509}{1.0\times11.9\times250} = 178.69\ mm < \xi_b h_0 =$$
$$0.550\times430 = 236.5\ mm$$
$$x > 2a'_s = 2\times45 = 90\ mm$$

（3）求 M_u：
$$M_u = \alpha_1 f_c bx\left(h_0 - \frac{x}{2}\right) + f'_y A'_s(h_0 - a'_s) =$$
$$1.0\times11.9\times250\times178.69\times\left(430 - \frac{178.69}{2}\right) + 300\times509\times(430 - 45) =$$
$$239\ 882\ 635\ N\cdot m = 239.88\ kN\cdot m$$

5.2.4　T 形截面正截面承载力的计算

1. T 形截面的概念

受弯构件在破坏时，大部分受拉区混凝土已退出工作，由此可将受拉区的一部分混凝土挖去，把原有的纵向受拉钢筋集中布置在梁肋中，则截面的承载力计算值与原矩形截面完全相同，这样做不仅可以节约混凝土而且可减轻自重。如图 5-18 所示，剩下的梁就成为由梁肋 $b\times h$ 及挑出翼缘 $(b'_f - b)\times h'_f$ 两部分所组成的 T 形截面。

T 形截面在工程中的应用很广泛，如现浇楼盖、吊车梁等。此外，工字形屋面大梁、槽板、空心板等也均按 T 形截面计算，如图 5-19 所示。

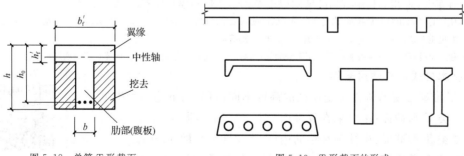

图 5-18　单筋 T 形截面　　　　　　图 5-19　T 形截面的形式

T 形截面由翼缘和肋部（也称腹板）组成。翼缘宽度较大，截面有足够的混凝土受压区，很少设置受压钢筋，因此一般仅研究单筋 T 形截面。

T形截面梁受力后,翼缘上的纵向压应力是不均匀分布的,离梁肋越远压应力越小。在工程中,考虑到远离梁肋处的压应力很小,故在设计中把翼缘限制在一定范围内,称为翼缘的计算宽度 b'_f,并假定在 b'_f 范围内压应力是均匀分布的,如图 5-20 所示。

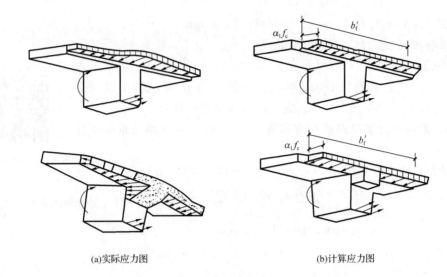

(a)实际应力图   (b)计算应力图

图 5-20　T 形截面梁受压区实际应力和计算应力图

表 5-5 中列有《混凝土结构设计规范》(GB 50010—2010)规定的翼缘计算宽度 b'_f,计算 T 形梁翼缘宽度 b'_f 时应取表中有关各项中的最小值。

表 5-5　　　　　　　　　　　　受弯构件受压区有效翼缘计算宽度 b'_f

情　况		T 形、I 形截面		倒 L 形截面
		肋形梁(板)	独立梁	肋形梁(板)
1	按计算跨度 l_0 考虑	$\dfrac{l_0}{3}$	$\dfrac{l_0}{3}$	$\dfrac{l_0}{6}$
2	按梁(肋)净距 s_n 考虑	$b+s_n$	—	$b+\dfrac{s_n}{2}$
3　按翼缘高度 h'_f 考虑	$h'_f/h_0\geqslant 0.1$	—	$b+12h'_f$	—
	$0.1>h'_f/h_0\geqslant 0.05$	$b+12h'_f$	$b+6h'_f$	$b+5h'_f$
	$h'_f/h_0<0.05$	$b+12h'_f$	b	$b+5h'_f$

注:①表中 b 为腹板宽度。

②当肋形梁在梁跨内设有间距小于纵肋间距的横肋时,可不考虑表中情况 3 的规定。

③加腋的 T 形和倒 L 形截面,当受压区加腋的高度 $h_h\geqslant h'_f$ 且加腋的宽度 $b_h\leqslant 3h_h$ 时,其翼缘计算宽度可按表中情况 3 的规定分别增大 $2b_h$(T 形、I 形截面)和 b_h(倒 L 形截面)。

④独立梁受压区的翼缘板在荷载作用下经验算沿纵肋方向可能产生裂缝时,其计算宽度应取腹板宽度 b。

2.基本公式及其适用条件

(1)T 形截面受弯构件按受压区的高度不同,可分为下述两种类型:

第一类 T 形截面:中性轴在翼缘内(图 5-21(a)),即 $x\leqslant h'_f$。

第二类 T 形截面:中性轴在梁肋内(图 5-21(b)),即 $x>h'_f$。

两类 T 形截面的判别:当中性轴通过翼缘底面,即 $x=h'_f$ 时,为两类 T 形截面的界限情况。

微课44

T 形截面的分类与判别

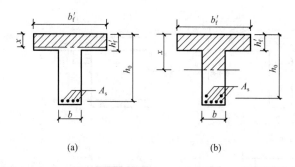

图 5-21 两类 T 形截面

当截面设计时：

若 $M \leqslant \alpha_1 f_c b_f' h_f' (h_0 - \dfrac{h_f'}{2})$，则为第一类 T 形截面；

若 $M > \alpha_1 f_c b_f' h_f' (h_0 - \dfrac{h_f'}{2})$，则为第二类 T 形截面。

当截面复核时：

若 $f_y A_s \leqslant \alpha_1 f_c b_f' h_f'$，则为第一类 T 形截面；

若 $f_y A_s > \alpha_1 f_c b_f' h_f'$，则为第二类 T 形截面。

(2)基本公式及适用条件

①第一类 T 形截面：第一类 T 形截面(图 5-22)相当于宽度 $b = b_f'$ 的矩形截面，可用 b_f' 代替 b 按矩形截面的公式计算。

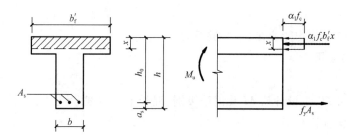

图 5-22 第一类 T 形截面计算简图

由力的平衡条件，可得

$$\sum X = 0 \qquad\qquad \alpha_1 f_c b_f' x = f_y A_s \tag{5-23}$$

$$\sum M = 0 \qquad\qquad M \leqslant M_u = \alpha_1 f_c b_f' x (h_0 - \frac{x}{2}) \tag{5-24}$$

适用条件：

Ⅰ. $x \leqslant \xi_b h_0$（一般均能满足，不必验算。）

Ⅱ. $A_s \geqslant \rho_{\min} bh$

②第二类 T 形截面(图 5-23)：由力的平衡条件，可得

$$\sum X = 0 \qquad\qquad \alpha_1 f_c (b_f' - b) h_f' + \alpha_1 f_c bx = f_y A_s \tag{5-25}$$

$$\sum M = 0 \qquad M \leqslant M_u = \alpha_1 f_c (b_f' - b) h_f' (h_0 - \frac{h_f'}{2}) + \alpha_1 f_c bx (h_0 - \frac{x}{2}) \tag{5-26}$$

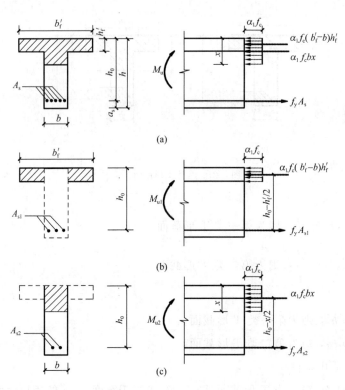

图 5-23　第二类 T 形截面计算简图

适用条件：

Ⅰ. $x \leqslant \xi_b h_0$

Ⅱ. $A_s \geqslant \rho_{\min} bh$（一般均能满足，不必验算。）

3. 基本公式的应用

（1）截面设计

已知：截面尺寸、弯矩设计值 M 及钢筋级别、混凝土的强度等级。

求：受拉钢筋截面面积 A_s。

①先判定截面类型，然后选用相应公式进行计算。

若为第一类 T 形截面，则计算方法与单筋矩形截面梁 $b'_f \times h$ 完全相同。

若为第二类 T 形截面，则下列方法计算，令 $M = M_u$。

②计算 A_{s1} 和 M_1：由图 5-23(b)可知

$$\sum X = 0 \qquad\qquad \alpha_1 f_c (b'_f - b) h'_f = f_y A_{s1}$$

$$\sum M = 0 \qquad\qquad M_1 = \alpha_1 f_c (b'_f - b) h'_f \left(h_0 - \frac{h'_f}{2}\right)$$

则

$$A_{s1} = \frac{\alpha_1 f_c (b'_f - b) h'_f}{f_y}$$

③计算 M_2 和 A_{s2}

Ⅰ. 求 M_2：由于 $M = M_1 + M_2$，则 $M_2 = M - M_1$。

Ⅱ. 求 A_{s2}：由图 5-23(c)可知

$$\sum X = 0 \qquad\qquad \alpha_1 f_c bx = f_y A_{s2}$$

$$\sum M = 0 \qquad\qquad M_2 = \alpha_1 f_c bx \left(h_0 - \frac{x}{2}\right)$$

A_{s2} 可按照单筋矩形截面梁 $b \times h$ 计算(验算 $x \leqslant \xi_b h_0$)

④计算 A_s：$A_s = A_{s1} + A_{s2} = \dfrac{\alpha_1 f_c (b_f' - b) h_f'}{f_y} + A_{s2}$

(2)截面复核

已知：截面尺寸、弯矩设计值 M、受拉钢筋面积 A_s、混凝土强度等级和钢筋级别。

求：所承受的弯矩(承载力)M_u，即校核梁是否安全。

①先判定截面类型，然后选用相应公式进行计算。

若为第一类 T 形截面，则计算方法与单筋矩形截面梁 $b_f' \times h$ 完全相同。

若为第二类 T 形截面，则按下列方法计算。

②计算 A_{s1} 和 M_{u1}：由图 5-23(b)可知

$$A_{s1} = \frac{\alpha_1 f_c (b_f' - b) h_f'}{f_y}; \qquad M_{u1} = f_y A_{s1} \left(h_0 - \frac{h_f'}{2}\right)$$

③计算 A_{s2} $$A_{s2} = A_s - A_{s1}$$

④计算 ρ_2 $$\rho_2 = \frac{A_{s2}}{bh} \times 100\%$$

⑤计算 x $$x = \frac{f_y A_{s2}}{\alpha_1 f_c b}$$

⑥验算适用条件，求 M_{u2}：

Ⅰ.若 $x \leqslant \xi_b h_0$ 且 $\rho_2 \geqslant \rho_{\min}$，则 $M_{u2} = \alpha_1 f_c bx \left(h_0 - \frac{x}{2}\right)$；

Ⅱ.若 $x > \xi_b h_0$，取 $x = \xi_b h_0$，则 $M_{u2} = \alpha_1 f_c b h_0^2 \xi_b (1 - 0.5\xi_b)$；

Ⅲ.若 $\rho_2 < \rho_{\min}$，则重新设计截面尺寸。

⑦计算 M_u：$M_u = M_{u1} + M_{u2}$。

⑧比较 M 与 M_u 大小：当 M_u 大于 M 过多时，该截面设计不经济。

【例 5-7】 已知一肋形楼盖的次梁，截面尺寸为 $b \times h = 200 \text{ mm} \times 600 \text{ mm}$，$b_f' = 1\,200 \text{ mm}$，$h_f' = 100 \text{ mm}$，混凝土强度等级为 C20，纵筋采用 HRB335 级，弯矩设计值 $M = 420 \text{ kN} \cdot \text{m}$，环境类别为一类；确定该梁受拉钢筋的面积。

微课45

第一类 T 形截面梁设计
与例题 5-7

【解】 假定梁内纵向受拉钢筋双排布置，$a_s = 70 \text{ mm}$。

(1)计算截面有效高度：$h_0 = h - a_s = 600 - 70 = 530 \text{ mm}$

(2)判别截面类型：$\alpha_1 f_c b_f' h_f' \left(h_0 - \dfrac{h_f'}{2}\right) = 1.0 \times 9.6 \times 1\,200 \times 100 \times \left(530 - \dfrac{100}{2}\right) =$
$552\,960\,000 \text{ N} \cdot \text{mm} = 552.96 \text{ kN} \cdot \text{m} > M = 420 \text{ kN} \cdot \text{m}$，属于第一类 T 形截面

(3)求 A_s：$a_s = \dfrac{M}{\alpha_1 f_c b_f' h_0^2} = \dfrac{420 \times 10^6}{1.0 \times 9.6 \times 1\,200 \times 530^2} = 0.130 < a_{s\,\max} = 0.400$

$\gamma_s = \dfrac{1 + \sqrt{1 - 2a_s}}{2} = \dfrac{1 + \sqrt{1 - 2 \times 0.130}}{2} = 0.930$，或由附表 A-11 得出 $\gamma_s = 0.930$

$A_s = \dfrac{M}{f_y \gamma_s h_0} = \dfrac{420 \times 10^6}{300 \times 0.930 \times 530} = 2\,840.33 \text{ mm}^2$

(4)选筋:6 Φ 25(A_s=2 945 mm²)

(5)验算配筋率:$0.45\dfrac{f_t}{f_y}\times100\%=0.45\times\dfrac{1.10}{300}\times100\%=0.165\%<0.2\%$

$A_s=2\,945\ mm^2>\rho_{min}bh=0.2\%\times200\times600=240\ mm^2$

【例 5-8】 已知一肋形楼盖的次梁,截面尺寸为 $b\times h=300\ mm\times650\ mm$,$b'_f=800\ mm$,$h'_f=110\ mm$,混凝土强度等级为 C30,纵筋采用 HRB400 级,弯矩设计值 $M=680\ kN\cdot m$,环境类别为一类;确定该梁受拉钢筋的面积。

微课46

第二类 T 形截面梁设计
与例题 5-8

【解】 假定梁内纵向受拉钢筋双排布置,$a_s=65\ mm$。

(1)计算截面有效高度:$h_0=h-a_s=650-65=585\ mm$

(2)判别截面类型:$\alpha_1 f_c b'_f h'_f\left(h_0-\dfrac{h'_f}{2}\right)=1.0\times14.3\times800\times110\times\left(585-\dfrac{110}{2}\right)=666.952\times10^6\ N\cdot m=666.952\ kN\cdot m<M=680\ kN\cdot m$,属于第二类 T 形截面

(3)求 M_1 及 A_{s1}:$M_1=\alpha_1 f_c(b'_f-b)h'_f\left(h_0-\dfrac{h'_f}{2}\right)=1.0\times14.3\times(800-300)\times110\times\left(585-\dfrac{110}{2}\right)=416.845\times10^6\ N\cdot m=416.845\ kN\cdot m$

$A_{s1}=\dfrac{\alpha_1 f_c(b'_f-b)h'_f}{f_y}=\dfrac{1.0\times14.3\times(800-300)\times110}{360}=2\,185\ mm^2$

(4)求 M_2 及 A_{s2}:

$M_2=M-M_1=680-416.845=263.155\ kN\cdot m$

$\alpha_s=\dfrac{M_2}{\alpha_1 f_c bh_0^2}=\dfrac{263.155\times10^6}{1.0\times14.3\times300\times585^2}=0.179<\alpha_{s\,max}=0.384$

$\gamma_s=\dfrac{1+\sqrt{1-2\alpha_s}}{2}=\dfrac{1+\sqrt{1-2\times0.179}}{2}=0.901$ 或由附表 A-11 得出 $\gamma_s=0.901$

$A_{s2}=\dfrac{M_2}{f_y\gamma_s h_0}=\dfrac{263.155\times10^6}{360\times0.901\times585}=1\,387\ mm^2$

(5)求 A_s:$A_s=A_{s1}+A_{s2}=2\,185+1\,387=3\,572\ mm^2$

(6)选筋:6 Φ 28(A_s=3 695 mm²)

【例 5-9】 已知一肋形楼盖的次梁,截面尺寸为 $b\times h=250\ mm\times750\ mm$,$b'_f=600\ mm$,$h'_f=100\ mm$,混凝土强度等级为 C25,纵筋采用 HRB335 级,受拉纵筋为 6 Φ 22,环境类别为一类;计算该 T 形截面梁的受弯承载力。

微课47

T 形截面梁截面复核
与例题 5-9

【解】 假定梁内纵向受拉钢筋双排布置,$a_s=70\ mm$。

(1)计算截面有效高度:$h_0=h-a_s=750-70=680\ mm$

(2)判别截面类型:$f_y A_s=300\times2\,281=684\,300\ mm^2<\alpha_1 f_c b'_f h'_f=1.0\times11.9\times600\times100=714\,000\ mm^2$

属于第一类 T 形截面。

(3)计算 x:$x=\dfrac{f_y A_s}{\alpha_1 f_c b'_f}=\dfrac{300\times2\,281}{1.0\times11.9\times600}=95.84\ mm<\xi_b h_0=0.550\times680=374\ mm$

(4)计算 ρ:$\rho=\dfrac{A_s}{bh}\times100\%=\dfrac{2\,281}{250\times750}\times100\%=1.22\%$

$\qquad 0.45\dfrac{f_t}{f_y}\times100\%=0.45\times\dfrac{1.27}{300}\times100\%=0.191\%<0.2\%$

$\qquad \rho=1.22\%>0.2\%$

(5)求 M_u：$M_u = \alpha_1 f_c b'_f x(h_0 - \dfrac{x}{2}) = 1.0 \times 11.9 \times 600 \times 95.84 \times (680 - \dfrac{95.84}{2})$

$\qquad\qquad = 432\ 530\ 827\ \text{N} \cdot \text{mm} \approx 432.53\ \text{kN} \cdot \text{m}$

5.3 受弯构件斜截面承载力计算

在受弯构件设计时，除了进行正截面承载力设计外，还应同时进行斜截面承载力的计算。斜截面承载力包括斜截面受剪承载力和斜截面受弯承载力。斜截面受剪承载力是由计算和构造来满足的，斜截面受弯承载力是通过对纵向钢筋和箍筋的构造要求来保证的。为了防止受弯构件斜截面的破坏，应在构件的截面尺寸、钢筋混凝土强度等级、钢筋数量等方面采取合理的控制措施。

如图 5-24 所示，纵向受力钢筋、架立钢筋、箍筋和弯起钢筋组成受弯构件的钢筋骨架。箍筋和弯起钢筋统称为腹筋。工程实践中，梁一般采用有腹筋梁。在配置腹筋时，梁总是先配以一定数量的箍筋，必要时再加配适量的弯起钢筋。

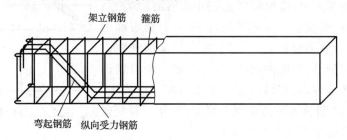

图 5-24　钢筋骨架

5.3.1 有腹筋梁斜截面的破坏形态

1. 剪跨比 λ 和配箍率 ρ_{sv} 的基本概念

（1）剪跨比 λ

在承受集中荷载作用的受弯构件中，距支座最近的集中荷载至支座的距离 a 称为剪跨，剪跨 a 与梁的截面有效高度 h_0 之比称为剪跨比，用 λ 表示，即

$$\lambda = \frac{a}{h_0} \qquad\qquad (5\text{-}27)$$

剪跨比 λ 是一个无量纲的参数，对于不是集中荷载作用的梁，用计算截面的弯矩 M 与剪力 V 和相应截面的有效高度 h_0 之积的比值来表示剪跨比，称为广义剪跨比，即

$$\lambda = \frac{M}{V h_0} \qquad\qquad (5\text{-}28)$$

（2）配箍率 ρ_{sv}

箍筋截面面积与对应的混凝土截面面积的比值，称为配箍率（又称箍筋配筋率）。配箍率用 ρ_{sv} 表示，即

$$\rho_{sv} = \frac{A_{sv}}{bs} \times 100\% = \frac{n A_{sv1}}{bs} \times 100\% \qquad\qquad (5\text{-}29)$$

式中　A_{sv}——配置在同一截面内各肢箍筋截面面积总和；

n——同一截面内箍筋的肢数；

A_{sv1}——单肢箍筋的截面面积；

b——截面宽度，若是 T 形截面，则是梁腹宽度；

s——沿受弯构件长度方向的箍筋间距。

2.斜截面的破坏形态

（1）斜压破坏

当梁的箍筋配置过多过密，即配箍率 ρ_{sv} 较大或梁的剪跨比 λ 较小（$\lambda<1$）时，随着荷载的增大，在梁腹部首先出现若干平行的斜裂缝，将梁腹部分割成若干斜向短柱，最后这些斜向短柱由于混凝土达到其抗压强度而破坏，如图 5-25(a)所示。这种破坏的承载力主要取决于混凝土强度及截面尺寸，破坏时箍筋的应力往往达不到屈服强度，箍筋的强度不能被充分发挥，属于脆性破坏，故在设计中应避免。

微课49

斜截面的破坏形态

（2）斜拉破坏

当梁的箍筋配置过少，即配箍率 ρ_{sv} 较小或梁的剪跨比 λ 过大（$\lambda>3$）时，发生斜拉破坏。这种情况下，一旦梁腹部出现斜裂缝，很快就形成临界斜裂缝，与其相交的梁腹筋随即屈服，箍筋对斜裂缝开展的限制已不起作用，导致斜裂缝迅速向梁上方受压区延伸，梁将沿斜裂缝裂成两部分而破坏，如图 5-25(b)所示。斜拉破坏的承载力很低，并且一裂就破坏，属于脆性破坏，故在工程中不允许采用。

（3）剪压破坏

当梁的剪跨比 λ 适中（λ 值为 $1\sim3$），梁所配置的腹筋（主要是箍筋）适当，即配箍率合适时，发生剪压破坏。随着荷载的增大，截面出现多条斜裂缝，当荷载增大到一定值时，其中出现一条延伸长度较大、开展宽度较宽的斜裂缝，称为"临界斜裂缝"。到破坏时，与临界斜裂缝相交的箍筋首先达

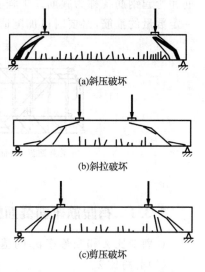

(a)斜压破坏

(b)斜拉破坏

(c)剪压破坏

图 5-25　梁的斜截面破坏形态

到屈服强度。最后，斜裂缝顶端剪压区的混凝土在压应力、剪应力共同作用下达到剪压复合受力时的极限强度而破坏，梁也就失去承载力，如图 5-25(c)所示。梁发生剪压破坏时，混凝土和箍筋的强度均能得到充分发挥，破坏时的脆性性质不如斜压破坏时明显。

5.3.2　影响梁斜截面承载力的主要因素

工程实践中，影响梁斜截面承载力的因素很多，主要包括剪跨比、混凝土强度等级、截面形状和尺寸、配箍率与箍筋强度以及纵筋配筋率等。

1.剪跨比

试验研究表明：随着剪跨比减小，梁斜截面的破坏按斜拉、剪压、斜压的顺序演变，梁的抗剪能力显著提高。当 $\lambda>3$ 时，剪跨比的影响将不明显。对于有腹筋梁，剪跨比对低配箍率梁影响较大，而对高配箍率梁影响却较小。

2.混凝土强度等级

试验研究表明：梁的抗剪能力随混凝土强度等级的提高而增大。此外，混凝土强度等级对梁不同破坏形态的影响程度也存在差异，例如：斜压破坏时，随着混凝土强度等级的提高，梁的

抗剪能力有较大幅度的提高;而斜拉破坏时,由于混凝土强度等级的提高对混凝土抗拉强度的提高不大,梁的抗剪能力提高也较小。

3. 截面形状和尺寸

不同截面形状对受弯构件的抗剪强度有较大的影响。相对于矩形截面梁而言,T 形和工字形截面梁受压区翼缘,对其剪压破坏时的抗剪强度有一定程度的提高。适当增大翼缘宽度,可提高受剪承载力 25%,但翼缘过大,增大作用就趋于平缓。另外,加大梁宽也可提高受剪承载力。

截面尺寸对无腹筋梁的受剪承载力有较大的影响。对于不配箍筋和弯起钢筋的一般板类受弯构件,当 $h > 2\,000$ mm 时,其受剪承载力逐渐降低,为此,在工程设计中一般限制截面有效高度在 $2\,000$ mm 以内。

4. 配箍率与箍筋强度

配箍率与箍筋强度大小对有腹筋梁的抗剪能力影响很大。在配箍率适当的情况下,梁的抗剪承载力随着配箍率的增大、箍筋强度的提高而有较大幅度的增长。

5. 纵筋配筋率

纵向钢筋截面面积的增大可延缓斜裂缝的开展,相应地增大受压区混凝土面积,在一定程度上提高了骨料咬合力及纵筋的销栓力,从而间接地提高了梁的抗剪能力。

5.3.3 受弯构件斜截面承载力计算

1. 基本计算公式

《混凝土结构设计规范》(GB 50010—2010)给出的基本计算公式是根据剪压破坏的受力特征建立的。在设计中,通过控制最小配箍率和限制箍筋的间距来防止斜拉破坏;通过限制截面最小尺寸来防止斜压破坏。

微课50

斜截面承载力基本计算
公式及适用条件

对矩形、T 形和工字形截面的一般受弯构件,当同时配有箍筋和弯起钢筋时,其斜截面承载力计算公式为

$$V \leqslant V_u = 0.7 f_t b h_0 + f_{yv} \frac{A_{sv}}{s} h_0 + 0.8 f_y A_{sb} \sin \alpha_s \tag{5-30}$$

式中　V——构件计算截面的剪力设计值;

　　　V_u——构件抗剪承载力;

　　　f_t——混凝土轴心抗拉强度设计值;

　　　f_{yv}——箍筋的抗拉强度设计值;

　　　f_y——弯起钢筋的抗拉强度设计值;

　　　A_{sv}——配置在同一截面内各肢箍筋截面面积总和;

　　　A_{sb}——同一弯起平面内弯起钢筋的截面面积;

　　　b——截面宽度,若是 T 形截面,则是梁腹宽度;

　　　s——沿受弯构件长度方向的箍筋间距;

　　　h_0——截面有效高度;

　　　α_s——弯起钢筋与构件纵向轴线的夹角,一般取 45°,当梁高>800 mm 时,取 60°。

对于集中荷载作用(包括作用有多种荷载,其中集中荷载对支座截面或节点边缘所产生的剪力值占总剪力值的 75% 以上的情况)下的矩形、T 形和工字形截面的独立梁,其斜截面承载力计算公式为

$$V \leqslant V_u = \frac{1.75}{\lambda+1} f_t b h_0 + f_{yv} \frac{A_{sv}}{s} h_0 + 0.8 f_y A_{sb} \sin \alpha_s \qquad (5\text{-}31)$$

式中 λ——计算截面的剪跨比,$\lambda = a/h_0$。当 $\lambda < 1.5$ 时,取 1.5;当 $\lambda > 3$ 时,取 3。

钢筋混凝土板由于受到的剪力很小,所以一般不需要依靠箍筋抗剪。当板厚不超过 150 mm 时,一般无须进行斜截面承载力计算。

2. 计算公式的适用条件

上述计算公式仅适用于剪压破坏的情况。为了防止斜压破坏和斜拉破坏的发生,应对矩形、T 形和工字形截面的受弯构件进行相应的规定。

(1)斜截面抗剪承载力的上限值——最小截面尺寸

当梁截面尺寸过小,而剪力较大时,梁往往发生斜压破坏。此时,即使配置再多的箍筋也会发生斜压破坏。《混凝土结构设计规范》(GB 50010—2010)规定,对矩形、T 形和 I 形截面的受弯构件,其受剪截面需符合下列条件:

当 $h_w/b \leqslant 4$ 时(即一般梁)时 $\qquad V \leqslant 0.25 \beta_c f_c b h_0 \qquad (5\text{-}32)$

当 $h_w/b \geqslant 6$ 时(即薄腹梁)时 $\qquad V \leqslant 0.2 \beta_c f_c b h_0 \qquad (5\text{-}33)$

当 $4 < h_w/b < 6$ 时,按直线内插法确定。

式中 h_w——截面的腹板高度,矩形截面取有效高度 h_0;T 形截面取有效高度减去翼缘厚度;工字形截面取腹板净高。

β_c——混凝土强度影响系数,当混凝土强度等级不超过 C50 时,$\beta_c = 1.0$;当混凝土强度等级为 C80 时,$\beta_c = 0.8$;其间按线性内插法确定。

设计中,当不满足此条件时,应加大截面尺寸或提高混凝土的强度等级。

(2)斜截面抗剪承载力的下限值——最小配箍率 $\rho_{sv\,min}$

箍筋配箍量过少,一旦斜裂缝出现,箍筋中突然增大的拉应力很可能达到屈服强度,造成裂缝的加速开展,甚至拉断箍筋,从而导致斜拉破坏。为此,《混凝土结构设计规范》(GB 50010—2010)规定了当 $V \geqslant 0.7 f_t b h_0$ 时箍筋配箍率的下限值(最小配箍率),即

$$\rho_{sv\,min} = 0.24 \frac{f_t}{f_{yv}} \times 100\% \qquad (5\text{-}34)$$

同时,如果箍筋的间距过大,则斜裂缝可能不与箍筋相交,或者相交在箍筋不能充分发挥作用的位置,使得箍筋不能有效地抑制斜裂缝的开展,从而也就起不到箍筋应有的抗剪能力。《混凝土结构设计规范》(GB 50010—2010)规定了梁中箍筋的最小直径 d_{min} 和最大间距 s_{max},分别见表 5-6、表 5-7。

表 5-6   梁中箍筋的最小直径   mm

梁高 h	箍筋直径 d
$h \leqslant 800$	6
$h > 800$	8

注:梁中配有计算需要的纵向受压钢筋时,箍筋的直径尚不应小于 $d/4$(d 为受压钢筋的最大直径)。

表 5-7   梁中箍筋的最大间距   mm

梁高 h	$V > 0.7 f_t b h_0$	$V \leqslant 0.7 f_t b h_0$
$150 < h \leqslant 300$	150	200
$300 < h \leqslant 500$	200	300
$500 < h \leqslant 800$	250	350
$h > 800$	300	400

3. 斜截面按构造配置箍筋的条件

矩形、T 形、I 形截面的一般受弯构件若符合下列条件,则可不进行斜截面的受剪承载力计算,而仅需根据《混凝土结构设计规范》(GB 50010—2010)的有关规定,按最小配箍率及构造要求配置箍筋。

对一般受弯构件

$$V \leqslant 0.7f_t bh_0 \tag{5-35}$$

对以承受集中荷载作用为主的独立梁

$$V \leqslant \frac{1.75}{\lambda + 1} f_t bh_0 \tag{5-36}$$

4. 斜截面受剪承载力计算时,剪力设计值的计算截面位置的确定

大量试验研究证明,危险截面一般存在以下几种情况,如图 5-26 所示。

(1)支座边缘处的截面(图 5-26 截面 1-1)。

(2)受拉区弯起钢筋弯起点处的截面(图 5-26 截面 2-2)。

(3)箍筋截面面积或其间距改变处的截面(图 5-26 截面 3-3)。

(4)腹板宽度改变处的截面(图 5-26 截面 4-4)。

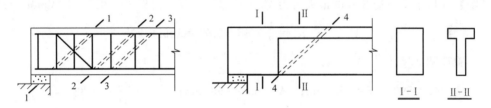

图 5-26　斜截面抗剪强度的计算位置

5.3.4 斜截面承载力计算方法与步骤

斜截面受剪承载力计算是指在构件正截面承载力计算完成后,即截面尺寸、材料强度、纵筋用量作为已知条件的情况下,计算构件所需抗剪箍筋与弯起钢筋。

(1)截面尺寸复核

根据截面限制条件式(5-32)或式(5-33),对已知截面尺寸进行复核。若不满足截面限制条件的要求,则应考虑增大截面尺寸或提高混凝土强度等级;若满足要求,则可进行腹筋的计算。

(2)验算是否需要按计算配置腹筋

若满足式(5-35)或式(5-36)要求,则可直接按构造要求设置箍筋和弯起钢筋。否则,应在满足构造要求的前提下,按计算配置腹筋。

(3)腹筋的计算

一般受弯构件内的腹筋,通常有两种基本设置方法:其一是仅配置箍筋;其二是既配置箍筋,又配置弯起钢筋,让箍筋与弯起钢筋共同承担剪力。在工程设计中常优先采用仅配置箍筋的方法。

当仅配置箍筋时:

对于一般受弯构件

$$\frac{A_{sv}}{s} = \frac{nA_{sv1}}{s} \geqslant \frac{V - 0.7f_t bh_0}{f_{yv} h_0} \tag{5-37}$$

对于以集中荷载为主的独立梁

$$\frac{A_{sv}}{s} = \frac{nA_{sv1}}{s} \geqslant \frac{V - \dfrac{1.75}{\lambda+1}f_t bh_0}{f_{yv}h_0} \qquad (5\text{-}38)$$

设计时,通常可先假定箍筋直径 d 和箍筋肢数 n,然后计算出箍筋间距 s。箍筋直径 d 和箍筋间距 s 应符合表 5-6 与表 5-7 的要求。

(4)验算最小配箍率

箍筋确定后,按式(5-34)验算箍筋的最小配箍率。若不满足,则应按最小配箍率配置箍筋。

5.3.5 设计计算实例

【例 5-10】 已知一钢筋混凝土矩形截面简支梁,截面尺寸 $b \times h = 250$ mm $\times 500$ mm,净跨 $l_n = 5.76$ m,其承受均布荷载设计值 45 kN/m (包括自重),混凝土强度等级为 C25($f_t = 1.27$ N/mm², $f_c = 11.9$ N/mm²), 纵筋采用 3ϕ25HRB400 级钢筋,箍筋采用 HPB300 级钢筋,环境类别为一类;求该梁所需箍筋的用量。

斜截面承载力计算步骤及例题 5-10

【解】 (1)求支座边缘处的最大剪力 V_{max}

$$V_{max} = \frac{1}{2}ql_n = \frac{1}{2} \times 45 \times 5.76 = 129.6 \text{ kN}$$

(2)验算截面尺寸

$$h_0 = h - 45 = 500 - 45 = 455 \text{ mm}; \quad h_w = h_0 = 455 \text{ mm}; \quad \frac{h_w}{b} = \frac{455}{250} = 1.82 < 4$$

则

$$0.25\beta_c f_c bh_0 = 0.25 \times 1.0 \times 11.9 \times 250 \times 455 = 338.406 \times 10^3 \text{ N} = 338.406 \text{ kN} > V_{max} = 129.6 \text{ kN}$$

截面尺寸满足要求。

(3)验算是否需要计算配置箍筋

由式(5-35)得

$$0.7f_t bh_0 = 0.7 \times 1.27 \times 250 \times 455 = 101.123 \times 10^3 \text{ N} = 101.123 \text{ kN} < V_{max} = 129.6 \text{ kN}$$

需要按计算配置箍筋。

(4)计算箍筋的需要量

由式(5-37)得 $\dfrac{A_{sv}}{s} = \dfrac{nA_{sv1}}{s} \geqslant \dfrac{V - 0.7f_t bh_0}{f_{yv}h_0} = \dfrac{(129.6 - 101.123) \times 10^3}{270 \times 455} = 0.232$

根据表 5-6,设梁采用双肢箍,则 $n = 2$;$d = 6$ mm。则有

$$s \leqslant \frac{nA_{sv1}}{0.232} = \frac{2 \times 28.3}{0.232} = 244 \text{ mm} > s_{max} = 200 \text{ mm}$$

根据表 5-7 取

$$s = 150 \text{ mm} < s_{max} = 200 \text{ mm}$$

(5)验算最小配箍率

$$\rho_{sv} = \frac{nA_{sv1}}{bs} \times 100\% = \frac{2 \times 28.3}{250 \times 150} \times 100\% = 0.151\% > \rho_{sv\,min} = 0.24\frac{f_t}{f_{yv}} \times 100\% = 0.24 \times$$

$$\frac{1.27}{270} \times 100\% = 0.113\%$$

满足要求。所以采用箍筋 ϕ6@150。

5.3.6　保证斜截面承载力的构造措施

为了保证斜截面有足够的承载力,必须满足抗剪和抗弯两个条件。其中,抗剪条件由配置箍筋和弯起钢筋来满足,而抗弯条件则必须由纵向钢筋的构造措施来保证,这些构造措施包括:纵向钢筋的锚固、弯起和截断等。

1. 箍筋的构造要求

(1)箍筋的布置

对于计算不需箍筋的梁:当截面高度 $h>300$ mm 时,应沿全梁设置箍筋;当截面高度 $h=150\sim300$ mm 时,可仅在构件端部各 1/4 跨度范围内设置箍筋;但当在构件中部 1/2 跨度范围内有集中荷载作用时,则应沿梁全长设置箍筋;当截面高度 $h<150$ mm 时,可不设置箍筋。

(2)箍筋的形式和肢数

箍筋形式有封闭式和开口式两种,一般梁中采用封闭式箍筋。箍筋的两个端头应做 135°弯钩,弯钩端部平直段长度不应小于 $5d(d$ 为箍筋直径)。

箍筋的肢数有单肢、双肢和四肢,一般采用双肢箍筋。

(3)箍筋的直径和间距

梁中箍筋的直径和间距,在满足计算要求的同时,还应符合表 5-6 和表 5-7 的规定。

2. 弯起钢筋的构造要求

(1)在钢筋混凝土梁中,当设置弯起钢筋时,弯起钢筋的弯折终点外应留有平行于梁轴线方向的锚固长度,其长度在受拉区不应小于 $20d$,在受压区不应小于 $10d(d$ 为弯起钢筋的直径),对光面钢筋,其末端还应设置弯钩(图 5-27)。

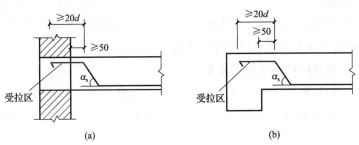

图 5-27　弯起钢筋端部构造

(2)梁底层钢筋中的角部钢筋不应弯起,梁顶层钢筋中的角部钢筋不应弯下。弯起钢筋的弯起角度在板中为 30°,在梁中宜取 45°或 60°。

(3)当单独设置只承受剪力的弯筋时,应将其做成"鸭筋"的形式(图 5-28),但不允许采用锚固性能较差的"浮筋"。

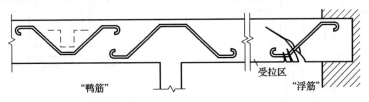

图 5-28　"鸭筋"和"浮筋"

3. 纵向钢筋的锚固

（1）钢筋的锚固长度

纵向受拉钢筋锚固长度 l_a 按第 4 章中的式(4-8)和式(4-9)计算。

（2）纵向受力钢筋在简支支座处的锚固

纵向钢筋在简支支座处伸入支座的锚固长度不够，往往会使钢筋与混凝土之间产生相对滑移，将使构件裂缝宽度显著增大，甚至使纵筋从混凝土中拔出而造成锚固破坏。为了防止这种破坏，《混凝土结构设计规范》(GB 50010—2010)规定：

①钢筋混凝土简支梁和连续梁简支端的下部纵向受力钢筋，从支座边缘算起伸入支座范围内的锚固长度 l_{as} 应符合下列条件(d 为钢筋的最大直径)。

当 $V \leqslant 0.7f_t bh_0$ 时，$l_{as} \geqslant 5d$；

当 $V > 0.7f_t bh_0$ 时，对带肋钢筋，$l_{as} \geqslant 12d$，对光面钢筋，$l_{as} \geqslant 15d$。

②简支板或连续板下部纵向受力钢筋伸入支座锚固长度 $l_{as} \geqslant 5d$，且宜伸过支座中心线。

（3）梁纵向钢筋在框架中间层端节点的锚固应符合下列要求：

①上部纵向钢筋

当采用直线锚固形式时，锚固长度不应小于 l_a，且应伸过柱中心线，伸过长度不宜小于 $5d$ (d 为梁上部纵向钢筋的直径)。

当采用90°弯折锚固形式时，梁上部纵向钢筋应伸至柱外侧纵向钢筋内边并向节点内弯折，其水平投影长度(包含弯弧在内)不应小于 $0.4l_{ab}$，弯折钢筋在弯折平面内投影长度(包含弯弧段)不应小于 $15d$，如图 5-29 所示。

②下部纵向钢筋

当计算中充分利用该钢筋的抗拉强度时，钢筋的锚固方式及长度同上部纵筋的规定。

（4）框架中间层中间节点或连续梁中间支座

梁的上部纵向钢筋应贯穿节点或支座。

梁的下部纵向钢筋宜贯穿节点或支座，当计算中充分利用下部纵向钢筋的抗拉强度时，可采用直线方式锚固在节点或支座内，锚固长度不应小于钢筋的受拉锚固长度 l_a，如图 5-29 所示。

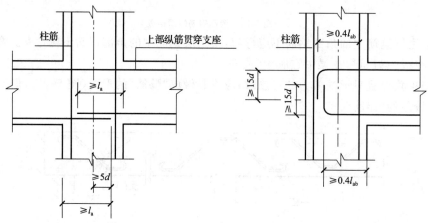

图 5-29 非抗震框架梁中间支座、边支座的钢筋锚固

有抗震设防要求的结构,纵向钢筋的锚固应满足《建筑抗震设计规范》(GB 50011—2010)的规定。

4. 纵向钢筋的截断和弯起

工程设计中,为了既能保证构件受弯承载力的要求,又能节约使用的钢材,对于跨度较小的构件,可以采用纵筋全部通长布置方式;对于大跨度的构件,可将一部分纵筋在无受弯承载力处弯起或截断。

为了便于准确地确定纵向钢筋的弯起或截断的位置,一般应详细地绘制出梁各截面实际所需的抵抗弯矩图,确定纵向钢筋的"充分利用点"和"理论截断点",然后按《混凝土结构设计规范》(GB 50010—2010)的要求确定纵向钢筋的实际弯起点和实际截断点位置。

纵向钢筋的弯起位置应满足正截面受弯承载力的要求,同时还要满足斜截面受弯承载力的要求。弯起钢筋应伸过其充分利用点至少 $0.5h_0$ 后才能弯起;同时,弯起钢筋与梁中心线的交点,应在不需要该钢筋的截面(理论截断点)之外。

梁跨中承受正弯矩的纵向受拉钢筋一般不宜在受拉区截断,梁支座截面承受负弯矩的纵向受拉钢筋也不宜在受拉区截断。这是因为钢筋截断处钢筋截面面积骤减,混凝土内的拉力骤增,造成纵筋截断处过早地出现裂缝,且裂缝宽度增加较快,致使构件承载力下降。

在钢筋混凝土悬臂梁中,应有不少于 2 根上部钢筋伸至悬臂梁外端,并向下弯折不小于 $12d$;其余钢筋不应在梁的上部截断。

5. 纵向钢筋的连接

当构件内钢筋长度不够时,宜在钢筋受力较小处进行钢筋的连接。钢筋的连接可分为:绑扎搭接、机械连接和焊接。

(1)绑扎搭接接头

①受弯构件中,当受拉钢筋直径 $d>25$ mm,受压钢筋直径 $d>28$ mm 时,不宜采用绑扎搭接接头。

②同一构件中相邻纵向受力钢筋的绑扎搭接接头宜相互错开。

③钢筋绑扎搭接接头的区段长度为搭接长度的 1.3 倍,凡搭接接头中点位于该连接区段长度内的搭接接头均属于同一连接区段。位于同一连接区段内受拉钢筋搭接接头面积百分率(该区段内有搭接接头的纵向受力钢筋截面面积与全部纵向受力钢筋截面面积的比值):对梁类、板类及墙类构件,不宜大于 25%;对柱类构件,不宜大于 50%。当工程中确有必要增大受拉钢筋搭接接头面积百分率时,对梁类构件,不宜大于 50%;对板、墙、柱及预制构件的拼接处,可根据实际情况放宽。

并筋采用绑扎搭接连接时,应按每根单筋错开搭接的方式连接。接头面积百分率应按同一连接区段内所有的单根钢筋计算。并筋中钢筋的搭接长度应按单筋分别计算。

纵向受拉钢筋绑扎搭接接头的搭接长度 l_1 按第 4 章式(4-10)计算,且在任何情况下不应小于 300 mm。

④构件中的受压钢筋,当采用搭接连接时,其受压搭接长度不应小于纵向受拉钢筋搭接长度的 70%,且不应小于 200 mm。

⑤在梁、柱构件纵向受力钢筋搭接长度范围内应配置横向构造的钢筋。当纵向受拉钢筋的保护层厚度不大于 $5d$ 时,纵筋锚固长度范围内配置的横向构造钢筋的直径不应小于 $\dfrac{d}{4}$;横

向构造钢筋的间距:对梁、柱、斜撑等构件≤5d,对板、墙等平面构件≤10d,且均≤100 mm(d 为纵向锚固钢筋的直径)。当受压钢筋直径 $d>25$ mm 时,尚应在搭接接头两个端面外 100 mm范围内各设置两道箍筋。

(2)机械连接和焊接接头

纵向受力钢筋的机械连接接头宜相互错开。钢筋机械连接区段的长度为35d(d 为连接钢筋的较小直径)。凡接头中点位于该连接区段长度内的机械连接和焊接接头均属于同一连接区段。位于同一连接区段内的纵向受拉钢筋接头面积百分率不宜大于50%。但对板、墙、柱及预制构件的拼接处,可根据实际情况放宽。纵向受压钢筋的接头面积百分率可不受限制。

纵向受力钢筋的焊接接头应相互错开。钢筋焊接接头连接区段的长度为35d 且不小于 500 mm。纵向受拉钢筋的接头面积百分率不宜大于50%。纵向受压钢筋的接头面积百分率可不受限制。

本章小结

1.梁和板是最常见的受弯构件,在工程设计中要满足构造要求。

2.钢筋混凝土受弯构件的破坏形式主要与梁内纵向受拉钢筋配筋率有关。根据配筋率的不同,钢筋混凝土梁有适筋、超筋、少筋三种破坏形式。

3.受弯构件在进行正截面承载力计算时,要遵守以下简化原则:①不考虑受拉区混凝土参加工作,拉力完全由钢筋承担;②受压区混凝土以等效矩形应力图代替实际应力图。

4.单筋矩形截面正截面承载力的计算,就是要求由荷载设计值在构件内产生的弯矩,小于或等于按材料强度设计值计算得出的构件受弯承载力设计值,即 $M{\leqslant}M_u$。为保证受弯构件为适筋破坏,不出现超筋破坏和少筋破坏,计算基本公式应满足相关适用条件。

5.设计中为了方便计算,一般用表格法计算。单筋矩形截面受弯构件正截面承载力的计算有两种情况,即截面设计与承载力校核。

6.双筋矩形截面就是在受拉区和受压区同时设置受力钢筋的截面,双筋截面不经济,施工不便,除特殊情况外,一般不宜采用。

7.T形截面是设想把受拉区的混凝土减少一部分而成的,这样既可节约材料,又减轻了自重。T形截面根据中性轴位置的不同可分为两类:第一类 T 形截面的中性轴在翼缘高度范围内,可以把梁截面视为宽为 b'_f 的矩形来计算;第二类 T 形截面的中性轴通过翼缘下的肋部,不能按矩形截面计算。

8.在受弯构件设计时,除了必须进行正截面承载力设计外,还应同时进行斜截面承载力的计算。受弯构件的斜截面破坏形态可分为斜压破坏、剪压破坏和斜拉破坏三种主要形式。工程设计中,应以剪压破坏为依据。

9.为防止斜截面破坏,可以采用仅配置箍筋和同时配有箍筋和弯起钢筋两种方案,一般以仅配置箍筋为主。

10.为了保证斜截面有足够的承载力,必须满足抗剪和抗弯两个条件。其中,抗剪条件由配置箍筋和弯起钢筋来满足,而抗弯条件则必须由纵向钢筋的构造措施来保证,这些构造措施包括纵向钢筋的锚固、弯起和截断等。

复习思考题

5-1 一般民用建筑的梁、板截面尺寸是如何确定的?

5-2 混凝土保护层的作用是什么? 梁、板的保护层厚度按规定应如何取值?

5-3 板内有哪些钢筋? 各起什么作用? 如何设置?

5-4 梁内有哪些钢筋? 各起什么作用? 如何设置?

5-5 适筋梁从开始加载到正截面承载力破坏经历哪几个阶段? 每个阶段是哪种极限状态设计的基础?

5-6 受弯构件正截面的破坏形态有哪些? 哪一种是在设计中允许的?

5-7 单筋矩形截面承载力计算公式是如何建立的? 为什么要规定其适用条件?

5-8 根据矩形截面承载力计算公式,分析提高混凝土强度等级、提高钢筋级别、加大截面尺寸对提高承载力的作用。

5-9 什么情况下采用双筋矩形截面? 受压钢筋 A'_s 的抗压设计强度 f'_y 得到充分利用的条件是什么?

5-10 T形截面翼缘计算宽度为什么是有限的? 其取值与什么有关?

5-11 梁斜截面受剪破坏的主要形态有哪几种? 它们分别在什么情况下发生? 如何防止各种破坏形态的发生?

5-12 斜截面受剪承载力计算时,其计算截面的位置是怎样确定的?

5-13 梁内箍筋的主要构造要求有哪些?

5-14 梁内纵向钢筋弯起和截断应满足哪些构造要求?

5-15 梁内纵向钢筋的锚固和搭接应满足哪些构造要求?

综合练习题

5-1 已知钢筋混凝土矩形截面简支梁,计算跨度 $l_0 = 4.5$ m,$b \times h = 250$ mm $\times 500$ mm,作用均布荷载设计值 $q = 36$ kN/m(已包括自重),混凝土强度等级为C25,纵向受力钢筋选用HRB335级,环境类别为一类,结构安全等级为二级。计算该梁的纵向受力钢筋截面面积 A_s,并选配钢筋。

5-2 某现浇钢筋混凝土简支板,板的厚度为 100 mm,板上作用的弯矩设计值 $M = 4.2$ kN·m/m。采用C25混凝土、HPB300级纵向受力钢筋。环境类别为一类。计算该板所需受拉钢筋截面面积 A_s,并选配钢筋。

5-3 某钢筋混凝土矩形梁,截面尺寸 $b \times h = 250$ mm $\times 600$ mm,承受弯矩设计值 $M = 180$ kN·m,混凝土强度等级为C25,已配置 3 Φ 20HRB400 级受拉钢筋。环境类别为一类。试验算此梁是否安全。

5-4 已知一双筋矩形截面梁,$b \times h = 200$ mm $\times 450$ mm,混凝土强度等级为C25,HRB400级钢筋,截面弯矩设计值 $M = 279$ kN·m,环境类别为一类。试求纵向受力钢筋的截面面积,并选配钢筋。

5-5 已知一矩形梁截面尺寸 $b \times h = 200$ mm $\times 500$ mm,截面弯矩设计值 $M = 204$ kN·m,混凝土强度等级C30,在受压区配有 2 Φ 20 钢筋,纵向受力钢筋均采用 HRB335,环境类别为一类。试计算受拉钢筋的截面面积 A_s,并选配钢筋。

5-6 已知一矩形截面梁，$b \times h = 250 \text{ mm} \times 500 \text{ mm}$，混凝土强度等级 C30，受压钢筋为 $2 \oplus 16$，$A'_s = 402 \text{ mm}^2$，受拉钢筋为 $3 \oplus 25 + 2 \oplus 20$，$A_s = 2\,101 \text{ mm}^2$；试求该截面所能承受的最大弯矩设计值 M_u。

5-7 已知一肋形楼盖的次梁，截面尺寸 $b \times h = 200 \text{ mm} \times 550 \text{ mm}$，$b'_f = 1\,050 \text{ mm}$，$h'_f = 80 \text{ mm}$，混凝土强度等级为 C30，钢筋采用 HRB400 级，弯矩设计值 $M = 420 \text{ kN} \cdot \text{m}$，环境类别为一类。试求纵向受力钢筋的截面面积，并选配钢筋。

5-8 已知一肋形楼盖梁，截面尺寸 $b \times h = 300 \text{ mm} \times 650 \text{ mm}$，$b'_f = 650 \text{ mm}$，$h'_f = 110 \text{ mm}$，混凝土强度等级为 C30，钢筋采用 HRB335 级，弯矩设计值 $M = 570 \text{ kN} \cdot \text{m}$，环境类别为一类。试求纵向受力钢筋的截面面积，并选配钢筋。

5-9 已知均布荷载作用的矩形截面简支梁，截面尺寸 $b \times h = 250 \text{ mm} \times 550 \text{ mm}$，$\alpha_s = 45 \text{ mm}$，承受剪力设计值 $V = 180 \text{ kN}$，混凝土强度等级为 C25，箍筋采用 HPB300 级钢筋，环境类别为一类。求该梁仅配箍筋时所需箍筋的用量。

5-10 已知钢筋混凝土矩形截面简支梁，净跨 $l_n = 6\,260 \text{ mm}$，$b \times h = 250 \text{ mm} \times 600 \text{ mm}$，作用均布荷载设计值 $q = 36 \text{ kN/m}$（已包括自重），混凝土强度等级为 C25，$a_s = 45 \text{ mm}$，箍筋采用 HPB300 级钢筋，环境类别为一类。求该梁仅配箍筋时所需箍筋的用量。

第6章 钢筋混凝土受压构件

学习目标

理解轴心受压构件的受力特点及破坏特征;掌握轴心受压构件的承载力计算及构造要求。

理解偏心受压构件的破坏形态及形成条件;熟练掌握对称配筋矩形截面偏心受压构件的计算方法、适用条件及构造要求。了解偏心受压构件斜截面受剪承载力的计算方法。

建筑工程中,钢筋混凝土受压构件的应用极为广泛,如框架结构的框架柱、工业厂房中的排架柱、高层建筑结构的剪力墙及钢筋混凝土屋架的受压弦杆等。

钢筋混凝土受压构件,根据轴向压力作用线与构件截面形心之间的位置不同,分为轴心受压构件及偏心受压构件。当轴向压力作用线与构件截面形心重合时,称为轴心受压构件,如图 6-1(a)所示;当轴向压力作用线偏离构件截面形心或者截面上作用轴心压力的同时还作用有弯矩时,称为偏心受压构件,如图 6-1(b)所示。轴向压力 N 作用线至截面形心线之间的距离 e_0 称为偏心距。在偏心受压构件中,当轴向压力 N 沿截面一个主轴方向作用时,称为单向偏心受压;当轴向压力 N 同时沿截面两个主轴方向作用时,称为双向偏心受压。本节仅介绍单向偏心受压的计算方法。

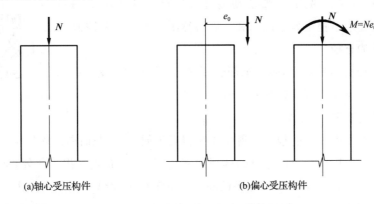

图 6-1　钢筋混凝土受压构件

在实际工程中,由于构件制作误差、轴线偏差及混凝土材料本身的非匀质性等原因,理想的轴心受压构件是不存在的,即作用于构件截面上的轴向压力总是存在着或大或小的偏心距。结构计算中,为使计算简化,当轴向压力的偏心距很小时,可按轴心受压构件来计算,如承受较大恒载作用的多层等跨房屋的内柱、钢筋混凝土屋架的受压腹杆等。

6.1 受压构件的构造要求

6.1.1 截面形式及尺寸

为了方便施工,受压构件一般采用方形或矩形截面。从受力合理性方面考虑,偏心受压构件采用矩形截面时,截面长边布置在弯矩作用方向,长边与短边的比值一般为 1.5~2.5。为了减轻自重,节省材料,对于预制装配式受压构件也可将截面做成工字形。

受压构件的截面尺寸不宜太小,因为结构越细长,纵向弯曲越大,构件承载力降低得越多。对于现浇钢筋混凝土受压柱,截面最小尺寸不宜小于 250 mm;对于预制的工字形截面柱,翼缘厚度不宜小于 120 mm,腹板厚度不宜小于 100 mm;当腹板开孔时,宜在孔洞周边每边设置 2~3 根直径不小于 8 mm 的补强钢筋,每个方向补强钢筋的截面面积不宜小于该方向被截断钢筋的截面面积。受压构件截面尺寸应满足模数要求:柱边长在 800 mm 以内时为 50 mm 倍数;超过 800 mm 时为 100 mm 倍数。

6.1.2 材料的强度等级

混凝土的强度等级对受压构件的承载力影响较大。为减小构件截面尺寸,节约钢筋,采用较高强度等级的混凝土是经济合理的。一般受压构件采用 C20 或 C20 以上强度等级的混凝土;高层结构的受压柱可以采用强度等级高的混凝土,如 C40 等。纵向受力钢筋一般采用 HRB400 级、HRB335 级及 RRB400 级。钢筋强度不宜过高,因为钢筋抗压强度受混凝土峰值应变的限制,使用过高强度的钢筋不能发挥其高强的作用。箍筋宜采用 HPB300、HRB335、HRB400 钢筋。

6.1.3 纵向受力钢筋

纵向受力钢筋(受力纵筋)主要协助混凝土共同承担压力,以减少截面尺寸;此外,还能承担由偏心压力和一些偶然因素所产生的拉力。

1. 受力纵筋的直径

为了形成比较稳固的骨架,防止钢筋受压侧曲,受压构件受力纵筋的直径不宜小于12 mm,通常取 12~32 mm。

微课52

柱内纵向受力钢筋的构造要求

2. 受力纵筋的布置

轴心受压构件受力纵筋的根数不得少于 4 根且为偶数,沿截面周边均匀对称布置;偏压构件受力纵筋沿着与弯矩作用方向垂直的两短边布置,且每角布置一根。此外,轴压、偏压构件中受力纵筋中距不宜大于 300 mm,为保证混凝土浇筑质量和纵筋充分发挥作用,提高钢筋与混凝土之间的黏结作用,柱中纵向钢筋的净间距应不小于 50 mm,且不宜大于300 mm。

当偏心受压构件的截面高度≥600 mm 时,在柱的两侧应设置直径为 10~16 mm 的纵向构造钢筋,并相应地设置拉结筋或复合箍筋,如图 6-2 所示。拉结筋的直径和间距与基本箍筋相同。

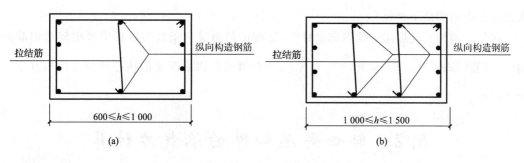

图 6-2 偏压柱纵向构造钢筋及拉结筋的布置

3.受力纵筋的配筋率

受压构件受力纵筋的截面面积通常是通过承载力计算出来的,但实际工程中受压构件的受力纵筋数量不能太多也不能太少。受压构件全部受力纵筋的最大配筋率为5%;受压构件的最小配筋率见附表A-10。

6.1.4 箍筋

在受压构件中配置箍筋主要承受剪力作用,并能对核心混凝土起到约束作用,提高构件的受压性能,与纵筋构成骨架,防止其受压弯曲。

微课53

柱内箍筋的构造要求

1.箍筋的形式

箍筋的形式应根据构件截面形状、尺寸及受压钢筋的根数确定。所有的箍筋都应做成封闭式。当柱截面短边尺寸>400 mm且每边的受力纵筋多于3根时,或当柱截面短边尺寸≤400 mm但各边受力纵筋多于4根时,应设复合箍筋,使纵筋每隔一根位于箍筋转角处。当柱截面有内折缺口时,箍筋不得做成有内折角的形状,图6-3所示为常用箍筋的形式。

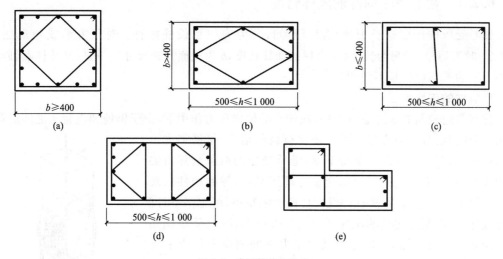

图 6-3 常用箍筋的形式

2.箍筋的直径和间距

箍筋的直径不应小于$d/4$(d为纵向钢筋的最大直径)且不应小于6 mm。箍筋间距不应大于400 mm及构件截面的短边尺寸,且不应大于$15d$(d为纵向受力钢筋的最小直径)。

当柱中全部纵向受力钢筋配筋率超过3%时,箍筋直径不应小于8 mm,其间距不应大于$10d$且不应大于200 mm。箍筋末端应做135°弯钩且弯钩末端平直段长度不应小于$10d$(d为纵向受力钢筋的最小直径)。

在配有螺旋式或焊接环状箍筋的柱中,如在正截面受压承载力计算中考虑间接钢筋的作用时,箍筋间距不应大于 80 mm 及 $\frac{d_{cor}}{5}$(d_{cor} 为按箍筋内表面确定的核心截面直径),且不宜小于 40 mm。

6.2 轴心受压构件的承载力计算

钢筋混凝土轴心受压构件的配筋方式有两种:一种是配有纵向受力钢筋及普通箍筋的柱;另一种是配有纵向受力钢筋及螺旋式间接钢筋或焊接环状箍筋的柱,如图 6-4 所示。本节仅介绍配有纵向受力钢筋及普通箍筋的轴心受压构件的计算方法。

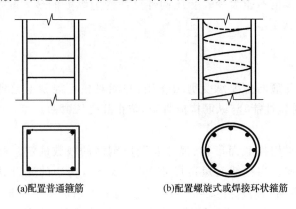

(a)配置普通箍筋   (b)配置螺旋式或焊接环状箍筋

图 6-4 轴心受压柱的配筋形式

6.2.1 轴心受压构件的破坏特征

轴心受压构件根据长细比(l_0/b)不同,分为短柱和长柱两种。对于方形或矩形柱,当 $l_0/b \leqslant 8$ 时为短柱;否则为长柱(l_0 为柱的计算长度,b 为截面短边尺寸)。短柱和长柱在轴心压力作用下的破坏特征是不同的。

1. 短柱的破坏特征

配有普通箍筋的矩形截面短柱,在较小的轴向压力作用下,由于钢筋和混凝土之间的黏结作用,钢筋和混凝土的应变相等。随着荷载的增大,钢筋将先达到屈服强度,所承担的压力维持不变,随后增加的荷载全部由混凝土承受,直至混凝土的应力达到轴心抗压强度,导致构件的破坏。在整个受力过程中,短柱的纵向弯曲影响很小,可忽略不计。短柱破坏时,混凝土达到的压应变为 $\varepsilon_0 = 0.002$,此时,受压钢筋的压应变与混凝土相同,相应的纵向受力钢筋的应力值为 $\sigma_s = E_s \varepsilon_0 = 2 \times 10^5 \times 0.002 = 400 \text{ N/mm}^2$。对于配置 HPB300 级、HRB335 级、HRBF300 级、HRB400 级、HRBF400 级及 RRB400 级的钢筋,构件破坏时其应力均已达到屈服强度。而强度较高的 HRB500 级及 HRBF500 级钢筋的应力值仅达到了约 400 N/mm^2。轴心受压短柱的破坏形态如图 6-5 所示。

图 6-5 轴心受压短柱的破坏形态

2. 长柱的破坏特征

对于长细比较大的长柱,轴向受压初始偏心的影响是不容忽视的。长柱在压力作用下,由于初始偏心距的存在,使构件产生侧向挠曲,构件截面产生附加弯矩,而附加弯矩又使构件侧向挠曲增大,进一步加大了原来的初始偏心距,彼此相互影响,使长柱在弯矩和轴向压力的共同作用下发生破坏。对于长细比很大的长柱,还有可能发生"失稳破坏"。

试验表明:长柱的承载力低于相同条件(如截面尺寸、配筋及材料强度等级相同)下的短柱。而且柱的长细比越大,承载力越小。《混凝土结构设计规范》(GB 50010—2010)采用构件的稳定系数 φ 表示长柱承载力降低的程度,φ 值查表 6-1。

表 6-1 钢筋混凝土轴心受压构件的稳定系数 φ

l_0/b	l_0/d	l_0/i	φ	l_0/b	l_0/d	l_0/i	φ
≤8	≤7	≤28	1.00	30	26	104	0.52
10	8.5	35	0.98	32	28	111	0.48
12	10.5	42	0.95	34	29.5	118	0.44
14	12	48	0.92	36	31	125	0.40
16	14	55	0.87	38	33	132	0.36
18	15.5	62	0.81	40	34.5	139	0.32
20	17	69	0.75	42	36.5	146	0.29
22	19	76	0.70	44	38	153	0.26
24	21	83	0.65	46	40	160	0.23
26	22.5	90	0.60	48	41.5	167	0.21
28	24	97	0.56	50	43	174	0.19

注:①表中 l_0 为构件计算长度,对钢筋混凝土柱可按表 6-2 的规定取用。
②b 为矩形截面的短边尺寸;d 为圆形截面直径;i 为截面最小回转半径。

表 6-2 框架结构各层柱的计算长度

楼盖的类型	柱的类别	l_0
现浇楼盖	底层柱	$1.0H$
	其余各层柱	$1.25H$
装配式楼盖	底层柱	$1.25H$
	其余各层柱	$1.5H$

注:表中 H 为底层柱从基础顶面到一层楼盖顶面的高度;对其余各层柱为上下两层楼盖顶面之间的高度。

6.2.2 轴心受压构件正截面承载力计算

在轴向压力设计值 N 作用下,根据截面静力平衡条件并考虑长细比等因素影响,承载力验算公式为

$$N \leqslant N_u = 0.9\varphi(f_c A + f'_y A'_s) \tag{6-1}$$

微课54

轴心受压柱承载力公式

式中　N——轴向压力设计值;

　　　N_u——轴心受压构件的承载力;

　　　φ——钢筋混凝土轴心受压构件的稳定系数,查表 6-1;

　　　f_c——混凝土轴心抗压强度设计值;

　　　A——构件截面面积,当纵向钢筋配筋率大于 3% 时,式中 A 应改用 $(A-A'_s)$ 代替;

　　　A'_s——全部纵向受压钢筋的截面面积;

　　　f'_y——纵向受压钢筋的强度设计值。

6.2.3 截面设计与截面复核

1. 截面设计

已知:构件截面尺寸 $b \times h$,材料强度等级,轴向压力设计值 N,构件的计算长度 l_0。

求:纵向受力钢筋 A'_s。

解:首先由构件的长细比求稳定系数 φ,然后根据式(6-1)求所需要的钢筋截面面积

$$A'_s = \frac{N/(0.9\varphi) - f_c A}{f'_y} \tag{6-2}$$

纵向受力钢筋截面面积求出后,即可选配钢筋,钢筋的配筋率应满足附表 A-10 的规定要求,同时,应按构造要求确定箍筋。若构件截面尺寸未知,其他条件不变,可先假定 $\varphi = 0.8 \sim 1.0$,配筋率 $\rho' = 1\%$,由式 $A = N/[0.9\varphi(f_c + 0.01f'_y)]$ 求出构件截面面积,确定 b 和 h;然后再重新计算 φ,求出纵筋的截面面积。

2. 截面复核

已知:柱截面尺寸 $b \times h$,材料强度等级,计算长度 l_0,纵向受力钢筋 A'_s,轴向压力设计值 N。

求:①计算构件受压承载力;②判断柱承载力是否足够。

解:首先求构件的稳定系数 φ,代入式(6-1)求出构件的受压承载力 N_u

$$N_u = 0.9\varphi(f_c A + f'_y A'_s)$$

若已知轴向压力设计值 $N \leqslant N_u$,则承载力足够;否则承载力不满足要求。

【例 6-1】 某轴心受压柱,轴向压力设计值 $N = 2\,380$ kN,计算高度为 $l_0 = 6.2$ m,混凝土强度等级为 C25($f_c = 11.9$ N/mm^2),纵筋采用 HRB400 级($f'_y = 360$ N/mm^2)。试设计该柱。

微课55

轴心受压柱截面设计问题及例题 6-1

【解】 (1)确定截面尺寸

由于该柱截面尺寸未知,故先假定 $\varphi = 1.0$,$\rho' = 1\%$,由式(6-1)可得

$$A = \frac{N}{0.9\varphi(f_c + \rho' f'_y)} = \frac{2\,380 \times 10^3}{0.9 \times 1.0 \times (11.9 + 1\% \times 360)} = 170\,609 \text{ mm}^2$$

若采用方柱,则 $b = h = \sqrt{A} = \sqrt{170\,609} = 413$ mm,取 $b = h = 450$ mm。

(2)计算受力纵筋数量

由 $l_0/b = 6\,200/450 = 13.78$,查表 6-1,得 $\varphi = 0.923$,故

$$A'_s = \frac{N - 0.9\varphi f_c A}{0.9\varphi f'_y} = \frac{2\,380 \times 10^3 - 0.9 \times 0.923 \times 11.9 \times 450 \times 450}{0.9 \times 0.923 \times 360} = 1\,265 \text{ mm}^2$$

选配 8 ϕ 16($A'_s = 1\,608$ mm^2),则

$$\rho' = \frac{A'_s}{bh} \times 100\% = \frac{1\,608}{450 \times 450} \times 100\% = 0.794\% > \rho_{\min} = 0.55\%,满足要求。$$

(3)选配箍筋:选 Φ 6 @200。

【例 6-2】 某现浇底层钢筋混凝土轴心受压柱,截面尺寸为 $b \times h = 350$ mm $\times 350$ mm,已配有 4 ϕ 22 ($A'_s = 1\,520$ mm^2),混凝土强度等级为 C25,柱计算高度 $l_0 = 3.5$ m,求该柱受压承载力。

【解】 查附表 A-4 和附表 A-2 得,$f'_y = 360$ N/mm^2,$f_c = 11.9$ N/mm^2。

(1)计算稳定系数 φ

由 $l_0/b = 3\,500/350 = 10$,查表 6-1 得 $\varphi = 0.98$。

(2)验算配筋率 ρ'

$$\rho' = \frac{A'_s}{bh} \times 100\% = \frac{1\,520}{350 \times 350} \times 100\% = 1.241\% > \rho'_{\min} = 0.55\%,满足要求。$$

(3)计算柱的受压承载力 N_u

由式(6-1)得

$N_u=0.9\varphi(f_cA+f'_yA'_s)=0.9\times0.98\times(11.9\times350\times350+360\times1\,520)=1\,768.37\times10^3\ \text{N}=1\,768.37\ \text{kN}$

6.3 偏心受压构件正截面承载力计算

由于作用在截面上的弯矩与轴向压力的数值相对大小及配筋情况不同,所以偏心受压构件的受力性能、破坏形态介于受弯构件与轴心受压构件之间。

6.3.1 偏心受压构件的破坏特征

1.偏心受压构件的破坏类型及其界限

偏心受压构件的破坏特征主要与荷载的偏心距及纵向受力钢筋的数量有关,根据偏心距和受力钢筋数量的不同,偏心受压构件的破坏特征分为以下两类:

偏心受压的破坏形态与特征

(1)受拉破坏(大偏心受压破坏)

当轴向压力的相对偏心距(e_0/h_0)较大且纵向受拉钢筋不太多时发生受拉破坏。受压构件在偏心压力作用下,靠近纵向压力一侧截面受压,远离纵向压力一侧截面受拉。随着压力的增大,受拉一侧截面首先出现水平裂缝;荷载再增加,受拉钢筋达到屈服强度。然后,随着裂缝的开展和钢筋的塑性变形,混凝土受压区的高度减小,受压区钢筋和混凝土的压应力增长很大,最终,受压钢筋达到屈服强度,受压区混凝土被压碎,导致构件破坏。破坏时截面应力分布如图6-6所示。

构件的破坏特征与双筋截面适筋梁相似,其破坏都始于受拉钢筋的屈服,然后导致受压区混凝土被压碎,故称为受拉破坏,也称为大偏心受压破坏。

(2)受压破坏(小偏心受压破坏)

当轴向压力的相对偏心距较小,或相对偏心距较大但纵向受拉钢筋配置过多时发生受压破坏。在偏心压力作用下,构件截面全部受压或大部分受压,小部分受拉。靠近压力一侧截面压应力大,远离压力一侧截面压应力小或受拉。随着压力的增大,构件破坏时,压应力较大一侧的混凝土首先达到极限压应变 ε_{cu},受压钢筋达到屈服强度,而远离压力一侧的钢筋不论受拉或受压,都没有达到屈服强度,应力值为 σ_s。构件的破坏始于受压区混凝土,所以称为受压破坏,又称为小偏心受压破坏。这种破坏特征与轴心受压构件相似。构件破坏时截面应力分布如图6-7所示。

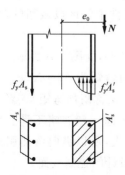

图6-6 大偏心受压破坏时截面应力分布图

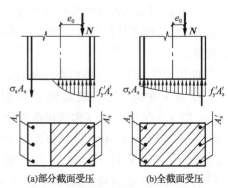

(a)部分截面受压　　　(b)全截面受压

图6-7 小偏心受压破坏时截面应力分布图

2. 大、小偏心受压的界限

大、小偏心受压破坏的本质区别在于离偏心力较远一侧钢筋是否达到屈服强度。从理论上讲，在大、小偏心受压破坏之间总存在着一种破坏，称为"界限破坏"：当受拉钢筋达到屈服强度的同时，受压区混凝土恰好达到极限压应变 ε_{cu}。界限破坏是大偏心受压破坏的特例。相对于界限破坏状态的界限受压区高度计算公式与受弯构件相同，即 $x = \xi_b h_0$。

所以，当 $\xi \leqslant \xi_b$ 或 $x \leqslant \xi_b h_0$ 时，为大偏心受压破坏；当 $\xi > \xi_b$ 或 $x > \xi_b h_0$ 时，为小偏心受压破坏。

6.3.2 偏心受压构件的计算原则

1. 截面应力分布的假定

由以上分析可知，偏心受压构件截面的应力分布介于受弯构件和轴心受压构件之间，为简化计算，《混凝土结构设计规范》(GB 50010—2010)规定，不论大、小偏心受压构件，截面受压区混凝土的曲线应力分布都简化成等效矩形应力分布，其假定与受弯构件一样。

2. 附加偏心距 e_a

由于荷载作用位置的不确定性、混凝土质量的不均匀性及尺寸偏差等原因，在计算偏心距 $e_0 = M/N$ 时，还需考虑附加偏心距 e_a。《混凝土结构设计规范》(GB 50010—2010)给出附加偏心距 e_a 的计算公式为

$$e_a = \frac{h}{30} \text{且} \geqslant 20 \text{ mm} \tag{6-3}$$

式中　h——偏心方向的截面最大尺寸。

3. 初始偏心距 e_i

考虑附加偏心距 e_a 后，构件的初始偏心距 e_i 的计算公式为

$$e_i = e_0 + e_a \tag{6-4}$$

式中　e_i——初始偏心距；

　　　e_0——轴向压力对截面重心的偏心距，$e_0 = \dfrac{M}{N}$；

　　　e_a——附加偏心距。

4. 偏心受压构件考虑二阶效应的弯矩设计值计算

结构中的二阶效应是指作用在结构上的重力荷载或构件中的轴向压力在变形后的结构或构件中引起的附加内力（如弯矩）和附加变形（如结构侧移、构件挠曲）。结构的二阶效应可分为重力二阶效应（称为 $P\text{-}\Delta$ 效应）和受压构件的挠曲效应（称为 $P\text{-}\delta$ 效应）。

（1）偏心受压构件纵向弯曲引起的二阶效应（$P\text{-}\delta$ 效应）

对于有侧移和无侧移结构的偏心受压构件，若杆件的长细比较大时，在轴向压力作用下发生单曲率变形，由于杆件自身挠曲变形的影响，通常会增大杆件中间区段截面的弯矩，即产生 $P\text{-}\delta$ 效应。

轴向压力作用下发生单曲率弯曲，且两端弯矩值相等的杆件，如图 6-8 所示。其任一点的侧向挠度为 y，中间挠度为最大值 f，则杆件中间区段截面的弯矩为 $M = N(e_i + y) = Ne_i + Ny$，$Ne_i$ 称为一阶弯矩，Ny 称为由纵向弯曲引起的二阶弯矩（又称附加弯矩）。对于偏心受压"短柱"，由于最大弯矩 M_{max} 点的挠度 f 很小，所以 Nf 在计算时一般忽略不计。而对于长细比较大的偏心受压构件 f 比较大，且 f 随长细比的增大而增大，所以纵向弯曲引起的二阶弯矩 Nf 在计算时不能忽略。此时，杆件中间区段的截面成为设计的控制截面。

杆端弯矩设计值通常指不利组合的弯矩设计值，考虑 $P\text{-}\delta$ 效应的方法采用的是"轴力表达式"，为沿用我国工程设计习惯，规范将 η_{ns} 转换为理论上完全等效的"曲率表达式"。

（2）$C_m\text{-}\eta_{ns}$ 方法

对于弯矩作用平面内截面对称的偏心受压构件，当同一主轴方向的杆端弯矩比 $\dfrac{M_1}{M_2}\leqslant 0.9$，且轴压比 $\dfrac{N}{f_cA}\leqslant 0.9$ 时，若构件的长细比满足要求

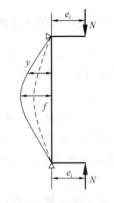

图 6-8 偏压构件侧向挠曲变形

$$\frac{l_0}{i}\leqslant 34-12\frac{M_1}{M_2} \tag{6-5}$$

则可不考虑轴向压力在该方向挠曲杆件中产生的附加弯矩影响。否则应根据式（6-6），按截面的两个主轴方向分别考虑轴向压力在挠曲杆件中产生的附加弯矩影响。

式中　M_1、M_2——已考虑侧移影响的偏心受压构件两端截面按结构弹性分析确定的对同一主轴的组合弯矩设计值，绝对值较大端为 M_2，绝对值较小端为 M_1；当构件按单曲率弯曲时，$\dfrac{M_1}{M_2}$ 取正值，否则取负值。

　　l_0——构件的计算长度，可近似取偏心受压构件相应主轴方向上下支承点之间的距离。

　　i——偏心方向的截面回转半径。

对于单曲率，$|M_1|=|M_2|$ 时，$\dfrac{l_0}{i}=34-12=22$；对于矩形截面，由于 $i=\sqrt{\dfrac{I}{A}}=\sqrt{\dfrac{\frac{1}{12}bh^3}{bh}}=0.289h$，因此 $\dfrac{l_0}{i}=\dfrac{l_0}{0.289h}\leqslant 22$，可知限制条件为 $\dfrac{l_0}{h}\leqslant 0.289\times 22\approx 6.4$。

《混凝土结构设计规范》（GB 50010—2010）偏于安全地规定除排架结构柱以外的偏心受压构件，在其偏心方向上考虑杆件自身挠曲影响的控制截面弯矩设计值可按下列公式计算：

$$M=C_m\eta_{ns}M_2 \tag{6-6}$$

$$C_m=0.7+0.3\frac{M_1}{M_2} \tag{6-7}$$

$$\eta_{ns}=1+\frac{1}{1\,300\left(\dfrac{M_2}{N}+e_a\right)/h_0}\left(\frac{l_0}{h}\right)^2\zeta_c \tag{6-8}$$

$$\zeta_c=\frac{0.5f_cA}{N}$$

式中　C_m——柱端截面偏心距调节系数，当 C_m 小于 0.7 时取 0.7；

　　ζ_c——截面曲率修正系数，当计算值大于 1 时，取 1.0；

　　h——截面高度；

　　η_{ns}——弯矩增大系数；

　　h_0——截面有效高度；

　　N——与弯矩设计值 M_2 相对应的轴向压力设计值；

　　A——构件截面面积；

　　e_a——附加偏心距，按式（6-3）计算；

　　f_c——混凝土轴心抗压强度设计值。

当 $C_m\eta_{ns}<1$ 时，取 $C_m\eta_{ns}=1$；对剪力墙类构件，可取 $C_m\eta_{ns}=1$。

6.3.3　矩形截面偏心受压构件正截面承载力基本计算公式

偏心受压构件正截面承载力计算的基本假定与受弯构件相同(详见第 5 章),根据基本假定可画出偏心受压构件的应力图,进而得出正截面承载力计算公式。

1.基本计算公式

(1)大偏心受压($\xi \leqslant \xi_b$ 或 $x \leqslant \xi_b h_0$)

根据大偏心受压构件的破坏特征及偏压构件的计算原则,画出大偏心受压构件正截面承载力计算图,如图 6-9 所示。

由平衡条件可得基本计算公式

$$N = \alpha_1 f_c bx + f'_y A'_s - f_y A_s \qquad (6\text{-}9)$$

$$Ne = \alpha_1 f_c bx\left(h_0 - \frac{x}{2}\right) + f'_y A'_s(h_0 - a'_s) \qquad (6\text{-}10)$$

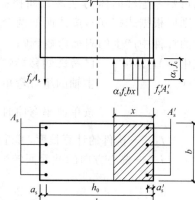

图 6-9　大偏心受压构件正截面承载力计算图

式中　N——轴向压力设计值;

　　　f_c——混凝土轴心抗压强度设计值;

　　　b——截面宽度;

　　　x——混凝土的受压区高度;

　　　h_0——截面有效高度;

　　　a'_s——受压钢筋的合力作用点到截面受压边缘的距离;

　　　f'_y——纵向受压钢筋强度设计值;

　　　f_y——纵向受拉钢筋强度设计值;

　　　A'_s——离轴向压力较近一侧纵向受压钢筋的截面面积;

　　　A_s——离轴向压力较远一侧纵向受拉钢筋的截面面积;

　　　e——轴向压力作用点至受拉钢筋 A_s 合力点的距离,$e = e_i + \frac{h}{2} - a_s$。

为保证受拉钢筋、受压钢筋在构件破坏时都达到屈服强度,式(6-9)、式(6-10)求得的 x 必须符合

$$x \leqslant \xi_b h_0 \qquad (6\text{-}11)$$

$$x \geqslant 2a'_s \qquad (6\text{-}12)$$

当不满足上述要求时,即 $x < 2a'_s$,说明构件破坏时受压钢筋 A'_s 不屈服,这时设 $x = 2a'_s$,对受压钢筋合力点取矩,得

$$Ne' = f_y A_s(h_0 - a'_s) \qquad (6\text{-}13)$$

式中　e'——轴向压力作用点至受压钢筋 A'_s 合力点的距离,$e' = e_i - \frac{h}{2} + a'_s$。

(2)小偏心受压($\xi > \xi_b$ 或 $x > \xi_b h_0$)

根据小偏心受压的破坏特征及计算假定,采用受压混凝土矩形应力计算图,可以画出小偏心受压构件正截面达到承载力极限状态时的应力分布,如图 6-10 所示。

由静力平衡条件得

$$N = \alpha_1 f_c bx + f'_y A'_s - \sigma_s A_s \qquad (6\text{-}14)$$

$$Ne = \alpha_1 f_c bx\left(h_0 - \frac{x}{2}\right) + f'_y A'_s (h_0 - a'_s) \qquad (6\text{-}15)$$

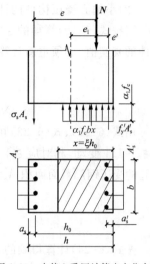

式中　A_s——离轴向压力较远一侧的钢筋截面面积；

　　　e——轴向压力作用点至较远侧钢筋 A_s 合力点的距离，$e = e_i + \dfrac{h}{2} - a_s$；

　　　σ_s——离轴向压力较远一侧钢筋的应力。

σ_s 值可以根据应变的平截面假定推算出，但计算过于复杂，为简化计算，《混凝土结构设计规范》(GB 50010—2010)给出计算公式

$$\sigma_s = f_y \frac{\xi - \beta_1}{\xi_b - \beta_1} \qquad (6\text{-}16)$$

β_1——系数，取值同受弯构件。

要求满足　　　　　$-f'_y \leqslant \sigma_s \leqslant f_y$

若 $\sigma_s > 0$，表示钢筋受拉；若 $\sigma_s < 0$，说明钢筋受压。

图 6-10　小偏心受压计算应力分布图

2. 垂直于弯矩作用平面的承载力验算

偏心受压构件除应计算弯矩作用平面的受压承载力外，尚应按轴心受压构件验算垂直于弯矩作用平面的受压承载力，此时，可不考虑弯矩的作用，但应考虑稳定系数 φ 的影响。垂直于弯矩作用平面的受压承载力计算公式为

$$N \leqslant 0.9\varphi[f_c A + f'_y(A'_s + A_s)] \qquad (6\text{-}17)$$

式中　φ——构件的稳定系数，按表 6-1 选用。

3. 对称配筋矩形截面偏压构件的截面设计

微课57

所谓对称配筋，是指在偏心受压构件截面的受拉区和受压区配置相同强度等级、相同面积、同一规格的纵向受力钢筋，有：$A_s = A'_s$，$f_y = f'_y$，$a_s = a'_s$。在实际工程中，对称配筋由于构造简单，施工方便，尤其适用于构件在承受不同荷载时可能产生不同符号弯矩的情况，是偏心受压柱最常用的配筋形式。

受压构件对称配筋

截面设计：已知截面尺寸、内力设计值 N 及 M、材料强度等级、构件计算长度，求纵向受力钢筋的数量。

（1）大偏心受压构件的计算（$\xi \leqslant \xi_b$）

截面采用对称配筋时，由式（6-9）可知 $N = \alpha_1 f_c bx$，得

$$x = \frac{N}{\alpha_1 f_c b} \qquad (6\text{-}18)$$

或

$$\xi = \frac{N}{\alpha_1 f_c b h_0} \qquad (6\text{-}19)$$

式（6-18）或式（6-19）计算得到的 $x \leqslant \xi_b h_0$ 或 $\xi \leqslant \xi_b$，说明偏压构件为大偏心受压。将 x 值或 ξ 值代入式（6-20）便可计算出受力钢筋的截面面积

$$A_s = A'_s = \frac{Ne - \alpha_1 f_c bx\left(h_0 - \frac{x}{2}\right)}{f'_y(h_0 - a'_s)} = \frac{Ne - \alpha_1 f_c b h_0^2 \xi(1 - 0.5\xi)}{f'_y(h_0 - a'_s)} \qquad (6\text{-}20)$$

当 $x < 2a'_s$ 或 $\xi < \dfrac{2a'_s}{h_0}$ 时，由式（6-13）得

$$A_s = A'_s = \frac{Ne'}{f_y(h_0 - a'_s)} \qquad (6\text{-}21)$$

(2)小偏心受压构件的计算($\xi > \xi_b$)

当按式(6-19)算得的 $\xi > \xi_b$ 时,说明构件为小偏心受压,但此时的 ξ 值并不是小偏心受压构件的真实值,必须重新计算。由式(6-14)~式(6-16),当 $f_y A_s = f'_y A'_s$ 时,可得

$$N = \alpha_1 f_c b h_0 \xi + f'_y A'_s - \frac{\xi - \beta_1}{\xi_b - \beta_1} f'_y A'_s \tag{6-22}$$

$$Ne = \alpha_1 f_c b h_0^2 \xi (1 - 0.5\xi) + f'_y A'_s (h_0 - a'_s) \tag{6-23}$$

用式(6-22)、式(6-23)联立求解 ξ 时,计算较为冗繁。分析表明,对于小偏心受压构件,ξ 在 $\xi_b \sim 1.1$ 变动,相对应 $\xi(1 - 0.5\xi)$ 在 $0.38 \sim 0.50$ 变动。若选用 0.43 代替 $\xi(1 - 0.5\xi)$,则对 ξ 引起的受压钢筋截面面积 A'_s 的误差不大。如此处理并经简化整理后可得

$$\xi = \frac{N - \alpha_1 f_c b h_0 \xi_b}{\dfrac{Ne - 0.43 \alpha_1 f_c b h_0^2}{(\beta_1 - \xi_b)(h_0 - a'_s)} + \alpha_1 f_c b h_0} + \xi_b \tag{6-24}$$

按式(6-24)计算得到的 ξ 值代入式(6-23),便可计算出小偏心受压构件的纵向受力钢筋的截面面积。

对矩形截面小偏心受压构件,除进行弯矩作用平面内的偏心受压计算外,还应对垂直弯矩作用平面按轴心受压构件进行承载力验算。

【例6-3】 某现浇矩形截面受压柱,截面尺寸 $b \times h = 300 \text{ mm} \times 500 \text{ mm}$,柱弯矩作用平面内的计算长度 $l_0 = 4.5 \text{ m}$,混凝土的强度等级为 C30($f_c = 14.3 \text{ N/mm}^2$),纵向钢筋为 HRB400 级($f_y = f'_y = 360 \text{ N/mm}^2$,$\xi_b = 0.518$),$a_s = a'_s = 40 \text{ mm}$,柱控制截面弯矩设计值 $M_1 = 230 \text{ kN} \cdot \text{m}$,$M_2 = 250 \text{ kN} \cdot \text{m}$,与 M_2 对应的轴向压力设计值 $N = 1550 \text{ kN}$,采用对称配筋,求 A_s 和 A'_s。

【解】 1.弯矩作用方向偏心受压承载力验算

(1)判断是否需要考虑轴向力在弯曲方向产生的附加弯矩

①同一主轴方向的杆端弯矩比:$\dfrac{M_1}{M_2} = \dfrac{230}{250} = 0.92 > 0.9$

②柱的轴压比:$\dfrac{N}{f_c A} = \dfrac{1550 \times 10^3}{14.3 \times 300 \times 500} = 0.723 < 0.9$

③柱的长细比:

$$\frac{l_0}{i} = \frac{l_0}{\sqrt{\dfrac{I}{A}}} = \frac{l_0}{0.289h} = \frac{4.5 \times 10^3}{0.289 \times 500} = 31.14 > 34 - 12\frac{M_1}{M_2} = 34 - 12 \times 0.92 = 22.96$$

需要考虑轴向压力在弯曲方向产生的附加弯矩的影响。

(2)计算考虑附加弯矩后控制截面的弯矩

$h_0 = h - a_s = 500 - 40 = 460 \text{ mm}$

$e_a = h/30 = 500/30 = 16.7 \text{ mm} < 20 \text{ mm}$,故取 $e_a = 20 \text{ mm}$

$C_m = 0.7 + 0.3\dfrac{M_1}{M_2} = 0.7 + 0.3 \times 0.92 = 0.976 > 0.7$

$\zeta_c = \dfrac{0.5 f_c A}{N} = \dfrac{0.5 \times 14.3 \times 300 \times 500}{1550 \times 10^3} = 0.692 < 1.0$

$\eta_{ns} = 1 + \dfrac{1}{1300\left(\dfrac{M_2}{N} + e_a\right)\Big/h_0}\left(\dfrac{l_0}{h}\right)^2 \zeta_c = 1 + \dfrac{1}{1300 \times \left(\dfrac{250 \times 10^6}{1550 \times 10^3} + 20\right) \div 460} \times \left(\dfrac{4500}{500}\right)^2 \times$

$0.692 = 1.109 > 1.0$

$M = C_m \eta_{ns} M_2 = 0.976 \times 1.109 \times 250 = 270.596 \text{ kN} \cdot \text{m}$

(3)判断大小偏心

①求 e_0：$e_0 = M/N = \dfrac{270.596 \times 10^6}{1\,550 \times 10^3} = 174.58 \text{ mm}$

②求 e_i：$e_i = e_0 + e_a = 174.58 + 20 = 194.58 \text{ mm}$

③求 ξ：$\xi = \dfrac{N}{\alpha_1 f_c b h_0} = \dfrac{1\,550 \times 10^3}{1.0 \times 14.3 \times 300 \times 460} = 0.785 > \xi_b = 0.518$

为小偏心受压构件。

(4)求实际的 ξ 值

①求 e：$e = e_i + \dfrac{h}{2} - a_s = 194.58 + \dfrac{500}{2} - 40 = 404.58 \text{ mm}$

②求 ξ：

$$\xi = \dfrac{N - \alpha_1 f_c b h_0 \xi_b}{\dfrac{Ne - 0.43 \alpha_1 f_c b h_0^2}{(\beta_1 - \xi_b)(h_0 - a_s')} + \alpha_1 f_c b h_0} + \xi_b =$$

$$\dfrac{1\,550 \times 10^3 - 1.0 \times 14.3 \times 300 \times 460 \times 0.518}{\dfrac{1\,550 \times 10^3 \times 404.58 - 0.43 \times 1.0 \times 14.3 \times 300 \times 460^2}{(0.8 - 0.518) \times (460 - 40)} + 1.0 \times 14.3 \times 300 \times 460} +$$

$0.518 = 0.651$

(5)计算纵向受力钢筋截面面积

$$A_s = A_s' = \dfrac{Ne - \alpha_1 f_c b h_0^2 \xi (1 - 0.5\xi)}{f_y'(h_0 - a_s')} =$$

$$\dfrac{1\,550 \times 10^3 \times 404.58 - 1.0 \times 14.3 \times 300 \times 460^2 \times 0.651 \times (1 - 0.5 \times 0.651)}{360 \times (460 - 40)} =$$

$1\,511 \text{ mm}^2$

(6)选配钢筋

每侧各配 $4 \Phi 22 (A_s = A_s' = 1\,520 \text{ mm}^2)$

配筋图如图 6-11 所示。

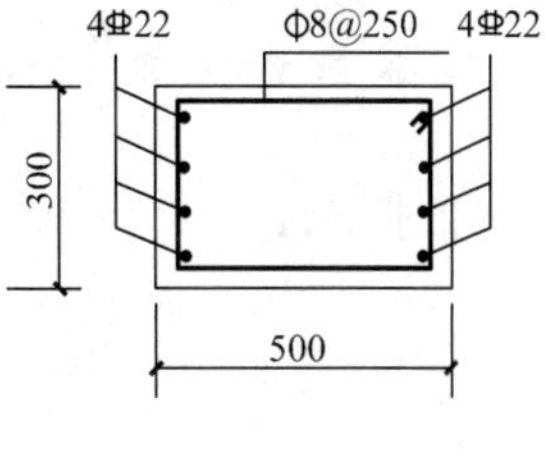

2.验算垂直于弯矩作用平面的承载力

$\dfrac{l_0}{b} = \dfrac{4\,500}{300} = 15 > 8$

查表得：$\varphi = 0.895$

$N_u = 0.9 \varphi [f_c A + (A_s' + A_s) f_y'] =$

    $0.9 \times 0.895 \times [14.3 \times 300 \times 500 + (1\,520 + 1\,520) \times 360] = 2\,609 \times 10^3 \text{ N} =$

    $2\,609 \text{ kN} > N = 1\,550 \text{ kN}$

故垂直于弯矩作用平面的承载力满足要求。

图 6-11 例 6-3 配筋图

【例 6-4】 某现浇矩形截面受压柱,截面尺寸 $b \times h = 300 \text{ mm} \times 400 \text{ mm}$,混凝土的强度等级为 C40($f_c = 19.1 \text{ N/mm}^2$),纵向钢筋为 HRB400 级($f_y = f_y' = 360 \text{ N/mm}^2$,$\xi_b = 0.518$),$a_s = a_s' = 40 \text{ mm}$,荷载作用下柱的轴向压力设计值 $N = 550 \text{ kN}$,弯矩设计值 $M_1 = 0.9M_2$,$M_2 =$

$280 \text{ kN} \cdot \text{m}, \dfrac{l_0}{h} = 4.5$。求：选配对称配筋时纵向受力钢筋。

【解】 (1)计算 M

①同一主轴方向的杆端弯矩比：$\dfrac{M_1}{M_2} = 0.9$

②柱的轴压比：$\dfrac{N}{f_c A} = \dfrac{550 \times 10^3}{19.1 \times 300 \times 400} = 0.24 < 0.9$

③柱的长细比：$\dfrac{l_0}{h} = 4.5 < \left(34 - 12\dfrac{M_1}{M_2}\right) \times 0.289 = (34 - 12 \times 0.9) \times 0.289 = 6.7$

不考虑轴向压力在弯曲方向产生的附加弯矩的影响，取 $\eta_{ns} = 1$。

④计算 M：$C_m = 0.7 + 0.3\dfrac{M_1}{M_2} = 0.7 + 0.3 \times 0.9 = 0.97 > 0.7$

$$C_m \eta_{ns} = 0.97 \times 1 = 0.97 < 1, \text{取 } C_m \eta_{ns} = 1$$

$$M = C_m \eta_{ns} M_2 = 1 \times 280 = 280 \text{ kN} \cdot \text{m}$$

(2)判断大小偏心

①求 e_0：

$$h_0 = h - a_s = 400 - 40 = 360 \text{ mm}$$

$$e_a = h/30 = 400/30 = 13.3 \text{ mm} < 20 \text{ mm}, \text{故取 } e_a = 20 \text{ mm}$$

$$e_0 = M/N = \dfrac{280 \times 10^6}{550 \times 10^3} = 509.1 \text{ mm}$$

②求 e_i：$e_i = e_0 + e_a = 509.1 + 20 = 529.1 \text{ mm}$

③求 ξ：$\xi = \dfrac{N}{\alpha_1 f_c b h_0} = \dfrac{550 \times 10^3}{1 \times 19.1 \times 300 \times 360} = 0.267 < \xi_b = 0.518$，为大偏心受压构件

$$x = \xi h_0 = 0.267 \times 360 = 96.12 \text{ mm} > 2a_s' = 2 \times 40 = 80 \text{ mm}$$

(3)计算纵向受力钢筋截面面积

①求 e：$e = e_i + \dfrac{h}{2} - a_s = 529.1 + \dfrac{400}{2} - 40 = 689.1 \text{ mm}$

②求 A_s：$\quad A_s = A_s' = \dfrac{Ne - \alpha_1 f_c b h_0^2 \xi(1 - 0.5\xi)}{f_y'(h_0 - a_s')} =$

$$\dfrac{550 \times 10^3 \times 689.1 - 1 \times 19.1 \times 300 \times 360^2 \times 0.267 \times (1 - 0.5 \times 0.267)}{360 \times (360 - 40)} =$$

$1\,799 \text{ mm}^2$

(4)选配钢筋

每侧各配 $2\,\Phi\,22 + 2\,\Phi\,25 (A_s = A_s' = 1\,742 \text{ mm}^2)$

$$A_s = A_s' = 1\,742 \text{ mm}^2 > 0.275\%bh = 0.275\% \times 300 \times 400 = 330 \text{ mm}^2$$

6.4 偏心受压构件斜截面受剪承载力计算

偏心受压构件在承受轴向力 N 和弯矩 M 作用的同时，往往还受到较大的剪力作用。因此，对偏心受压构件，除了进行正截面承载力计算外，还应计算斜截面受剪承载力。

6.4.1　偏心受压构件斜截面受剪性能

偏心受压构件由于轴向压力的存在,对斜截面的受剪承载力产生一定的影响。偏心压力限制了斜裂缝的出现和开展,使混凝土的剪压区高度增大,因而提高了混凝土的受剪承载力。

6.4.2　偏心受压构件斜截面受剪承载力计算方法

偏心受压构件斜截面受剪承载力计算公式为

$$V \leqslant V_u = \frac{1.75}{\lambda + 1.0} f_t b h_0 + f_{yv} \frac{A_{sv}}{s} h_0 + 0.07N \tag{6-25}$$

式中　V——剪力设计值;

　　　λ——偏心受压构件计算截面的剪跨比,取 $\lambda = M/(Vh_0)$;

　　　N——与剪力设计值相应的轴向力设计值,当 $N > 0.3f_c A$ 时,取 $N = 0.3f_c A$(A 为构件截面面积)。

计算截面的剪跨比应按下列规定取用:

(1)对框架柱,取 $\lambda = \dfrac{H_n}{2h_0}$:当 $\lambda < 1$ 时,取 $\lambda = 1$;当 $\lambda > 3$ 时,取 $\lambda = 3$(H_n 为柱净高)。

(2)对其他偏心受压构件,当承受均布荷载时,取 $\lambda = 1.5$;当承受集中荷载时(包括作用有多种荷载,且集中荷载对支座截面或节点边缘所产生的剪力值占总剪力值的 75% 以上的情况),取 $\lambda = a/h_0$;当 $\lambda < 1.5$ 时,取 $\lambda = 1.5$;当 $\lambda > 3$ 时,取 $\lambda = 3$(a 为集中荷载至支座或节点边缘的距离)。

为了防止截面出现斜压破坏,截面尺寸应满足

$$V \leqslant 0.25 \beta_c f_c b h_0 \tag{6-26}$$

对于矩形截面偏心受压构件,截面尺寸若符合

$$V \leqslant \frac{1.75}{\lambda + 1.0} f_t b h_0 + 0.07N \tag{6-27}$$

则可不进行斜截面承载力计算,按偏心受压构件的构造要求配置箍筋。

【例 6-5】　某钢筋混凝土框架矩形截面偏心受压柱,$b \times h = 300 \text{ mm} \times 400 \text{ mm}$,$H_n = 3.0 \text{ m}$,混凝土强度等级为 C30($f_t = 1.43 \text{ N/mm}^2$,$f_c = 14.3 \text{ N/mm}^2$,$\beta_c = 1.0$),箍筋用 HPB300 级($f_{yv} = 270 \text{ N/mm}^2$),纵筋用 HRB400 级。在柱端作用轴向压力设计值 $N = 800 \text{ kN}$,剪力设计值 $V = 180 \text{ kN}$,试求所需箍筋数量。

【解】　设 $a_s = a_s' = 40 \text{ mm}$,$h_0 = h - a_s = 400 - 40 = 360 \text{ mm}$。

(1)验算截面尺寸是否满足要求

$0.25 \beta_c f_c b h_0 = 0.25 \times 1.0 \times 14.3 \times 300 \times 360 = 386\ 100 \text{ N} = 386.1 \text{ kN} > V = 180 \text{ kN}$

故截面尺寸符合要求。

(2)验算是否按计算配置箍筋

$$\lambda = \frac{H_n}{2h_0} = \frac{3 \times 10^3}{2 \times 360} = 4.17 > 3$$

取 $\lambda = 3$

$\qquad 0.3 f_c A = 0.3 \times 14.3 \times 300 \times 400 = 514\ 800 \text{ N} = 514.8 \text{ kN} < N = 800 \text{ kN}$

取 $N=514.8$ kN

$$\frac{1.75}{\lambda+1.0}f_t bh_0 +0.07N = \frac{1.75}{3+1.0}\times 1.43\times 300\times 360+0.07\times 514.8\times 10^3$$
$$=103.60 \text{ kN}<V=180 \text{ kN}$$

故应按计算配置箍筋。

（3）计算箍筋的数量

$$\frac{nA_{sv1}}{s}=\frac{V-\left(\dfrac{1.75}{\lambda+1.0}f_t bh_0+0.07N\right)}{f_{yv}h_0}=\frac{(180-103.60)\times 10^3}{270\times 360}=0.786$$

选用 Φ8 双肢箍筋，$s=\dfrac{2\times 50.3}{0.786}=127.98$ mm，取 $s=120$ mm。

柱中选用 Φ8@120 的双肢箍筋。

本章小结

1.钢筋混凝土受压构件按纵向压力作用位置的不同可分为轴心受压构件和偏心受压构件。轴心受压构件由于纵向弯曲影响降低构件的承载力，在计算长柱时引入稳定系数 φ。

2.钢筋混凝土偏心受压构件根据偏心距的大小和配筋情况，可分为大偏心受压和小偏心受压两种类型。其界限与适筋梁和超筋梁的界限完全相同，即当 $\xi\leqslant\xi_b$ 或 $x\leqslant\xi_b h_0$ 时，为大偏心受压构件；当 $\xi>\xi_b$ 或 $x>\xi_b h_0$ 时，为小偏心受压构件。

3.大偏心受压构件破坏时，受压钢筋和受拉钢筋都达到屈服强度（$x>2a_s'$），混凝土压应力图与适筋梁相同；小偏心受压构件破坏时，离纵向压力较近一侧的钢筋受压屈服，混凝土被压碎，但离纵向压力较远一侧的钢筋无论受压或受拉都不会屈服，混凝土压应力图比较复杂。

4.对于有侧移和无侧移结构的偏心受压杆件，若杆件的长细比较大时，在轴向压力作用下发生单曲率变形，由于杆件自身挠曲变形的影响，通常会增大杆件中间区段截面的弯矩，即产生 P-δ 效应。在进行截面设计时，内力考虑二阶效应。

5.偏心受压柱矩形截面对称配筋的截面设计，可按照 x 的大小来判别大、小偏心受压：当 $x=\dfrac{N}{\alpha_1 f_c b}\leqslant\xi_b h_0$ 时，按大偏心受压计算；当 $x=\dfrac{N}{\alpha_1 f_c b}>\xi_b h_0$ 时，按小偏心受压计算。

6.偏心受压构件的斜截面承载力计算，与受弯构件矩形截面独立梁受集中荷载的抗剪承载力计算公式相似。偏心受压构件轴向压力的存在会提高斜截面抗剪承载力。

复习思考题

6-1 轴心受压构件中纵筋、箍筋的作用是什么？受压构件箍筋的构造要求是什么？

6-2 轴心受压短柱与长柱的破坏特征有何不同？影响稳定系数 φ 的主要因素有哪些？

6-3 受压构件箍筋的作用有哪些？

6-4 何谓偏心受压构件？偏心受压构件的破坏形态有几种？各种破坏形态发生的条件是什么？

6-5 计算偏心受压构件在对称配筋情况下，大、小偏心受压的判别条件是什么？

6-6 对称配筋的矩形偏压构件截面设计计算时，若 $x<2a_s'$，则应如何处理？采用的计算公式是什么？

6-7 大偏心受压构件计算公式的适用条件 $\xi\leqslant\xi_b$，$x\geqslant 2a_s'$ 的物理意义是什么？

综合练习题

6-1 某钢筋混凝土受压柱,截面尺寸 $b \times h = 350\ mm \times 350\ mm$,计算长度 $l_0 = 6.5\ m$,混凝土强度等级为 C30,纵筋用 HRB400 级,箍筋用 HPB300 级,承受轴向压力设计值 $N = 1\ 600\ kN$,求所需受压钢筋的数量并按构造要求配置箍筋。

6-2 某钢筋混凝土轴心受压柱,截面尺寸 $b \times h = 400\ mm \times 500\ mm$,计算长度 $l_0 = 8.5\ m$,混凝土强度等级为 C25,已配置纵向受压钢筋 8 Φ 20(HRB400 级),柱承受轴向压力设计值 $N = 1\ 180\ kN$,试复核截面承载力是否足够。

6-3 某混凝土矩形截面偏压构件截面尺寸 $b \times h = 300\ mm \times 500\ mm$,$a_s = a'_s = 40\ mm$,计算长度 $l_0 = 2.5\ m$,混凝土强度等级为 C30,钢筋用 HRB400 级,承受轴向压力设计值 $N = 200\ kN$,弯矩设计值 $M_1 = M_2 = 100\ kN \cdot m$,采用对称配筋,试配置受力钢筋。

6-4 现浇钢筋混凝土柱,截面尺寸 $b \times h = 300\ mm \times 500\ mm$,$a_s = a'_s = 40\ mm$,计算长度 $l_0 = 4.6\ m$,混凝土强度等级为 C30,钢筋为 HRB400 级,柱控制截面弯矩设计值 $M_1 = 200\ kN \cdot m$,$M_2 = 210\ kN \cdot m$,与 M_2 对应的轴向压力设计值 $N = 1\ 000\ kN$,采用对称配筋,求该柱所需要的纵筋截面面积。

第7章 钢筋混凝土受拉构件

学习目标

了解钢筋混凝土轴心受拉构件及偏心受拉构件的受力性能,熟悉受拉构件的正截面承载力计算;了解偏心受拉构件斜截面承载力计算,熟悉受拉构件构造要求。

7.1 钢筋混凝土受拉构件概述

钢筋混凝土受拉构件可分为轴心受拉构件和偏心受拉构件。当轴向拉力作用线与构件截面形心线重合时,为轴心受拉构件,如钢筋混凝土屋架的下弦杆、圆形水池等;当轴向拉力作用线偏离构件截面形心或同时作用轴心拉力和弯矩时,为偏心受拉构件,如钢筋混凝土矩形水池、双肢柱的肢杆等。

微课58

受拉构件的分类及
承载力计算

受拉构件除了需要进行正截面承载力及斜截面承载力计算外,应根据不同的要求进行抗裂或裂缝宽度验算。本章只介绍承载力计算方法。

7.2 钢筋混凝土轴心受拉构件

7.2.1 构造要求

受拉构件的截面形状一般为方形、矩形和圆形等对称截面,为方便施工,通常采用矩形截面。

轴心受拉构件纵向受拉钢筋在截面中对称布置或沿截面周边均匀布置。从限制裂缝宽度的角度考虑,宜选配直径小的受拉钢筋。轴心受拉构件一侧的受拉钢筋的配筋率应不小于 0.2% 和 $0.45 f_t / f_y$ 中的较大值。

轴心受拉构件及小偏心受拉构件的纵向受力钢筋不得采用绑扎接头。

7.2.2 正截面承载力计算

轴心受拉构件在轴向力作用下,在混凝土开裂前,拉力由混凝土和钢筋共同承担,混凝土开裂后,裂缝截面混凝土退出工作,拉力全部由钢筋承担,当钢筋应力达到屈服强度时,构件达到其极限承载力。其承载力计算公式为

$$N \leqslant f_y A_s \tag{7-1}$$

式中　N——轴向拉力设计值；

　　　f_y——纵向受拉钢筋抗拉强度设计值；

　　　A_s——纵向受拉钢筋截面面积。

7.3　钢筋混凝土偏心受拉构件

7.3.1　正截面承载力计算

偏心受拉构件按轴向拉力的作用位置不同,可分为大偏心受拉构件和小偏心受拉构件。当轴向拉力 N 作用在 A_s 和 A'_s 之间时,称为小偏心受拉构件;当轴向拉力作用在 A_s 和 A'_s 之外时,称为大偏心受拉构件。大、小偏心受拉构件的承载力计算公式截然不同。

1. 小偏心受拉构件($e_0 \leqslant \dfrac{h}{2} - a_s$)

小偏心受拉构件在轴向拉力 N 作用下,截面混凝土将产生裂缝并贯通,拉力由截面两侧钢筋承担。构件破坏时,A_s 和 A'_s 的拉应力均达到屈服强度,如图 7-1 所示。

根据平衡条件,可得小偏心受拉构件的截面承载力计算公式为

$$Ne = f_y A'_s(h_0 - a'_s) \tag{7-2}$$

$$Ne' = f_y A_s(h_0 - a'_s) \tag{7-3}$$

式中　$e = \dfrac{h}{2} - e_0 - a_s$；$e' = \dfrac{h}{2} + e_0 - a'_s$。

当截面对称配筋时

$$A_s = A'_s = \frac{Ne'}{f_y(h_0 - a'_s)} \tag{7-4}$$

2. 大偏心受拉构件($e_0 > \dfrac{h}{2} - a_s$)

大偏心受拉构件与大偏心受压构件的破坏特征相似,即截面一部分受拉,另一部分受压。构件破坏时 A_s 和 A'_s 均能达到屈服强度,受压区混凝土也达到弯曲时抗压强度设计值,因此可采用与大偏心受压相似的正截面应力图,如图 7-2 所示。

根据平衡条件,大偏心受拉构件正截面承载力计算公式为

$$N = f_y A_s - f'_y A'_s - \alpha_1 f_c bx \tag{7-5}$$

$$Ne = \alpha_1 f_c bx\left(h_0 - \frac{x}{2}\right) + f'_y A'_s(h_0 - a'_s) \tag{7-6}$$

式中　$e = e_0 - \dfrac{h}{2} + a_s$。

上述公式适用条件是:$2a'_s \leqslant x \leqslant \xi_b h_0$,其物理意义与大偏心受压构件一样。

当 $x < 2a'_s$ 时,令 $x = 2a'_s$,则

$$A_s = \frac{Ne'}{f_y(h_0 - a'_s)} \tag{7-7}$$

式中　$e' = e_0 + \dfrac{h}{2} - a'_s$。

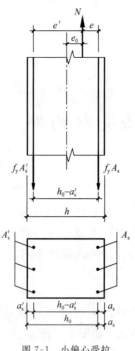

图 7-1 小偏心受拉

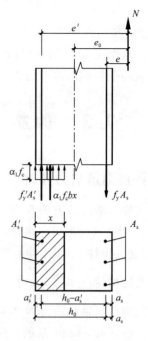

图 7-2 大偏心受拉

截面设计时,当其他条件已知,求 A_s 和 A'_s 时,可设 $x=\xi_b h_0$,将其代入式(7-6)计算出 A'_s,将 A'_s 代入式(7-5)便可计算出 A_s。

【例 7-1】 某矩形截面偏心受拉构件,截面尺寸 $b\times h=250\ mm\times 300\ mm$,$a_s=a'_s=45\ mm$,承受轴向拉力设计值 $N=400\ kN$,弯矩设计值 $M=35\ kN\cdot m$,混凝土强度等级为 C25($f_t=1.27\ N/mm^2$),钢筋为 HRB335 级($f_y=300\ N/mm^2$),对称配筋。求 A_s 和 A'_s。

【解】 (1)判别大小偏心受拉

$$e_0=\frac{M}{N}=\frac{35\times 10^6}{400\times 10^3}=87.5\ mm<\frac{h}{2}-a_s=\frac{300}{2}-45=105\ mm$$

属于小偏心受拉。

(2)计算钢筋截面面积

$$h_0=h-a_s=300-45=255\ mm$$

$$e'=e_0+\frac{h}{2}-a'_s=87.5+\frac{300}{2}-45=192.5\ mm$$

按式(7-4)计算 A_s 和 A'_s

$$A_s=A'_s=\frac{Ne'}{f_y(h_0-a_s)}=\frac{400\times 10^3\times 192.5}{300\times (255-45)}=1\ 222\ mm^2$$

(3)选配钢筋

每侧选用 4 Φ 20($A_s=A'_s=1\ 256\ mm^2$)。

$$\rho=\frac{A_s}{bh}\times 100\%=\frac{1\ 256}{250\times 300}\times 100\%=1.67\%>0.2\%>0.45\frac{f_t}{f_y}\times 100\%=$$

$$\frac{1.27}{300}\times 100\%=0.19\%$$

故满足要求。

7.3.2 斜截面承载力计算

偏心受拉构件承受较大剪力作用时,需要计算其斜截面受剪承载力。轴向拉力的存在,使偏心受拉构件的受剪承载力明显降低。《混凝土结构设计规范》(GB 50010—2010)规定矩形截面偏心受拉构件的受剪承载力的计算公式为

$$V \leqslant \frac{1.75}{\lambda + 1.0} f_t b h_0 + f_{yv} \frac{n A_{sv1}}{s} h_0 - 0.2N \qquad (7-8)$$

式中　N——与剪力设计值 V 相对应的轴向拉力设计值;

　　　　λ——计算截面的剪跨比,$\lambda = \dfrac{a}{h_0}$(a 为集中荷载至支座截面或节点边缘的距离),当

　　　　　$\lambda < 1.5$ 时,取 $\lambda = 1.5$,当 $\lambda > 3$ 时,取 $\lambda = 3$。

当式(7-8)右侧计算值小于 $f_{yv} \dfrac{n A_{sv1}}{s} h_0$ 时,应取等于 $f_{yv} \dfrac{n A_{sv1}}{s} h_0$,且 $f_{yv} \dfrac{n A_{sv1}}{s} h_0$ 不得小于 $0.36 f_t b h_0$。

同时,矩形、T 形和 I 形截面的钢筋混凝土偏心受拉构件的受剪截面应符合式(5-32)或式(5-33)的要求。

本章小结

1. 钢筋混凝土受拉构件可分为轴心受拉构件和偏心受拉构件。当轴向拉力作用线与构件截面形心线重合时,为轴心受拉构件;当轴向拉力作用线偏离构件截面形心或同时作用轴心拉力和弯矩时为偏心受拉构件。

2. 钢筋混凝土偏心受拉构件分为两种情形:当轴向拉力 N 作用在 A_s 和 A'_s 之间($e_0 \leqslant \dfrac{h}{2} - a_s$)时,为小偏心受拉构件;当轴向拉力 N 作用在 A_s 和 A'_s 之外($e_0 > \dfrac{h}{2} - a_s$)时,为大偏心受拉构件。

3. 小偏心受拉构件的受力特点类似于轴心受拉构件,破坏时拉力全部由钢筋承受;大偏心受拉构件的受力特点类似于受弯构件或大偏心受压构件,破坏时截面有混凝土受压区存在。

复习思考题

7-1　举例说明工程中哪些构件属于轴心受拉构件。

7-2　如何区分大、小偏心受拉构件? 大偏心受拉构件承载力计算公式的适用条件是什么?

综合练习题

7-1　某钢筋混凝土轴心受拉构件。截面尺寸 $b \times h = 300\ \text{mm} \times 500\ \text{mm}$,轴向拉力设计值 $N = 198.2\ \text{kN}$,弯矩设计值 $M = 20.8\ \text{kN·m}$,混凝土强度等级为 C20,钢筋用 HRB335 级,$a_s = a'_s = 45\ \text{mm}$,试确定其截面所需纵向受拉钢筋。

第 8 章 钢筋混凝土受扭构件

学习目标

掌握受扭构件的承载力计算方法；熟悉受扭纵筋和受扭箍筋的构造要求；了解受扭构件的受力性能。

8.1 概 述

凡是有扭矩作用的构件统称为受扭构件。在钢筋混凝土结构中，纯扭构件是很少见的，多数情况是在扭矩作用的同时往往还有弯矩、剪力作用。例如，钢筋混凝土雨篷梁、钢筋混凝土现浇框架边梁及单层工业生产厂房中的吊车梁等，都属于既扭转又弯曲的构件，如图 8-1 所示。其中雨篷梁和吊车梁又属于"平衡扭转"问题，即构件中的扭矩可以直接由荷载静力平衡求出；而框架边梁属于"约束扭转"问题，即构件所受扭矩是由相邻构件的变形受到约束而产生的，扭矩大小与构件抗扭刚度有关。

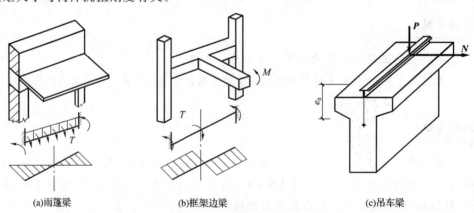

(a)雨篷梁　　　　　　(b)框架边梁　　　　　　(c)吊车梁

图 8-1 钢筋混凝土受扭构件

《混凝土结构设计规范》(GB 50010—2010)中关于剪扭、弯扭及弯剪扭构件承载力的计算方法是在受弯、受剪承载力计算理论和纯扭构件计算理论基础上建立起来的。本章首先介绍纯扭构件承载力的计算，然后叙述剪扭、弯扭及弯剪扭构件承载力的计算方法。

8.2 矩形截面纯扭构件承载力计算

8.2.1 素混凝土纯扭构件的受力性能

理论分析及试验表明:矩形截面素混凝土纯扭构件在剪应力 τ 作用时,在构件截面长边的中点将产生主拉应力 σ_{tp},其数值等于 τ 并与构件轴线呈 $45°$。主拉应力 σ_{tp} 使截面长边中点处混凝土首先开裂,出现一条与构件轴线呈约 $45°$ 的斜裂缝 ab,该裂缝迅速地向构件的底部和顶部及向内延伸至 c 和 d,最后构件将形成三面受拉、一边受压的斜向空间曲面,如图 8-2 所示,构件随即破坏,该破坏具有突然性,属于典型的脆性破坏。

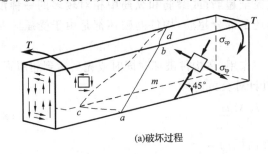 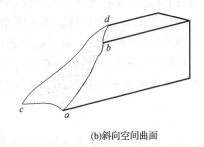

(a)破坏过程   (b)斜向空间曲面

图 8-2 素混凝土纯扭构件

8.2.2 素混凝土纯扭构件的承载力计算

素混凝土纯扭构件的承载力计算,当采用弹性分析方法确定构件的抗扭强度时,其值比实测值小很多,说明计算中没有考虑混凝土的塑性性质;而采用塑性分析方法所算得的抗扭强度值又略高于实测值,这说明混凝土不完全是理想的塑性材料,而是介于二者之间的弹塑性材料。根据试验资料,素混凝土纯扭构件承载力计算公式为

$$T_u = 0.7 f_t W_t \tag{8-1}$$

式中 W_t——受扭构件的截面受扭塑性抵抗矩,对于矩形截面可按下列规定计算(对于 T 形截面和 I 形截面以及箱形截面详见《混凝土结构设计规范》(GB 50010—2010)6.4.3):

$$W_t = \frac{b^2}{6}(3h-b) \tag{8-2}$$

式中 b、h——构件截面的短边尺寸和长边尺寸。

8.2.3 矩形截面钢筋混凝土纯扭构件承载力计算

试验表明,配置受扭钢筋对提高构件的抗裂效果不大,但混凝土开裂后,可由钢筋继续承担拉力,因而能大大提高构件的抗扭承载力,所以构件截面应配置受扭钢筋。实际工程中,一般采用横向箍筋和纵向受力钢筋承受扭矩的作用。受扭箍筋和受扭纵筋的构造要求见 8.4 节。

1. 钢筋混凝土纯扭构件的受力性能和破坏形态

试验表明,钢筋混凝土纯扭构件的受力性能和破坏形态,主要取决于受扭钢筋的配筋率,其受力性能及破坏形态可分为以下三种类型。

（1）适筋破坏

当构件的抗扭箍筋和抗扭纵筋的数量配置适当时，随着扭矩的增加，首先是混凝土三面开裂，然后与开裂截面相交的受扭箍筋和抗扭纵筋达到屈服强度，最终受压面混凝土被压碎而导致构件破坏。构件破坏前有较大的变形和明显的外部特征，属于塑性破坏。

微课60

受扭构件破坏形态与防止
部分超筋破坏的措施

（2）少筋破坏

当构件受扭箍筋和受扭纵筋的配置数量过少时，构件在扭矩的作用下，斜裂缝突然出现并迅速展开，与斜裂缝相交的受扭钢筋超过屈服强度被拉断，而另一面的混凝土未被压碎。这种破坏带有突然性，属于脆性破坏。

（3）完全超筋或部分超筋破坏

当构件受扭箍筋和受扭纵筋都配置得过多或箍筋和纵筋中有一种配置过多时，在扭矩作用下，抗扭钢筋都没有达到屈服强度，而形成完全超筋；或箍筋和纵筋中相对较多的一种没有达到屈服强度形成部分超筋。不论完全超筋还是部分超筋，构件的破坏都是由于受压区混凝土被压碎所致，这种破坏也属于脆性破坏。

为使抗扭纵筋和抗扭箍筋都能有效地发挥作用，在构件破坏时同时或先后达到屈服强度，应对纵筋和箍筋的配筋强度比 ζ 进行控制，其计算公式为

$$\zeta = \frac{f_y A_{stl} s}{f_{yv} A_{st1} u_{cor}} \tag{8-3}$$

式中　A_{stl}——对称布置的全部抗扭纵筋截面面积；

　　　A_{st1}——抗扭箍筋的单肢截面面积；

　　　s——抗扭箍筋的间距；

　　　f_y——抗扭纵筋的抗拉强度设计值；

　　　f_{yv}——抗扭箍筋的抗拉强度设计值；

　　　u_{cor}——截面核心部分的周长，$u_{cor} = 2(b_{cor} + h_{cor})$（$b_{cor}$ 和 h_{cor} 分别为从箍筋内皮计算的截面核心部分的短边尺寸和长边尺寸）。

试验表明：当 ζ 值为 0.5～2.0 时，可保证受扭构件破坏时抗扭纵筋和抗扭箍筋都能较好地发挥各自的抗扭作用。《混凝土结构设计规范》（GB 50010—2010）规定 ζ 应符合

$$0.6 \leqslant \zeta \leqslant 1.7 \tag{8-4}$$

工程设计中，通常取 $\zeta = 1.2$。

2. 纯扭构件承载力计算

《混凝土结构设计规范》（GB 50010—2010）给出钢筋混凝土矩形截面纯扭构件抗扭承载力计算公式为

$$T \leqslant T_u = 0.35 f_t W_t + 1.2 \sqrt{\zeta} \frac{f_{yv} A_{st1}}{s} A_{cor} \tag{8-5}$$

式中　T——扭矩设计值；

　　　f_t——混凝土的轴心抗拉强度设计值；

　　　W_t——截面受扭塑性抵抗矩；

　　　ζ——抗扭纵筋与抗扭箍筋的配筋强度比，按式（8-3）确定；

　　　A_{st1}——抗扭箍筋的单肢截面面积；

　　　s——抗扭箍筋的间距；

　　　A_{cor}——截面核心部分的面积，$A_{cor} = b_{cor} \times h_{cor}$。

【例 8-1】　钢筋混凝土矩形截面受扭构件，截面尺寸 $b \times h = 300$ mm $\times 400$ mm。混凝土为 C25 级，纵筋为 HRB335 级，箍筋为 HPB300 级，上排纵筋 3 Φ 14，下排纵筋 3 Φ 22，两侧各 1 Φ 14，箍筋为 Φ 10@150，一类环境，纵筋保护层厚度为 35 mm。试计算该受扭构件的截面受扭塑性抵抗矩 W_t、截面核心部分的面积 A_{cor} 和周长 u_{cor}。

【解】　$W_t = \dfrac{b^2}{6}(3h - b) = \dfrac{300^2}{6} \times (3 \times 400 - 300) = 1.35 \times 10^7$ mm³

$A_{cor} = b_{cor} \times h_{cor} = (300 - 2 \times 35) \times (400 - 2 \times 35) = 75\ 900$ mm²

$u_{cor} = 2(b_{cor} + h_{cor}) = 2 \times [(300 - 2 \times 35) + (400 - 2 \times 35)] = 1\ 120$ mm

8.3　矩形截面弯剪扭构件承载力计算

8.3.1　剪扭构件承载力计算

微课61

剪扭相关性及剪扭构件
承载力计算

试验表明，当构件同时承受剪力和扭矩作用时，构件的抗剪承载力将随扭矩的增大而减小；而构件的抗扭承载力将随剪力的增大而减小。这种构件抵抗某种内力的能力受其他同时作用的内力影响的性质，称为相关性。为考虑剪扭之间的影响，《混凝土结构设计规范》(GB 50010—2010)引入系数 β_t 来反映剪扭之间相互影响程度，β_t 称为剪扭构件的混凝土受扭承载力降低系数。

对于一般剪扭构件，其计算公式为

$$\beta_t = \frac{1.5}{1 + 0.5 \dfrac{VW_t}{Tbh_0}} \tag{8-6}$$

对于集中荷载作用下的独立剪扭构件，其计算公式为

$$\beta_t = \frac{1.5}{1 + 0.2(\lambda + 1) \dfrac{VW_t}{Tbh_0}} \tag{8-7}$$

式中　λ——剪跨比，其数值应满足 $1.5 \leqslant \lambda \leqslant 3.0$。

按上述公式计算 β_t 时，当 $\beta_t < 0.5$ 时，取 $\beta_t = 0.5$；当 $\beta_t > 1.0$ 时，取 $\beta_t = 1.0$。

1. 一般剪扭构件

(1)受剪承载力　　　$V \leqslant V_u = 0.7 f_t bh_0 (1.5 - \beta_t) + f_{yv} \dfrac{nA_{sv1}}{s} h_0$ 　　(8-8)

(2)受扭承载力　　　$T \leqslant T_u = 0.35 f_t W_t \beta_t + 1.2\sqrt{\zeta} \dfrac{f_{yv} A_{st1}}{s} A_{cor}$ 　　(8-9)

这里的 β_t 均按式(8-6)计算。

2. 集中荷载作用下的独立剪扭构件

(1)受剪承载力　　　$V \leqslant V_u = \dfrac{1.75}{\lambda + 1} f_t bh_0 (1.5 - \beta_t) + f_{yv} \dfrac{nA_{sv1}}{s} h_0$ 　　(8-10)

(2)受扭承载力

受扭承载力按式(8-9)计算。此处的 β_t 均按式(8-7)计算。

通过式(8-8)或式(8-10)和式(8-9)分别求得 $\dfrac{A_{sv1}}{s}$ 和 $\dfrac{A_{st1}}{s}$ 后，按叠加原则便得到剪扭构件需

要的单肢箍筋总用量：$\dfrac{A_{svt1}}{s}=\dfrac{A_{sv1}}{s}+\dfrac{A_{st1}}{s}$。

将$\dfrac{A_{st1}}{s}$带入式(8-3)，便得到抗扭纵筋截面面积A_{stl}。

另外，需要注意的是，《混凝土结构设计规范》(GB 50010—2010)规定，当$\dfrac{V}{bh_0}+\dfrac{T}{W_t}\leqslant 0.7f_t$时，可不进行受剪扭承载力计算，仅需按构造要求配置箍筋和抗扭纵筋。

8.3.2　弯剪扭构件承载力计算

弯剪扭构件的截面配筋采用"叠加法"进行计算，即分别按受弯承载力和剪扭构件的受扭承载力计算相应纵筋截面面积并叠加；按剪扭构件的受剪承载力和受扭承载力计算相应的箍筋单肢截面面积并叠加。

弯剪扭构件的承载力计算

1. 确定截面尺寸并验算是否满足《混凝土结构设计规范》(GB 50010—2010)要求

受扭构件截面尺寸根据经验或参照已有设计确定，但除了应符合受弯刚度、受剪最小尺寸要求外，还应满足剪扭构件的截面尺寸要求。对于矩形截面弯剪扭构件，当$\dfrac{h_0}{b}\leqslant 4$时，其截面尺寸应满足

$$\frac{V}{bh_0}+\frac{T}{0.8W_t}\leqslant 0.25\beta_c f_c \tag{8-11}$$

式中　β_c——混凝土强度影响系数，当混凝土强度等级≤C50时，$\beta_c=1.0$。

若不满足上述条件，则应增大截面尺寸或提高混凝土的强度等级。

2. 确定是否可以采用简化计算方法

(1)当$T\leqslant 0.175f_tW_t$时，可不考虑扭矩作用，仅按受弯构件的正截面受弯承载力和斜截面受剪承载力分别计算纵筋和箍筋的数量。

(2)当$\dfrac{V}{bh_0}+\dfrac{T}{W_t}\leqslant 0.7f_t$时，可不进行受剪扭承载力计算，按构造要求配置箍筋和抗扭纵筋。

(3)当$V\leqslant 0.35f_tbh_0$或$\dfrac{0.875}{\lambda+1}f_tbh_0$时，可忽略剪力的作用，仅按受弯构件的正截面受弯承载力和纯扭构件承载力配置钢筋。

若不满足上述条件，按弯剪扭构件计算。

3. 计算总箍筋数量

(1)按式(8-6)或式(8-7)计算β_t。

(2)按式(8-8)或式(8-10)计算抗剪箍筋的数量$\dfrac{A_{sv1}}{s}$。

(3)按式(8-9)计算抗扭箍筋的数量$\dfrac{A_{st1}}{s}$。

(4)计算总箍筋数量，即$\dfrac{A_{svt1}}{s}=\dfrac{A_{sv1}}{s}+\dfrac{A_{st1}}{s}$。

(5)验算箍筋的最小配箍率(见本章8.4节)。

4. 计算纵筋数量

(1)计算受弯纵向钢筋截面面积A_{sm}。

(2)计算受扭纵筋数量 A_{stl}：将求得的 $\dfrac{A_{st1}}{s}$ 代入式(8-3)，计算受扭纵筋数量

$$A_{stl}=\frac{\zeta f_{yv}A_{st1}u_{cor}}{f_y s} \tag{8-12}$$

(3)验算纵筋的最小配筋率：纵向钢筋的配筋率不应小于受弯构件纵向钢筋的最小配筋率(附表 A-10)与受扭构件抗扭纵筋的最小配筋率 $\rho_{tl\,min}$ 之和。$\rho_{tl\,min}$ 见本章 8.4 节。

(4)将受扭纵筋与受弯纵筋叠加，即构件截面所需总纵筋数量。

【例 8-2】 某矩形截面钢筋混凝土连续梁承受均布荷载作用，截面尺寸为 $b\times h=300\ mm\times 600\ mm$，连续梁支座处荷载引起的负弯矩设计值 $M'=113\ kN\cdot m$，剪力设计值 $V=110\ kN$，扭矩设计值 $T=27.5\ kN\cdot m$，跨中正弯矩设计值 $M=48\ kN\cdot m$，混凝土强度等级为 C25($f_c=11.9\ N/mm^2$，$f_t=1.27\ N/mm^2$)，纵筋为 HRB335 级($f_y=300\ N/mm^2$)，箍筋为 HPB300 级($f_{yv}=270\ N/mm^2$)，一类环境，$a_s=a'_s=45\ mm$。试设计该梁。

【解】 (1)验算截面尺寸

$$h_0=600-45=555\ mm$$

$$W_t=\frac{b^2}{6}(3h-b)=\frac{300^2}{6}\times(3\times600-300)=2.25\times10^7\ mm^3$$

$$\frac{h_0}{b}=\frac{555}{300}=1.85<4$$

$$\frac{V}{bh_0}+\frac{T}{0.8W_t}=\frac{110\times10^3}{300\times555}+\frac{27.5\times10^6}{0.8\times2.25\times10^7}=$$

$$2.189\ N/mm^2<0.25\beta_c f_c=0.25\times1.0\times11.9=2.975\ N/mm^2$$

故截面尺寸满足要求。

(2)确定是否需要进行抗扭和抗剪承载力计算

$$0.175f_t W_t=0.175\times1.27\times2.25\times10^7\times10^{-6}=5\ kN\cdot m<T=27.5\ kN\cdot m$$

故不能忽略扭矩。

$$0.35f_t bh_0=0.35\times1.27\times300\times555=74\ 009\ N=74.009\ kN<V=110\ kN$$

故不能忽略剪力。

$$\frac{V}{bh_0}+\frac{T}{W_t}=\frac{110\times10^3}{300\times555}+\frac{27.5\times10^6}{2.25\times10^7}=1.883\ N/mm^2>0.7f_t=0.7\times1.27=0.889\ N/mm^2$$

故需通过计算确定抗剪和抗扭的钢筋。

(3)确定箍筋总用量

$$\beta_t=\frac{1.5}{1+0.5\dfrac{VW_t}{Tbh_0}}=\frac{1.5}{1+0.5\times\dfrac{110\times10^3\times2.25\times10^7}{27.5\times10^6\times300\times555}}=1.18>1.0$$

取 $\beta_t=1.0$，由 $V=0.7f_t bh_0(1.5-\beta_t)+f_{yv}\dfrac{nA_{sv1}}{s}h_0$ 得

$$\frac{A_{sv1}}{s}=\frac{V-0.7f_t bh_0(1.5-\beta_t)}{f_{yv}nh_0}=\frac{110\times10^3-0.7\times1.27\times300\times555\times(1.5-1.0)}{270\times2\times555}=0.12$$

由 $T=0.35f_t W_t\beta_t+1.2\sqrt{\zeta}\dfrac{f_{yv}A_{st1}}{s}A_{cor}$，其中取 $\zeta=1.2$

$$A_{cor}=b_{cor}\times h_{cor}=(300-2\times35)\times(600-2\times35)=121\ 900\ mm^2$$

得　$$\frac{A_{st1}}{s}=\frac{T-0.35f_t W_t\beta_t}{1.2\sqrt{\zeta}f_{yv}A_{cor}}=\frac{27.5\times10^6-0.35\times1.27\times2.25\times10^7\times1.0}{1.2\times\sqrt{1.2}\times270\times121\ 900}=0.404$$

单肢箍筋总用量 $\dfrac{A_{svt1}}{s} = \dfrac{A_{sv1}}{s} + \dfrac{A_{st1}}{s} = 0.12 + 0.404 = 0.524$

选用 Φ10 箍筋 $A_{svt1} = 78.5 \text{ mm}^2$，则 $s = \dfrac{78.5}{0.524} = 149.8 \text{ mm}$。

取箍筋间距 $s = 140 \text{ mm}$，则

$$\rho_{svt\,min} = 0.28\,\frac{f_t}{f_{yv}} \times 100\% = 0.28 \times \frac{1.27}{270} \times 100\% = 0.13\%$$

实际配箍率 $\rho_{svt} = \dfrac{nA_{svt1}}{bs} \times 100\% = \dfrac{2 \times 78.5}{300 \times 140} \times 100\% = 0.37\% > \rho_{svt\,min} = 0.13\%$

故满足要求。

（4）计算纵筋总用量

① 计算抗扭纵筋用量

$$A_{stl} = \frac{\zeta f_{yv} A_{st1} u_{cor}}{f_y s} = \frac{1.2 \times 270 \times (0.404 \times 140) \times 2 \times (230 + 530)}{300 \times 140} = 663.2 \text{ mm}^2$$

实际配筋率

$$\rho_{tl} = \frac{A_{stl}}{bh} \times 100\% = \frac{663.2}{300 \times 600} \times 100\% = 0.368\% > \rho_{tl\,min} = 0.6\,\frac{f_t}{f_y}\sqrt{\frac{T}{Vb}} \times 100\% =$$

$$0.6 \times \frac{1.27}{300} \times \sqrt{\frac{27.5 \times 10^6}{110 \times 10^3 \times 300}} \times 100\% = 0.23\%$$

满足要求，选用 6 Φ12（$A_{stl} = 678 \text{ mm}^2$），布置在截面四角和两侧边高度的中部。

② 计算抗弯纵筋数量

按正截面抗弯承载力计算（过程略），其支座负弯矩筋截面面积为 717 mm^2，跨中正弯矩筋截面面积为 360 mm^2。

③ 计算纵筋总用量

支座截面上部纵筋的总截面面积为 $A_{smt} = 717 + \dfrac{678}{3} = 943 \text{ mm}^2$，选 3 Φ20（$A_{smt} = 942 \text{ mm}^2$）。

跨中截面下部纵筋的总截面面积为 $A_{smt} = 360 + \dfrac{678}{3} = 586 \text{ mm}^2$，选 2 Φ20（$A_{smt} = 628 \text{ mm}^2$），沿梁通长布置。

截面配筋如图 8-3 所示。

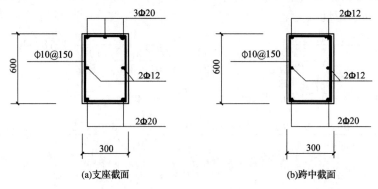

图 8-3 例 8-2 截面配筋图

8.4 构造要求

1. 受扭纵筋

(1)受扭纵筋沿构件截面周边均匀、对称布置,且截面四角必须放置;其间距不应大于200 mm和梁截面短边尺寸;受扭纵筋应按受拉钢筋锚固在支座内。

受扭钢筋的基本构造要求

(2)受扭纵筋的最小配筋率应满足式(8-13)要求:

$$\rho_{tl} = \frac{A_{stl}}{bh} \times 100\% \geqslant \rho_{tl\,min} = 0.6\frac{f_t}{f_y} \cdot \sqrt{\frac{T}{Vb}} \times 100\% \tag{8-13}$$

当 $T/(Vb) > 2$ 时,取 $T/(Vb) = 2$。

(3)在弯剪扭构件中,配置在截面弯曲受拉边的纵向受力钢筋,其截面面积不应小于按受弯构件受拉钢筋最小配筋率计算的钢筋截面面积与按受扭钢筋最小配筋率计算并分配到弯曲受拉边的钢筋截面面积之和。

2. 受扭箍筋

(1)受扭箍筋的形状须做成封闭式的,箍筋的端部应做成135°的弯钩,弯钩直线长度不小于箍筋直径的10倍。对受扭箍筋的直径和间距的要求与受弯构件箍筋的有关规定相同。当采用复合箍筋时,位于截面内部的箍筋不应计入受扭所需的箍筋面积。

(2)在弯剪扭构件中,箍筋的配筋率应满足下面要求

$$\rho_{svt} = \frac{nA_{svt1}}{bs} \times 100\% \geqslant \rho_{svt\,min} = 0.28\frac{f_t}{f_{yv}} \times 100\% \tag{8-14}$$

本章小结

1. 在钢筋混凝土结构中,纯扭构件是很少见的,在扭矩作用的同时往往还有弯矩、剪力作用,例如,钢筋混凝土雨篷梁、钢筋混凝土现浇框架的边梁及单层工业厂房中的吊车梁等,都属于既扭转又弯曲的构件。

2. 弯剪扭构件,其截面配筋采用"叠加法"进行计算,即分别按受弯承载力和受扭承载力计算出相应的纵筋截面面积并叠加;按受剪承载力和受扭承载力计算出相应的箍筋单肢截面面积并叠加。

复习思考题

8-1 工程中哪些构件属于受扭构件?素混凝土纯扭构件的破坏特征是什么?

8-2 钢筋混凝土纯扭构件分哪几种破坏形态?各自特点是什么?

8-3 钢筋混凝土受扭构件的构造要求是什么?

8-4 简述弯剪扭构件截面设计步骤。

综合练习题

8-1 承受均布线荷载的矩形截面梁尺寸 $b \times h = 250\ mm \times 500\ mm$,混凝土为 C25 级,一类环境,纵筋为 HRB400 级,箍筋为 HPB300 级,已知控制截面的内力为弯矩设计值 $M = 106\ kN \cdot m$,剪力设计值 $V = 122\ kN$,扭矩设计值 $T = 9\ kN \cdot m$。设计该梁的配筋。

第9章 钢筋混凝土构件的裂缝及变形验算

学习目标

掌握钢筋混凝土受弯构件的裂缝宽度和挠度计算方法;掌握钢筋代换的原则和方法;熟悉减小裂缝宽度和挠度的措施。

9.1 概 述

结构构件在正常使用时应满足结构的可靠性,为达到该目的,应首先对钢筋混凝土结构构件进行承载力计算,以保证其安全性;除此之外,对某些构件根据其使用条件还需要进行裂缝宽度和变形验算,以保证其适用性和耐久性。例如,钢筋混凝土构件裂缝宽度过大,在气体或有侵蚀性的液体作用时,裂缝处钢筋将锈蚀,影响构件的安全性和耐久性,还会造成人们的恐慌;梁、板变形过大将影响屋面排水效果,影响精密机器及仪表的使用,造成非承重构件的损坏;吊车梁变形过大将影响吊车的正常运行等。因此,对于这些构件除了进行承载力计算以外,还需要进行正常使用极限状态的验算。

《混凝土结构设计规范》(GB 50010—2010)规定:对构件进行正常使用极限状态验算时,应按荷载效应的准永久组合并考虑长期作用的影响,或标准组合并考虑长期作用影响来进行。

9.2 裂缝宽度验算

钢筋混凝土结构构件产生裂缝的原因很多,主要有两种类型:其一是直接荷载作用所引起的裂缝;其二是非荷载因素如材料收缩、温度变化、混凝土碳化以及地基不均匀沉降等所引起的裂缝。很多裂缝的产生是多种因素集成的结果。非荷载因素引起的裂缝主要依靠选择良好的骨料级配,提高施工质量,设置伸缩缝和混凝土保护层的最小厚度来加以控制。荷载作用产生的裂缝,则通过裂缝宽度验算来控制。

9.2.1 钢筋混凝土构件裂缝宽度的验算

1.影响裂缝宽度的主要因素

(1)纵筋的表面形状。带肋钢筋与混凝土的黏结强度较光圆钢筋大得多,可减小裂缝宽度。

(2)纵筋的直径。当构件内受拉纵筋截面相同时,采用细而密的钢筋,则会增大钢筋表面积,因而使黏结力增大,裂缝宽度变小。

(3)纵筋配筋率。构件受拉区混凝土截面的纵筋配筋率越大,裂缝宽度越小。

(4)纵向钢筋的应力。裂缝宽度与钢筋应力近似呈线性关系。

(5)保护层厚度。保护层越厚,裂缝宽度越大。

2. 裂缝宽度计算公式

裂缝宽度验算就是要计算构件在荷载作用下产生的最大裂缝宽度 w_{max},它不应超过《混凝土结构设计规范》(GB 50010—2010)规定的最大裂缝宽度限值 w_{lim},即 $w_{max} \leqslant w_{lim}$。混凝土构件的最大裂缝宽度限值 w_{lim} 见表 2-2。

微课64

裂缝宽度计算及减小
裂缝宽度的措施

在综合考虑各项影响因素的基础上,《混凝土结构设计规范》(GB 50010—2010)给出了最大裂缝宽度 w_{max} 的计算公式:

$$w_{max} = \alpha_{cr} \psi \frac{\sigma_s}{E_s} \left(1.9c_s + 0.08 \frac{d_{eq}}{\rho_{te}}\right) \tag{9-1}$$

式中　α_{cr}——构件受力特征系数。

　　　　对受弯和偏心受压构件,$\alpha_{cr} = 1.9$;

　　　　对轴心受拉构件,$\alpha_{cr} = 2.7$;

　　　　对偏心受拉构件,$\alpha_{cr} = 2.4$。

　　ψ——裂缝间纵向钢筋应变不均匀系数,按式(9-2)计算。

　　　　当 $\psi < 0.2$ 时,取 $\psi = 0.2$;

　　　　当 $\psi > 1.0$ 时,取 $\psi = 1.0$;

　　　　对直接承受重复荷载的构件,取 $\psi = 1.0$。

$$\psi = 1.1 - \frac{0.65 f_{tk}}{\rho_{te} \sigma_s} \tag{9-2}$$

　　f_{tk}——混凝土轴心抗拉强度标准值。

　　σ_s——按荷载准永久组合计算的钢筋混凝土构件纵向受拉钢筋应力。

　　　　对于轴心受拉构件按式(9-3)计算,对于受弯构件按式(9-4)计算;

　　　　对于偏心受拉构件和偏心受压构件详见《混凝土结构设计规范》(GB 50010—2010)。

$$\sigma_s = \frac{N_q}{A_s} \tag{9-3}$$

$$\sigma_s = \frac{M_q}{0.87 h_0 A_s} \tag{9-4}$$

　　N_q、M_q——按荷载准永久组合计算的轴向力值、弯矩值;

　　A_s——受拉区纵向钢筋截面面积;

　　ρ_{te}——按有效受拉混凝土截面面积计算的纵向受拉钢筋的配筋率,按式(9-5)计算。

$$\rho_{te} = \frac{A_s}{A_{te}} \times 100\% \tag{9-5}$$

　　　　当 $\rho_{te} < 1\%$ 时,取 $\rho_{te} = 1\%$。

　　A_{te}——有效受拉混凝土截面面积。对于轴心受拉构件,A_{te} 取构件截面面积;对受弯构件、偏心受拉和偏心受压构件,取 $A_{te} = 0.5bh + (b_f - b)h_f$,其中 b 为矩形截面宽度或 T 形和工字形截面腹板厚度,h 为截面高度,b_f、h_f 分别为受拉翼缘的宽度和高度。

　　E_s——钢筋弹性模量。

c_s——最外层纵向受拉钢筋外边缘至受拉区底边的距离(mm)。当 $c_s < 20$ mm 时,取 $c_s = 20$ mm;当 $c_s > 65$ mm 时,取 $c_s = 65$ mm。

d_{eq}——受拉区受拉钢筋的等效直径(mm),按式(9-6)计算

$$d_{eq} = \frac{\sum n_i d_i^2}{\sum n_i v_i d_i} \qquad (9-6)$$

n_i——受拉区第 i 种纵筋根数;

d_i——受拉区第 i 种纵筋的公称直径(mm);

v_i——受拉区第 i 种纵筋的相对黏结特征系数,光圆钢筋取 $v_i = 0.7$,变形钢筋取 $v_i = 1.0$。

9.2.2 减小裂缝宽度的措施

减小构件裂缝宽度行之有效的措施之一是选用变形钢筋,它可以提高混凝土与钢筋之间的黏结作用,减小裂缝宽度;其次,当受拉钢筋截面面积一定时,选用直径较细的钢筋,以增大钢筋与混凝土的接触面积,提高黏结作用;第三,可以增加钢筋的数量,从而减小钢筋的应力;此外,提高混凝土的强度等级,改变截面形状和增大构件截面尺寸以及减小混凝土保护层厚度等,亦可程度不同地减小裂缝宽度。

【例9-1】 某钢筋混凝土简支梁,计算跨度 $l_0 = 6.6$ m,截面尺寸为 $b \times h = 250$ mm $\times$ 650 mm,纵向受拉钢筋保护层厚度 $c_s = 35$ mm,$a_s = 45$ mm,混凝土强度等级为 C25($f_{tk} = 1.78$ N/mm²),一类环境,受拉钢筋为 HRB335 级($E_s = 200 \times 10^3$ N/mm²),承受均布恒载标准值 $g_k = 15$ kN/m,均布活载标准值 $q_k = 7.5$ kN/m,$\psi_q = 0.5$。经正截面受弯承载力计算,梁跨中下部配有纵向受拉钢筋 2 Φ 22 + 1 Φ 16($A_s = 961.1$ mm²)。最大裂缝宽度允许值 $[w_{lim}] = 0.3$ mm。试计算该梁跨中截面在荷载效应准永久组合作用下,纵向受拉钢筋的应力 σ_s、按有效受拉混凝土截面面积计算的纵向受拉钢筋的配筋率 ρ_{te}、裂缝间纵向钢筋应变不均匀系数 ψ 和受拉区受拉钢筋的等效直径 d_{eq} 及梁的最大裂缝宽度 w_{max}。

【解】 (1) $h_0 = h - a_s = 650 - 45 = 605$ mm

$M_{gk} = \frac{1}{8} g_k l^2 = \frac{1}{8} \times 15 \times 6.6^2 = 81.675$ kN·m

$M_{qk} = \frac{1}{8} q_k l^2 = \frac{1}{8} \times 7.5 \times 6.6^2 = 40.838$ kN·m

$M_q = M_{gk} + \psi_q M_{qk} = 81.675 + 0.5 \times 40.838 = 102.094$ kN·m

$\sigma_s = \frac{M_q}{0.87 h_0 A_s} = \frac{102.094 \times 10^6}{0.87 \times 605 \times 961.1} = 201.82$ N/mm²

(2) $\rho_{te} = \frac{A_s}{A_{te}} \times 100\% = \frac{A_s}{0.5bh} \times 100\% = \frac{961.1}{0.5 \times 250 \times 650} \times 100\% = 1.18\%$

(3) $\psi = 1.1 - \frac{0.65 f_{tk}}{\rho_{te} \sigma_s} = 1.1 - \frac{0.65 \times 1.78}{1.18\% \times 201.82} = 0.614$

(4) $d_{eq} = \frac{\sum n_i d_i^2}{\sum n_i v_i d_i} = \frac{2 \times 22^2 + 1 \times 16^2}{2 \times 1.0 \times 22 + 1 \times 1.0 \times 16} = 20.4$ mm

(5) $w_{max} = \alpha_{cr} \psi \frac{\sigma_s}{E_s} (1.9 c_s + 0.08 \frac{d_{eq}}{\rho_{te}}) =$

$1.9 \times 0.614 \times \frac{201.82}{200 \times 10^3} \times (1.9 \times 35 + 0.08 \times \frac{20.4}{1.18\%}) =$

0.241 mm $< [w_{lim}] = 0.3$ mm

【例 9-2】 某钢筋混凝土轴心受拉杆,截面尺寸为 $b \times h = 200 \text{ mm} \times 200 \text{ mm}$,纵向受拉钢筋保护层厚度 $c_s = 35 \text{ mm}$,混凝土强度等级为 C25,一类环境,配置受拉钢筋 HRB335 级,面积为 $4 \Phi 16 (A_s = 804 \text{ mm}^2)$,承受荷载准永久组合的轴向拉力 $N_q = 148 \text{ kN}$,最大裂缝宽度允许值 $[w_{lim}] = 0.3 \text{ mm}$,试验算裂缝宽度是否满足要求。

【解】 变形钢筋 $v_i = 1.0$,轴心受拉构件 $\alpha_{cr} = 2.7$,查附表 A-2 和 A-7 得 $f_{tk} = 1.78 \text{ N/mm}^2$,$E_s = 200 \text{ kN/mm}^2$。

$$\rho_{te} = \frac{A_s}{bh} \times 100\% = \frac{804}{200 \times 200} \times 100\% = 2.01\%$$

$$\sigma_s = \frac{N_q}{A_s} = \frac{148 \times 10^3}{804} = 184.1 \text{ N/mm}^2$$

$$\psi = 1.1 - \frac{0.65 f_{tk}}{\rho_{te} \sigma_s} = 1.1 - \frac{0.65 \times 1.78}{2.01\% \times 184.1} = 0.787$$

$$d_{eq} = \frac{\sum n_i d_i^2}{\sum n_i \nu_i d_i} = \frac{4 \times 16^2}{4 \times 1 \times 16} = 16 \text{ mm}$$

$$w_{max} = \alpha_{cr} \psi \frac{\sigma_s}{E_s} \left(1.9 c_s + 0.08 \frac{d_{eq}}{\rho_{te}}\right) =$$

$$2.7 \times 0.787 \times \frac{184.1}{200 \times 10^3} \times \left(1.9 \times 35 + 0.08 \times \frac{16}{2.01\%}\right) =$$

$$0.255 \text{ mm} < [w_{lim}] = 0.3 \text{ mm}$$

故满足要求。

9.3 受弯构件挠度验算

钢筋混凝土是非均质、非弹性材料,因而受弯构件的挠度不能直接应用弹性材料的公式来计算,必须考虑构件的抗弯刚度随荷载大小而发生变化的特征。在理论分析和试验研究基础上建立钢筋混凝土受弯构件挠度的计算方法。

9.3.1 受弯构件挠度验算的特点

在材料力学中给出均质弹性材料梁的变形计算方法,例如,承受均布荷载的简支梁,其跨中最大挠度为

$$f = \frac{5 q_k l^4}{384 EI} = \frac{5 M_k l^2}{48 EI} \tag{9-7}$$

跨中承受集中荷载 p 作用的简支梁,其跨中最大挠度为

$$f = \frac{p_k l^3}{48 EI} = \frac{M_k l^2}{12 EI} \tag{9-8}$$

式中 M_k ——按荷载效应的标准组合计算的跨中弯矩;

EI ——梁截面抗弯刚度;

l ——梁的计算跨度。

对于均质弹性材料梁,EI 为常数,不随荷载大小而发生变化,简支梁的挠度随荷载的增加而线性增加。

钢筋混凝土梁不是均质弹性体,在变形的过程中具有一定的弹塑性性质。在高应力状态下,EI 不是常数,随应力增高而降低。此外,钢筋混凝土梁随荷载增加,截面产生裂缝并开展,截面的惯性矩也随着降低,不再保持常值。所以钢筋混凝土受弯构件的抗弯刚度不是常量,与荷载大小有关。由于在钢筋混凝土构件中采用平截面假定,故变形计算可以直接引用材料力学的挠度计算公式,但应考虑其抗弯刚度受荷载大小影响,所以在公式中用 B 来代替 EI。这样,钢筋混凝土受弯构件挠度计算的实质就变成刚度 B 的计算问题。

钢筋混凝土受弯构件的挠度随着时间的增长而加大,所以变形计算要考虑荷载的短期作用和长期作用的影响,相应的钢筋混凝土梁在荷载效应准永久组合作用下的截面刚度用 B_s 表示,简称为短期刚度;钢筋混凝土梁在荷载效应的标准组合作用下并考虑荷载长期作用的截面抗弯刚度,用 B 表示,简称为长期刚度。只要求出刚度,代入材料力学中的挠度计算公式,便可计算出挠度。

9.3.2 短期刚度的计算

根据理论分析和试验结果,对于矩形、T 形、倒 L 形、工字形钢筋混凝土受弯构件按荷载准永久组合计算的短期刚度 B_s,其计算公式为

$$B_s = \frac{E_s A_s h_0^2}{1.15\psi + 0.2 + \dfrac{6\alpha_E \rho}{1 + 3.5\gamma_f'}} \tag{9-9}$$

式中　E_s——纵向受拉钢筋的弹性模量;

　　　A_s——纵向受拉钢筋截面面积;

　　　h_0——构件截面有效高度;

　　　ψ——裂缝间受拉钢筋应变不均匀系数,按式(9-2)计算;

　　　α_E——钢筋弹性模量与混凝土弹性模量的比值,$\alpha_E = \dfrac{E_s}{E_c}$;

　　　ρ——纵向受拉钢筋配筋率,$\rho = \dfrac{A_s}{bh_0} \times 100\%$;

　　　γ_f'——受压翼缘加强系数,其值为受压翼缘面积与腹板有效面积的比值,即 $\gamma_f' = \dfrac{(b_f' - b)h_f'}{bh_0}$($b_f'$ 和 h_f' 分别为受压翼缘的宽度和高度,当 $h_f' > 0.2h_0$ 时,取 $h_f' = 0.2h_0$)。

9.3.3 受弯构件刚度 B 的计算

受弯构件在长期荷载作用下,构件的挠度将随时间的增长而不断缓慢增长,也可以理解为构件的抗弯刚度随时间的增长而不断缓慢下降。其主要原因是受弯构件受压混凝土的徐变以及裂缝间仍处于受拉状态的混凝土的应力松弛;受拉钢筋与混凝土之间的滑移徐变,使得裂缝间受拉混凝土不断退出工作,从而造成钢筋在裂缝间应变不断增长。

考虑到上述因素对构件刚度的影响,《混凝土结构设计规范》(GB 50010—2010)规定,受弯构件的长期刚度计算公式为

采用荷载标准组合时

$$B = \frac{M_k}{M_q(\theta - 1) + M_k} \cdot B_s \qquad (9\text{-}10)$$

采用荷载准永久组合时

$$B = \frac{B_s}{\theta} \qquad (9\text{-}11)$$

式中　M_k——按荷载的标准组合计算的弯矩值,取计算区段内的最大弯矩值。

　　　　M_q——按荷载的准永久组合计算的弯矩值,取计算区段内的最大弯矩值。

　　　　θ——考虑荷载长期作用对挠度增大的影响系数。对于钢筋混凝土受弯构件,$\theta = 2.0 - 0.4\dfrac{\rho'}{\rho}$($\rho'$、$\rho$ 分别为纵向受压钢筋、受拉钢筋的配筋率,此处,$\rho' = \dfrac{A'_s}{bh_0} \times 100\%$,$\rho = \dfrac{A_s}{bh_0} \times 100\%$);对于单筋矩形、T 形和工字形截面,$\theta = 2$。

9.3.4　受弯构件挠度的计算

钢筋混凝土受弯构件截面的抗弯刚度沿梁轴线方向不是直线分布的,而是随弯矩变化的。弯矩较大的截面抗弯刚度较小,而弯矩较小的截面抗弯刚度较大,这样使梁的挠度计算变得十分复杂。在实际计算中,为简化计算通常取同号弯矩区段内弯矩最大截面的抗弯刚度作为该区段的抗弯刚度 B 来计算变形,这种处理原则称为"最小刚度原则"。例如,对于简支梁即取最大弯矩截面计算截面刚度,并作为全梁的截面刚度;对于连续梁或框架梁则取最大弯矩截面和最大负弯矩截面的刚度分别作为相应弯矩区段的刚度。

微课65

挠度计算及减小
挠度的措施

梁的弯曲刚度确定后,就可以根据材料力学公式计算其挠度。但需要注意,材料力学公式中的弯曲刚度 EI 应以长期刚度 B 代替,并且按长期刚度 B 计算所得的挠度 f,不应超过《混凝土结构设计规范》(GB 50010—2010)规定的允许挠度 $[f]$。

9.3.5　减小挠度的措施

减小构件挠度最有效的措施是增大构件的截面高度,提高抗弯刚度,以减小变形;其次,配置受压钢筋及采用预应力混凝土构件也是一种有效措施;相比之下,选择合理的截面形状、增加受拉钢筋的截面面积或提高混凝土强度等级等虽然也能提高梁的弯曲刚度,但效果并不明显。

【例 9-3】　某钢筋混凝土简支梁,计算跨度 $l_0 = 6.0$ m,截面尺寸为 $b \times h = 250\ \text{mm} \times 600\ \text{mm}$,混凝土强度等级为 C25,纵向受拉钢筋保护层厚度 $C_s = 35$ mm,一类环境,钢筋为 HRB335 级,梁上所承受的标准均布恒载(已考虑梁自重)为 $g_k = 16$ kN/m,标准均布活载为 $q_k = 8.5$ kN/m,活载的准永久值系数 $\psi_q = 0.5$,由正截面承载力配置(2 Φ 22 + 3 Φ 20,$A_s = 942\ \text{mm}^2$)钢筋,最大裂缝宽度 $[w_{max}] = 0.3$ mm,最大允许挠度 $[f] = l_0/250$,试按荷载标准组合验算该梁能否满足刚度要求。

【解】　查附表 A-1 得 $f_{tk} = 1.78\ \text{N/mm}^2$,查附表 A-3 得 $E_c = 28\ \text{kN/m}^2$,查附表 A-7 得 $E_s = 200\ \text{kN/mm}^2$

(1)计算跨中最大标准弯矩

$$M_{gk} = \frac{1}{8} g_k l^2 = \frac{1}{8} \times 16 \times 6^2 = 72\ \text{kN} \cdot \text{m}$$

$$M_{qk}=\frac{1}{8}q_k l^2=\frac{1}{8}\times8.5\times6^2=38.25 \text{ kN}\cdot\text{m}$$

$$0.5M_{qk}=0.5\times38.25=19.125 \text{ kN}\cdot\text{m}$$

$$M_k=M_{gk}+M_{qk}=72+38.25=110.25 \text{ kN}\cdot\text{m}$$

$$M_q=M_{gk}+0.5M_{qk}=72+19.125=91.125 \text{ kN}\cdot\text{m}$$

(2)计算受拉钢筋应变不均匀系数 ψ

$$h_0=600-(35+\frac{20}{2})=555 \text{ mm}$$

$$\sigma_s=\frac{M_q}{0.87h_0A_s}=\frac{91.125\times10^6}{0.87\times555\times942}=200.34 \text{ N/mm}^2$$

$$\rho_{te}=\frac{A_s}{0.5bh}\times100\%=\frac{942}{0.5\times250\times600}\times100\%=1.26\%$$

$$\rho=\frac{A_s}{bh_0}\times100\%=\frac{942}{250\times555}\times100\%=0.679\%$$

$$\psi=1.1-\frac{0.65f_{tk}}{\rho_{te}\sigma_s}=1.1-\frac{0.65\times1.78}{1.26\%\times200.34}=0.642$$

(3)刚度计算

$$\alpha_E=\frac{E_s}{E_c}=\frac{2.0\times10^5}{2.8\times10^4}=7.143, \quad \gamma_f'=0$$

$$B_s=\frac{E_sA_sh_0^2}{1.15\psi+0.2+\frac{6\alpha_E\rho}{1+3.5\gamma_f'}}=$$

$$\frac{2.0\times10^5\times942\times555^2}{1.15\times0.642+0.2+\frac{6\times7.143\times0.679\%}{1+3.5\times0}}=4.72\times10^{13} \text{ N}\cdot\text{mm}^2$$

$$B=\frac{M_k}{M_q(\theta-1)+M_k}B_s=\frac{110.25}{91.125\times(2-1)+110.25}\times4.72\times10^{13}=$$

$$2.584\times10^{13} \text{ N}\cdot\text{mm}^2$$

(4)计算跨中挠度 f

$$f=\frac{5}{384}\times\frac{(g_k+q_k)l^4}{B}=\frac{5\times(16+8.5)\times6\,000^4}{384\times2.584\times10^{13}}=$$

$$16.00 \text{ mm}<[f]=\frac{l_0}{250}=\frac{6\,000}{250}=24 \text{ mm}$$

故满足要求。

9.4 钢 筋 代 换

9.4.1 代换原则

当施工中遇到钢筋的品种、级别或规格与设计图纸要求不符时,按下列原则进行代换:

(1)等强度代换。当构件受承载力控制时,钢筋可按强度相等原则进行代换。

(2)等面积代换。当构件按最小配筋率配筋时,钢筋可按面积相等原则进行代换。

(3)当构件受裂缝宽度或挠度控制时,钢筋代换后应进行裂缝宽度或挠度验算。

9.4.2 代换方法

1. 等强度代换

不同规格钢筋的代换，应按钢筋抗力相等的原则进行代换，即

$$n_2 \geqslant \frac{n_1 d_1^2 f_{y1}}{d_2^2 f_{y2}} \tag{9-12}$$

式中　n_2——代换钢筋根数；

　　　n_1——原设计钢筋根数；

　　　d_2——代换钢筋直径；

　　　d_1——原设计钢筋直径；

　　　f_{y2}——代换钢筋抗拉强度设计值；

　　　f_{y1}——原设计钢筋抗拉强度设计值。

在具体代换时，若钢筋代换前、后强度相同，而直径不同，则

$$n_2 \geqslant n_1 \frac{d_1^2}{d_2^2} \tag{9-13}$$

若钢筋代换前、后直径相同，而强度不同，则

$$n_2 \geqslant n_1 \frac{f_{y1}}{f_{y2}} \tag{9-14}$$

2. 等面积代换

规格相同的钢筋代换以及构件按最小配筋率配筋时，按钢筋面积相等的原则代换。即

$$A_{s1} = A_{s2} \tag{9-15}$$

式中　A_{s1}——原设计钢筋总截面面积；

　　　A_{s2}——代换钢筋总截面面积。

9.4.3 构件截面承载力的影响

钢筋代换后，有时由于钢筋直径加大或根数增多而需要增加排数，会导致构件截面的有效高度 h_0 减小，从而使构件截面承载力降低。对这种情况，如有必要需进行截面承载力复核。

例如，对矩形截面受弯构件，可根据代换前、后弯矩相等原则复核截面承载力，即

$$A_{s2} f_{y2} \left(h_{02} - \frac{A_{s2} f_{y2}}{2 f_c b} \right) \geqslant A_{s1} f_{y1} \left(h_{01} - \frac{A_{s1} f_{y1}}{2 f_c b} \right) \tag{9-16}$$

式中　h_{02}——代换后构件截面的有效高度；

　　　h_{01}——原构件截面的有效高度；

　　　f_c——混凝土抗压强度设计值；

　　　b——构件截面宽度。

9.4.4 代换注意事项

(1)钢筋代换时应充分了解构件的使用条件和代换钢筋性能，并严格遵守《混凝土结构设计规范》(GB 50010—2010)的各项规定，凡重要结构中的钢筋代换应征得设计单位同意，办理设计变更文件。

(2)对某些重要构件，如吊车梁、薄腹梁、桁架下弦梁等，不宜用 HPB300 级光圆钢筋代换 HRB335 级和 HRB400 级变形钢筋。

（3）同一截面内，可同时配有不同种类和直径的代换钢筋，但每根钢筋的拉力差不应过大（如同品种钢筋直径差值一般不大于 5 mm），以免构件受力不均。

（4）钢筋代换后应满足配筋构造要求，如钢筋的最小直径、间距、根数、锚固长度、对称等。

（5）梁的纵向受力钢筋与弯起钢筋应分别代换，以保证正截面与斜截面承载力。

（6）偏心受压构件（如框架柱、吊车厂房柱、桁架上弦等）或偏心受拉构件进行钢筋代换时，不取整个截面配筋量计算，应按受力（受压或受拉）面分别代换。

（7）当构件受裂缝宽度控制时，如以小直径钢筋代换大直径钢筋或以强度等级低的钢筋代换强度等级高的钢筋，则可不进行裂缝宽度验算。

（8）钢筋代换后除满足结构各项技术要求外，同时还要保证用料的经济性和加工操作的方便。

本章小结

1. 钢筋混凝土结构构件除需要进行承载力计算外，根据其使用条件还需要进行裂缝宽度和变形的验算，以保证其适用性和耐久性。

2. 在荷载作用下的最大裂缝宽度 w_{max} 不应超过《混凝土结构设计规范》(GB 50010—2010)规定的最大裂缝宽度限值 w_{lim}。减小构件裂缝宽度的措施包括选用变形钢筋、选用直径较细的钢筋、增加钢筋的数量、提高混凝土的强度等级等。

3. 按荷载效应标准组合并考虑荷载长期效应影响的长期刚度 B 计算所得的长期挠度 f，不应超过《混凝土结构设计规范》(GB 50010—2010)规定的允许挠度 $[f]$。减小构件挠度的措施包括增大构件的截面高度，提高抗弯刚度，以减小变形；配置受压钢筋及采用预应力混凝土构件。

4. 钢筋代换应遵循下列原则：

（1）等强度代换。当构件受承载力控制时，钢筋可按强度相等原则进行代换。

（2）等面积代换。当构件按最小配筋率配筋时，钢筋可按面积相等原则进行代换。

（3）当构件受裂缝宽度或挠度控制时，钢筋代换后应进行裂缝宽度或挠度验算。

复习思考题

9-1 为什么要对钢筋混凝土构件的裂缝和变形进行验算？

9-2 如何减小裂缝宽度？

9-3 如何减小受弯构件的变形？

9-4 钢筋代换应遵循哪些原则？

综合练习题

9-1 某钢筋混凝土简支梁，截面尺寸为 $b \times h = 250\ mm \times 500\ mm$，混凝土强度等级为C20，一类环境，由正截面承载力计算已配置了 $4\ \phi\ 18$ 的 HRB400 级钢筋，荷载准永久值产生的跨中最大弯矩 $M_q = 96.5\ kN \cdot m$，裂缝最大允许宽度 $[w_{lim}] = 0.3\ mm$，试验算该梁的裂缝宽度是否满足要求。

9-2 某钢筋混凝土简支梁，截面尺寸为 $b \times h = 250\ mm \times 500\ mm$，计算跨度 $l_0 = 6.0\ m$，混凝土强度等级为C20，一类环境，按正截面承载力配有 $2\ \phi\ 20 + 3\ \phi\ 18$ 的 HRB400 级钢筋，梁承受的均布恒载标准值（已考虑梁自重）$g_k = 14.6\ kN/m$，均布活载标准值 $q_k = 5.3\ kN/m$，可变荷载的准永久值系数取 $\psi_q = 0.5$，梁的允许挠度为 $[f] = \dfrac{l_0}{200}$。试验算该梁挠度是否满足要求。

第 10 章　预应力混凝土构件

学习目标

　　掌握预应力混凝土的基本原理,施加预应力的常用方法以及与普通混凝土相比预应力混凝土具有的优点;熟悉张拉控制应力、预应力损失以及如何采取有效措施减少预应力损失;了解预应力混凝土的主要构造要求。

10.1　预应力混凝土的基本概念

10.1.1　概　述

　　普通钢筋混凝土结构或构件,由于混凝土的抗拉强度及极限拉应变很小(其极限拉应变约为 $1.0 \times 10^{-4} \sim 1.5 \times 10^{-4}$),在荷载作用下,通常处于带裂缝工作状态。对使用上不允许开裂的构件,其受拉钢筋的最大应力仅为 $20 \sim 30$ N/mm^2;对于允许带裂缝工作的构件,《混凝土结构设计规范》(GB 50010—2010)规定的最大裂缝宽度限制为 $0.2 \sim 0.3$ mm,此时钢筋拉应力也只达到 $150 \sim 250$ N/mm^2。

　　由于混凝土的过早开裂,使普通钢筋混凝土构件存在难以克服的两个缺点:一是受"裂缝控制等级及最大裂缝宽度限值"的约束使高强度钢筋及高强度等级混凝土无法发挥作用。二是过早开裂导致构件刚度降低,为了满足变形控制的要求,需加大构件截面尺寸。这样做既不经济,又增加了构件自重,特别是随着跨度的增大,自重所占的比例也增大,使钢筋混凝土结构的应用范围受到很多限制。

10.1.2　预应力混凝土的基本原理

　　为了避免普通钢筋混凝土结构过早出现裂缝,并充分利用高强度材料,在结构构件受外荷载作用之前,可通过一定方法预先对由外荷载引起的混凝土受拉区施加压力,用由此产生的预压应力来减小或抵消将来外荷载所引起的混凝土拉应力。这样,在外荷载施加之后,裂缝就可延缓或不发生。即使产生裂缝其宽度也在限定值范围内。这种构件受外荷载以前预先对混凝土受拉区施加压应力的结构就称为预应力混

微课66

预应力混凝土结构的
基本原理

凝土结构。

下面以图 10-1 所示简支梁为例来说明预应力混凝土的基本原理。在外荷载作用之前，预先在梁的受拉区施加一对大小相等、方向相反的偏心预压力 N，使梁截面下边缘混凝土产生预压应力 σ_c，使梁产生反拱，如图 10-1(a) 所示；在使用荷载（包括梁自重）作用下，梁截面的下边缘将产生拉应力 σ_t，如图 10-1(b) 所示；这样梁截面上的最后应力是上述两种情况下截面应力的叠加，其截面下边缘的应力为 $\sigma_t - \sigma_c$，如图 10-1(c) 所示。由于预压力 N 的大小可控制，所以可通过对预压力 N 的控制来达到抗裂控制等级的要求。对抗裂控制等级为一级的构件，可使预压力 N 作用下截面下边缘（使用荷载作用下的受拉侧）的压应力大于使用荷载产生的拉应力，截面上就不会出现拉应力；对允许出现裂缝的构件，同样可以通过施加预应力来达到延缓混凝土开裂，提高构件抗裂度和刚度，节约材料，减轻结构自重的效果。

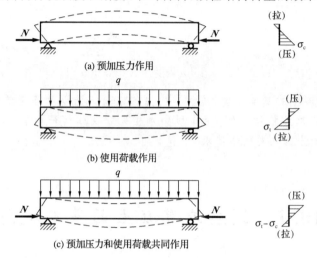

(a) 预加压力作用

(b) 使用荷载作用

(c) 预加压力和使用荷载共同作用

图 10-1　预应力混凝土简支梁的受力分析

与普通混凝土相比，预应力混凝土具有以下优点：

(1)提高了构件的抗裂性能，使构件不出现裂缝或减小裂缝宽度，扩大了钢筋混凝土构件的应用范围。

(2)增加了构件的刚度，减少了构件的变形，可建造大跨度结构。

(3)提高了构件的耐久性，由于预应力能使构件不出现裂缝或减小了裂缝，减少了外界环境对钢筋的侵蚀，因此可以满足构件设计使用年限的要求。

微课67

预应力混凝土优点

(4)能充分发挥高强度钢筋和高强度等级混凝土的性能，可以减少钢筋用量和构件的截面尺寸，减轻构件自重，节约材料，降低造价。

值得一提的是：单从承载力角度考虑，预应力混凝土不能提高构件的承载能力。可以这样假设，当构件截面尺寸和所使用的材料强度相同时，预应力钢筋混凝土与普通钢筋混凝土受弯构件的承载力相同，与受拉区钢筋是否施加预应力无关。

10.1.3　预应力混凝土的应用

预应力混凝土由于具有许多优点，所以目前在国内外应用非常广泛，特别是在大跨度或承受动力荷载的结构，以及不允许带裂缝工作的结构中得到了广泛的应用。在房屋建筑工程中，预应力混凝土不仅用于屋架、吊车梁、空心板以及檩条等预制构件，而且在大跨度、高层房屋的现浇结构中也得到应用。预应力混凝土结构还广泛地应用于公路、铁路、桥梁、立交桥、飞机跑道、蓄液池、压力管道、预应力混凝土船体结构以及原子能反应堆容器和海洋工程结构等方面。

10.2 施加预应力的方法及其锚具和夹具

10.2.1 施加预应力的方法

构件中预应力的建立,都是依靠张拉钢筋来实现的。根据张拉钢筋与浇筑混凝土的先后次序,常用的施加预应力的方法有先张法、后张法、无黏结预应力后张法三种。

微课68

施加预应力方法 1

微课69

施加预应力方法 2

1. 先张法

如图 10-2 所示,先张法是先在台座上或钢模内张拉预应力钢筋,并加以临时锚固,然后支模并浇捣混凝土,混凝土达到规定强度后放松并切断预应力钢筋,预应力钢筋回缩时挤压混凝土,使混凝土获得预应力。先张法构件的预应力是靠预应力钢筋与混凝土之间的黏结力来传递的。

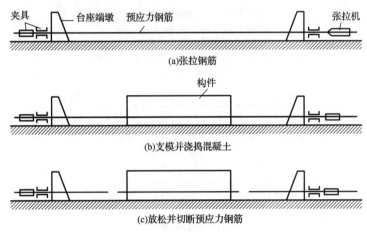

图 10-2 先张法主要工序

2. 后张法

如图 10-3 所示,先浇筑混凝土构件,在构件中预留孔道,待混凝土达到规定强度后,在孔道中穿预应力钢筋。然后利用构件本身作为加力台座,张拉预应力钢筋,在张拉的同时混凝土

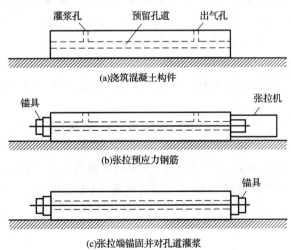

图 10-3 后张法主要工序

受到挤压。张拉完毕,在张拉端用锚具锚固预应力钢筋,并在孔道内实行压力灌浆,使预应力钢筋与构件形成整体。后张法是靠构件两端的锚具来保持预应力的。

3.无黏结预应力后张法

如图 10-4 所示,在预应力钢筋表面涂抹防腐蚀油脂并包以塑料套管后,如同普通钢筋一样先铺设在支好的模板内,进行浇筑混凝土。待混凝土达到设计强度后,利用无黏结预应力钢筋在结构内可做纵向滑动的特性,进行张拉、锚固,通过两端的锚具,达到使结构产生预应力的作用。

三种方法比较而言,先张法采用工厂化的生产方式,当前采用较多的是在台座上张拉,台座越长,一次生产的构件就越多。先张法的工序少、工艺简单、质量容易保证,但它只适于生产中、小型构件,如楼板、屋面板等。后张法的施工程序及工艺比较复杂,需要专用的张拉设备,需大量的特制锚具,用钢量较大,但它不需要固定的张拉台座,可在现场施工,应用灵活。后张法适用于不便运输的大型构件。无黏结预应力后张法与传统后张法相比,施工时不需要预留孔洞、穿筋、灌浆等繁杂费力的过程,施工简单,预应力钢筋易弯成多跨曲线形状等。

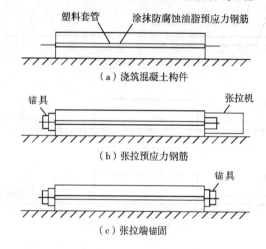

图 10-4 无黏结预应力后张法主要工序

10.2.2 锚具和夹具

为了阻止被张拉的钢筋发生回缩,必须将钢筋端部进行锚固。锚固预应力钢筋的工具分为锚具和夹具两种类型。预应力构件制成后能够取下重复使用的称为夹具,用于先张法构件,而留在构件上不再取下的称为锚具,用于后张法构件。

目前我国常用的锚具和夹具根据受力原理的不同常分为以下几种:

(1)依靠摩擦力锚固的锚具和夹具。如锥形锚具、波形夹具、JM12 型锚具、XM 型锚具及 QM 型锚具等。

(2)依靠承压锚固的锚具和夹具。如镦头锚具及夹具、钢筋螺纹锚具等。

(3)依靠钢筋与混凝土之间的黏结力进行锚固的锚具和夹具。

在土木建筑工程中常用的锚具和夹具有:螺丝端杆锚具、锥形锚具(GZ 型锚具)、JM12 型锚具、QM 型预应力锚具体系、XM 型预应力锚具体系、镦头锚具等。

10.3 张拉控制应力与预应力损失

10.3.1 张拉控制应力

张拉控制应力是指张拉预应力时,预应力钢筋所达到的规定的应力数值,以 σ_{con} 表示。从充分发挥预应力特点的角度出发,张拉控制应力应定得高一些,以使混凝土获得较高的预压应力,从而提高构件的抗裂度,减小挠度。但若将张拉控制应力定得过高,将使构件的开裂弯矩和极限弯矩接近,构件破坏时变形小,延性差,没有明显的预兆。此外,在施工阶段会引起构件某些部位受到过大的预拉力而开裂。因此,对预应力钢筋的张拉应力必须控制适当。《混凝土结构设计规范》(GB 50010—2010)规定,预应力钢筋的张拉控制应力 σ_{con} 应符合表 10-1 的规定。

微课70

张拉控制应力与
预应力损失

表 10-1 张拉控制应力限值

消除应力钢丝、钢绞线	$\sigma_{con} \leqslant 0.75 f_{ptk}$	σ_{con} 不应小于 $0.4 f_{ptk}$
中强度预应力钢丝	$\sigma_{con} \leqslant 0.70 f_{ptk}$	
预应力螺纹钢筋	$\sigma_{con} \leqslant 0.85 f_{pyk}$	σ_{con} 不宜小于 $0.5 f_{pyk}$

注:(1) f_{ptk} 为预应力钢筋极限强度标准值; f_{pyk} 为预应力螺纹钢筋屈服强度标准值。

(2)当符合下列情况之一时,上述张拉控制应力限值可相应提高 $0.05 f_{ptk}$ 或 $0.05 f_{pyk}$:

①要求提高构件在施工阶段的抗裂性能而在使用阶段受压区内设置的预应力钢筋。

②要求部分抵消由于应力松弛、摩擦、钢筋分批张拉以及预应力钢筋与张拉台座之间的温差等因素产生的预应力损失。

10.3.2 预应力损失

由于预应力施工工艺和材料性能等原因,使得预应力钢筋中的初始预应力,在制作、运输及使用过程中不断降低,这种现象称为预应力损失。预应力损失从张拉钢筋开始,在整个使用期间都存在。按其引起因素,预应力损失主要分为以下几种:

1. 张拉端锚具变形和预应力钢筋内缩引起的损失 σ_{l1}

预应力钢筋经张拉后,锚固在台座或混凝土构件上,由锚具、垫板和构件间的缝隙被压紧或预应力钢筋在锚具中滑动产生的内缩而引起的预应力损失,即 σ_{l1}。

减少此项损失的措施有:

(1)选择锚具变形小或使预应力钢筋内缩小的锚具和夹具,尽量少用垫板。

(2)对于先张法构件,应选择较长的台座。因为台座越长,预应力钢筋越长,相对变形越小,所以预应力损失就小。

2. 预应力钢筋与孔道壁间的摩擦、张拉端锚口摩擦、在转向装置处的摩擦所引起的损失 σ_{l2}

后张法张拉预应力钢筋时,由于孔道不直、孔道尺寸偏差、孔道壁粗糙、钢筋不直、预应力钢筋表面粗糙等原因,钢筋在张拉时与孔道壁接触而产生摩擦阻力,从而引起的预应力损失,即 σ_{l2}。

减少此项损失的措施有:

(1)采用润滑剂,套上钢管以减小摩擦系数。

（2）采用刚度大的管子留孔道，以减少孔道尺寸偏差。

（3）对于较长的构件可在两端进行张拉。

（4）采用超张拉。超张拉是指先以超过控制应力之值张拉，再适当放松，最后再次张拉到控制应力值。这样可使预应力钢筋中的应力沿构件分布得比较均匀，同时预应力损失也能显著降低。

3. 混凝土加热养护时，预应力钢筋与台座间温差引起的损失 σ_{l3}

对于先张法预应力混凝土构件，当进行蒸汽养护时，两端台座与地面相连，温度较低，而经张拉的钢筋则受热膨胀，导致张拉应力的降低，这就是温差引起的损失 σ_{l3}。

减少此项损失的措施有：

（1）采用两次升温养护措施。即先在常温下养护，待混凝土立方体强度达到 $7.5\sim10$ N/mm^2 时，再继续升温。这时由于钢筋与混凝土已结成整体，两者能够一起膨胀而不会再产生预应力损失。

（2）在钢模上张拉预应力钢筋。蒸汽养护时，钢模与构件一起加热升温，不产生温差。

4. 预应力钢筋应力松弛引起的损失 σ_{l4}

钢筋在高应力长期作用下具有随时间的增长产生塑性变形性质。在钢筋长度保持不变的条件下，其应力随时间的增长而逐渐降低的现象称为钢筋应力松弛。钢筋应力松弛引起的预应力钢筋的应力损失，称为钢筋应力松弛损失，即 σ_{l4}。

减少此项损失的措施是进行超张拉。

5. 混凝土收缩和徐变引起的损失 σ_{l5}

混凝土在一般温度条件下，硬化时会发生体积收缩现象，而在预应力作用下，沿压力方向会发生徐变。它们均使构件的长度缩短，预应力钢筋也随之内缩，造成预应力损失 σ_{l5}。

减少此项损失的措施有：

（1）采用高强度等级水泥，减少水泥用量，减小水灰比，采用干硬性混凝土。

（2）采用级配好的骨料，加强振捣，提高混凝土的密实性。

（3）加强养护，以减少混凝土收缩。

6. 预应力钢筋挤压混凝土引起的损失 σ_{l6}

该损失是指用螺旋式预应力钢筋作为配筋的环形构件，当直径 d 不大于 3 m 时，由混凝土的局部挤压引起的损失，即 σ_{l6}。

后张法环形预应力构件，采用环形配筋，由于预应力钢筋对混凝土的挤压，环形构件的直径将减小，预应力钢筋也随之缩短，从而引起预应力损失 σ_{l6}。

减少此项损失的措施是增大环形构件的直径。

10.4 预应力混凝土的材料及主要构造要求

10.4.1 预应力混凝土的材料

1. 钢筋

预应力钢筋在张拉时受到很高的拉应力，在使用荷载下，其拉应力还会继续提高，因此必须采用高强度钢筋。

预应力钢筋一般采用钢绞线、中强度预应力钢丝、消除应力钢丝和预应力螺纹钢筋。

2.混凝土

在张拉(或放松)钢筋时,混凝土受到高压应力的作用。这种压应力越高,预应力的效果越好,因此预应力构件的混凝土应采用强度等级高的混凝土。《混凝土结构设计规范》(GB 50010—2010)规定,预应力混凝土结构的混凝土强度等级不宜低于C40,且不应低于C30。

10.4.2 预应力混凝土的主要构造要求

预应力混凝土构件的构造要求,除应符合普通钢筋混凝土结构的有关规定外,还应根据预应力张拉工艺、锚固措施、预应力钢筋种类的不同,满足以下要求。

1.截面形式和尺寸

预应力混凝土轴心受拉构件,通常采用正方形或矩形截面;预应力混凝土受弯构件,可采用 T 形、工字形及箱形等截面形式。

由于预应力混凝土构件抗裂度和刚度较大,所以其截面高度可以比普通钢筋混凝土构件小一些,腹板厚度也可以比非预应力构件薄一些。对于预应力混凝土受弯构件,其截面高度 $h=(\frac{1}{20}\sim\frac{1}{14})l$,最小可为 $\frac{1}{35}l(l$ 为跨度),大致可取普通钢筋混凝土梁高的 70%。翼缘宽度一般可取 $(\frac{1}{3}\sim\frac{1}{2})h$,翼缘厚度可取 $(\frac{1}{10}\sim\frac{1}{6})h$,腹板宽度尽可能薄些,可取 $(\frac{1}{15}\sim\frac{1}{8})h$。

2.先张法预应力钢筋之间的净间距

先张法预应力钢筋之间的净间距不宜小于其公称直径的 2.5 倍和混凝土粗骨料最大粒径的 1.25 倍,且应符合下列规定:预应力钢丝,不应小于 15 mm;三股钢绞线,不应小于20 mm;七股钢绞线,不应小于 25 mm。当混凝土振捣密实性具有可靠保证时,净间距可放宽为最大粗骨料粒径的 1.0 倍。

3.先张法预应力混凝土构件端部构造措施

(1)单根配置的预应力钢筋,其端部宜设置螺旋钢筋。

(2)分散布置的多根预应力钢筋,在构件端部 10d 且不小于 100 mm 长度范围内,宜设置3~5片与预应力钢筋垂直的钢筋网片,此处 d 为预应力钢筋的公称直径。

(3)采用预应力钢丝配筋的薄板,在板端 100 mm 长度范围内宜适当加密横向钢筋。

(4)槽形板类构件,应在构件端部 100 mm 长度范围内沿构件板面设置附加横向钢筋,其数量不应少于 2 根。

4.后张法预应力钢筋及预留孔道布置构造

(1)预制构件中预留孔道之间的水平净间距不宜小于 50 mm,且不宜小于粗骨料粒径的1.25 倍;孔道至构件边缘的净间距不宜小于 30 mm,且不宜小于孔道直径的 50%。

(2)现浇混凝土梁中预留孔道在竖直方向的净间距不应小于孔道外径,水平方向的净间距不宜小于 1.5 倍孔道外径,且不应小于粗骨料粒径的 1.25 倍;从孔道外壁至构件边缘的净间距,梁底不宜小于 50 mm,梁侧不宜小于 40 mm,裂缝控制等级为三级的梁,梁底、梁侧分别不宜小于 60 mm 和 50 mm。

(3)预留孔道的内径宜比预应力束外径及需穿过孔道的连接器外径大 6~15 mm,且孔道的截面积宜为穿入预应力束截面积的 3.0~4.0 倍。

(4)当有可靠经验并能保证混凝土浇筑质量时,预留孔道可水平并列贴紧布置,但并排的数量不应超过 2 束。

(5)在现浇楼板中采用扁形锚固体系时,穿过每个预留孔道的预应力钢筋数量宜为 3~5

根;在常用荷载情况下,孔道在水平方向的净间距不应超过8倍板厚及1.5 m中的较大值。

(6)板中单根无黏结预应力钢筋的间距不宜大于板厚的6倍,且不宜大于1 m;带状束的无黏结预应力钢筋根数不宜多于5根,带状束间距不宜大于板厚的12倍,且不宜大于2.4 m。

(7)梁中集束布置的无黏结预应力钢筋,集束的水平净间距不宜小于50 mm,集束至构件边缘的净距不宜小于40 mm。

5. 后张预应力混凝土外露金属锚具,应采取可靠的防腐及防火措施

(1)无黏结预应力钢筋外露锚具应采用注有足量防腐油脂的塑料帽封闭锚具端头,并应采用无收缩砂浆或细石混凝土封闭;

(2)对处于二b、三a、三b类环境条件下的无黏结预应力锚固系统,应采用全封闭的防腐蚀体系,其封锚端及各连接部位应能承受10 kPa的静水压力而不得透水;

(3)采用混凝土封闭时,其强度等级宜与构件混凝土强度等级一致,且不应低于C30。封锚混凝土与构件混凝土应可靠黏结,如锚具在封闭前应将周围混凝土界面凿毛并冲洗干净,且宜配置1~2片钢筋网,钢筋网应与构件混凝土拉结;

(4)采用无收缩砂浆或混凝土封闭保护时,其锚具及预应力钢筋端部的保护层厚度不应小于:一类环境时20 mm,二a、二b类环境时50 mm,三a、三b类环境时80 mm。

📝 本章小结

1. 预应力混凝土构件的抗裂性能大大优于普通钢筋混凝土构件的抗裂性能,关键是它在受荷载之前构件内已建立预压应力,从而使构件中不容易出现拉应力,或即使出现拉应力,也一定会远远低于普通钢筋混凝土构件,不致使构件裂缝宽度过大。

2. 预应力混凝土由于具有许多优点,所以目前在国内外应用非常广泛,特别是在大跨度或承受动力荷载的结构以及不允许带裂缝工作的结构中得到了广泛的应用。

3. 构件中预应力的建立,是依靠张拉钢筋来实现的。根据张拉钢筋与浇筑混凝土的先后次序,常用的施加预应力的方法有先张法、后张法及无黏结预应力后张法。

4. 引起预应力损失的因素主要有:张拉端锚具变形和预应力钢筋内缩、预应力钢筋的摩擦、混凝土加热养护时被张拉钢筋与承受拉力的设备之间的温差、预应力钢筋应力松弛、混凝土收缩与徐变以及预应力钢筋挤压混凝土等。

5. 预应力混凝土构件应满足相关构造要求。

复习思考题

10-1 什么是预应力混凝土结构?为什么对构件要施加预应力?

10-2 为什么在普通钢筋混凝土结构中不能有效地利用高强度钢筋和高强度等级混凝土?而在预应力混凝土结构中却必须采用高强度钢筋和高强度等级混凝土?

10-3 单从承载力角度考虑对构件施加预应力是否影响构件的承载能力?

10-4 与普通钢筋混凝土构件相比,预应力混凝土构件有何优点?

10-5 预应力施加方法有几种?它们的主要区别是什么?各自的特点和适用范围如何?

10-6 预应力混凝土结构对材料有哪些要求?

10-7 什么是张拉控制应力?为什么要对钢筋的张拉应力进行控制?

10-8 预应力损失有哪些?它们是如何产生的?采取什么措施可以减少这些损失?

10-9 为什么要对后张预应力混凝土外露金属锚具采取可靠的防腐及防火措施?其构造措施有哪些?

第11章 梁板结构

学习目标

掌握单向板肋形楼盖的计算方法和构造要求;掌握运用塑性内力重分布理论计算连续单向板和连续楼盖次梁,以及运用弹性理论计算连续楼盖主梁的方法;熟悉双向板肋形楼盖、现浇钢筋混凝土板式楼梯的计算方法和构造要求;了解装配式楼盖的三种承重方案及其相关构造规定。

11.1 梁板结构概述

钢筋混凝土楼盖是房屋的主要组成部分,其材料用量和造价在整个建筑物材料总用量和总造价中占有相当大的比例,其设计是否合理直接涉及建筑物的安全、正常使用和总造价,对建筑美观也有一定的影响。

楼盖是典型的梁、板结构,是建筑结构的主要组成部分,常采用钢筋混凝土结构。楼盖的布置方式决定了作用于建筑物的各种作用的传递方向,从而影响建筑物的竖向承重结构。楼盖的厚度(包括板的厚度和梁的截面高度)将直接影响建筑物的层高和总高,在高层建筑中减小楼盖的厚度更具有明显的经济效益。此外,楼盖结构布置还与室内设备和管道布置有关,对顶棚美观也有影响。由此可见,正确合理地设计楼盖结构具有十分重要的意义。

楼盖按施工方法可分为现浇式楼盖、装配式楼盖和装配整体式楼盖。现浇式楼盖整体性好、刚度大、防水性和抗震性好,在结构布置方面容易满足各种特殊要求,适应性强,其缺点是费工、费模板、工期长、施工受季节限制、造价较高等。装配式楼盖的楼板大多采用预制构件,与现浇式楼盖相比,装配式楼盖整体性、防水性及抗震性较差,且不便开设孔道,但便于工业化生产,施工速度快,可以节约模板,施工工期较短。装配整体式楼盖的特点介于上述两种楼盖之间,其整体性比装配式的好,又比现浇式的节省模板,但需进行混凝土二次浇灌,有时还增加焊接量,故对造价和施工进度都产生不利影响。

楼盖按结构形式可分为肋形楼盖(也称肋梁楼盖)、井式楼盖、密肋楼盖和无梁楼盖(也称板柱楼盖)等。

肋形楼盖一般由板、次梁和主梁组成,它又可分为单向板肋形楼盖(图 11-1)和双向板肋形楼盖(图 11-2)。现浇肋形楼盖是工程中一种比较普遍采用的楼盖结构。

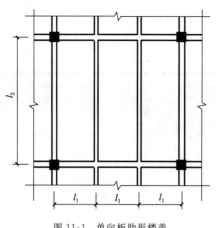

图 11-1 单向板肋形楼盖

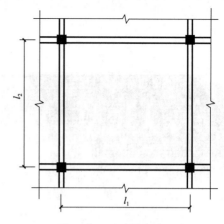

图 11-2 双向板肋形楼盖

井式楼盖由板和两个方向相交的等截面梁组成(图 11-3(a)),其中楼板为四边支承的双向板,交叉梁是四边支承的双向受弯结构体系,二者相互协同工作,故梁的截面高度比肋梁楼盖小。井式楼盖可以跨越较大的空间,且外形美观,但它的用钢量大,造价高。该楼盖适用于平面形状为方形或接近方形的公共建筑门厅以及中、小型礼堂和餐厅等。

密肋楼盖由薄板和间距较小(一般不大于 1.5 m)的肋梁组成(图 11-3(b)),肋梁可以沿单向或双向设置,肋梁间距小,梁高也较肋梁楼盖的小。密肋楼盖美观,材料用量较省,造价也较低。这种楼盖常用于装修或造型要求较高的建筑以及大空间的多高层建筑中。

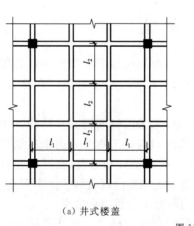

(a) 井式楼盖

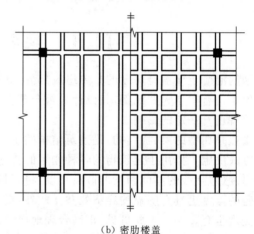

(b) 密肋楼盖

图 11-3 井式楼盖和密肋楼盖

无梁楼盖不设梁,楼板直接支承在柱上(图 11-4)。无梁楼盖结构高度小、净空大,支模简单,但用钢量较多,当楼面有很大的集中荷载作用时不宜采用。无梁楼盖常用于仓库、商场等柱网布置接近方形的建筑。

现浇混凝土肋形楼盖中的板被两个方向的梁分成许多矩形区格板,这些区格板四边支承在次梁、主梁或砖墙上。作用在区格板上荷载的传递与区格板两个方向的边长之比有关。当板的长边与短边之比较大时,板上的荷载主要是沿短边方向传递到支承构件上,而沿长边方向传递的荷载很少,可以忽略不计,这种单向受弯的板称为单向板(图 11-5(a))。当长边和短边之比较小时,板在长边方向的弯曲不可忽略,板上的荷载沿两个方向传递,这种双向受弯的板称为双向板(图 11-5(b))。

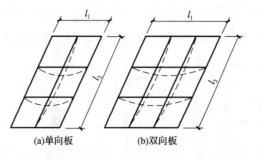

图 11-4 无梁楼盖   图 11-5 单向板与双向板的弯曲变形   单向板与双向板

(a)单向板 (b)双向板

微课71

现浇混凝土板应按下列原则进行计算：

(1)两对边支承的板应按单向板计算。

(2)四边支承的板应按下列规定计算：

①当长边与短边长度之比不大于 2.0 时,应按双向板计算。

②当长边与短边长度之比大于 2.0 但小于 3.0 时,宜按双向板计算。

③当长边与短边长度之比不小于 3.0 时,宜按沿短边方向受力的单向板计算,并应沿长边方向布置构造钢筋。

11.2 整体现浇钢筋混凝土单向板肋形楼盖

11.2.1 楼盖结构布置

楼盖结构布置是否合理,对建筑物的使用、造价和外观有很大影响。因此,在布置柱网和梁格时,应注意以下几点：

(1)柱网的布置除应满足工艺和使用要求外,还应与梁格统一考虑。柱网的柱距决定了主梁和次梁的跨度。若柱距过大,则会因梁的跨度过大而造成梁的截面过大、材料用量增多和房屋净空高度减小;反之,若柱距过小,则会影响房屋的使用。因此,在柱网布置中,应综合考虑房屋的使用要求及梁的合理跨度,通常主梁的跨度取 5～8 m,次梁的跨度取 4～6 m。

(2)主梁可以沿房屋横向布置,也可以沿房屋纵向布置,但为了增强房屋横向刚度,主梁一般沿房屋横向布置。

(3)次梁的间距决定了板的跨度和次梁的数量。次梁间距增大,可使次梁数量减少,但会增加板的跨度,从而引起板厚的增加。板的混凝土用量一般占整个楼盖的 50%～70%,增加板厚,会引起整个楼盖混凝土用量增加很多。因此,最合理的次梁间距应当是在满足板的刚度、强度等要求的同时,使板厚接近于构造所要求的最小厚度,常用的次梁间距为 1.7～2.5 m,一般不宜超过 3 m。图 11-6 所示为主次梁楼盖布置实例。

(4)梁格布置应力求简单、整齐,板厚和梁截面尺寸应尽量统一,梁、板应尽量布置成等跨度的,柱网布置宜为正方形或矩形,梁系应尽可能连续贯通,以便于设计和施工。

由于边跨内力要比中间跨的大,故板、次梁及主梁的边跨跨长可略小于中间跨跨长(一般在 10% 以内)。图 11-7 所示为单向板肋形楼盖结构布置的两个实例。

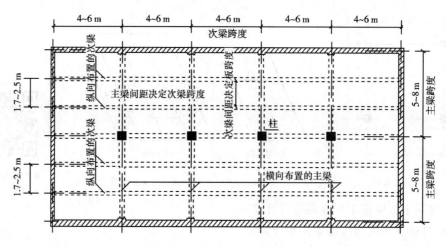

图 11-6　主次梁楼盖布置实例

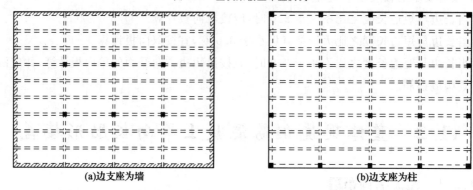

图 11-7　单向板肋形楼盖结构布置实例

11.2.2　梁、板内力计算

单向板肋形楼盖的传力途径是：板—次梁—主梁—柱（或墙体）—基础—地基。由于板、次梁和主梁为整体浇筑，所以一般是多跨连续的超静定结构。构件计算的顺序与荷载传递顺序相同：板—次梁—主梁。

梁、板内力计算包括以下内容。

1. 计算方法的选择

单向板肋形楼盖的内力计算方法，有弹性理论计算方法和塑性内力重分布理论计算方法两种。弹性理论计算方法假定钢筋混凝土梁、板为匀质弹性体，按一般结构力学的方法计算内力。塑性内力重分布理论计算方法从实际情况出发，考虑塑性变形内力重分布来计算连续梁、板的内力。塑性内力重分布理论计算方法反映了材料的实际弹塑性性能，计算比较符合结构的实际工作情况，不但具有较好的经济效果，而且缓解了支座处配筋拥挤的状况，改善了施工条件。但采用这种方法设计，在使用阶段的裂缝较宽，挠度也较大。

在下列情况下，不宜采用塑性内力重分布理论计算方法，应按弹性理论计算方法进行设计：

（1）直接承受动力荷载的结构构件。

（2）要求不出现裂缝或处于侵蚀环境等情况下的结构。

（3）对承载力要求有较高的安全储备或处于重要部位的结构构件。

肋形楼盖中的连续板和次梁，如无特殊要求，一般采用塑性内力重分布理论计算方法设计。主梁是楼盖中的重要结构构件，要求有较高的安全储备，一般按弹性理论计算方法设计。

2. 确定计算简图

在进行结构内力计算前，应首先确定结构构件的计算简图，计算简图应反映梁、板的跨数、各跨的跨度、支承条件和荷载形式、作用位置及大小。

（1）支承条件

在肋形楼盖中，当板或梁支承在砖墙（或砖柱）上时，由于其嵌固作用较小，所以可假定为铰支座，其嵌固的影响可在构造设计中加以考虑。若板的支座是次梁，次梁的支座是主梁，则次梁对板，主梁对次梁将有一定的嵌固作用，为简化计算，通常亦假定其为铰支座，由此引起的误差将在荷载取值中加以调整。若主梁支承在柱上，则其支座的简化需根据梁和柱的线刚度之比来确定，通常认为当主梁与柱的线刚度之比大于 5 时，即可将主梁简化为铰接支承于柱上的连续梁，否则就应按框架梁来考虑。

（2）计算跨度

梁、板的计算跨度是指支座反力之间的距离，它与支座的构造形式、构件的截面尺寸以及内力计算方法有关，通常可按附表 A-14 取用。

（3）计算跨数

对各跨荷载相同，跨数超过 5 跨的等跨等截面连续梁，由于除两边第 1、2 跨外，所有中间跨的内力十分接近，所以为简化计算，将所有中间跨均以第 3 跨来代表。对于超过 5 跨的多跨连续梁、板可按 5 跨来计算其内力；当梁、板的实际跨数少于 5 跨时，按实际跨数计算。多跨连续梁、板的实际简图、计算简图及配筋简图如图 11-8 所示。

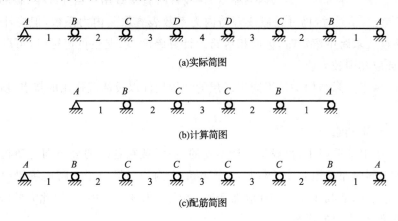

图 11-8　多跨连续梁、板简图

（4）荷载计算

作用在楼盖上的荷载一般有两种，即永久荷载（恒载）和可变荷载（活载）。永久荷载是指结构在使用期间基本不变的荷载，如结构自重、楼面的构造层重、隔墙等，可按结构构件的几何尺寸及材料的单位自重计算求得。可变荷载是指结构在使用或施工期间可变的荷载，如楼面活载（包括人群、家具及可移动的设备）、屋面活载和雪载等。

单向板通常沿短跨方向取 1 m 宽板带作为计算单元，因此板面荷载等于计算单元板带沿跨度方向单位长度上的均布荷载;次梁承受板传来的均布荷载(其值为板面荷载乘以次梁间距)及次梁自重引起的均布荷载;主梁则承受所支承次梁传来的集中荷载和主梁自重引起的均布荷载。由于主梁自重比次梁传来的荷载小得多,所以为了简化计算,可将主梁均布自重按次梁间距分段换算成作用于次梁位置的集中荷载。当计算板传给次梁和次梁传给主梁的荷载时,可不考虑结构连续性的影响。单向板肋形楼盖平面上的荷载划分情况如图11-9所示。

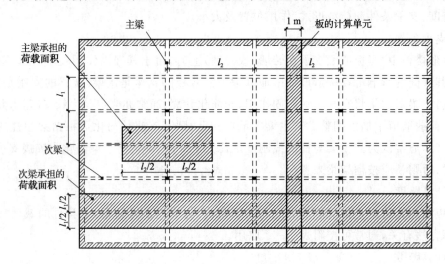

图 11-9　单向板肋形楼盖荷载划分简图

3. 按弹性理论计算连续梁、板的内力

单向板肋形楼盖的板、次梁、主梁,都可按多跨连续梁、板计算。附表 A-15 列出了均布荷载和集中荷载作用下等跨连续梁的内力系数,供设计时直接查用。当连续梁、板的各跨度不相等但其差值不超过 10% 时,仍可近似按等跨内力系数表查取其内力系数,但应注意合理取用各跨的计算跨度。求跨中弯矩时,应取相应跨的计算跨度,求支座负弯矩时,可取相邻两跨计算的平均值(或取其中较大值)。

在计算时,由于实际结构构件不同于理想的结构构件以及活载作用的特点,所以需要注意如下问题。

(1)荷载的最不利组合

作用于梁、板上的荷载中,恒载是保持不变的,而活载在各跨的分布则是随机的。对于单跨梁、板,当其上同时布满恒载和活载时,会产生最大内力。但对于多跨连续梁、板,除恒载必然满布于梁、板上外,活载往往不是在满布于梁、板上时出现最大内力,因此需要研究活载作用的位置对连续梁、板内力的影响。

根据结构力学的影响线原理,可知活载最不利位置的布置原则是:

①求某跨跨中截面最大正弯矩时,除应在该跨布置活载外,还应在其左、右每隔一跨布置活载;求某跨跨内最小正弯矩(或最大负弯矩)时,该跨不布置活载,而在其左、右邻跨布置活载,然后向左、右每隔一跨布置。

②求某支座截面最大负弯矩或最大剪力时,除应在该支座左、右两跨布置活载外,还应向左、右每隔一跨布置活载。

按上述原则,对 n 跨连续梁($2 \leqslant n \leqslant 5$)可得出 $n+1$ 种活载最不利布置(表 11-1)。

表 11-1　　　　　　　　　　**5 跨连续梁、板的活载最不利布置**

活载布置	最大内力	最小内力
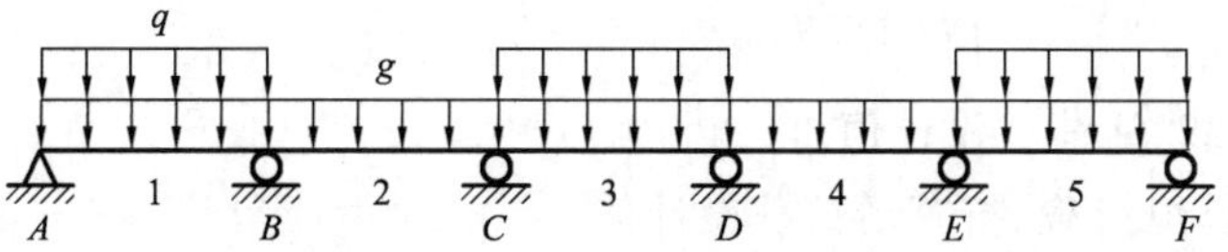 （第1、3、5跨布置活载简图）	M_1、M_3、M_5 V_A、V_F	M_2、M_4
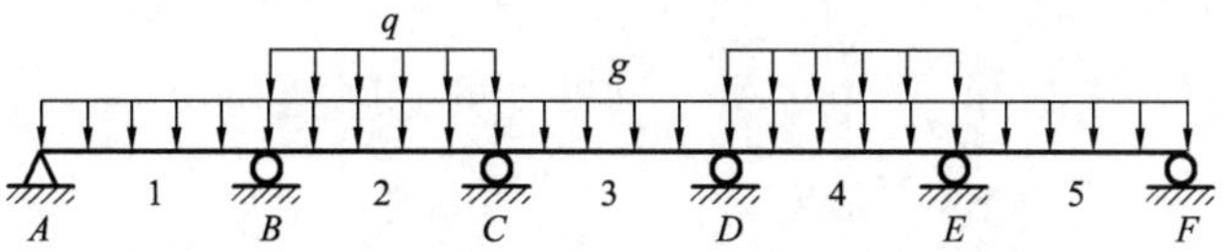 （第2、4跨布置活载简图）	M_2、M_4	M_1、M_3、M_5
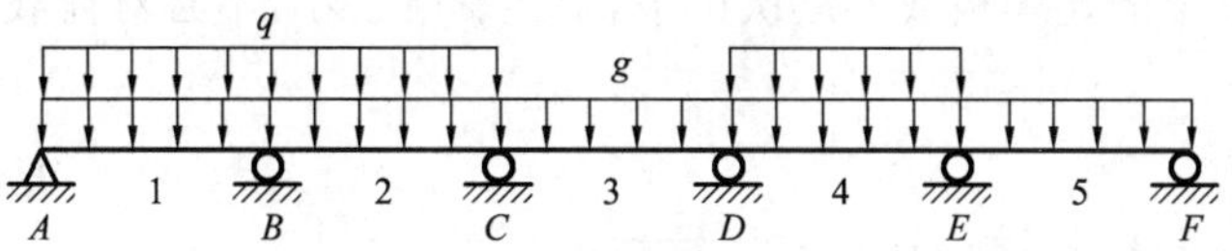 （第1、2、4跨布置活载简图）	M_B V_{BL}、V_{BR}	
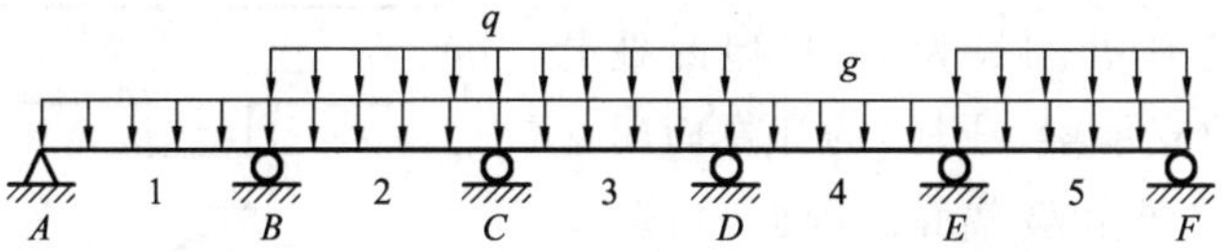 （第2、3、5跨布置活载简图）	M_C V_{CL}、V_{CR}	
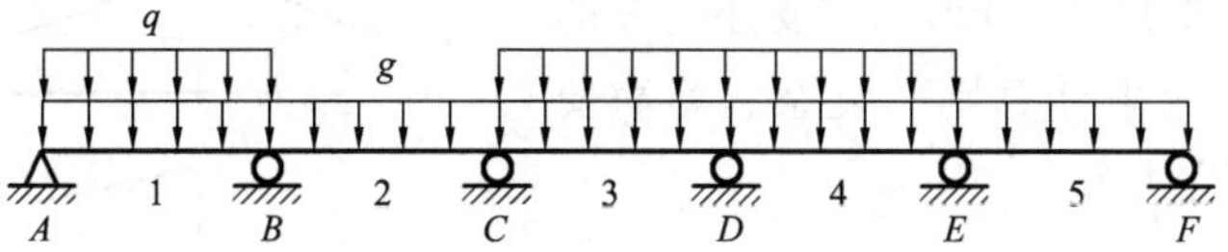 （第1、3、4跨布置活载简图）	M_D V_{DL}、V_{DR}	
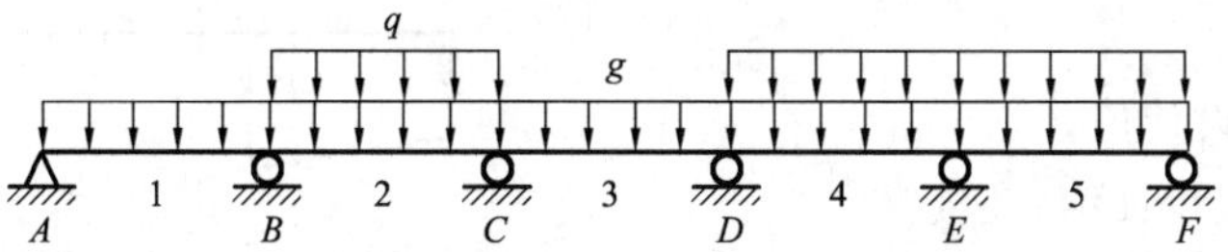 （第2、4、5跨布置活载简图）	M_E V_{EL}、V_{ER}	

　　要想得到构件上某截面的最不利内力，只需将恒载所产生的内力和按最不利位置布置的活载所产生的内力进行组合即可。

　　（2）内力包络图

　　分别将恒载作用下的内力与各种活载最不利布置情况下的内力进行组合，然后把各种组合下的内力图叠画在同一坐标图上，则内力图曲线的最外轮廓线，就代表了构件各截面在恒载和活载作用下可能出现的内力的上、下限。这个最外轮廓线所围成的内力图称为内力包络图，包括弯矩包络图和剪力包络图。

　　根据弯矩包络图配置纵筋，根据剪力包络图配置箍筋，可达到既安全、又经济的目的。但由于绘制内力包络图的工作量比较大，故在楼盖设计中，一般不必绘制内力包络图，而直接按照连续板、梁的构造要求来确定钢筋弯起和截断位置。

　　（3）折算荷载

　　当连续梁、板与其支座整浇在一起时，其支座与计算简图中的理想铰支座有较大差别。支座将约束梁、板的转动，使其支座弯矩增大，跨中弯矩减小。为了修正这一影响，在总荷载（$g+q$）不变的前提下，通常采用增大恒载、相应减小活载的方式来处理，即采用折算荷载计算内力。按弹性理论计算的连续板和连续次梁的折算荷载取值，即

连续板
$$\begin{cases} g'=g+\dfrac{1}{2}q \\[2mm] q'=\dfrac{1}{2}q \end{cases}$$
(11-1)

式中　g、q——单位长度上恒荷载、活荷载设计值；

　　　g'、q'——单位长度上折算恒荷载、折算活荷载设计值。

连续次梁
$$\begin{cases} g'=g+\dfrac{1}{4}q \\[2mm] q'=\dfrac{3}{4}q \end{cases}$$
(11-2)

在连续主梁以及不与支座整浇的连续板或连续次梁中，上述影响很小，不必对荷载进行调整，而应按实际荷载进行计算。

（4）支座宽度的影响

按弹性理论计算方法计算连续梁、板内力时，按计算简图求得的支座截面内力为支座中心线处的最大内力，但此处的截面高度却由于与其整体连接的支承梁（或柱）的存在而明显增大，故其内力虽为最大，但并非最危险截面。因此，可取支座边缘截面作为计算控制截面，如图 11-10 所示。支座边缘的剪力计算较容易，而支座边缘的弯矩计算则较复杂。为简便起见，支座边缘的弯矩近似计算公式为

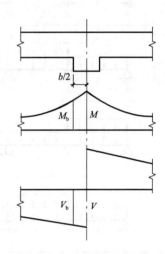

$$M_b=M-V\frac{b}{2}$$
(11-3)

式中　M_b——支座边缘的弯矩设计值；

　　　M——支座中心处的弯矩设计值；

　　　V——按简支梁考虑的支座剪力设计值（取绝对值）；

　　　b——支座宽度。

图 11-10　支座边缘的弯矩和剪力

4. 按塑性内力重分布理论计算连续梁、板的内力

按弹性理论计算方法计算连续梁、板的内力时，是把梁、板看成弹性、匀质的，但钢筋混凝土是弹塑性、非匀质材料。此外，钢筋混凝土结构在各个工作阶段，由于构件出现裂缝，尤其是出现"塑性铰"后，使得其内力和变形与按弹性体系分析的结果是不一致的，即在结构中产生了内力重分布现象。考虑以上情况进行的内力计算方法称为塑性内力重分布理论计算方法，这种计算方法中梁、板截面名称如图 11-11 所示。

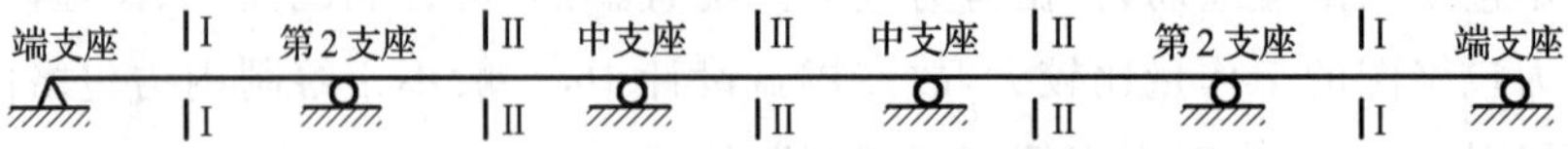

图 11-11　塑性内力重分布理论计算梁、板截面名称

按塑性内力重分布理论计算方法计算时，为了保证钢筋混凝土梁中塑性铰产生且具有足够的转动能力，要求混凝土弯矩调整后截面相对受压区高度 ξ 不应超过 0.35，且不宜小于 0.10，并应采用满足在最大力下的总伸长率最小限值的钢筋（附表 A-6）。

以下介绍考虑用塑性内力重分布理论计算的一般原则,在均布荷载作用下内力的计算公式,供设计时直接采用。

(1)弯矩

$$M = \alpha_m (g + q) l_0^2 \tag{11-4}$$

式中　α_m——弯矩系数,板和次梁分别按表 11-2 和表 11-3 采用;

　　　g——均布恒载设计值;

　　　q——均布活载设计值;

　　　l_0——计算跨度。

表 11-2　　　　　　　　　　　连续板塑性内力弯矩系数 α_m

端支座支承	截　面				
	端支座	边跨中	第 2 支座	中跨中	中支座
	A	I—I	B	II—II	C
支承在墙上	0	$\dfrac{1}{11}$	$-\dfrac{1}{10}$(两跨)	$\dfrac{1}{16}$	$-\dfrac{1}{14}$
与梁整体浇筑	$-\dfrac{1}{16}$	$\dfrac{1}{14}$	$-\dfrac{1}{11}$(多跨)		

表 11-3　　　　　　　　　　　连续梁塑性内力弯矩系数 α_m

端支座支承	截　面				
	端支座	边跨中	第 2 支座	中跨中	中支座
	A	I—I	B	II—II	C
支承在墙上	0	$\dfrac{1}{11}$	$-\dfrac{1}{10}$(两跨)	$\dfrac{1}{16}$	$-\dfrac{1}{14}$
与梁整体浇筑	$-\dfrac{1}{24}$	$\dfrac{1}{14}$	$-\dfrac{1}{11}$(多跨)		

对于跨度相差不超过 10% 的不等跨连续梁、板,也可近似按式(11-4)计算,在计算支座弯矩时可取支座左、右跨度的较大值作为计算跨度。

(2)剪力

$$V = \alpha_v (g + q) l_n \tag{11-5}$$

式中　α_v——剪力系数,按表 11-4 采用;

　　　l_n——梁的净跨度。

板的剪力较小,一般都能满足抗剪要求,故不必进行剪力计算。

表 11-4　　　　　　　　　　　连续梁剪力系数 α_v

端支座支承	截　面				
	端支座	第 2 支座左	第 2 支座右	中支座左	中支座右
	A	B_L	B_R	C_L	C_R
支承在墙上	0.45	0.60	0.55	0.55	0.55
与梁整体浇筑	0.50	0.55			

11.2.3 单向板肋形楼盖的计算和构造

1. 单向板

（1）计算要点

①钢筋混凝土单向板的跨厚比不宜大于 30，且最小厚度为 60 mm。板的支承长度要求不小于板厚，同时不小于 120 mm。

②可取 1 m 宽板带作为计算单元，按单筋矩形截面计算。

③板所受的剪力较小，通常为混凝土抗剪，故一般不进行受剪承载力计算。

④四周与梁整浇的单向板，因板内拱形压力线及周边梁支座的反推力作用，内力有所降低，故其中间跨跨中截面及中间支座的计算弯矩可折减 20%，但对于板的边跨跨中截面及第一内支座，则不考虑这种有利影响，即其弯矩不予降低。

⑤选配钢筋时，应使相邻跨和支座钢筋的直径及间距相互协调。

（2）构造要求

①现浇单向板的绑扎配筋形式有分离式和弯起式两种。分离式配筋因施工方便，已成为目前工程中主要采用的配筋方式。考虑塑性内力重分布设计的等跨连续板的分离式配筋如图 11-12 所示。跨度相差不大于 20% 的不等跨连续板，或各跨荷载相差很大时，则钢筋的弯起与切断应按弯矩包络图确定（参照图 11-13）。

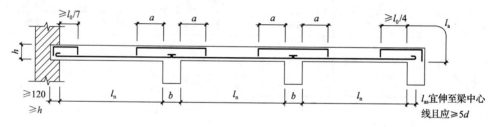

图 11-12　考虑塑性内力重分布设计的等跨连续板的分离式配筋

当 $q \leqslant 3g$ 时，$a \geqslant l_0/4$；当 $q > 3g$ 时，$a \geqslant l_0/3$

q—均布活载设计值；g—均布恒载设计值

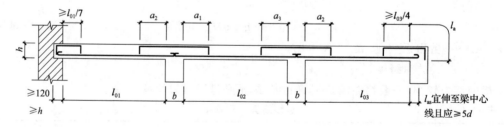

图 11-13　跨度相差不大于 20% 的不等跨连续板的分离式配筋

当 $q \leqslant 3g$ 时，$a_1 \geqslant l_{01}/4$，$a_2 \geqslant l_{02}/4$，$a_3 \geqslant l_{03}/4$；当 $q > 3g$ 时，$a_1 \geqslant l_{01}/3$，$a_2 \geqslant l_{02}/3$，$a_3 \geqslant l_{03}/3$

q—均布活载设计值；g—均布恒载设计值

②板中采用绑扎钢筋作为配筋时，其构造规定详见第 5 章，这里不再赘述。

③简支板或连续板下部纵向受力钢筋伸入支座内的锚固长度不应小于 $5d$（d 为受力钢筋直径），且宜伸过支座中心线。当连续板内温度收缩应力较大时，伸入支座的锚固长度宜适当增加。

④按简支边或非受力边设计的现浇混凝土板,当与混凝土梁、墙整体浇筑或嵌固在砌体墙内时,应设置板面构造钢筋,如图 11-14 所示,并符合下列要求:

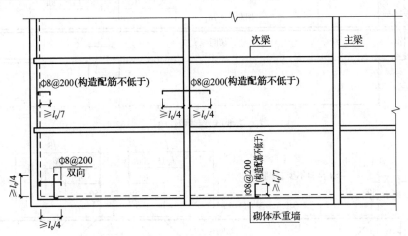

图 11-14　板面构造钢筋

a.钢筋直径不宜小于 8 mm,间距不宜大于 200 mm,且单位宽度内的配筋面积不宜小于跨中相应方向板底钢筋截面面积的 1/3。与混凝土梁、混凝土墙整体浇筑单向板的非受力方向,钢筋截面面积尚不宜小于受力方向跨中板底钢筋截面面积的 1/3。

b.钢筋从混凝土梁边、柱边、墙边伸入板内的长度不宜小于 $l_0/4$,砌体墙支座处钢筋伸入板边的长度不宜小于 $l_0/7$,其中计算跨度 l_0 对单向板按受力方向考虑,对双向板按短边方向考虑。

c.在楼板角部,宜沿两个方向正交、斜向平行或放射状布置附加钢筋。

⑤当按单向板设计时,应在垂直于受力的方向布置分布钢筋,单位宽度上的配筋不宜小于单位宽度上的受力钢筋的 15%,且配筋率不宜小于 0.15%;分布钢筋直径不宜小于 6 mm,间距不宜大于 250 mm;当集中荷载较大时,分布钢筋的配筋面积尚应增加,且间距不宜大于 200 mm。

2.次梁

(1)计算要点

次梁的跨度一般为 4~6 m,梁高为跨度的 1/18~1/12。

次梁按正截面受弯承载力配置纵向受力钢筋时,跨中截面因受压区在上部,可将板视为翼缘按 T 形截面计算,支座截面因翼缘位于受拉区,故应按矩形截面计算。

当次梁考虑塑性内力重分布时,在斜截面受剪承载力计算中,为避免梁因出现剪切破坏而影响其内力重分布,应将计算所需的箍筋面积增大 20%。增大范围包括:当为集中荷载时,取支座边至最近一个集中荷载之间的区段;当为均布荷载时,取 $1.05h_0$(h_0 为梁截面有效高度)。

(2)构造要求

次梁的一般构造要求与第 5 章受弯构件的配筋构造要求相同。沿梁长纵向钢筋的弯起和截断,应按弯矩及剪力包络图确定。但对于相邻跨跨度相差不超过 20%,活载和恒载的比值 $q/g \leqslant 3$ 的连续梁,可参考图 11-15 布置钢筋。

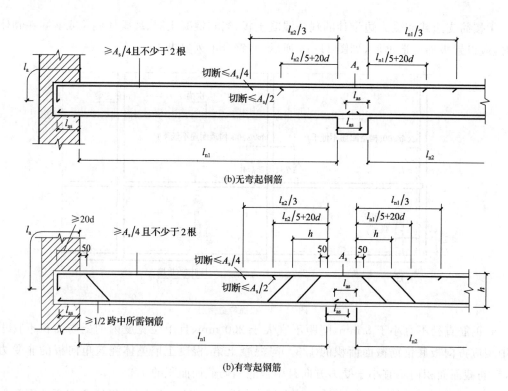

(b)无弯起钢筋

(b)有弯起钢筋

图 11-15　次梁的钢筋布置

3. 主梁

（1）计算要点

主梁的跨度一般为 5～8 m，梁高为跨度的 $1/15～1/8$。

因梁、板整体浇筑，故主梁跨内截面按 T 形截面计算，支座截面按矩形截面计算。

在主梁支座处，主梁与次梁截面的上部纵向钢筋相互交叉重叠（图 11-16），大多数情况下致使主梁承受负弯矩的纵筋下移，梁的有效高度减小。所以在计算主梁支座截面负弯矩钢筋时，截面有效高度应取：一排钢筋时，$h_0 = h - (60～70)$ mm；两排钢筋时，$h_0 = h - (80～90)$ mm（h 为截面高度）。

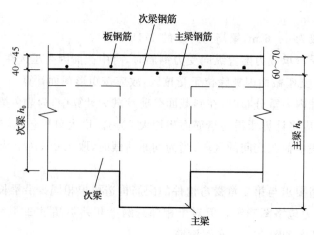

图 11-16　主梁支座截面的钢筋位置

（2）构造要求

主梁纵向钢筋的弯起和切断，应按弯矩包络图和剪力包络图确定。

次梁与主梁相交处，在主梁高度范围内受到次梁传来的集中荷载的作用，为此需设置附加横向钢筋（箍筋、吊筋），将该集中荷载传递到主梁顶部受压区。附加横向钢筋宜采用箍筋，箍筋应布置在长度为 $s=2h_1+3b$ 的范围内（图 11-17），以便能充分发挥作用。在 s 范围内的主梁正常布置箍筋。附加箍筋和吊筋的总截面面积计算公式为

$$F \leqslant mA_{sv}f_{yv}+2A_{sb}f_y\sin\alpha \tag{11-6}$$

式中　F——由次梁传递的集中力设计值；

　　　f_y——附加吊筋的抗拉强度设计值；

　　　f_{yv}——附加箍筋的抗拉强度设计值；

　　　A_{sb}——一根附加吊筋的截面面积；

　　　A_{sv}——每道附加箍筋的截面面积，$A_{sv}=nA_{sv1}$（n 为每道箍筋的肢数，A_{sv1} 为单肢箍筋的截面面积）；

　　　m——在宽度 s 范围内的附加箍筋的道数；

　　　α——附加吊筋与梁轴线间的夹角，一般为 45°，梁高大于 800 mm 时为 60°。

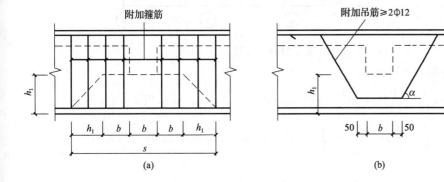

微课72

附加箍筋和吊筋

图 11-17　附加箍筋与吊筋

11.2.4　单向板肋形楼盖设计实例

某多层工业建筑楼盖结构平面布置如图 11-18 所示，L-1 为主梁，L-2 为次梁，楼梯间在该平面之外，不考虑。楼面面层为水磨石，梁、板底面为 15 mm 厚混合砂浆粉刷。采用 C25 混凝土，梁中纵向受力钢筋为 HRB335 级，其余钢筋为 HPB300 级。试设计该楼盖（一类环境）。

解：（1）基本设计资料

①材料：

C25 混凝土：$f_c=11.9$ N/mm^2，$f_t=1.27$ N/mm^2。

钢筋：HPB300 级（$f_y=270$ N/mm^2），HRB335 级（$f_y=300$ N/mm^2，$\xi_b=0.55$）。

②荷载标准值：工业建筑楼面活载标准值，$q_k=5.0$ kN/m^2；水磨石地面，0.65 kN/m^2；钢筋混凝土，25 kN/m^3；混合砂浆，17 kN/m^3。

（2）板的设计（按塑性内力重分布方法）

①确定板厚及次梁截面

单向板按规范建议值，跨厚比不宜大于 30，$\dfrac{l_0}{30}=\dfrac{2000}{30}=67$ mm，并应不小于工业建筑楼板

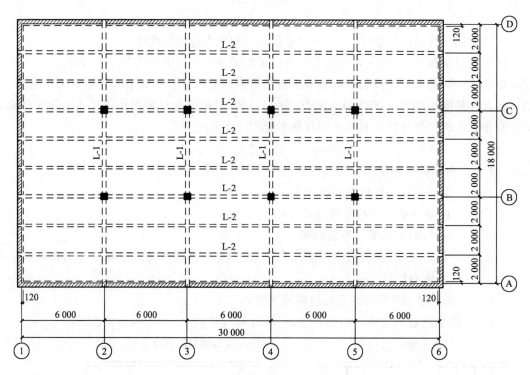

图 11-18 楼盖结构平面布置

最小厚度 70 mm，取板厚 $h=80$ mm。

次梁截面高度 $h=(\frac{1}{18}\sim\frac{1}{12})l_0=(\frac{1}{18}\sim\frac{1}{12})\times6\,000=333\sim500$ mm，取 $h=450$ mm。

次梁截面宽度 $b=(\frac{1}{3}\sim\frac{1}{2})h=(\frac{1}{3}\sim\frac{1}{2})\times450=150\sim225$ mm，取 $b=200$ mm。

②板荷载计算

水磨石面层 $1.2\times0.65=0.78$ kN/m²

80 mm 厚钢筋混凝土板 $1.2\times0.08\times25=2.40$ kN/m²

15 mm 厚混合砂浆板底粉刷 $1.2\times0.015\times17=0.31$ kN/m²

恒载小计 $g=0.78+2.40+0.31=3.49$ kN/m²

活载（标准值不小于 4 kN/m² 时，活载系数为 1.3）

            $q=1.3\times5.0=6.50$ kN/m²

总荷载 $g+q=3.49+6.50=9.99$ kN/m²

③计算简图

取 1 m 宽板带作为计算单元，由板和次梁尺寸可得板的计算简图（实际 9 跨，可按 5 跨计算）如图 11-19 所示。其中中间跨的计算跨度 $l_0=l_n=1.80$ m；边跨的计算跨度 $l_0=l_n+h/2=1.84$ m。边跨与中间跨的计算跨度相差 $\frac{1.84-1.80}{1.80}=2.2\%<10\%$，故可近似按等跨连续板计算内力。

④弯矩及配筋计算

取板的截面有效高度 $h_0=h-25=80-25=55$ mm，并考虑②～⑤轴间的弯矩折减，可列表计算，见表 11-5。

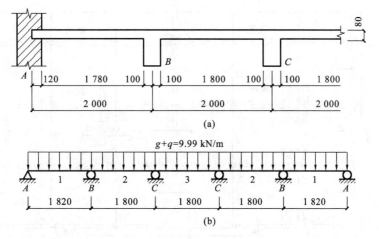

图 11-19　板的计算简图

表 11-5　　　　　　　　　　　　板的配筋设计

截面位置	1	B	2	C
弯矩系数 α_m	$+\dfrac{1}{11}$	$-\dfrac{1}{11}$	$+\dfrac{1}{16}(+\dfrac{1}{16}\times0.8)$	$-\dfrac{1}{14}(-\dfrac{1}{14}\times0.8)$
$M/(\mathrm{kN\cdot m})$ $[M=\alpha_m(g+q)l_0^2]$	3.01	-2.98	2.02(1.62)	$-2.31(-1.85)$
相对受压区高度 $\xi=1-\sqrt{1-\dfrac{M}{0.5f_cbh_0^2}}$	0.087 4	0.086 5	0.057 8(0.046 1)	0.066 4(0.052 8)
$A_s/\mathrm{mm^2}$ $(A_s=\xi\dfrac{\alpha_1f_c}{f_y}bh_0)$	212	209	140(112)	161(128)
板内纵向受力钢筋最小配筋截面积($\mathrm{mm^2}$)(0.20% 和 $0.45f_t/f_y$ 的较大值)	169.3	169.3	169.3	169.3
选用钢筋	$\Phi6@140$	$\Phi6@140$	$\Phi6@160$ $(\Phi6@160)$	$\Phi6@160$ $(\Phi6@160)$
实际钢筋面积/$\mathrm{mm^2}$	202	202	177(177)	177(177)

注:括号内数字用于②~⑤轴间。

　⑤绘制施工图

　在一般情况下,楼面所受动力荷载不大,为使设计和施工简便,采用分离式配筋方式。

　支座顶面负弯矩钢筋的截断点位置:因本实例中 $q/g=6.50/3.49=1.86<3$,故 $a_1=l_{01}/4=$ 1 820/4=455 mm,$a_2=l_{02}/4=1\ 800/4=450$ mm,取 $a=460$ mm。

　除在所有受力钢筋的弯折处设置一根分布钢筋外,还沿受力钢筋直线段按 $\Phi6@200$ 配置。这样即可满足截面面积大于 15% 受力钢筋的截面面积,大于分布钢筋布置方向(与受力钢筋垂直)板截面面积的 0.15%,间距不大于 250 mm 的构造要求。

　为简化起见,沿纵墙或横墙,均设置 $\Phi8@200$ 的短直钢筋,无论墙边或墙角,构造钢筋均伸出墙边 $l_0/4=1\ 820/4=455$ mm,取 460 mm。

　在板与主梁连接处的顶面,设置 $\Phi8@200$ 的构造钢筋,每边伸出梁肋边长度为 $l_0/4=$ 1 820/4=455 mm,取 460 mm。

　板配筋平面图如图 11-20 所示。

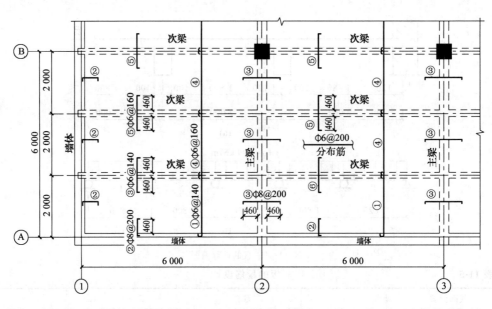

图 11-20 板配筋平面图

（3）次梁设计（按塑性内力重分布理论计算）

①荷载计算

板传来的恒载	$3.49 \times 2 = 6.98$ kN/m
次梁自重	$1.2 \times 25 \times 0.2 \times (0.45 - 0.08) = 2.22$ kN/m
次梁粉刷	$1.2 \times 17 \times 0.015 \times (0.45 - 0.08) \times 2 = 0.23$ kN/m
恒载小计	$g = 9.43$ kN/m
活载	$q = 1.3 \times 5.0 \times 2 = 13.0$ kN/m
总荷载	$g + q = 9.43 + 13.0 = 22.43$ kN/m
	$q/g = 13.0/9.43 = 1.38 < 3$

②主梁截面尺寸选择

主梁截面高度　$h = (\frac{1}{15} \sim \frac{1}{8})l_{主梁} = (\frac{1}{15} \sim \frac{1}{8}) \times 6\ 000 = 400 \sim 750$ mm，取 $h = 600$ mm。

主梁截面宽度　$b = (\frac{1}{3} \sim \frac{1}{2})h = (\frac{1}{3} \sim \frac{1}{2}) \times 600 = 200 \sim 300$ mm，取 $b = 250$ mm。

③计算简图

边跨计算跨度　$l_0 = l_n + \frac{a}{2} = (6\ 000 - 120 - 125) + \frac{250}{2} = 5\ 755 + 125 = 5\ 880$ mm

$\qquad\qquad\qquad l_0 = 1.025 l_n = 5\ 899$ mm > 5880 mm

取 $l_0 = 5\ 880$ mm。

中跨计算跨度　$l_0 = l_n = 5\ 750$ mm

边跨和中间跨计算跨度相差 $\frac{5.88 - 5.75}{5.75} = 2.3\% < 10\%$，可近似按等跨连续梁计算内力。

次梁的实际跨数未超过 5 跨，故按实际跨数计算。计算简图如图 11-21 所示。

④内力及配筋计算

● 正截面承载力计算

次梁跨中截面按 T 形截面计算，翼缘计算宽度按下列各项的最小值取用。

$\qquad b_f' \leq l_0/3 = 5\ 750/3 = 1\ 917$ mm，$\quad b_f' \leq b + s_n = 200 + 1\ 800 = 2\ 000$ mm

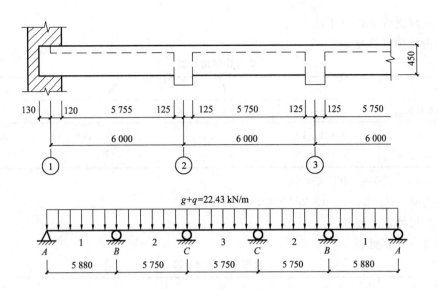

图 11-21　次梁的计算简图

取 $h_0 = 450 - 45 = 405$ mm，$\dfrac{h_f'}{h_0} = \dfrac{80}{405} = 0.198 > 0.1$，翼缘宽度可不受表 5-5 第 3 项的限制。

取其中最小者，即 $b_f' = 1\,917$ mm，则

$$\alpha_1 f_c b_f' h_f' \left(h_0 - \dfrac{h_f'}{2}\right) = 1.0 \times 11.9 \times 1\,917 \times 80 \times \left(405 - \dfrac{80}{2}\right) = 666.1 \times 10^6 \text{ N·mm} = 666.1 \text{ kN·m}$$

以此作为判别 T 形截面类别的依据。

次梁支座截面按 $b \times h = 200$ mm $\times 450$ mm 的矩形截面计算，并取 $h_0 = 450 - 45 = 405$ mm，支座截面应满足 $\xi \leqslant 0.35$。计算过程列表进行，见表 11-6。次梁受力纵筋采用 HRB335 级（$\xi_b = 0.55$，$f_y = 300$ N/mm^2）。

表 11-6　　　　　　　　　次梁正截面承载力计算

截面位置	1	B	2	C
弯矩系数 α_m	$\dfrac{1}{11}$	$-\dfrac{1}{11}$	$\dfrac{1}{16}$	$-\dfrac{1}{14}$
$M/(\text{kN·m})$ $[M = \alpha_m (g+q) l_0^2]$	$\dfrac{1}{11} \times 22.43 \times$ $5.88^2 = 70.50$	$-\dfrac{1}{11} \times 22.43 \times$ $\left(\dfrac{5.88 + 5.75}{2}\right)^2 =$ -68.95	$\dfrac{1}{16} \times 22.43 \times$ $5.75^2 = 46.35$	$-\dfrac{1}{14} \times 22.43 \times$ $5.75^2 = -52.97$
截面类别及 截面尺寸/mm^2	一类 T 形 $b \times h = 1\,917 \times 450$	矩形 $b \times h = 200 \times 450$	一类 T 形 $b \times h = 1\,917 \times 450$	矩形 $b \times h = 200 \times 450$
$\xi = 1 - \sqrt{1 - \dfrac{M}{0.5 f_c b h_0^2}}$	$0.019\,0 < \xi_b = 0.550$	$0.195\,8 < 0.35$	$0.012\,5 < \xi_b = 0.550$	$0.146\,4 < 0.35$
A_s/mm^2 $\left(A_s = \xi \dfrac{\alpha_1 f_c}{f_y} b h_0\right)$	$0.019\,0 \times \dfrac{1.0 \times 11.9}{300} \times$ $1\,917 \times 405 = 585$	$0.195\,8 \times \dfrac{1.0 \times 11.9}{300} \times$ $200 \times 405 = 629$	$0.012\,5 \times \dfrac{1.0 \times 11.9}{300} \times$ $1\,917 \times 405 = 385$	$0.146\,4 \times \dfrac{1.0 \times 11.9}{300} \times$ $200 \times 405 = 470$
选用钢筋	3Φ16	2Φ16+1Φ18	2Φ16+1Φ14	2Φ16+1Φ14
实际钢筋面积/mm^2	603	656.5	555.9	555.9

注：梁内纵向受力钢筋最小配筋截面积（mm^2）（最小配筋率取 0.20 和 $45 f_t / f_y$ 的较大值）$A_{smin} = \rho_{min} bh = 0.20\% \times$ $200 \times 450 = 180$ mm^2。

● 斜截面受剪承载力计算

剪力设计值计算见表 11-7。

表 11-7 剪力设计值计算

截面位置	A	$B_左$	$B_右$	C
剪力系数 α_v	0.45	0.6	0.55	0.55
V/kN $[V=\alpha_v(g+q)l_n]$	$0.45\times22.43\times$ $5.755=58.09$	$0.6\times22.43\times$ $5.755=77.45$	$0.55\times22.43\times$ $5.75=70.93$	$0.55\times22.43\times$ $5.75=70.93$

$h_w/b=405/200=2.025<4$

$0.25f_cbh_0=0.25\times11.9\times200\times405=241\ \text{kN}>V$

故截面尺寸满足要求。

箍筋设计计算见表 11-8。

表 11-8 次梁箍筋设计计算

截面位置	A	$B_左$	$B_右$	C
V/kN	58.09	77.45	70.93	70.93
$0.7f_tbh_0/\text{N}$	$0.7\times1.27\times200\times$ $405=72\ 009>V$	$0.7\times1.27\times200\times$ $405=72\ 009<V$	$0.7\times1.27\times200\times$ $405=72\ 009>V$	$0.7\times1.27\times200\times$ $405=72\ 009>V$
箍筋肢数及直径	$2\phi6$	$2\phi6$	$2\phi6$	$2\phi6$
s/mm $(s=\dfrac{f_{yv}A_{sv}h_0}{V-0.7f_tbh_0})$	按构造要求	$\dfrac{270\times56.6\times405}{77\ 450-72\ 009}=$ $1\ 138$	按构造要求	按构造要求
实配箍筋间距/mm	200	200	200	200

注：$s_{max}=200$ mm。$\rho_{sv}=\dfrac{A_{sv}}{bs}\times100\%=\dfrac{2\times28.3}{200\times200}\times100\%=0.142\%>\rho_{sv,min}=0.24\dfrac{f_t}{f_{yv}}\times100\%=0.24\times\dfrac{1.27}{270}\times100\%=0.113\%$。

⑤绘制施工图

根据计算结果,画出次梁配筋图,如图 11-22 所示。中间支座承担负弯矩的钢筋在离支座边 $l_n/5+20d$ 处截断不多于 $A_s/2$,其余不少于 2 根钢筋直通(兼做架立钢筋和构造钢筋)。

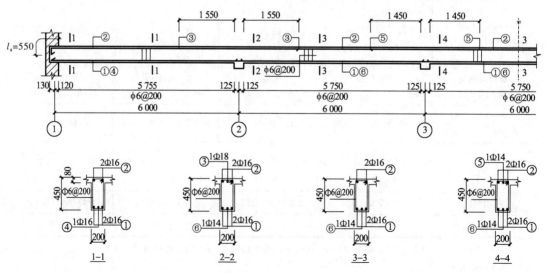

图 11-22 次梁配筋图

（4）主梁设计（按弹性理论计算）

①荷载计算

为简化计算，主梁自重按集中荷载考虑。

次梁传来的恒载	$9.43 \times 6 = 56.58$ kN
主梁自重	$1.2 \times 25 \times 2 \times 0.25 \times (0.6 - 0.08) = 7.8$ kN
梁侧抹灰	$1.2 \times 17 \times 2 \times 0.015 \times (0.6 - 0.08) \times 2 = 0.64$ kN
恒载小计	$G = 56.58 + 7.8 + 0.64 = 65.02$ kN
活载	$Q = 13.0 \times 6 = 78.0$ kN
总荷载	$G + Q = 65.02 + 78.0 = 143.02$ kN

②计算简图

假定主梁线刚度与钢筋混凝土柱线刚度比大于5，则中间支承按铰支座考虑，边支座为砖砌体，支承长度为 370 mm。

边跨

$$l_0 = l_n + \frac{a}{2} + \frac{b}{2} = (6\,000 - 120 - \frac{350}{2}) + \frac{370}{2} + \frac{350}{2} = 6\,065 \text{ mm}$$

$$l_0 = 1.025 l_n + \frac{b}{2} = 1.025 \times (6\,000 - 120 - \frac{350}{2}) + \frac{350}{2} = 6\,023 \text{ mm}$$

取较小者 $l_0 = 6\,023$ mm，近似取 $l_0 = 6\,020$ mm，中跨取支座中心线间距离 $l_0 = 6\,000$ mm。

因跨度差 $\frac{6\,020 - 6\,000}{6\,000} \times 100\% = 0.33\% < 10\%$，故计算时可采用等跨连续梁弯矩及剪力系数。计算简图如图 11-23 所示。

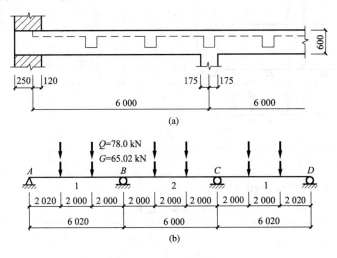

图 11-23　主梁的计算简图

③内力计算

Ⅰ. 弯矩

$$M = K_1 G l_0 + K_2 Q l_0$$

式中，系数 K_1、K_2 可查附表 A-15 等跨连续梁在集中荷载作用下的系数表。

边跨

$$G l_0 = 65.02 \times 6.02 = 391.42 \text{ kN} \cdot \text{m}$$

$$Q l_0 = 78.0 \times 6.02 = 469.56 \text{ kN} \cdot \text{m}$$

中跨 $Gl_0 = 65.02 \times 6.00 = 390.12 \text{ kN} \cdot \text{m}$

$Ql_0 = 78.0 \times 6.00 = 468.00 \text{ kN} \cdot \text{m}$

支座(计算支座 B、C 弯矩时,计算跨度应取两相邻跨跨度的平均值)

$$Gl_0 = 65.02 \times \frac{6.00 + 6.02}{2} = 390.77 \text{ kN} \cdot \text{m}$$

$$Ql_0 = 78.0 \times \frac{6.00 + 6.02}{2} = 468.78 \text{ kN} \cdot \text{m}$$

弯矩计算列于表 11-9。

Ⅱ.剪力

$$V = K_3 G + K_4 Q$$

式中,系数 K_3、K_4 可查附表 A-15 等跨连续梁在集中荷载作用下的剪力系数表。剪力计算列于表 11-10。

表 11-9　　　　　　　　　　主梁弯矩计算

项次	荷载简图	跨内弯矩		支座弯矩	
		M_1	M_2	M_3	M_4
①		$\dfrac{0.244}{95.51}$	$\dfrac{0.067}{26.14}$	$\dfrac{-0.267}{-104.34}$	$\dfrac{-0.267}{-104.34}$
②		$\dfrac{0.289}{135.70}$	$\dfrac{-0.133}{-62.24}$	$\dfrac{-0.133}{-62.35}$	$\dfrac{-0.133}{-62.35}$
③		$\dfrac{-0.044}{-20.66}$	$\dfrac{0.200}{93.60}$	$\dfrac{-0.133}{-62.35}$	$\dfrac{-0.133}{-62.35}$
④		$\dfrac{0.229}{107.53}$	$\dfrac{0.170}{79.56}$	$\dfrac{-0.311}{-145.79}$	$\dfrac{0.089}{-41.72}$
⑤		与④反对称			
⑥	最不利内力组合值	①+②	①+③(①+②)	①+④	①+⑤
		231.21	119.74	-250.13	-250.13

注:横线以上为内力系数,横线以下为内力值。

表 11-10　　　　　　　　　　主梁剪力计算

项次	荷载简图	剪　力			
		V_A	V_{BL}	V_{BR}	V_{CL}
①		$\dfrac{0.733}{47.66}$	$\dfrac{-1.267}{-82.38}$	$\dfrac{1.000}{65.02}$	$\dfrac{-1.000}{-65.02}$
②		$\dfrac{0.866}{67.55}$	$\dfrac{-1.134}{-88.45}$	$\dfrac{0}{0}$	$\dfrac{0}{0}$
③		$\dfrac{-0.133}{-10.37}$	$\dfrac{-0.133}{-10.37}$	$\dfrac{1.000}{78.0}$	$\dfrac{-1.000}{78.0}$

项次	荷载简图	剪　力			
		V_A	V_{BL}	V_{BR}	V_{CL}
④		$\dfrac{0.689}{53.74}$	$\dfrac{-1.311}{-102.26}$	$\dfrac{1.222}{95.32}$	$\dfrac{-0.778}{-60.68}$
⑤		与④反对称			
⑥	最不利内力组合值	①+②	①+④	①+④	①+③
		115.21	−184.64	160.34	−143.02

注：横线以上为内力系数，横线以下为内力值。

④截面配筋计算

取 $h_0 = 600 - 45 = 555$ mm。

跨中截面在正弯矩作用下为 T 形截面，其翼缘的计算宽度 b_f' 按下列各项中的最小值取用，即

$$b_f' = \frac{l_0}{3} = \frac{6\,000}{3} = 2\,000 \text{ mm}$$

$$b_f' = b + s_n = 6\,000 \text{ mm}$$

$\dfrac{h_f'}{h_0} = \dfrac{80}{555} = 0.14 > 0.1$，翼缘宽度 b_f' 与翼缘高度 h_f' 无关。

故取 $b_f' = 2\,000$ mm。

主梁支座截面按矩形截面计算，取 $h_0 = 600 - 90 = 510$ mm（因支座弯矩较大，故考虑布置两层钢筋，并布置在次梁负筋下面）。

主梁中间支座为整浇支座，宽度 $b = 350$ mm，则支座边弯矩

$$V_0 = G + Q = 143.02 \text{ kN}$$

$$M_b = M - V_0 \frac{b}{2} = 250.13 - 143.02 \times \frac{0.35}{2} = 225.10 \text{ kN} \cdot \text{m}$$

配筋计算结果见表 11-11、表 11-12。

表 11-11　主梁正截面受弯计算

截面位置	边跨中	中间支座	中间跨中
M/kN	231.21	−225.10	119.74（−36.10）
截面尺寸/mm	$b = b_f' = 2\,000$ $h_0 = 555$	$b = 250$ $h_0 = 510$	$b = 2\,000（250）$ $h_0 = 555（510）$
$\xi = 1 - \sqrt{1 - \dfrac{2M}{\alpha_1 f_c b h_0^2}}$	$0.032\,1 < \xi_b = 0.550$	$0.353\,3 < \xi_b = 0.550$	$0.016\,4（0.047\,8）< \xi_b = 0.550$
A_s/mm^2 $\left(A_s = \xi \dfrac{\alpha_1 f_c}{f_y} b h_0\right)$	1 413	1 787	722（242）
实配钢筋	3 Φ 25	2 Φ 18 + 4 Φ 20	3 Φ 18（2 Φ 18）
实配钢筋面积/mm²	· 1 473	1 765	763（509）

注：①$f_c b_f' h_f'\left(h_0 - \dfrac{h_f'}{2}\right) = 11.9 \times 2\,000 \times 80 \times \left(555 - \dfrac{80}{2}\right) = 980.56$ kN·m $> M$，边跨中和中间跨中均为第一类 T 形截面。

②中间支座弯矩已修正为 M_b，括号内数字指中间跨中受负弯矩的情形。

③$A_{smin} = \rho_{min} bh = 0.2\% \times 250 \times 600 = 300$ mm²。

表 11-12 　　　　　　　　　　　**主梁斜截面受剪计算**

截面位置	边支座边	B 支座左	B 支座右
V/kN	115.21	184.64	160.34
$0.25 f_c b h_0 / N$	$0.25 \times 11.9 \times 250 \times 555 = 412\,781 > V$	$0.25 \times 11.9 \times 250 \times 510 = 379\,313 > V$	$0.25 \times 11.9 \times 250 \times 510 = 379\,313 > V$
$0.7 f_t b h_0 / N$	$0.7 \times 1.27 \times 250 \times 555 = 123\,349 > V$	$0.7 \times 1.27 \times 250 \times 510 = 113\,348 < V$	$0.7 \times 1.27 \times 250 \times 510 = 113\,348 < V$
箍筋肢数及直径	2 Φ 8	2 Φ 8	2 Φ 8
s/mm $\left(s = \dfrac{f_{yv} A_{sv} h_0}{V - 0.7 f_t b h_0}\right)$	按构造要求	$\dfrac{270 \times 100.6 \times 510}{184\,640 - 113\,348} = 194$	$\dfrac{270 \times 100.6 \times 510}{160\,340 - 113\,348} = 295$
实配箍筋间距/mm	200	190	200

注:抗剪计算时的 b 均为腹板宽度,$b = 250$ mm。

（5）附加横向钢筋计算

由次梁传至主梁的集中荷载设计值

$$F = 56.58 + 78.00 = 134.58 \text{ kN}$$

附加横向钢筋应配置在 $s = 3b + 2h_1 = 3 \times 200 + 2 \times (600 - 450) = 900$ mm 的范围内。

先考虑采用附加箍筋,由 $F \leqslant m A_{sv} f_{yv}$ 并取 Φ 8 双肢箍,得

$$m \geqslant \frac{134\,580}{2 \times 50.3 \times 270} = 4.95 \text{ 个}$$

取 $m = 6$ 个,在主、次梁相交处的主梁内,每侧附加 3 Φ 8 @70 箍筋。

本实例中集中荷载不大,仅配附加箍筋即可。

（6）主梁配筋图绘制

主梁配筋图如图 11-24 所示。支座纵筋的截断原则上应根据弯矩包络图由人工或计算确定。在人工绘图时,为简化也可参照次梁的纵筋截断方法。

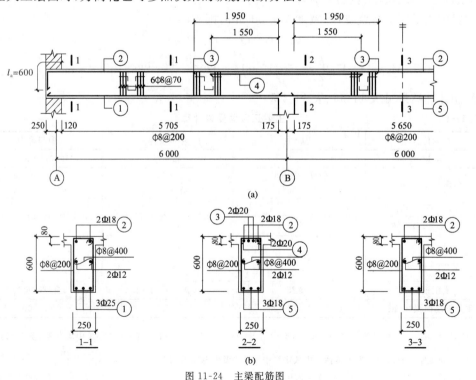

图 11-24 主梁配筋图

11.3　现浇整体钢筋混凝土双向板肋形楼盖

双向板在受力性能上与单向板不同,作用在双向板上的荷载将沿两个跨度方向传递,并且沿这两个方向产生弯曲变形和内力。因此双向板比单向板的受力性能好,刚度也较大,双向板的跨度可达 5 m 左右,而单向板的跨度一般为 2 m 左右。在相同跨度条件下,双向板比单向板可做得薄些,因此可减少混凝土用量,减轻结构自重。

11.3.1　双向板的内力计算

双向板的内力计算方法有弹性理论计算方法和塑性理论计算方法两种,但塑性理论计算方法存在局限性,在工程中很少采用,本教材仅介绍工程中常用的弹性理论计算方法。

1. 单跨双向板

由于内力分析复杂,所以在实际设计中,通常直接应用已编制的内力系数表进行内力计算。附表 A-16 摘录了常用的几种支承情况下的计算系数,其他支承情况可查阅有关设计手册。其中,双向板中间板带每米宽度内弯矩的计算公式为

$$m = 附表 A\text{-}16 \text{ 中系数} \times (g+q)l^2 \tag{11-7}$$

式中　m——跨中及支座单位板宽内的弯矩;

g——均布恒载的设计值;

q——均布活载的设计值;

l——板沿短边方向的计算跨度。

附表 A-16 的计算表格是按材料的泊松比 $v=0$ 编制的。当泊松比不为零时(如钢筋混凝土,可取 $v=0.2$),跨中弯矩可修正为

$$m_x^v = m_x + v m_y$$
$$m_y^v = m_y + v m_x \tag{11-8}$$

式中　m_x^v、m_y^v——考虑泊松比后的弯矩;

m_x、m_y——泊松比为 0 时的弯矩。

2. 多跨连续双向板

计算多跨连续双向板的最大弯矩,应和多跨连续单向板一样,需要考虑活载的不利位置。其内力的精确计算相当复杂,为了简化计算,当两个方向各为等跨或在同一方向区格的跨度相差不超过 20% 的不等跨时,可采用以下实用计算方法。

(1)求跨中最大弯矩

当求连续区格各跨跨中最大弯矩时,其活载的最不利布置如图 11-25 所示,即当某区格及其相邻每隔一区格布置活载(棋盘格式布置)时,可使该区格跨中弯矩为最大。为了求该弯矩,可将活载 q 与恒载 g 分为 $g+q/2$ 与 $\pm q/2$ 两部分,分别作用于相应区格,其作用效应是相同的。

对于内区格,跨中弯矩等于四边固定的单跨双向板在 $g+q/2$ 荷载作用下的弯矩与四边简支板在 $q/2$ 荷载作用下的弯矩之和。

对于边区格和角区格,其外边界条件应按实际情况考虑:一般可视为简支,有较大边梁时可视为固端。

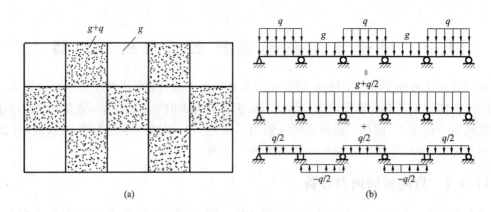

图 11-25 多跨连续双向板的活载最不利布置

(2)求支座最大弯矩

近似取活载布满所有区格时所求得的支座弯矩为支座最大弯矩。这样,对内区格可按四边固定的单跨双向板计算其支座弯矩,边、角区格则按该板周边实际支承情况来计算其支座弯矩。当相邻两区格的情况不同时,其共用支座的最大弯矩近似取为两区格计算值的平均值。

(3)双向板支承梁的内力计算

作用在双向板上的荷载将沿两个方向朝最近的支承梁传递。支承梁所受的荷载可按下述方法确定:从每一区格板的四角作 45°角平分线,将每一区格分成四块小面积,每块小面积范围内的荷载就近传至相应的支承梁上,如图 11-26 所示。由图 11-26 可知,短跨支承梁承受三角形荷载,长跨支承梁承受梯形荷载。承受三角形或梯形荷载的支承梁,其内力可直接从有关设计手册中查出。

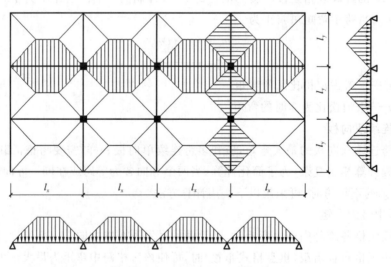

图 11-26 双向板支承梁所承受的荷载

11.3.2 双向板的截面配筋计算与构造要求

1.截面计算特点

对于四周与梁整浇的双向板,除角区格外,考虑周边支承梁对板推力的有利影响,截面的弯矩可以折减,折减系数按下列规定采用:对于中间区格板的跨中截面及中间支座,折减系数为 0.8;对于边区格板的跨中截面及从楼板边缘算起的第二支座截面,当 $l_c/l<1.5$ 时,折减系数为 0.8,当 $1.5\leqslant l_c/l\leqslant 2$ 时,折减系数为 0.9(l_c 为沿楼板边缘方向的计算跨度,l 为垂直于楼板边缘方向的计算跨度)。

双向板的短跨方向受力较大,其跨中受力钢筋应靠近板受拉区的外侧,使其有较大的截面有效高度。而长跨方向的受力钢筋应与短跨方向的受力钢筋垂直,置于短跨方向受力钢筋的内侧,其截面有效高度 $h_{0y}=h_{0x}-d$(h_{0x} 为短跨方向跨中截面有效高度,d 为受力钢筋直径)。

2. 构造要求

钢筋混凝土双向板的跨厚比不宜大于 40,且最小厚度为 80 mm;工程中双向板的厚度一般为 80~160 mm。

双向板的配筋构造要求与单向板类似,这里不再赘述。

11.4　装配式楼盖

装配式楼盖由预制板和预制梁组成,广泛应用于多层工业和民用房屋。采用装配式楼盖,有利于房屋建筑标准化和构件生产工厂化,可以加快施工速度,提高工程质量,节约材料和劳动力,降低造价。但装配式楼盖由若干独立的预制构件组成,其刚度及整体性较差。因此,正确地选择构件的形式,合理地进行结构布置,可靠地处理构件之间的连接,是装配式楼盖设计中的关键问题。

11.4.1　装配式楼盖的平面布置

结构平面布置主要是指依据建筑平面、墙体布置情况确定梁、板布置方案,并在布置中考虑结构受力合理、构造简单、施工方便、经济合理等方面的要求。按墙体的支承情况,装配式楼盖的平面布置有以下几种方案:

1. 纵墙承重方案

教学楼、办公楼等建筑因要求内部有较大的空间,横墙间距较大,故一般采用纵墙承重方案。当房屋进深不大时,楼板直接搁置在纵向承重墙上,如图 11-27 所示。如为空旷房屋,楼板(或屋面板)一般铺设在梁(或屋架)上。

2. 横墙承重方案

住宅、宿舍、公寓类的建筑因其开间不大、横墙间距小,可将楼板直接搁置在横墙上,由横墙承重,如图 11-28 所示。

3. 纵横墙承重方案

若楼板一部分搁置在横墙上,一部分搁置在大梁上,而大梁搁置在纵墙上,或直接将楼板搁置于纵墙上,则为纵横墙承重方案,如图 11-29 所示。

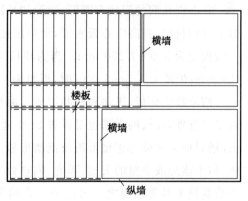

图 11-27　纵墙承重方案

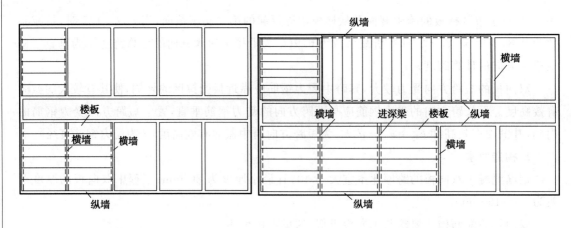

图 11-28　横墙承重方案　　　　　　　　图 11-29　纵横墙承重方案

11.4.2　装配式楼盖的构件

1. 板

目前采用的有预应力板和非预应力板,一般为本地区通用定型构件,由各预制构件厂供应。其长度应与房屋的进深或开间相配合,宽度则依制作、运输、吊装的具体条件而定。当施工条件许可时,宜采用宽度较大的板。

板的主要类型有平板、空心板和槽形板等。

平板为矩形实心板,上、下表面平整,制作方便。但用料多、自重大,且刚度小,通常用于走廊板、走道板等跨度在 2.4 m 以内的楼板,板厚一般为 60～100 mm。

与平板相比,空心板材料用量省、自重轻、隔音效果好,并且刚度大、受力性能好,因此,在装配式楼盖中得到普遍的应用,但空心板的制作比实心板复杂。

空心板孔洞的形状有圆形、矩形和长圆形等,其中圆形空心板因制作比较简单而较常用。为了节约材料,提高空心板刚度,常采用预应力混凝土空心板。空心板的规格、尺寸各地不一,一般板宽为 500～1 200 mm。当为预应力混凝土空心板时,板跨为 2.4～4.2 m 时,板厚为 120 mm;板跨为 4.5～6.0 m 时,板厚为 180 mm。

槽形板由面板、纵肋和横肋组成。面板的厚度较薄,但一般不小于 25 mm,横肋除在板的两端设置外,在板的中部也常设置 2～3 道,以提高板的整体刚度。根据肋的方向是向下或向上,槽形板又可分为正槽形板及倒槽形板两种。正槽形板受力合理,能充分利用板面混凝土受压,但不能形成平整的天棚,隔音、隔热效果差。由于槽形板自重小、刚度大,所以当板的跨度和荷载较大时常采用之。当用于工业房屋屋盖时,常用预应力混凝土槽形板的板跨度可达6 m,板宽为 1.5 m。

2. 梁

装配式楼盖中的梁可采用预制或现浇,截面形式有矩形、T 形、倒 T 形、十字形和花篮形等(图 11-30)。矩形截面梁外形简单,施工方便,应用广泛。当梁高较大时,为保证房屋净空高度,可采用倒 T 形梁、十字形梁或花篮形梁。

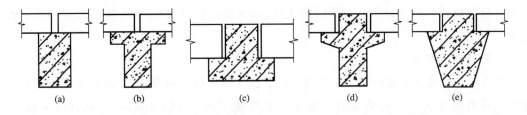

图 11-30　预制梁截面

11.4.3　装配式楼盖的连接构造

装配式楼盖由单个预制构件装配而成,构件间的连接是设计与施工中的重要问题。可靠的连接可以保证楼盖本身的整体工作以及楼盖与房屋其他构件间的共同工作。

装配式楼盖的连接包括板与板、板与墙(梁)以及梁与墙的连接。

1. 板与板的连接

为使预制板之间具有可靠连接,确保由单块预制板组成的楼盖具有一定的整体性,铺板时,必须留板缝。板缝一般应采用强度等级不低于 C15 的细石混凝土或不低于 M15 的水泥砂浆灌实,板缝最小宽度应不小于 10 mm。当板缝宽度不小于 50 mm 时,则应按板缝上作用有楼板荷载计算配筋(图 11-31)。当对楼盖的整体刚度有更高要求时,可设置厚度为不小于 40 mm 的混凝土整浇层,其混凝土强度等级不宜低于 C25,内配 Φ 4 @150 或 Φ 6 @250 双向钢筋网。

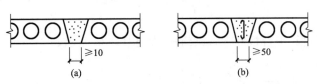

图 11-31　板与板的连接

2. 板与墙(梁)的连接

预制板搁置于墙(梁)上时,一般依靠支承处坐浆和一定的支承长度来保证可靠连接。坐浆厚 10～20 mm,板在砖砌体墙上的支承长度不应小于 100 mm,在混凝土梁上不应小于 80 mm(图 11-32)。空心板两端的孔洞应用混凝土或砖块堵实,以免在灌缝或浇筑楼盖面层时漏浆。

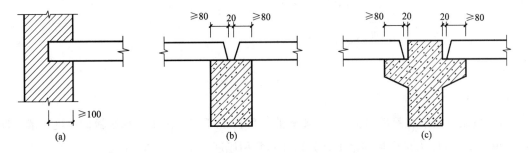

图 11-32　预制板的支承长度

板与非支承墙的连接,一般采用细石混凝土灌缝。当预制板的跨度≥4.8 m 时,在板的跨中附近应加设锚拉筋以加强其与横墙的连接,当横墙上有圈梁时,可将灌缝部分与圈梁连成整体。

3. 梁与墙的连接

梁在墙上的支承长度应满足梁内受力钢筋在支座处的锚固要求,并满足支座处砌体局部受压承载力的要求。预制梁在墙上的支承长度应不小于 180 mm,在支承处应坐浆 10~20 mm。

11.5 钢筋混凝土楼梯

楼梯是多、高层房屋的竖向通道,是房屋的重要组成部分。钢筋混凝土楼梯由于经济耐用、耐火性能好,因此在多、高层建筑中被广泛采用。

钢筋混凝土楼梯按施工方法的不同可分为现浇整体式和预制装配式两类。预制装配式楼梯整体性较差,现已很少采用。现浇整体式楼梯按其结构形式和受力特点可分为板式楼梯、梁式楼梯、悬挑楼梯和螺旋楼梯。本节主要介绍最基本的板式楼梯和梁式楼梯的计算与构造。

11.5.1 板式楼梯

板式楼梯是指踏步板为板式结构的楼梯。踏步板底面为光滑的平面,外形轻巧、美观,支模较简单,当踏步板跨度在 3.3 m 以内时,用板式楼梯比较经济;当跨度较大时,结构自重大,则不宜采用。

板式楼梯由梯段板、平台板和平台梁组成,如图 11-33 所示。

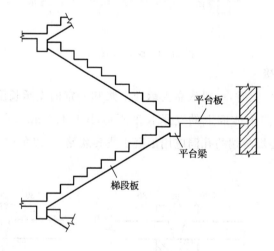

图 11-33 板式楼梯的组成

1. 梯段板

梯段板是一块带有踏步的斜板,两端分别支承于上、下平台梁上。梯段板的厚度一般可取为 $l_0/30 \sim l_0/25$(l_0 为梯段板的水平计算跨度),常用厚度为 $100 \sim 120$ mm。

计算时可将梯段板简化为两端支承在平台梁上的简支斜板,它最终又可简化为两端简支的水平板计算,如图 11-34 所示。考虑到梯段板两端的平台梁以及与之相连的平台板对其有一定的弹性约束作用,因此梯段板的跨中弯矩可相应减少,一般可按 $M=\dfrac{1}{10}(g+q)l_0^2$ 计算。

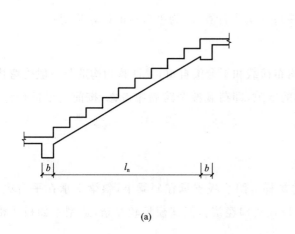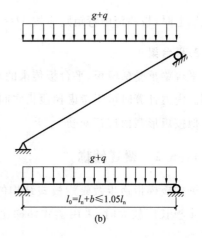

图 11-34　梯段板的计算简图

梯段板中受力钢筋按跨中弯矩计算求得,并沿跨度方向布置,配筋可采用弯起式或分离式。为考虑支座连接处实际存在的负弯矩,防止混凝土开裂,在支座处应配置适量负筋,其伸出支座长度通常为 $l_n/4$(l_n 为梯段板水平方向净跨);支座负筋可在平台梁或相邻梯段板内锚固。在垂直受力钢筋的方向应设置分布钢筋。分布钢筋应位于受力钢筋的内侧,分布钢筋不少于 $\Phi 6@250$,至少在每一踏步下放置 $1\Phi 6$,当梯段板厚 $t\geqslant 150$ mm 时,分布钢筋宜采用 $\Phi 8@200$,如图 11-35 所示。

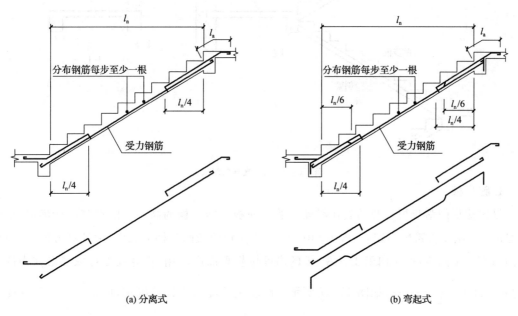

图 11-35　板式楼梯配筋方式

2. 平台板

平台板一般为单向板(有时也可能是双向板),当板的两边均与梁整体连接时,考虑梁对板的弹性约束，板的跨中弯矩可按 $M=\dfrac{1}{10}(g+q)l_0^2$ 计算。当板的一边与梁整体连接而另一边支承在墙上时，板的跨中弯矩则应按 $M=\dfrac{1}{8}(g+q)l_0^2$ 计算（l_0 为平台板的计算跨度）。

3.平台梁

平台梁承受梯段板、平台板传来的均布荷载和平台梁自重，其计算和构造与一般受弯构件相同。内力计算时可不考虑梯段板之间的空隙，即荷载按全跨满布考虑，按简支梁进行计算，并近似按矩形截面进行配筋。

11.5.2　梁式楼梯

梁式楼梯指踏步做成梁板式结构的楼梯。踏步板支承在斜梁上，斜梁支承在平台梁上。当踏步板长度较大时，采用梁式楼梯比板式楼梯经济。但其模板较复杂，造型不如板式楼梯美观。

梁式楼梯由踏步板、斜梁和平台板、平台梁组成，如图 11-36 所示。

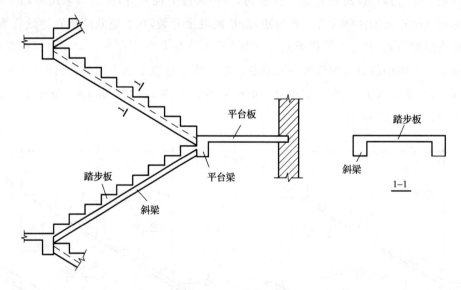

图 11-36　梁式楼梯的组成

1.踏步板

梁式楼梯的踏步板为两端放在斜梁上的单向板。踏步板的高度 c 由建筑设计确定，踏步板厚度 t 视踏步板跨度而定，一般 $t\geqslant 40$ mm。踏步板的截面为梯形截面，为计算方便，一般在竖向切出一个踏步，按竖向简支计算，板的高度按折算高度取用，折算高度可取梯形截面的平均高度，即 $h=\dfrac{c}{2}+\dfrac{t}{\cos\alpha}$，如图 11-37 所示。踏步板的配筋由计算确定，但每一级踏步的受力钢筋不得少于 2Φ6，为了承受支座处的负弯矩，板底受力钢筋伸入支座后，每 2 根中应弯上一根，分布钢筋常选用Φ6@250，如图 11-38 所示。

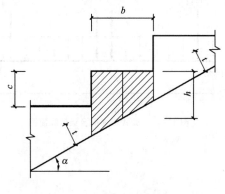

图 11-37 踏步板的截面高度取法

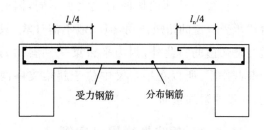

受力钢筋　分布钢筋

图 11-38 现浇梁式楼梯踏步板配筋图

2. 斜梁

斜梁两端支承在平台梁上,其内力计算可按简支梁考虑(图 11-39)。荷载及内力计算与板式楼梯中斜板计算相似,只是除计算跨中最大弯矩外,还需计算支座剪力。弯矩及剪力计算公式为

$$M_{\max}=\frac{1}{8}(g+q)l_0^2$$

$$V_{\max}=\frac{1}{2}(g+q)l_n \tag{11-9}$$

式中　$M_{\max}$、$V_{\max}$——简支斜梁在竖向均布荷载下的最大弯矩和剪力;

　　　l_0、l_n——梯段斜梁的计算跨度、净跨的水平投影长度。

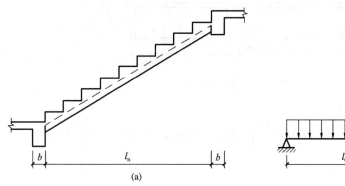

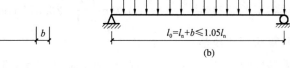

$l_0=l_n+b\leqslant1.05l_n$

(a) (b)

图 11-39 梁式楼梯斜梁计算简图

计算斜梁时应考虑与其整浇的踏步板共同工作,因此应按倒 L 形梁计算。斜梁的纵向受力钢筋在平台梁中应有足够的锚固长度。

3. 平台板

梁式楼梯平台板的计算及构造与板式楼梯相同。

4. 平台梁

平台梁支承在两侧楼梯间的横墙(柱)上,按简支梁计算,承受斜梁传来的集中荷载、平台板传来的均布荷载以及平台梁自重,其计算简图如图 11-40 所示。

平台梁的高度应保证斜梁的主筋能放在平台梁的主筋之上,即在平台梁与斜梁的相交处,平台梁的底面应低于斜梁的底面,或与斜梁底面齐平。

平台梁横截面两侧的荷载大小不同,因此平台梁承受一定的扭矩作用,但一般不需计算,只需适当增强箍筋。此外,因为平台梁受到斜梁的集中荷载作用,所以在平台梁中位于斜梁支座两侧处,应设置附加箍筋。

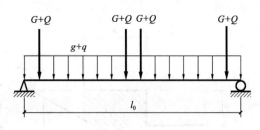

图 11-40 梁式楼梯平台梁计算简图

11.5.3 板式楼梯设计实例

试设计结构布置如图 11-41 所示的板式楼梯,踏步尺寸宽×高为 300 mm×150 mm。已知活载标准值 $p_k=2.5$ kN/m²,混凝土强度等级为 C20($f_c=9.6$ N/mm²,$f_t=1.10$ N/mm²),钢筋为 HPB300 级($f_y=270$ N/mm²);环境类别"一类"。

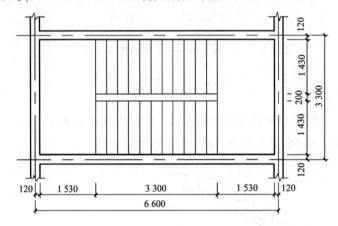

图 11-41 楼梯平面图

解:(1)梯段板的计算

楼梯斜板的倾斜角　　　　$\alpha=\arctan\dfrac{150}{300}=26.57°,\cos\alpha=0.894$

①计算跨度和板厚

计算跨度取　　　　　　　$l_0=l_n+b=3.3+0.2=3.5$ m

斜板厚一般为 $h=(\dfrac{1}{25}\sim\dfrac{1}{30})l_0=(\dfrac{1}{25}\sim\dfrac{1}{30})\times3\ 500=140\sim117$ mm,取 $h=120$ mm。

②荷载计算

荷载计算取 1 m 宽板带作为计算单元,即

恒载:踏步重　　　　$\dfrac{1}{2}\times0.30\times0.15\times\dfrac{1.0}{0.30}\times25=1.88$ kN/m

　　　斜板重　　　　$0.12\times\dfrac{1.0}{0.894}\times25=3.36$ kN/m

20 mm 厚找平层　$\dfrac{0.3+0.15}{0.3}\times1.0\times0.02\times20=0.6\ \text{kN/m}$

20 mm 厚板底抹灰　$0.02\times\dfrac{1.0}{0.894}\times17=0.38\ \text{kN/m}$

恒载标准值　$g_k=1.88+3.36+0.6+0.38=6.22\ \text{kN/m}$

恒载设计值　$g=1.2\times6.22=7.46\ \text{kN/m}$

活载标准值　$q_k=2.5\times1.0=2.5\ \text{kN/m}$

活载设计值　$q=1.4\times2.5=3.5\ \text{kN/m}$

③弯矩计算

斜板两端均与梁整浇,考虑梁对板的弹性约束,跨中弯矩

$$M=\frac{1}{10}(g+q)l_0^2=\frac{1}{10}\times(7.46+3.5)\times3.5^2=13.43\ \text{kN}\cdot\text{m}$$

④配筋计算

$$h_0=h-25=120-25=95\ \text{mm}$$

$$\alpha_s=\frac{M}{\alpha_1 f_c bh_0^2}=\frac{13.43\times10^6}{1.0\times9.6\times1\,000\times95^2}=0.155$$

查附表 A-11 得 $\gamma_s=0.915$,则

$$A_s=\frac{M}{f_y\gamma_s h_0}=\frac{13.43\times10^6}{270\times0.915\times95}=572\ \text{mm}^2$$

受力钢筋选用Φ10@130($A_s=604\ \text{mm}^2$),分布钢筋选用 Φ6@250,梯段板支座处上部钢筋选用Φ10@200。

(2)平台板的计算

①荷载计算

荷载计算取 1 m 宽板带作为计算单元,即

恒载:平台板自重(板厚取 70 mm)　$0.07\times1.0\times25=1.75\ \text{kN/m}$

20 mm 厚找平层　$0.02\times1.0\times20=0.4\ \text{kN/m}$

20 mm 厚板底抹灰　$0.02\times1.0\times17=0.34\ \text{kN/m}$

恒载标准值　$g_k=1.75+0.4+0.34=2.49\ \text{kN/m}$

恒载设计值　$g=1.2\times2.49=2.99\ \text{kN/m}$

活载标准值　$q_k=2.5\times1.0=2.5\ \text{kN/m}$

活载设计值　$q=1.4\times2.5=3.5\ \text{kN/m}$

②弯矩计算

计算跨度　$l_0=l_n+\dfrac{h}{2}=(1.55-\dfrac{0.2}{2}-0.12)+\dfrac{0.07}{2}=1.37\ \text{m}$

跨中弯矩　$M=\dfrac{1}{8}(g+q)l_0^2=\dfrac{1}{8}\times(2.99+3.5)\times1.37^2=1.52\ \text{kN}\cdot\text{m}$

③配筋计算

$$h_0=h-25=70-25=45\ \text{mm}$$

$$\alpha_s = \frac{M}{\alpha_1 f_c b h_0^2} = \frac{1.52 \times 10^6}{1.0 \times 9.6 \times 1\,000 \times 45^2} = 0.078$$

查附表 A-11 得 $\gamma_s = 0.959$,则

$$A_s = \frac{M}{f_y \gamma_s h_0} = \frac{1.52 \times 10^6}{270 \times 0.959 \times 45} = 130 \text{ mm}^2$$

受力钢筋选用 $\Phi 6@200(A_s = 141 \text{ mm}^2)$。

(3)平台梁的计算

梁的截面尺寸初定为 $b \times h = 200 \text{ mm} \times 350 \text{ mm}$;$h_0 = 350 - 45 = 305 \text{ mm}$。

①荷载计算

梯段板传来荷载　　　　　$10.96 \times \dfrac{3.3}{2} = 18.08 \text{ kN/m}$

平台板传来荷载　　　　　$6.49 \times \dfrac{1.53}{2} = 4.96 \text{ kN/m}$

梁自重　　　　　$1.2 \times 0.20 \times (0.35 - 0.07) \times 25 = 1.68 \text{ kN/m}$

荷载设计值　　　　　$g + q = 18.08 + 4.96 + 1.68 = 24.72 \text{ kN/m}$

②内力计算

$$l_0 = l_n + a = 3.06 + 0.24 = 3.3 \text{ m}$$
$$l_0 = 1.05 l_n = 1.05 \times 3.06 = 3.21 \text{ m}$$

取　　　　　$l_0 = 3.21 \text{ m}$

$$M = \frac{1}{8}(g+q)l_0^2 = \frac{1}{8} \times 24.72 \times 3.21^2 = 31.84 \text{ kN} \cdot \text{m}$$

$$V = \frac{1}{2}(g+q)l_n = \frac{1}{2} \times 24.72 \times 3.06 = 37.82 \text{ kN}$$

③配筋计算

● 纵向钢筋(按矩形截面计算)计算

$$\alpha_s = \frac{M}{\alpha_1 f_c b h_0^2} = \frac{31.84 \times 10^6}{1.0 \times 9.6 \times 200 \times 305^2} = 0.178$$

查附表 A-11 得 $\gamma_s = 0.901$,则

$$A_s = \frac{M}{f_y \gamma_s h_0} = \frac{31.84 \times 10^6}{300 \times 0.901 \times 305} = 386 \text{ mm}^2$$

选用 $2\Phi 16(A_s = 402 \text{ mm}^2)$。

● 箍筋计算

$0.25 f_c b h_0 = 0.25 \times 9.6 \times 200 \times 305 \times 10^{-3} = 146.4 \text{ kN} > V = 37.82 \text{ kN}$(截面尺寸满足要求)

$0.7 f_t b h_0 = 0.7 \times 1.10 \times 200 \times 305 \times 10^{-3} = 46.97 \text{ kN} > V = 37.82 \text{ kN}$(可按构造要求配箍)

根据构造要求,选用 $\Phi 6@150$。

楼梯配筋图如图 11-42 所示。

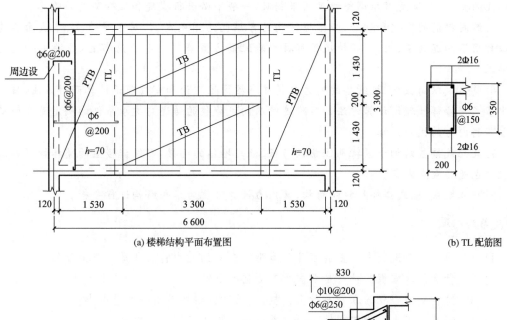

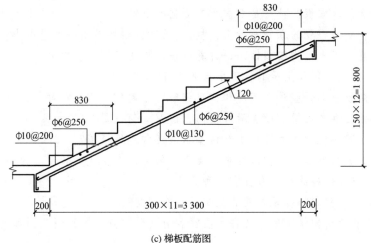

(c) 梯板配筋图

图 11-42　楼梯配筋图

本章小结

1. 楼盖是典型的梁、板结构,正确、合理设计楼盖结构具有十分重要的意义。楼盖按施工方法可分为现浇式楼盖、装配式楼盖和装配整体式楼盖。

2. 现浇楼盖中,四边支承的板应按下列规定计算:当长边与短边长度之比不大于 2.0 时,应按双向板计算;当长边与短边长度之比大于 2.0,但小于 3.0 时,宜按双向板计算,当按沿短边方向受力的单向板计算时,应沿长边方向布置足够数量的构造钢筋;当长边与短边长度之比不小于 3.0 时,宜按沿短边方向受力的单向板计算,并应沿长边方向布置构造钢筋。

3. 整体式单向板楼盖的内力分析有两种方法:按弹性理论和按塑性内力重分布理论的计算方法。考虑塑性内力重分布的分析方法,更能符合钢筋混凝土超静定结构的实际受力状态,并能取得一定的经济效果。一般板、次梁按塑性内力重分布理论计算方法计算,主梁按弹性理论计算方法计算。按塑性内力重分布理论计算方法计算,要求混凝土弯矩调整后截面相对受压区高度 ξ 不应超过 0.35,且不宜小于 0.10。

4. 结构必须进行承载力计算;但对于挠度和裂缝宽度,当结构截面尺寸满足一定的跨高

（厚）比的要求，且满足弯矩调整幅度的限制时，一般不必进行挠度和裂缝宽度的验算。

5.纵向钢筋的弯起和切断，应根据结构的弯矩包络图确定，但对于等跨度、等截面和均布荷载作用下的连续梁、板，一般情况下可按经验配筋方案确定纵向钢筋布置，并满足一定的构造要求。

6.整体式双向板梁、板结构的内力分析亦有按弹性理论和塑性理论计算两种方法，目前设计中多采用按弹性理论计算方法。多跨连续双向板荷载的传递与支承条件的确定是分析双向板最不利内力的核心内容。

7.装配式楼盖结构中应特别注意板与板、板与墙体的连接，以保证楼盖的整体性。施工阶段验算也是其重点内容。

8.整体梁式、板式楼梯是斜向结构，其内力计算可化为水平结构进行分析。

复习思考题

11-1　现浇钢筋混凝土楼盖有哪几种类型？各自的受力特点和适用范围如何？

11-2　什么是单向板？什么是双向板？如何判别？

11-3　结构平面布置的原则是什么？板、次梁和主梁的常用跨度是多少？

11-4　钢筋混凝土结构按塑性理论计算方法的应用范围有何限制？

11-5　单向板、次梁和主梁的计算要点各是什么？

11-6　单向板中有哪些受力钢筋和构造钢筋？各起什么作用？如何设置？

11-7　为什么要在主梁上设置附加横向钢筋？如何设置？

11-8　连续双向板的实用计算法有何基本假定和适用范围？

11-9　双向板的板厚有何构造要求？支座负筋伸出支座边的长度应为多少？

11-10　装配式楼盖的平面布置有几种方式？

11-11　增强装配式楼盖整体性的配套措施有哪些？

11-12　现浇普通楼梯常用哪两种类型？各有何优缺点？其适用范围如何？

第12章 钢筋混凝土单层工业厂房

学习目标

掌握钢筋混凝土厂房的抗震构造要求;熟悉单层工业厂房的结构组成及受力特点;了解单层工业厂房主要构件的常见类型。

12.1 单层工业厂房的结构组成及受力特点

12.1.1 单层工业厂房的结构形式

单层工业厂房是各类厂房中最普遍、也是最基本的一种形式。按其承重结构所用材料的不同,可分为混合结构、钢筋混凝土结构和钢结构。混合结构的承重结构由砖柱与各类屋架组成,一般用于无吊车或吊车起重量不超过 5 t,跨度小于 15 m,柱顶标高不超过 8 m 的小型厂房;对于吊车起重量超过 150 t,跨度大于 36 m 的大型厂房,或有特殊要求的厂房(如高温车间或有较大设备的车间等),应采用全钢结构或钢屋架与钢筋混凝土柱承重。除上述两种情况以外的大部分厂房均可采用钢筋混凝土结构。因此,钢筋混凝土结构的单层工业厂房是较普遍采用的一种厂房。

钢筋混凝土单层工业厂房的结构形式,有排架结构和刚架结构两种。其中,排架结构是目前单层工业厂房结构的基本形式,其应用比较普遍。

排架结构由屋架(或屋面梁)、柱和基础组成,柱与屋架(或屋面梁)铰接,与基础刚接(图 12-1(a))。排架结构传力明确,构造简单,施工方便,其跨度可超过 30 m,高度可达 20～30 m 或更高,吊车吨位可达 150 t 以上,是目前单层工业厂房常用的结构形式。

微课73

排架结构与刚架结构

刚架结构目前常用的是装配式钢筋混凝土门式刚架(图 12-1(b))。刚架结构的柱与横梁刚接成一个构件,柱与基础铰接。刚架结构梁、柱合一,构件种类少,制作简单且结构轻巧。其缺点是刚度较差,梁柱转角处易产生早期裂缝,所以不宜用于有较大吨位吊车的工业厂房。

本章主要讲述装配式钢筋混凝土排架结构的单层工业厂房。

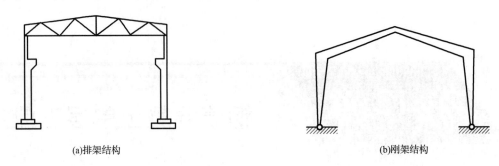

(a)排架结构   (b)刚架结构

图 12-1　单层工业厂房结构

12.1.2　单层工业厂房排架结构的主要构件

单层工业厂房排架结构通常由屋盖结构、吊车梁、排架柱、支撑、基础及围护结构等结构构件组成,如图 12-2 所示。

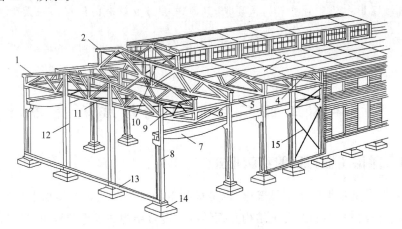

图 12-2　单层工业厂房排架结构

1—屋架;2—天窗架;3—屋面板;4—天沟板;5—连系梁;6—托架;7—吊车梁;8—排架柱;

9—屋架端部垂直支撑;10—天窗架垂直支撑;11—屋架下弦横向水平支撑;

12—抗风柱;13—基础梁;14—基础;15—柱间支撑

1. 屋盖结构

屋盖结构的主要作用是围护、承重、采光和通风等。屋盖结构由屋面板、屋架或屋面梁(包括屋盖支撑)组成,有时还设有天窗架、托架等。屋盖结构分有檩屋盖体系和无檩屋盖体系两种,将大型屋面板直接支承在屋架或屋面梁上的称为无檩屋盖体系;将小型屋面板或瓦材支承在檩条上,再将檩条支承在屋架上的称为有檩屋盖体系。

2. 吊车梁

吊车梁主要承受吊车传来的荷载,并将这些荷载传给排架柱。吊车梁一般为装配式,简支在排架柱的牛腿上。

3. 排架柱

排架柱是排架结构工业厂房中最主要的受力构件,承受由屋架、吊车梁、外墙、支撑等传来的荷载,并将它们传给基础。

4. 支撑

支撑包括屋盖支撑和柱间支撑,其主要作用是增加工业厂房结构的空间刚度和整体性,保证结构构件的稳定和安全,同时把风荷载、吊车水平荷载等传递到相应承重构件上。

5. 基础

基础承受排架柱和基础梁传来的荷载并将它们传至地基。

6. 围护结构

围护结构由外墙、连系梁、抗风柱及基础梁等构件组成。外墙一般起围护作用,连系梁和基础梁在工业厂房中起纵向联系作用,提高工业厂房的纵向稳定性和刚度。抗风柱设置在工业厂房两端的山墙内,其作用是将墙面风荷载传给屋盖和基础。

12.1.3 单层工业厂房排架结构的受力特点

装配式钢筋混凝土单层工业厂房结构,是由横向排架和纵向排架组成的空间体系来共同承受各种荷载的。目前,在设计中都是采用简化的计算方法,按横向平面排架和纵向平面排架分别进行计算,即假定作用在某一平面排架上的荷载完全由该排架承担,不考虑对其他结构构件的影响。

1. 横向平面排架

横向平面排架由横梁(屋面梁或屋架)、横向柱列和基础组成,是工业厂房的基本承重结构。工业厂房结构承受的竖向荷载及横向水平荷载主要由横向平面排架承担并传给地基,如图 12-3 所示。

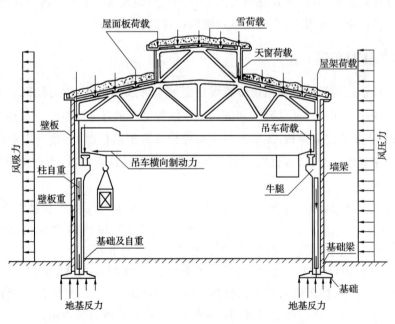

图 12-3 单层工业厂房横向平面排架及其荷载示意图

2. 纵向平面排架

纵向平面排架由纵向柱列、连系梁、吊车梁、柱间支撑和基础组成,其作用是保证工业厂房的纵向稳定性和刚度,承受作用在山墙以及通过屋盖结构传来的纵向风荷载、吊车纵向水平荷载等,并将其传给地基,如图 12-4 所示。此外,纵向平面排架还承受纵向水平地震作用及温度应力等。

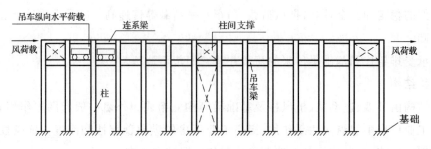

图 12-4 单层工业厂房纵向平面排架及其荷载示意图

横向平面排架柱少,跨度大,承受着厂房的大部分主要荷载,在工业厂房设计时必须进行计算。纵向平面排架柱较多且承担的荷载较小,又有柱间支撑的加强,故纵向平面排架的刚度大、内力小,在工业厂房设计时一般不进行计算,采取一些构造措施即可。

12.2 单层工业厂房的结构布置

单层工业厂房设计时,根据其构造要求、具体情况(跨度、高度及吊车起重量等),以及当地材料供应、施工条件与技术经济指标等主要因素综合考虑,认真处理好工业厂房的结构布置及其主要构件的选型事宜,这也是工业厂房结构计算的前提条件。一般情况下,单层工业厂房的结构布置主要包括屋面结构、柱及柱间支撑、吊车梁、基础及基础梁等结构构件的布置。同时,结合各种构件的国家标准图集,合理地进行结构构件的类型选择。

12.2.1 柱网布置

工业厂房承重柱的纵向和横向定位轴线在平面上形成的网格,称为柱网。柱网布置就是确定纵向定位轴线之间的尺寸(跨度)和横向定位轴线之间的尺寸(柱距)。柱网布置既是确定柱位置的依据,也是确定屋面板、屋架和吊车梁等构件跨度的依据,并涉及工业厂房结构构件的布置。柱网布置恰当与否,将直接影响工业厂房结构的经济合理性、生产使用性以及施工速度等。

柱网布置的一般原则是:符合生产和使用要求;建筑平面和结构方案经济合理;在工业厂房结构形式和施工方法上具有先进性和合理性;符合《厂房建筑模数协调标准》(GB/T 50006—2010)的有关规定要求;适应生产发展和技术革新的要求。

工业厂房跨度在 18 m 及以下时,应采用扩大模数 30M 数列;在 18 m 以上时,采用扩大模数 60M 数列;工业厂房柱距应采用扩大模数 60M 数列(图 12-5)。当工艺布置和技术经济有明显的优越性时,工业厂房柱距也可采用扩大模数 30M 数列或其他数值。

目前,工业厂房,特别是高度较低的工业厂房,大多采用 6 m 柱距,因为从经济指标、材料消耗、施工条件等方面综合来比较衡量,6 m 柱距优于 12 m 柱距。但从现代工业发展趋势来看,扩大柱距可以增加车间的有效面积,提高设备布置的灵活性,加快施工进度。在大、小车间相结合时,6 m 柱距和 12 m 柱距可以配合使用。

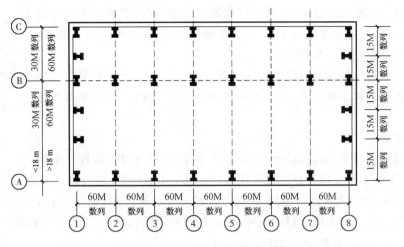

图 12-5　工业厂房的跨度和柱距示意图

12.2.2　变形缝的设置

变形缝包括伸缩缝、沉降缝和防震缝。

1. 伸缩缝

如果工业厂房长度和宽度过大,当气温变化时,会引起墙面、屋面及其他结构构件的热胀冷缩,从而产生很大的温度应力,严重时会将这些结构构件拉裂,影响正常使用。为了减少结构中的温度应力,可设置伸缩缝,将工业厂房结构分成若干温度区段。温度区段的长度(伸缩缝之间的距离)取决于结构类型和温度变化情况。《混凝土结构设计规范》(GB 50010—2010)规定:装配式单层工业厂房排架结构伸缩缝的最大间距,在室内或土中时为 100 m;露天时为 70 m。超过上述规定或对工业厂房有特殊要求时,应进行温度应力验算。

伸缩缝应从基础顶面开始,将两个温度区段的上部结构完全分开,并留出一定宽度的缝隙,使得温度变化时上部结构可自由伸缩,从而减少温度应力,不致引起房屋开裂。

2. 沉降缝

为避免工业厂房因地基不均匀沉降而引起开裂和破坏,在适当部位需用沉降缝将工业厂房垂直方向划分成若干刚度较一致的单元,使相邻单元可以自由沉降,而不影响整体结构。沉降缝一般在下列情况下设置:工业厂房相邻两部分高差很大;地基承载力或下卧层有巨大差别;两跨间吊车起重量相差悬殊;工业厂房各部分施工时间先后相差较长;地基土的压缩程度不同等。沉降缝应将建筑物从基础到屋顶全部分开,以确保在缝两边发生不同沉降时不致损坏整个建筑物。沉降缝可兼为伸缩缝,而伸缩缝不能代替沉降缝。

3. 防震缝

在地震区建造工业厂房,应考虑地震的影响。当工业厂房构造复杂、结构高度或刚度相差很大,以及在工业厂房侧边贴建建筑物和构筑物时,应设置防震缝将相邻两部分分开。地震区的伸缩缝和沉降缝均应符合防震缝的要求。防震缝的构造要求及做法参见《建筑抗震设计规范》(GB 50011—2010)。

12.2.3　支撑的布置

在装配式钢筋混凝土单层工业厂房中,支撑是联系各主要结构构件并把它们构成整体的

支撑的布置

重要组成部分。工程实践证明,如果支撑布置不当,不仅会影响工业厂房的正常使用,还可能引起主要承重构件的破坏和失稳,造成工程事故。因此,对支撑体系的布置应予以足够重视。

工业厂房支撑包括屋盖支撑和柱间支撑两类。下面主要介绍屋盖支撑和柱间支撑的作用和布置原则,关于具体的布置方法及构造细节可参阅有关标准图集。

1. 屋盖支撑

屋盖支撑包括屋架(屋面梁)上、下弦水平支撑,垂直支撑及系杆。屋架(屋面梁)上、下弦水平支撑是指布置在屋架(屋面梁)上、下弦平面内以及天窗架上弦平面内的水平支撑。屋架(屋面梁)上、下弦垂直支撑是指布置在屋架(屋面梁)间和天窗架间的支撑。系杆分为刚性(压杆)和柔性(拉杆)两种,设置在屋架(屋面梁)上、下弦及天窗架上弦平面内。

(1)屋架(屋面梁)上弦横向水平支撑

屋架(屋面梁)上弦横向水平支撑的作用是:在屋架(屋面梁)上弦平面内构成刚性框,增强屋盖的整体刚度,并可将山墙风荷载传至纵向柱列,同时为屋架(屋面梁)上弦提供不动的侧向支点,保证屋架(屋面梁)上弦上翼缘平面外的稳定。

当采用钢筋混凝土屋面梁的有檩屋盖体系时,应在梁的上翼缘平面内设置横向水平支撑,并应布置在端部第一个柱距内以及伸缩缝区段两端的第一或第二个柱距内(图12-6)。

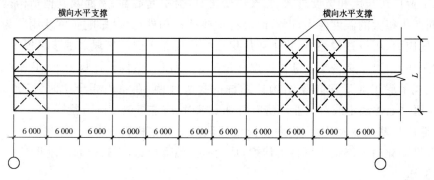

图 12-6　屋架(屋面梁)上弦横向水平支撑

当采用大型屋面板且与屋架(屋面梁)有可靠连接,能保证屋盖平面的稳定并能传递山墙风荷载时,则认为大型屋面板能起上弦横向水平支撑的作用,可不设置上弦横向水平支撑。对于采用钢筋混凝土拱形及梯形屋架(屋面梁)的屋盖系统,应在每一个伸缩缝区段端部的第一或第二个柱距内布置上弦横向水平支撑。

(2)屋架(屋面梁)下弦纵、横向水平支撑

屋架(屋面梁)下弦横向水平支撑的作用是:承受垂直支撑传来的荷载,并将山墙风荷载传递至两旁柱列。当工业厂房跨度 $L \geqslant 18$ m 时,下弦横向水平支撑应布置在每一伸缩缝区段端部的第一个柱距内;当 $L < 18$ m 且山墙风荷载由屋架(屋面梁)上弦水平支撑传递时,可不设置屋架(屋面梁)下弦横向水平支撑。

屋架(屋面梁)下弦纵向水平支撑能提高工业厂房的空间刚度,保证横向水平力的纵向分布,增强排架间的空间作用。当工业厂房柱距为 6 m,且设有普通桥式吊车,吊车吨位 $\geqslant 10$ t 时,应设置下弦纵向水平支撑。当工业厂房有托架时,必须设置下弦纵向水平支撑。

当设有屋架(屋面梁)下弦纵向水平支撑时,为了保证工业厂房空间刚度,必须同时设置相

应的下弦横向水平支撑,并应与下弦纵向水平支撑形成封闭的支撑体系(图12-7)。

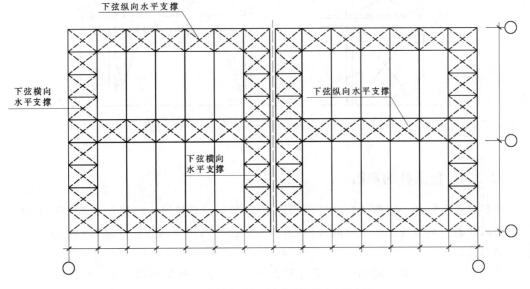

图12-7 屋架(屋面梁)下弦纵向和横向水平支撑

(3)垂直支撑和水平系杆

屋架之间的垂直支撑及水平系杆的作用是:保证屋架(屋面梁)在安装和使用阶段的侧向稳定,增加工业厂房的整体刚度。

当屋架的跨度 $l \leqslant 18$ m 且无天窗时,可不设垂直支撑和水平系杆;当 $l > 18$ m 时,应在第一或第二个柱间设垂直支撑并在下弦设置通长水平系杆;当为梯形屋架(屋面梁)时,因其端部高度较大,故应增设端部垂直支撑和水平系杆。当为屋面大梁时,一般可不设垂直支撑和水平系杆,但应对梁在支座处进行抗倾覆验算。

(4)天窗架支撑

天窗架支撑的作用是将由天窗架组成的平面结构连接成空间受力体系,增加天窗系统的空间刚度,并将天窗壁板传来的风荷载传递给屋盖系统。天窗架支撑包括天窗横向水平支撑和天窗端垂直支撑,它们尽可能和屋架(屋面梁)上弦横向水平支撑设于同一柱间内。

2. 柱间支撑

柱间支撑的主要作用是保证工业厂房的纵向刚度和稳定性,传递纵向水平力到两侧纵向柱列。柱间支撑在下述情况之一时设置:设有悬臂吊车或有 3 t 及 3 t 以上悬挂吊车;设有重级工作制吊车或中级、轻级工作制吊车;厂房跨度在 18 m 及以上或柱高在 8 m 及以上;纵向柱列总数每排在 7 根以下;露天吊车的柱列。

柱间支撑由上、下两组组成,一组设置在上柱区段(吊车梁上部),一组设置在下柱区段。柱间支撑应布置在伸缩缝区段的中央或临近中央的柱间(上部柱间支撑在工业厂房两端的第一个柱距内也应同时设置),有利于在温度变化或混凝土收缩时,工业厂房可以自由变形而不致产生较大的温度和收缩应力。

柱间支撑一般采用十字交叉形式(交叉倾角为 $35° \sim 55°$)的钢结构。当工业厂房设有中级或轻级工作制吊车时,柱间支撑也可采用钢筋混凝土结构(图12-8)。

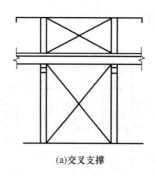 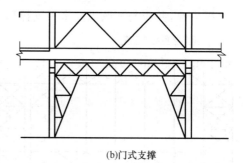

(a)交叉支撑　　　　　　　　　　(b)门式支撑

图 12-8　柱间支撑

12.2.4　抗风柱的布置

单层工业厂房的山墙受风荷载的面积较大,一般需设置抗风柱将其分成若干区格,使墙面受到的风荷载一部分直接传至纵向柱列,另一部分经抗风柱下端传至基础和经上端屋盖系统传至纵向柱列。

当工业厂房跨度和高度均不大(跨度不大于 12 m,柱顶标高不超过 8 m)时可以在山墙中设砖壁柱作为抗风柱;当跨度和高度均较大时,一般设置钢筋混凝土抗风柱,柱外侧再贴砌山墙,柱与山墙之间要用钢筋拉结(图 12-9(a))。

抗风柱一般下端与基础刚接,上端与屋架铰接。抗风柱与屋架的连接要满足两个要求:一是在水平方向必须与屋架有可靠的连接,以保证有效地传递风荷载;二是在竖向脱开,且二者之间允许一定的竖向相对位移,以防工业厂房与抗风柱沉降不均匀产生不利影响。因而抗风柱与屋架一般采用竖向可以移动、水平方向又有较大刚度的弹簧板连接(图 12-9(b));若不均匀沉降可能较大时,宜采用螺栓连接(图 12-9(c))。

抗风柱的上柱宜用矩形截面,其截面尺寸 $b \times h$ 不宜小于 350 mm×300 mm;下柱宜采用工字形或矩形截面,当柱较高时也可用双肢柱。

12.2.5　圈梁、连系梁、过梁与基础梁的布置

当用砖砌体作为工业厂房围护墙时,一般要设置圈梁、连系梁、过梁和基础梁。

圈梁的作用是增加房屋的整体刚度,防止由于地基的不均匀沉降或较大振动荷载等对房屋引起的不利影响。圈梁设在墙内,和柱连接,柱对它仅起拉结作用。

圈梁的布置与墙体高度、对工业厂房的刚度要求及地基情况有关。一般单层工业厂房可参照下列原则布置:

(1)对无桥式吊车的工业厂房,当砖墙厚 h≤240 mm,檐口标高为 5～8 m 时,应在檐口附近布置一道圈梁;当檐口标高大于 8 m 时,宜适当增设圈梁。

(2)对无桥式吊车的工业厂房,当砌块或石砌墙体厚 h≤240 mm,檐口标高为 4～5 m 时,应设置圈梁一道;当檐口标高大于 5 m 时,宜适当增设。

(3)对有桥式吊车或较大振动设备的单层工业厂房,除在檐口或窗顶标高处设置圈梁外,尚宜在吊车梁标高处或其他适当位置增设。

(4)圈梁宜连续地设在同一水平面上,并尽可能形成封闭状;当圈梁被门、窗洞口截断时,应在洞口上部增设相同截面的附加圈梁。附加圈梁与原圈梁的搭接长度不应小于两者中心线之间的垂直间距的 2 倍,且不得小于 1 m。

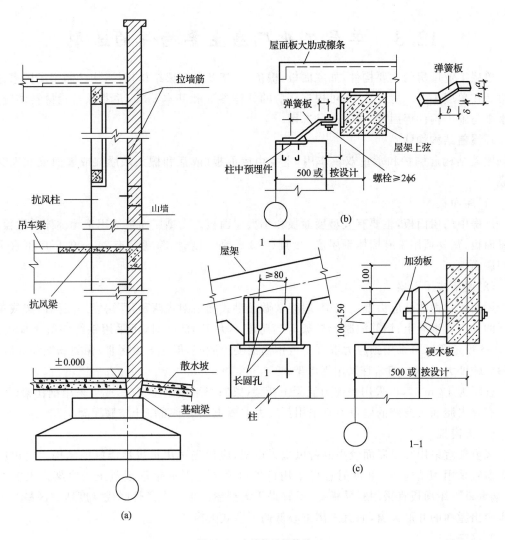

图 12-9　山墙抗风柱构造

（5）圈梁的其他构造要求参见《砌体结构设计规范》（GB 50003—2011）。

连系梁的作用是连系纵向柱列，以增强工业厂房的纵向刚度，并将风荷载传给纵向柱列，此外，连系梁还承受其上部墙体的重力。连系梁通常是预制的，两端搁置在牛腿上，用螺栓与牛腿连接或焊接在牛腿上。

过梁的作用是承托门窗洞口上部墙体自重。

在进行工业厂房结构布置时，应尽可能将圈梁、连系梁、过梁结合起来，使一个构件起到三种构件的作用，以节约材料、简化施工。

在一般工业厂房中，通常用基础梁来承受围护墙体的自重，而不另做墙基础。基础梁底部距土层表面预留 100 mm 的空隙，使梁可随柱基础一起沉降。当基础梁下有冻胀性土时，应在梁下铺一层干砂、碎砖或矿渣等松散材料，并留 50～150 mm 的空隙，防止土壤冻胀时将梁顶裂。基础梁与柱一般不要求连接，直接搁置在基础杯口上。

连系梁、过梁和基础梁均有全国通用图集，可供设计时选用。

12.3 单层工业厂房主要构件的选型

单层工业厂房的主要构件,如屋面板、檩条、屋架及吊车梁结构构件,均已制定了国家标准图集。在单层工业厂房设计中,可根据厂房的具体参数和基本要求,并考虑当地材料供应、技术水平与施工构件等因素,合理进行选用。

1. 屋盖结构构件

屋盖结构起围护和承重双重作用,主要由屋面板(或瓦和檩条)、屋架或屋面梁和天窗架组成。

(1)屋面板

厂房中的屋面板,主要有大型屋面板和小型屋面板。大型屋面板适用于无檩体系屋盖,小型屋面板、瓦材适用于有檩体系屋盖。8度(0.3 g)和9度时,跨度大于24 m的厂房不宜采用大型屋面板。

(2)屋架或屋面梁

屋面梁常做成预应力混凝土梁,屋架常做成拱式和桁架式两种,厂房宜采用钢屋架或重心较低的预应力混凝土、钢筋混凝土屋架。当跨度不大于15 m时,可采用钢筋混凝土屋面梁。在6~8度地震区可采用预应力混凝土或钢筋混凝土屋架,但在8度区Ⅲ、Ⅳ类场地和9度区,或屋架跨度大于24 m时,宜采用钢屋架。

柱距为12 m时,可采用预应力混凝土托架(梁);当采用钢屋架时,亦可采用钢托架(梁)。

有突出屋面天窗架的屋盖不宜采用预应力混凝土或钢筋混凝土空腹屋架。

(3)天窗架

天窗架宜采用突出屋面较小的避风型天窗架,应优先选用抗震性能好的结构。突出屋面的天窗宜采用钢结构,6~8度时也可采用杆件截面为矩形的钢筋混凝土天窗架。天窗的侧板、端壁板与屋面板宜采用轻质板材,不宜采用大型屋面板。有条件时或9度地震区最好不要采用突出屋面的Ⅱ形天窗,而宜采用重心低的下沉式天窗。

2. 吊车梁

吊车梁是有吊车厂房的重要构件,它承受吊车荷载(竖向和纵向、横向水平制动力)、吊车轨道及吊车梁自重,并将它们传给柱。吊车梁常做成T形截面,也可根据需要做成薄腹工字形、鱼腹式、折线形、桁架式等。吊车梁的选用,一般可参见标准图集并按吊车的起重能力、跨度和吊车工作制的不同,选用适当的形式。

3. 排架柱

排架柱是单层工业厂房中的主要承重构件。单层工业厂房常用柱的形式有实腹矩形柱、工字形柱、双肢柱等,如图12-10所示。实腹矩形柱的外形简单,施工方便,但混凝土用量多,经济指标较差;工字形柱的材料利用比较合适,目前在单层工业厂房中应用广泛,但混凝土用量比双肢柱多,施工吊装也较困难;双肢柱混凝土用量少,自重较轻,柱高大时优势尤为显著,但整体刚度较差,钢筋构造复杂。

一般当工业厂房跨度、高度和吊车起重量不大、柱截面尺寸较小时,多采用矩形或工字形柱;当跨度、高度和起重量较大时,宜采用双肢柱。根据工程经验,对预制柱也可按截面高度确定截面形式:当$h \leqslant 600$ mm时,宜采用矩形截面;当$h = (600 \sim 800)$ mm时,宜采用工字形或矩形截面;当$h = (900 \sim 1\ 400)$ mm时,宜采用工字形截面;当$h > 1\ 400$ mm时,宜采用双肢柱。

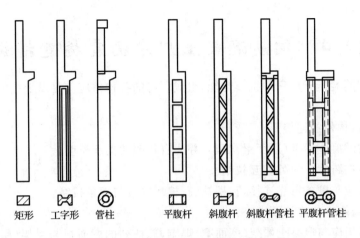

图 12-10　单层工业厂房排架柱的形式

矩形　工字形　管柱　　平腹杆　斜腹杆　斜腹杆管柱　平腹杆管柱

柱子的结构形式,在 8 度和 9 度地震区宜采用矩形、工字形或斜腹杆双肢柱,不宜采用薄壁工字形柱、腹板开孔柱、预制腹板的工字形柱和管柱,也不宜采用平腹杆双肢柱。柱底至室内地坪以上 500 mm 范围内和阶形柱的上柱宜采用矩形截面,以增强这些部位的抗剪能力。

4. 基础和基础梁

单层工业厂房柱常用的基础形式是柱下独立基础,这种基础有阶梯形(图 12-11(a))和杯形(图 12-11(b))两种,由于它们与预制柱的连接部分做成杯口形式,故统称为杯形基础。当柱下基础与设备基础或地坑冲突,以及地质条件差等原因需要深埋时,为了不使预制柱过长,也可做成高杯口基础(图12-11(c))。

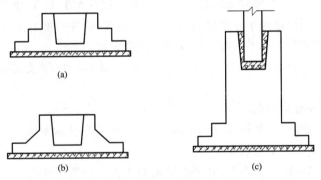

(a)

(b)

(c)

图 12-11　柱下独立基础的类型

当工业厂房采用钢筋混凝土柱承重时,常用基础梁来承受围护墙的质量,并将其传给柱基,而不另做墙基础。基础梁位于墙底部,两端支承在柱基础杯口上;当柱基础埋置较深时,则通过混凝土垫块支承在杯口上(图 12-12)。基础梁有全国标准通用图集,可供设计时选用。

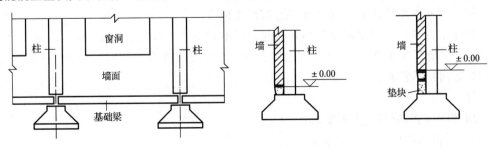

图 12-12　基础梁的布置

12.4 钢筋混凝土厂房抗震构造措施

为了保证钢筋混凝土厂房的抗震性能,组成厂房的各构件应满足以下抗震构造要求。

1. 屋盖

(1)有檩屋盖构件的连接要求

①檩条应与混凝土屋架(屋面梁)焊牢,并应有足够的支承长度。

②双脊檩应在跨度1/3处相互拉结。

③压型钢板应与檩条可靠连接,瓦楞铁、石棉瓦等应与檩条拉结。

(2)无檩屋盖构件的连接要求

①大型屋面板应与混凝土屋架(屋面梁)焊牢,靠柱列的屋面板与屋架(屋面梁)的连接焊缝长度不宜小于80 mm,焊缝厚度不宜小于6 mm。

②6度和7度时,有天窗厂房单元的端开间,或8度和9度时的所有开间,宜将垂直屋架方向两侧相邻的大型屋面板的顶面彼此焊牢。

③8度和9度时,大型屋面板端头底面的预埋件宜采用带槽口的角钢并与主筋焊牢。

④非标准屋面板宜采用装配整体式接头,或将板四角切掉后与混凝土屋架(屋面梁)焊牢。

⑤屋架(屋面梁)端部顶面预埋件的锚筋,8度时不宜少于 $4\Phi10$,9度时不宜少于 $4\Phi12$。

(3)屋盖支撑的要求

①天窗开洞范围内,在屋架脊点处应设上弦通长水平系杆。

②屋架跨中竖向支撑在跨度方向的间距,6~8度时不大于15 m,9度时不大于12 m;当仅在跨中设1道时,应设在跨中屋架屋脊处;当设2道时,应在跨度方向均匀布置。

③屋架上、下弦通长水平系杆与竖向支撑宜配合设置。

④柱距不小于12 m且屋架间距为6 m的厂房,托架(梁)区段及其相邻开间应设下弦纵向水平支撑。

⑤屋盖支撑杆件宜用型钢。

屋盖支撑桁架的腹杆与弦杆连接的承载力,不宜小于腹杆的承载力。屋架竖向支撑桁架应能传递和承受屋盖的水平地震作用。

突出屋面的钢筋混凝土天窗架,其两侧墙板与天窗立柱宜采用螺栓连接。采用焊接等刚性连接方式时,由于缺乏延性,会造成应力集中而加重震害。

(4)钢筋混凝土屋架的截面和配筋的要求

①屋架上弦第一节间和梯形屋架端竖杆的配筋,6度和7度时不宜少于 $4\Phi12$,8度和9度时不宜少于 $4\Phi14$。

②梯形屋架的端竖杆截面宽度宜与上弦宽度相同。

③屋架上弦端部支撑屋面板的小立柱的截面不宜小于200 mm×200 mm,高度不宜大于500 mm,主筋宜采用Ⅱ形,6度和7度时不宜少于 $4\Phi12$,8度和9度时不宜少于 $4\Phi14$,箍筋可采用 $\Phi6$,间距不宜大于100 mm。

2. 柱

厂房柱的箍筋,应符合下列要求:

(1)下列范围内柱的箍筋应加密

①柱头,取柱顶以下500 mm且不小于柱截面长边尺寸。

②上柱,取阶形柱自牛腿面至吊车梁顶面以上 300 mm 高度范围内。

③牛腿(柱肩),取全高。

④柱根,取下柱柱底至室内地坪以上 500 mm。

⑤柱间支撑与柱连接节点,取节点上、下各 300 mm。

(2)加密区箍筋间距不应大于 100 mm,箍筋最大肢距和最小直径应符合表 12-1 的规定。

表 12-1　　　　　　　　　　柱加密区箍筋最大肢距和最小直径　　　　　　　　　　mm

烈度和场地类别		6 度和 7 度 I、II 类场地	7 度 III、IV 类场地和 8 度 I、II 类场地	8 度 III、IV 类场地和 9 度
箍筋最大肢距		300	250	200
最小直径	一般柱头和柱根	Φ6	Φ8	Φ8(Φ10)
	角柱柱头	Φ8	Φ10	Φ10
	上柱牛腿和有支撑的柱根	Φ8	Φ8	Φ10
	有支撑的柱头和柱变位受约束的部位	Φ8	Φ10	Φ12

注:括号内数值用于柱根。

(3)山墙抗风柱的配筋要求

①抗风柱柱顶以下 300 mm 和牛腿(柱肩)面以上 300 mm 范围内的箍筋,直径不宜小于 6 mm,间距不应大于 100 mm,肢距不宜大于 250 mm。

②抗风柱的变截面牛腿(柱肩)处,宜设置纵向受拉钢筋。

(4)大柱网厂房柱的截面和配筋的构造要求

①柱截面宜采用正方形或接近正方形的矩形,边长不宜小于柱全高的 1/18～1/16。

②重屋盖厂房考虑地震组合的柱轴压比,6、7 度时不宜大于 0.8,8 度时不宜大于 0.7,9 度时不应大于 0.6。

③纵向钢筋宜沿柱截面周边对称配置,间距不宜大于 200 mm,角部宜配置直径较大的钢筋。

④柱头和柱根的箍筋应加密,加密范围:柱根取基础顶面至室内地坪以上 1 m,且不小于柱全高的 1/6;柱头取柱顶以下 500 mm,且不小于柱截面长边尺寸。

⑤箍筋末端应做 135°弯钩,且平直段的长度不应小于箍筋直径的 10 倍。

(5)当铰接排架侧向受约束,且约束点至柱顶的长度 l 不大于柱截面在该方向边长的 2 倍(排架平面:$l \leqslant 2h$;垂直排架平面:$l \leqslant 2b$)时,柱顶预埋钢板和柱顶箍筋加密区的构造尚应符合下列要求:

①柱顶预埋钢板沿排架平面方向的长度,宜取柱顶的截面高度 h,但在任何情况下不得小于 $h/2$ 及 300 mm。

②柱顶轴向力在排架平面内的偏心距 e_0 为 $h/6～h/4$ 时,柱顶箍筋加密区的箍筋体积配筋率:9 度不宜小于 1.2%;8 度不宜小于 1.0%;6、7 度不宜小于 0.8%。

3. 支撑的布置

(1)屋盖支撑

有檩屋盖的支撑布置应符合表 12-2 的要求。

无檩屋盖的支撑布置应符合表 12-3 的要求;8 度和 9 度且跨度不大于 15 m 的屋面梁屋盖,可仅在厂房单元两端各设竖向支撑一道。

表 12-2 有檩屋盖的支撑布置

	烈 度	6、7度	8度	9度
屋架支撑	上弦横向支撑	厂房单元端开间各设一道	厂房单元端开间及厂房单元长度大于66 m的柱间支撑开间各设一道；天窗开洞范围的两端各增设局部支撑一道	厂房单元端开间及厂房单元长度大于42 m的柱间支撑开间各设一道；天窗开洞范围的两端各增设局部上弦横向支撑一道
	下弦横向支撑	同非抗震设计		
	跨中竖向支撑			
	端部竖向支撑	屋架端部高度大于900 mm时，厂房单元端开间及柱间支撑开间各设一道		
天窗架支撑	上弦横向支撑	厂房单元天窗端开间各设一道	厂房单元天窗端开间及每隔30 m各设一道	厂房单元天窗端开间及每隔18 m各设一道
	两侧竖向支撑	厂房单元天窗端开间及每隔36 m各设一道		

表 12-3 无檩屋盖的支撑布置

	烈 度		6、7度	8度	9度
屋架支撑	上弦横向支撑		屋架跨度小于18 m时同非抗震设计，跨度不小于18 m时在厂房单元端开间各设一道	厂房单元端开间及柱间支撑开间各设一道，天窗开洞范围的两端各增设局部支撑一道	
	上弦通长水平系杆		同非抗震设计	沿屋架跨度不大于15 m设一道，但装配整体式屋面可仅在天窗开洞范围内设置；围护墙在屋架上弦高度处设有现浇圈梁时，其端部可不另设	沿屋架跨度不大于12 m设一道，但装配整体式屋面可仅在天窗开洞范围内设置；围护墙在屋架上弦高度处设有现浇圈梁时，其端部可不另设
	下弦横向支撑			同非抗震设计	同上弦横向支撑
	跨中竖向支撑				
	两端竖向支撑	屋架端部高度≤900 mm		厂房单元端开间各设一道	厂房单元端开间及每隔48 m各设一道
		屋架端部高度>900 mm	厂房单元端开间各设一道	厂房单元端开间及柱间支撑开间各设一道	厂房单元端开间、柱间支撑开间及每隔30 m各设一道
天窗架支撑	天窗两侧竖向支撑		厂房单元天窗端开间及每隔30 m各设一道	厂房单元天窗端开间及每隔24 m各设一道	厂房单元天窗端开间及每隔18 m各设一道
	上弦横向支撑		同非抗震设计	天窗跨度≥9 m时，厂房单元天窗端开间及柱间支撑开间各设一道	厂房单元天窗端开间及柱间支撑开间各设一道

（2）柱间支撑

应合理地布置支撑，使厂房形成空间传力体系。柱间支撑除在厂房纵向的中部设置外，有吊车时或8度和9度时尚宜在厂房单元两端增设上柱支撑；8度且跨度不小于18 m的多跨厂房中柱和9度时多跨厂房的各柱，宜在纵向设置柱顶通长水平系杆（图12-13）。

厂房单元较长时，或8度Ⅲ、Ⅳ类场地和9度时，可在厂房单元中部1/3区段内设置两道柱间支撑，且下柱支撑应与上柱支撑配套设置。

厂房柱间支撑的构造，应符合下列要求：

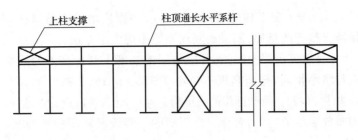

图 12-13 柱间支撑

（1）柱间支撑应采用型钢，支撑形式宜采用交叉式，其斜杆与水平面的交角不宜大于 55°。

（2）支撑杆件的长细比，不宜超过表 12-4 的规定。

（3）下柱支撑的下节点位置和构造措施，应保证将地震作用直接传给基础。当 6 度和 7 度不能直接传给基础时，应考虑支撑对柱和基础的不利影响。

（4）交叉支撑在交叉点应设置节点板，其厚度不应小于 10 mm，斜杆与交叉节点板应焊接，与端节点板宜焊接。

表 12-4　　　　　　　　　　交叉支撑斜杆的最大长细比

烈度和场地类别	6 度和 7 度 Ⅰ、Ⅱ 类场地	7 度 Ⅲ、Ⅳ 类场地和 8 度 Ⅰ、Ⅱ 类场地	8 度 Ⅲ、Ⅲ 类场地和 9 度 Ⅰ、Ⅱ 类场地	9 度 Ⅲ、Ⅳ 类场地
上柱支撑	250	250	200	150
下柱支撑	200	150	120	120

4. 隔墙和围护墙

单层钢筋混凝土柱厂房的砌体隔墙和围护墙应符合下列要求：

（1）内嵌式砌体隔墙与柱宜脱开或柔性连接，并应采取措施使墙体稳定，隔墙顶部应设现浇钢筋混凝土压顶梁。

（2）厂房的砌体围护墙宜采用外贴式并与柱（包括抗风柱）可靠拉结，一般墙体应沿墙高每隔 500 mm 与柱内伸出的 2Φ6 水平钢筋拉结，柱顶以上墙体应与屋架端部、屋面板和天沟板等可靠拉结，厂房角部的砖墙应沿纵、横两个方向与柱拉结（图 12-14）；不等高厂房的高跨封墙和纵、横向厂房交接处的悬墙采用砌体时，不应直接砌在低跨屋盖上。

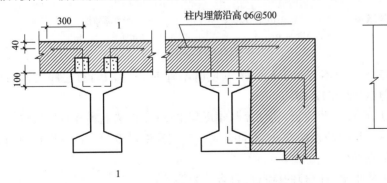

图 12-14　外贴式砌砖墙与柱的拉结

（3）砌体围护墙在下列部位应设置现浇钢筋混凝土圈梁。

①梯形屋架端部上弦和柱顶标高处应各设一道，但屋架端部高度不大于 900 mm 时可合并设置。

②8 度和 9 度时,应按上密下稀的原则每隔 4 m 在窗顶增设一道圈梁,不等高厂房的高、低跨封墙和纵、横跨交接处的悬墙,圈梁的竖向间距不应大于 3 m。

③山墙沿屋面应设钢筋混凝土卧梁,并应与屋架端部上弦标高处的圈梁连接。圈梁宜闭合,其截面宽度宜与墙厚相同,截面高度不应小于 180 mm;圈梁的纵筋,6~8 度时不应少于 4Φ12,9 度时不应少于 4Φ14。特殊部位的圈梁构造详见《建筑抗震设计规范》(GB 50011—2010)。

(4)围护墙的布置应尽量均匀、对称。当厂房的一端设缝而不能布置横墙时,则另一端宜采用轻质挂板山墙。

(5)围护墙宜采用轻质墙板或钢筋混凝土大型墙板,外侧柱距为 12 m 时应采用轻质墙板或钢筋混凝土大型墙板;不等高厂房的高跨封墙和纵、横向厂房交接处的悬墙宜采用轻质墙板,8、9 度时应采用轻质墙板。

(6)围护砖墙上的墙梁应尽可能采用现浇。当采用预制墙梁时,除墙梁应与柱可靠锚拉外,梁底还应与砖墙顶牢固拉结,以避免梁下墙体由于处于悬臂状态而在地震时倾倒。厂房转角处相邻的墙梁应相互可靠连接。

5. 厂房结构构件的连接节点

屋架(屋面梁)与柱顶的连接有焊接、螺栓连接和钢板铰接三种形式。焊接连接(图 12-15(a))的构造接近刚性,变形能力差。故 8 度时宜采用螺栓连接(图 12-15(b)),9 度时宜采用钢板铰接(图 12-15(c)),亦可采用螺栓连接;屋架(屋面梁)端部支撑垫板的厚度不宜小于 16 mm。

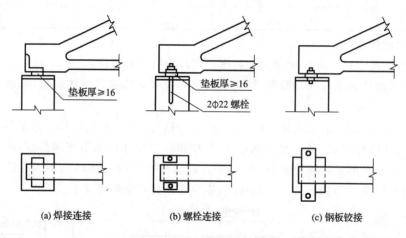

(a) 焊接连接　　　　(b) 螺栓连接　　　　(c) 钢板铰接

图 12-15　屋架与柱的连接构造

柱顶预埋件的锚筋,8 度时不宜少于 4Φ14,9 度时不宜少于 4Φ16,有柱间支撑的柱,柱顶预埋件尚应增设抗剪钢板(图 12-16)。

山墙抗风柱的柱顶,应设置预埋板,使柱顶与端屋架上弦(屋面梁上翼缘)可靠连接。连接部位应在上弦横向支撑与屋架的连接点处,不符合时可在支撑中增设次腹杆或设置型钢横梁,将水平地震作用传至节点部位。

支承低跨屋盖的中柱牛腿(柱肩)的构造应符合下列要求:

(1)牛腿顶面的预埋件,应与牛腿(柱肩)中按计算承受水平拉力部分的纵向钢筋焊接,且焊接的钢筋,6 度和 7 度时(或三、四级抗震等级时)不应少于 2Φ12,8 度时(或二级抗震等级时)不应少于 2Φ14,9 度时(或一级抗震等级时)不应少于 2Φ16(图 12-17)。

(2)牛腿中的纵向受拉钢筋和锚筋的锚固长度应符合框架梁伸入端节点内的锚固要求。

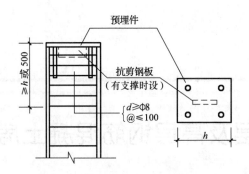

图 12-16　屋架与柱的连接构造

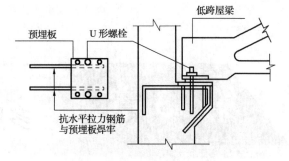

图 12-17　低跨屋盖与柱牛腿的连接

(3)牛腿水平箍筋的最小直径为 8 mm,最大间距为 100 mm。

柱间支撑与柱连接节点预埋件的锚件,8 度 Ⅲ、Ⅳ 类场地和 9 度时,宜采用角钢加端板,其他情况可采用 HRB400 级钢筋,但锚固长度不应小于 30 倍锚筋直径或增设端板。

柱间支撑端部的连接,对单角钢支撑应考虑强度折减,8、9 度时不得采用单面偏心连接;交叉支撑有一杆中断时,交叉节点板应予以加强,使其承载力不小于 1.1 倍杆件承载力。

厂房中的吊车走道板、端屋架与山墙间的填充小屋面板、天沟板、天窗端壁板和天窗侧板下的填充砌体等构件,应与支撑构件有可靠的连接。

基础梁的稳定性较好,一般不需要采用连接措施。但在 8 度 Ⅲ、Ⅳ 类场地和 9 度时,相邻基础梁之间应采用现浇接头,以提高基础梁的整体稳定性。

本章小结

1.钢筋混凝土单层工业厂房有排架结构和刚架结构两种形式,排架结构应用比较普遍。单层排架结构工业厂房的主要组成构件有屋盖结构、吊车梁、排架柱、围护结构、支撑和基础。

2.单层工业厂房排架结构是由横向排架和纵向排架组成的空间结构,在实际工程中通常简化成平面排架进行计算。横向排架由于柱少,且承受厂房的大部分荷载,故必须进行内力计算;纵向排架一般不需计算,满足构造要求即可。

3.单层工业厂房的结构布置包括柱网布置、变形缝布置、支撑布置以及抗风柱、过梁、圈梁、连系梁等的布置。屋盖结构、吊车梁、基础梁等可按有关标准图集选用。

4.单层工业厂房的支撑有屋盖支撑和柱间支撑两大类,支撑虽然不是工业厂房的主要承重构件,但对保证其整体性,防止构件的局部失稳,传递局部的水平荷载等都起着重要作用。

5.单层工业厂房结构上的荷载有恒载和活载两大类,其中恒载有:屋盖自重、柱自重(上柱自重、下柱自重)、吊车梁及轨道自重、连系梁及墙体自重。活载有:屋面活载、风荷载和吊车荷载。

复习思考题

12-1　单层工业厂房由哪些主要构件组成?各起什么作用?

12-2　单层工业厂房排架结构的受力特点是什么?

12-3　什么是柱网?如何布置柱网?

12-4　单层工业厂房中如何布置变形缝?

12-5　单层工业工业厂房中有哪些支撑?它们各起什么作用?

12-6　单层厂房中抗风柱的作用是什么?

12-7　排架柱常用的截面形式有哪些?如何选择?

第13章

多层及高层钢筋混凝土房屋

学习目标

掌握框架结构、剪力墙结构和框架-剪力墙结构的抗震构造措施，熟悉钢筋混凝土多层及高层房屋常用的结构体系，了解框架结构、剪力墙结构和框架-剪力墙结构、筒体结构等的受力特点。

13.1 常用结构体系

多层及高层建筑是随着社会生产力、人们生活的需要发展起来的，是商品化、工业化、城市化的结果。多层及高层建筑的结构体系也是随着社会生产的发展和科学技术的进步而不断发展的。钢筋混凝土高层建筑是 20 世纪初出现的，世界上第一幢钢筋混凝土高层建筑是 1903 年建成的美国辛辛那提市的英格尔斯大楼（16 层、高 64 m）。钢筋混凝土多层及高层建筑的结构体系和高层钢结构类似。它的发展也经历了由低到高的过程，目前已出现了高度超过 300 m 的混凝土结构高层建筑。由于高性能混凝土材料的发展和施工技术的不断进步，钢筋混凝土结构仍是今后多层及高层建筑的主要结构体系。

高层建筑的定义不同国家有不同的规定。我国《高层建筑混凝土结构技术规程》（JGJ 3—2010）规定，10 层及 10 层以上或房屋高度超过 28 m 的住宅建筑以及房屋高度大于 24 m 的其他高层民用建筑混凝土结构为高层。建筑物高度超过 100 m 时，不论是住宅建筑还是公共建筑，均为超高层。在实际应用中，我国住房和城乡建设部有关主管部门自 1984 年起，将无论是住宅建筑还是公共建筑的高层建筑范围，一律定为 10 层及 10 层以上。联合国 1972 年国际高层建筑会议将 9 层直到高度 100 m 的建筑定为高层建筑，而将 30 层或高度 100 m 以上的建筑定为超高层建筑。

目前，多层及高层钢筋混凝土房屋的常用结构体系可分为四种类型：框架结构、剪力墙结构、框架-剪力墙结构和筒体结构体系。

13.1.1 框架结构体系

当采用梁、柱组成的框架体系作为建筑竖向承重结构，并同时承受水平荷载时，称其为框架结构体系。其中，连系平面框架以组成空间体系结构的梁称为连系梁，框架结构中承受主要荷载的梁称为框架梁，如图 13-1 所示。图 13-2 所示为框架结构柱网布置的几种常见形式。

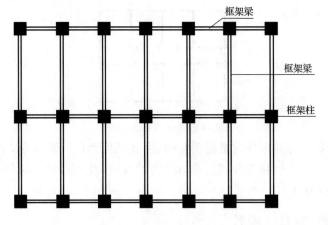

图 13-1　框架结构构件

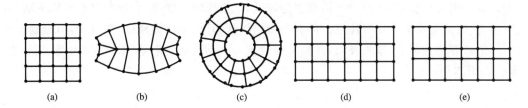

(a)　　　　　(b)　　　　　(c)　　　　　(d)　　　　　(e)

图 13-2　框架结构柱网布置的几种常见形式

　　框架结构的优点是建筑平面布置灵活,可做成需要较大空间的会议室、餐厅、办公室及工业车间、试验室等,加隔墙后,也可做成小房间。框架结构的构件主要是梁和柱,可以做成预制或现浇框架,布置比较灵活,立面也可变化。

　　通常,框架结构的梁、柱断面尺寸都不能太大,否则影响使用面积。因此,框架结构的侧向刚度较小,水平位移大,这是它的主要缺点,也因此限制了框架结构的建造高度,一般不宜超过60 m。在抗震设防烈度较高的地区,其高度更加受到限制。

　　通过合理的设计,框架结构本身的抗震性能较好,能承受较大的变形。但是,变形大了容易引起非结构构件(如填充墙、建筑装饰等)出现裂缝及破坏,这些破坏会造成很大的经济损失,也会危及人身安全。所以,如果在地震区建造较高的框架结构,必须选择既减轻质量,又能经受较大变形的隔墙材料和构造做法。

　　柱截面为 L 形、T 形、Z 形或十字形的框架结构称为异形柱框架,其柱截面厚度一般为180～300 mm,目前一般用于非抗震设计或按 6、7 度抗震设计的 12 层以下的建筑中。

13.1.2　剪力墙结构体系

　　如图 13-3 所示,将房屋的内、外墙都做成实体的钢筋混凝土结构,这种体系称为剪力墙结构体系。剪力墙的间距受到楼板跨度的限制,一般为 3～8 m,因而剪力墙结构适用于具有小房间的住宅、旅馆等建筑,此时可省去大量砌筑填充墙的工序及材料,如果采用滑升模板及大模板等先进的施工方法,施工速度很快。

　　现浇钢筋混凝土剪力墙结构的整体性好,刚度大,在水平力作用下侧向变形很小;墙体截面积大,承载力要求也比较容易满足;剪力墙的抗震性能也较好。因此它适于建造高层建筑,建造高度一般不超过 140 m,在抗震设防烈度较高的地区,高度将受到限制。目前我国 10～30 层的公寓住宅大多采用这种体系。

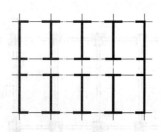

图 13-3　剪力墙结构的平面

　　剪力墙结构的缺点和局限性也是很明显的,主要是剪力墙间距太小,平面布置不灵活,结构自重较大。为了减轻自重和充分利用剪力墙的承载力和刚度,剪力墙的间距要尽可能做大些,一般以 6 m 左右为宜。

13.1.3　框架-剪力墙体系

　　框架结构侧向刚度差,抵抗水平荷载能力较低,地震作用下变形大,但它具有平面灵活、有较大空间、立面处理易于变化等优点。而剪力墙结构则相反,抗侧力刚度、强度大,但限制了使用空间。把两者结合起来,取长补短,在框架中设置一些剪力墙,就成了框架-剪力墙(简称框-剪)体系,如图 13-4 所示。

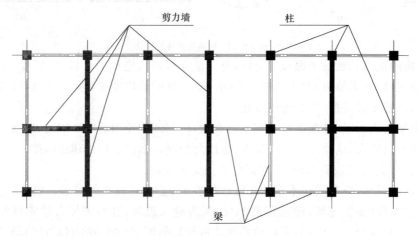

图 13-4　框架-剪力墙结构平面

　　在这种体系中,剪力墙常常承担大部分水平荷载,结构总体刚度加大,侧移减小。同时,框架和剪力墙协同工作,通过变形协调,使各种变形趋于均匀,改善了纯框架结构或纯剪力墙结构中上部和下部层间变形相差较大的缺点,因而在地震作用下可减少非结构构件的破坏。从框架本身看,上、下各层柱的受力也比纯框架柱的受力均匀,因此柱断面尺寸和配筋都比较均匀。所以,框-剪体系在多层及高层办公楼、旅馆等建筑中得到了广泛应用。框-剪体系的建造高度一般不超过 130 m,在抗震设防烈度较高的地区,高度将受到限制。

13.1.4　筒体体系

　　以筒体为主组成的承受竖向和水平作用的结构称为筒体结构体系。筒体是由若干片剪力墙围合而成的封闭井式结构,其受力与一个固定于基础上的竖向悬臂箱相似。

1. 筒体基本形式

　　筒体的基本形式有三种:实腹筒、框筒(也称空腹筒)以及桁架筒(图 13-5)。其中用剪力墙围成的筒体称为实腹筒；在实腹筒的墙体上开出许多排列规则的窗洞所形成的开孔筒体称为框筒，它实际上是由密排柱和刚度很大的窗裙梁形成的密柱深梁框架围成的筒体。如果筒体的四壁是由竖杆和斜杆形成的桁架组成，则称为桁架筒。

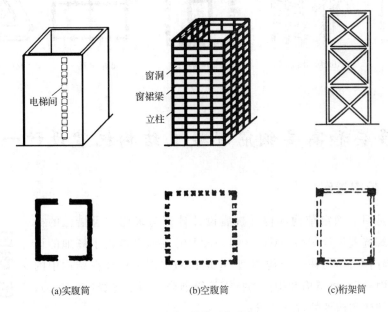

(a)实腹筒　　　　　　　(b)空腹筒　　　　　　　(c)桁架筒

图 13-5　筒体基本形式

2. 筒体结构布置

筒体的结构布置形式包括框筒结构、框架-核心筒结构、筒中筒结构、成束筒结构和多重筒结构等形式(图 13-6)。

(1)框筒结构(图 13-6(a))

框筒结构是指由密柱深梁框架围成的筒体，属于空腹筒，框筒内部可以布置框架。

(2)框架-核心筒结构(图 13-6(b))

框架-核心筒结构是由框架结构和核心筒结构共同承重的结构体系。核心筒通常采用实腹筒形式。一般将实体核心筒(即实腹筒)布置在内部，框架结构布置在外部。由于核心筒实际上是由两个方向的剪力墙构成的封闭的空间结构，因而具有更好的整体性与抗侧刚度。框架-核心筒结构体系适用于高度较高，功能较多的建筑。

(3)筒中筒结构(图 13-6(c))

筒中筒结构体系是由内筒和外筒两个筒体组成的结构体系。内筒通常是由剪力墙围成的实腹筒，而外筒一般采用框筒或桁架筒。筒中筒结构体系具有更大的整体性与侧向刚度，因此适用于高度很大的建筑。

(4)成束筒结构(图 13-6(d))

两个以上的框筒(或其他筒体)排列成束状的结构体系。一般当建筑高度或其平面尺寸进一步加大，以至于框筒或筒中筒等结构无法满足抗侧力刚度要求时，必须采用多筒体系(成束筒)。

(5)多重筒结构(图 13-6(e))

当建筑平面很大或内筒较小时，内外筒之间的距离很大，这样会使楼板加厚或楼面梁加高，为此，可在中间增设一圈柱子或剪力墙，形成多重筒结构。

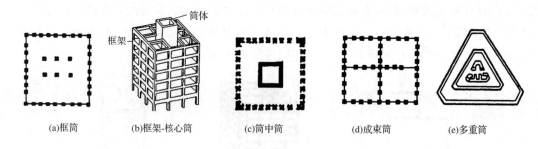

(a)框筒   (b)框架-核心筒   (c)筒中筒   (d)成束筒   (e)多重筒

图 13-6   筒体结构类型

13.2   多层和高层钢筋混凝土结构抗震设计一般规定

13.2.1   抗震等级

抗震等级是用于确定结构和构件抗震设计计算与采用抗震措施的标准,我国的《建筑抗震设计规范》(GB 50011—2010)在综合考虑了场地的设防烈度、建筑物高度、建筑物的结构类型、建筑物的类别及构件在结构中的重要性程度等因素后,将结构和构件的抗震等级划分为四个等级(表 13-1),它体现了不同结构和构件的抗震要求。

微课75

抗震等级

表 13-1   现浇钢筋混凝土房屋的抗震等级

结构类型		烈　度							
		6 度		7 度			8 度		9 度
		≤24	>24	≤24		>24	≤24	>24	≤24
框架结构	高度/m	≤24	>24	≤24		>24	≤24	>24	≤24
	框架	四	三	三		二	二	一	一
	大跨度框架	三		二			一		一
框架-剪力墙结构	高度/m	≤60	>60	≤24	>24 且≤60	>60	≤24	>24 且≤60	>60	≤24	>24 且≤50
	框架	四	三	四	三	二	三	二	一	二	一
	剪力墙	三		三	二		二		一	
剪力墙	高度/m	≤80	>80	≤24	>24 且≤80	>80	≤24	>24 且≤80	>80	24~60
	剪力墙	四	三	四	三	二	三	二	一	二
单层厂房结构	铰接排架	四		三			二		一	

注:①建筑场地为 I 类时,除 6 度设防烈度外应允许按表内降低一度所对应的抗震等级采取抗震构造措施,但相应的计算要求不应降低。

　　②接近或等于高度分界时,应允许结合房屋不规则程度及场地、地基条件确定抗震等级。

　　③大跨度框架指跨度不小于 18 m 的框架。

　　④表中框架结构不包括异形柱框架。

13.2.2   房屋的高宽比限值

为了使建筑结构达到安全、经济、合理的要求,《建筑抗震设计规范》(GB 50011—2010)规定较规则的多、高层现浇钢筋混凝土房屋的最大适用高度不应超过表 13-2 的规定。

表 13-2 现浇钢筋混凝土房屋的最大适用高度 m

结构类型	烈 度				
	6 度	7 度	8 度(0.2 g)	8 度(0.3 g)	9 度
框架	60	50	40	35	24
框架-剪力墙	130	120	100	80	50
剪力墙	140	120	100	80	60
部分框支剪力墙	120	100	80	50	不应采用
框架-核心筒	150	130	100	90	70
筒中筒	180	150	120	100	80
板柱-剪力墙	80	70	55	40	不应采用

注:①房屋高度指室外地面到主要屋面板板顶的高度(不包括局部突出屋顶部分)。

②框架-核心筒结构指周边稀柱框架与核心筒组成的结构。

③部分框支剪力墙结构指首层或底部两层为框支层的结构,不包括仅个别框支墙的情况。

④表中框架,不包括异形柱框架。

⑤板柱-剪力墙结构指板柱、框架和抗震墙组成抗侧力体系的结构。

⑥乙类建筑可按本地区抗震设防烈度确定其适用的最大高度。

⑦超过表内高度的房屋,应进行专门研究和论证,采取加强措施。

对于窄而高的建筑,在水平荷载作用下会产生较大的水平位移,当地基软弱时会造成整个建筑的倾覆。为了满足整体稳定的要求,高层钢筋混凝土结构的高宽比不宜超过表 13-3 的限值。

表 13-3 钢筋混凝土高层建筑结构适用高宽比

结构体系	非抗震设计	抗震设计		
		6 度、7 度	8 度	9 度
框架	5	4	3	—
板柱-剪力墙	6	5	4	—
框架-剪力墙、剪力墙	7	6	5	4
框架-核心筒	8	7	6	4
筒中筒	8	8	7	5

13.2.3 建筑结构的规则性

建筑设计应符合抗震设计要求,不宜采用严重不规则的设计方案。大量震害资料统计表明,不规则结构震害往往比规则结构严重得多。因此,对规则结构可采用较简单的分析方法以及相应的构造措施;对不规则的结构,应进行地震作用计算和内力调整,并对薄弱部位采取有效的抗震构造措施。

13.2.4 抗震缝设置

用抗震缝进行结构平面分段,即把平面上不规则的结构分割成若干规则结构,这是减小震害的有效办法。体型复杂、平立面特别不规则的建筑结构,可按实际需要在适当的部位设置抗震缝,形成多个较规则的抗侧力结构单元。但大量震害资料统计表明,设有抗震缝的建筑,地震时由于抗震缝宽度不够,难免相邻建筑发生碰撞。而抗震缝设置过大,又会给立面处理和抗震构造带来困难。因此,一般应选用合理的结构方案,而不设抗震缝,只有当建筑平面突出部分较长,结构刚度以及荷载相差悬殊或房屋有较大错层时,才设置抗震缝。

抗震缝应根据抗震设防烈度、结构材料种类、结构类型、结构单元的高度和高差等情况,留有足够的宽度,其两侧上部结构应完全分开。缝的最小宽度应符合以下要求:

(1)框架结构(包括设置少量剪力墙的框架结构)房屋的抗震缝宽度,当高度不超过15 m时,不应小于100 mm;当高度超过15 m时,6度、7度、8度和9度相应每增加高度5 m、4 m、3 m和2 m,宜加宽20 mm。

(2)框架-剪力墙结构房屋的抗震缝宽度不应小于第(1)项规定数值的70%,剪力墙结构房屋的抗震缝宽度不应小于第(1)项规定数值的50%;且均不宜小于100 mm。

(3)抗震缝两侧结构类型不同时,宜按需要较宽抗震缝的结构类型和较低房屋的高度确定缝宽。

13.2.5 钢筋锚固和接头

纵向受拉钢筋的抗震锚固长度 l_{aE} 应按下式计算

$$l_{aE} = \zeta_{aE} l_a \tag{13-1}$$

式中 ζ_{aE}——纵向受拉钢筋锚固长度修正系数,对一、二级钢筋抗震等级取 1.15,对三级抗震等级取 1.05,对四级抗震等级取 1.00。

l_a——纵向受拉钢筋的锚固长度,按式(4-8)、式(4-9)计算。

纵向受拉钢筋的连接可采用绑扎搭接、机械连接和焊接。

当采用绑扎搭接接头时,纵向受拉钢筋的抗震搭接长度不应小于下式的计算值

$$l_{lE} = \zeta_l l_{aE} \tag{13-2}$$

式中 ζ_l——纵向受拉钢筋搭接长度修正系数,按表 4-3 选取。

13.3 框架结构

13.3.1 钢筋混凝土框架结构类型

按施工方法的不同,钢筋混凝土框架可分为全现浇框架、全装配式框架、装配整体式框架及半现浇框架四种形式。

1. 全现浇框架

全现浇框架的全部构件均为现浇钢筋混凝土构件。其优点是整体性及抗震性能好,预埋铁件少,较其他形式的框架节省钢材等。缺点是模板消耗量大,现场湿作业多,施工周期长,在寒冷地区冬季施工困难等,但当采用泵送混凝土施工工艺和工业化拼装式模板时,可以缩短工期和节省劳动力。对使用要求较高、功能复杂或处于地震高烈度区域的框架房屋,宜采用全现浇框架。

2. 全装配式框架

全装配式框架是指梁、板、柱全部预制，然后在现场通过焊接拼装连接成整体的框架结构。全装配式框架的构件可采用先进的生产工艺在工厂进行大批量生产，在现场以先进的组织处理方式进行机械化装配，因而构件质量容易保证，并可节约大量模板，改善施工条件，加快施工进度。但其结构整体性差，节点预埋铁件多，总用钢量较全现浇框架多，施工需要大型运输和拼装机械，在地震区不宜采用。

3. 装配整体式框架

装配整体式框架是将预制梁、柱和板在现场安装就位后，焊接或绑扎节点区钢筋，在构件连接处现浇混凝土，使之成为整体式框架结构。与全装配式框架相比，装配整体式框架保证了节点的刚性，提高了框架的整体性，省去了大部分预埋铁件，节点用钢量减少，但增加了现场浇筑混凝土量。装配整体式框架是常用的框架形式之一。

4. 半现浇框架

半现浇框架是将部分构件现浇，部分预制装配而形成的。常见的做法有两种：一种是梁、柱现浇，板预制；另一种是柱现浇，梁、板预制。半现浇框架的施工方法比全现浇框架简单，而整体受力性能比全装配式框架优越。梁、柱现浇，节点构造简单，整体性较好；而楼板预制，又比全现浇框架节约模板，省去了现场支模的麻烦。半现浇框架是目前采用最多的框架形式之一。

13.3.2 框架结构的受力特点

框架结构承受的荷载包括竖向荷载和水平荷载。竖向荷载包括结构自重及楼（屋）面活载，一般为分布荷载，有时有集中荷载。水平荷载主要为风荷载及水平地震作用。

框架结构是一个空间结构体系，沿房屋的长向和短向可分别视为纵向框架和横向框架。纵向和横向框架分别承受纵向和横向水平荷载及竖向荷载。

在多层框架结构中，影响结构内力的主要是竖向荷载，一般不必考虑结构侧移对建筑物的使用功能和结构可靠性的影响。随着房屋高度的增大，增加最快的是结构侧移，弯矩次之。因此在高层框架结构中，竖向荷载的作用与多层建筑相似，柱内轴力随层数增加而增加，而水平荷载的内力和位移则将成为控制因素。同时，多层建筑中的柱以轴力为主，而高层框架中的柱受到压、弯、剪的复合作用，其破坏形态更为复杂。其侧移由两部分组成：第一部分侧移由柱和梁的弯曲变形产生。柱和梁都有反弯点，形成侧向变形。框架下部的梁、柱内力大，层间变形也大，越到上部层间变形越小，如图 13-7(a) 所示。第二部分侧移由柱的轴向变形产生。在水平力作用下，柱的拉伸和压缩使结构出现侧移。这种侧移在上部各层较大，越到底部层间变形越小，如图 13-7(b) 所示。在两部分侧移中第一部分侧移是主要的，随着建筑高度加大，第二部分变形比例逐渐加大。结构过大的侧向变形不仅会使人不舒服，影响使用，也会使填充墙或建筑装修出现裂缝或损坏，还会使主体结构出现裂缝、损坏，甚至倒塌。因此，高层建筑不仅需要较大的承载能力，而且需要较大的刚度。框架抗侧刚度主要取决于梁、柱的截面尺寸。通常梁、柱截面惯性较小，侧向变形较大，所以称框架结构为柔性结构。虽然通过合理设计可以使钢筋混凝土框架获得良好的延性，但由于框架结构层间变形较大，所以在地震区高层框架结构容易引起非结构构件的破坏。这是框架结构的主要缺点，也因此而限制了框架结构的高度。

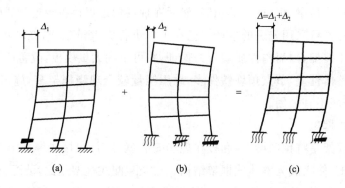

图 13-7　框架结构在水平荷载作用下的受力变形

除装配式框架外，一般可将框架结构的梁、柱节点视为刚性节点，柱固结于基础顶面，所以框架结构多为高次超静定结构，如图 13-8 所示。

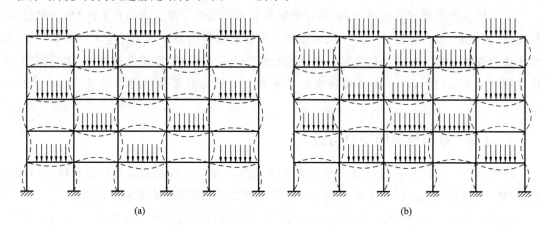

图 13-8　竖向活载最不利位置

竖向活载具有不确定性。梁、柱的内力将随竖向活载的位置而变化。图 13-8(a)、图 13-8(b) 所示分别为梁跨中和支座产生最大弯矩的活载位置。风荷载也具有不确定性，梁、柱可能受到反向的弯矩作用，所以框架柱一般采用对称配筋。图 13-9 所示为框架结构在竖向荷载和左向水平荷载作用下的内力图。由图 13-9 可见，梁、柱端弯矩、剪力、轴力都较大，跨度较小的中间跨度框架梁甚至出现了上部受拉的情况。

13.3.3　框架结构的抗震构造措施

《高层建筑混凝土结构技术规程》(JGJ 3—2010)规定：

1. 框架梁

(1)截面尺寸的控制

框架结构的主梁截面高度可按计算跨度的 $1/10 \sim 1/18$ 确定；梁净跨与截面高度之比不宜小于 4。梁的截面宽度不宜小于梁截面高度的 $1/4$，也不宜小于 200 mm。

(2)混凝土强度等级

①框架梁的混凝土强度等级不应低于 C20。

②一级抗震等级的框架梁的混凝土强度等级不应低于 C30。

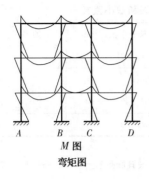

M 图
弯矩图

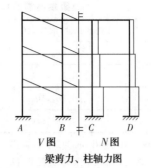

V 图　　N 图
梁剪力、柱轴力图

(a)在竖向荷载作用下的内力图

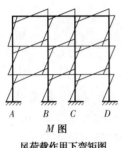

M 图
风荷载作用下弯矩图

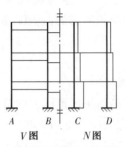

V 图　　N 图
风荷载作用下剪力、轴力图

(b)在左向水平荷载作用下的内力图

图 13-9　框架结构在竖向荷载和左向水平荷载作用下的内力图

（3）纵向钢筋的配置

①抗震设计时,梁端纵向受拉钢筋的配筋率不宜大于 2.5%,不应大于 2.75%;当梁端受拉钢筋的配筋率大于 2.5% 时,受压钢筋的配筋率不应小于受拉钢筋的一半。

②纵向受拉钢筋最小配筋率 $\rho_{\min}$ 不应小于表 13-4 规定的数值。

表 13-4　　　　　　　纵向受拉钢筋最小配筋率 $\rho_{\min}$　　　　　　　%

抗震等级	位置	
	支座（取较大值）	跨中（取较大值）
一级	0.40 和 $80f_t/f_y$	0.30 和 $65f_t/f_y$
二级	0.30 和 $65f_t/f_y$	0.25 和 $55f_t/f_y$
三、四级	0.25 和 $55f_t/f_y$	0.20 和 $45f_t/f_y$

③梁端截面的底面和顶面纵向钢筋截面面积的比值,除按计算确定外,一级不应小于0.5,二、三级不应小于0.3。沿梁全长顶面和底面应至少各配置两根纵向钢筋,一、二级抗震设计时钢筋直径不应小于 14 mm,且分别不应小于梁两端顶面和底面纵向钢筋中较大截面面积的1/4;三、四级抗震设计和非抗震设计时钢筋直径不应小于 12 mm。

④一、二、三级抗震等级的框架梁内贯通中柱的每根纵向钢筋的直径,对矩形截面柱,不宜大于柱在该方向截面尺寸的 1/20;对于圆形截面柱,不宜大于纵向钢筋所在位置柱截面弦长的 1/20。

（4）箍筋的配置

①抗震设计时,梁端箍筋的加密区长度、箍筋最大间距和最小直径,应符合表 13-5 的要求;当梁端纵向钢筋配筋率大于 2% 时,表中钢筋最小直径应增大 2 mm。

表 13-5 　　　　　　　　　　梁端箍筋的加密区长度、箍筋最大间距和最小直径

抗震等级	加密区长度(取较大值)/mm	箍筋最大间距(取最小值)/mm	箍筋最小直径/mm
一级	$2.0h_b$,500	$h_b/4,6d$,100	10
二级	$1.5h_b$,500	$h_b/4,8d$,100	8
三级	$1.5h_b$,500	$h_b/4,8d$,150	8
四级	$1.5h_b$,500	$h_b/4,8d$,150	6

注:①d 为纵向钢筋直径,h_b 为梁截面高度。

　②一、二级抗震等级框架梁,当箍筋直径大于 12 mm、肢数不少于 4 肢且肢距不大于 150 mm 时,箍筋加密区最大间距应允许适当放松,但不应大于 150 mm。

②沿梁全长箍筋的面积配筋率应符合下列规定:

一级　　　　　　　　　　$\rho_{sv} \geqslant 0.30 f_t / f_{yv}$　　　　　　　　　　(13-3)

二级　　　　　　　　　　$\rho_{sv} \geqslant 0.28 f_t / f_{yv}$　　　　　　　　　　(13-4)

三、四级　　　　　　　　$\rho_{sv} \geqslant 0.26 f_t / f_{yv}$　　　　　　　　　　(13-5)

③在箍筋加密范围内的箍筋肢距:一级不宜大于 200 mm 和 20 倍箍筋直径的较大值;二、三级不宜大于 250 mm 和 20 倍箍筋直径的较大值,四级不宜大于 300 mm。

④箍筋应有 135°弯钩,弯钩端头直段长度不应小于 10 倍的箍筋直径和 75 mm 的较大值。

⑤框架梁非加密区箍筋最大间距不宜大于加密区箍筋间距的 2 倍。

2. 框架柱

(1)截面尺寸的控制

矩形截面柱的边长,抗震设计时,四级不宜小于 300 mm,一、二、三级不宜小于 400 mm;圆柱直径,非抗震和四级不宜小于 350 mm,一、二、三级不宜小于 450 mm。

(2)混凝土强度等级

①框架柱的混凝土强度等级不应低于 C20。

②一级抗震等级的框架柱及节点核心区的混凝土强度等级不应低于 C30。

③抗震设防烈度为 9 度时不宜高于 C60,8 度时不宜高于 C70。

(3)纵向钢筋的配置

①全部纵向钢筋的配筋率,抗震设计时不应大于 5%;一级抗震等级且剪跨比不大于 2 的柱,其单侧纵向受拉钢筋的配筋率不宜大于 1.2%。

②柱全部纵向钢筋的配筋率,不应小于表 13-6 的规定值,且柱截面每一侧纵向钢筋配筋率不应小于 0.2%;抗震设计时,对Ⅳ类场地上较高的高层建筑,表中数值应增加 0.1。

表 13-6 　　　　　　　　　　柱纵向受力钢筋最小配筋率　　　　　　　　　　%

柱类型	抗震等级				非抗震
	一级	二级	三级	四级	
中柱、边柱	0.9(1.0)	0.7(0.8)	0.6(0.7)	0.5(0.6)	0.5
角柱	1.1	0.9	0.8	0.7	0.5
框支柱	1.1	0.9	—	—	0.7

注:①表中括号内数值适用于框架结构。

　②采用 335 MPa 级、400 MPa 级纵向受力钢筋时,应分别按表中数值增加 0.1 和 0.05 采用。

　③当混凝土强度等级高于 C60 时,上述数值应增加 0.1 采用。

③截面尺寸大于 400 mm 的柱,一、二、三级抗震设计时其纵向钢筋间距不宜大于 200 mm;抗震等级为四级时,柱纵向钢筋间距不宜大于 300 mm;柱纵向钢筋净距均不应小于 50 mm。

④抗震设计时,宜采用对称配筋。

(4)箍筋的配置

①抗震设计时,柱箍筋加密区的范围应符合下列规定:

Ⅰ.底层柱的上端和其他各层柱的两端,应取矩形截面柱之长边尺寸(或圆形截面柱之直径)、柱净高之 1/6 和 500 mm 三者的最大值范围。

Ⅱ.底层柱刚性地面上、下各 500 mm 的范围。

Ⅲ.底层柱柱根以上 1/3 柱净高的范围。

Ⅳ.剪跨比(对于反弯点位于柱高中部的框架柱,其剪跨比可取柱净高与计算方向 2 倍柱截面有效高度之比值)不大于 2 的柱和因填充墙等形成的柱净高与截面高度之比不大于 4 的柱全高范围。

Ⅴ.一、二级框架角柱的全高范围。

②抗震设计时,柱端箍筋在规定的范围内应加密,加密区的箍筋最大间距和最小直径应符合表 13-7 的要求。

表 13-7 柱端箍筋加密区的箍筋最大间距和最小直径

抗震等级	箍筋最大间距/mm	箍筋最小直径/mm
一级	$6d$ 和 100 的较小值	10
二级	$8d$ 和 100 的较小值	8
三级	$8d$ 和 150(柱根 100)的较小值	8
四级	$8d$ 和 150(柱根 100)的较小值	6(柱根 8)

注:①d 为柱纵向钢筋直径(mm)。

②柱根指框架柱底部嵌固部位。

一级框架柱的箍筋直径大于 12 mm 且箍筋肢距不大于 150 mm 及二级框架柱箍筋直径不小于 10 mm 且肢距不大于 200 mm 时,除柱根外最大间距应允许采用 150 mm;三级框架柱的截面尺寸不大于 400 mm 时,箍筋最小直径应允许采用 6 mm;四级框架柱的剪跨比不大于 2 或柱中全部纵向钢筋的配筋率大于 3% 时,箍筋直径不应小于 8 mm。

剪跨比不大于 2 的柱,箍筋间距不应大于 100 mm。

③箍筋加密区的箍筋肢距,一级不宜大于 200 mm,二、三级不宜大于 250 mm 和 20 倍箍筋直径的较大值,四级不宜大于 300 mm。

④柱加密区范围内箍筋的体积配箍率 ρ_v,应符合下式要求

$$\rho_v \geqslant \lambda_v \frac{f_c}{f_{yv}} \times 100\% \qquad (13\text{-}6)$$

式中　λ_v——柱最小配箍特征值,采用《高层建筑混凝土结构技术规程》(JGJ 3—2010)规定值;

f_c——混凝土轴心抗压强度设计值,当柱混凝土强度等级低于 C35 时,应按 C35 计算;

f_{yv}——柱箍筋或拉筋的抗压强度设计值。

对一、二、三、四级框架柱,尚且分别不应小于 0.8%、0.6%、0.4% 和 0.4%。其中 ρ_v 按下式计算:

$$\rho_v = \frac{lA_{sv1}}{A_{cor}s} \times 100\%$$ (13-7)

式中 A_{sv1}——箍筋单肢截面面积；

  l——一个截面内箍筋的总长度；

  A_{cor}——箍筋包围的混凝土核心部分面积；

  s——箍筋间距。

⑤柱非加密区的箍筋，其体积配箍率不宜小于加密区的一半；其箍筋间距不应大于加密区箍筋间距的2倍，且一、二级不应大于10倍纵向钢筋直径，三、四级不应大于15倍纵向钢筋直径。

⑥箍筋应为封闭式，其末端应做成135°弯钩且弯钩末端平直段长度不应小于10倍的箍筋直径，且不应小于75 mm。

（5）节点核心区

框架节点核心区可理解为框架柱在梁高范围的部分，框架节点核心区应设置水平箍筋，且应符合下列规定：

①箍筋最大间距和最小直径宜符合柱箍筋加密区的要求，具体见表13-7。

②一、二、三级框架节点核心区箍筋体积配箍率分别不宜小于0.6%、0.5%和0.4%，并且配箍特征值应符合《高层建筑混凝土结构技术规程》（JGJ 3—2010）的有关要求。

③柱剪跨比不大于2的框架节点核心区的体积配箍率不宜小于核心区上、下柱端体积配箍率中的较大值。

3. 纵筋的连接、截断和锚固

（1）纵筋的连接

①抗震设计时，纵向受力钢筋的连接接头宜设置在构件受力较小部位，避开梁端、柱端箍筋加密区范围，具体接头位置可查阅标准构造图集（如《混凝土结构施工图平面整体表示方法制图规则和构造详图》（11G101—2）。

微课76

多层及高层混凝土房屋纵筋的连接、截断和锚固

②现浇钢筋混凝土框架梁、柱纵向受力钢筋的连接方法，应符合下列规定：

框架柱：一、二级抗震等级及三级抗震等级的底层，宜采用机械连接接头，也可采用绑扎搭接或焊接接头；三级抗震等级的其他部位和四级抗震等级，可采用绑扎搭接或焊接接头。

框架梁：一级宜采用机械连接接头，二、三、四级可采用绑扎搭接或焊接接头。

③位于同一连接区段内的受拉钢筋接头面积百分率不宜超过50%。

④当接头位置无法避开梁端、柱端箍筋加密区时，应采用满足等强度要求的机械连接接头，且钢筋接头面积百分率不宜超过50%。

（2）纵筋的截断

一般可将框架梁支座上部负筋在适当位置截断，具体截断点可查阅标准构造图集（如11G101图集等）。

（3）纵筋的锚固

抗震设计时，框架梁、柱的纵向受力钢筋在框架节点核心区的锚固和搭接要求应如图13-10所示。

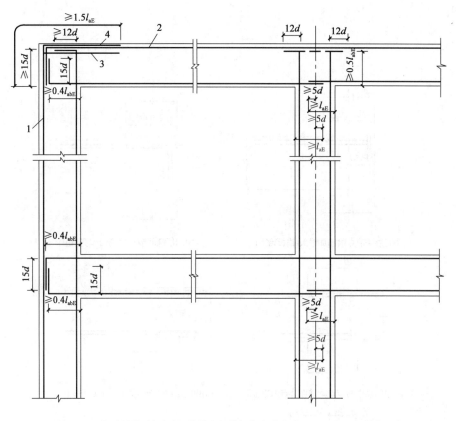

图 13-10　抗震设计时框架梁、柱纵向钢筋框架在节点核心区的锚固和搭接要求

1—柱外侧纵向钢筋；2—梁上部纵向钢筋；3—伸入梁内的柱外侧纵向钢筋；4—不能伸入梁内的柱外侧纵向钢筋（可伸入板内）

此外，对于框架中间层中间节点、中间层端节点、顶层中间节点以及顶层端节点，梁、柱纵向钢筋在节点部位的锚固和搭接（图 13-11），《混凝土结构设计规范》（GB 50010—2010）还做了如下规定：

①顶层中节点柱纵向钢筋和边节点柱内侧纵向钢筋应伸至柱顶。当从梁底边计算的直线锚固长度不小于 l_{aE} 时，可不必水平弯折，否则应向柱内或梁、板水平弯折。锚固段弯折前的竖直投影长度不应小于 $0.5l_{abE}$，弯折后的水平投影长度不宜小于 12 倍的柱纵向钢筋直径。此处，l_{abE} 为抗震时钢筋的基本锚固长度，一、二级取 $1.15l_{ab}$，三、四级分别取 $1.05l_{ab}$ 和 $1.00l_{ab}$，l_{ab} 为钢筋基本锚固长度（由式（4-8）计算）。

②顶层端节点处，柱外侧纵向钢筋可与梁上部纵向钢筋搭接，搭接长度不应小于 $1.5l_{abE}$，且伸入梁内的柱外侧纵向钢筋截面面积不宜小于柱外侧全部纵向钢筋截面面积的 65%；在梁宽范围以外的柱外侧纵向钢筋可伸入现浇板内，其伸入长度与伸入梁内的相同。当柱外侧纵向钢筋的配筋率大于 1.2% 时，伸入梁内的柱纵向钢筋宜分两批截断，其截断点之间的距离不宜小于 20 倍的柱纵向钢筋直径。

③梁上部纵向钢筋伸入端节点的锚固长度，直线锚固时不应小于 l_{aE}，且伸过柱中心线的长度不宜小于 5 倍的梁纵向钢筋直径；当柱截面尺寸不足时，梁上部纵向钢筋应伸至节点对边并向下弯折，锚固段弯折前的水平投影长度不应小于 $0.4l_{abE}$，弯折后的竖直投影长度应取 15 倍的梁纵向钢筋直径。

④梁下部纵向钢筋的锚固与梁上部纵向钢筋相同，但采用 90°弯折方式锚固时，竖直段应向上弯入节点内。

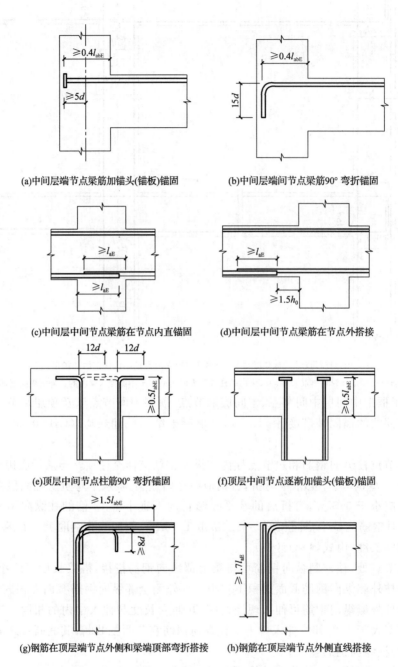

(a)中间层端节点梁筋加锚头(锚板)锚固

(b)中间层端间节点梁筋90° 弯折锚固

(c)中间层中间节点梁筋在节点内直锚固

(d)中间层中间节点梁筋在节点外搭接

(e)顶层中间节点柱筋90° 弯折锚固

(f)顶层中间节点逐渐加锚头(锚板)锚固

(g)钢筋在顶层端节点外侧和梁端顶部弯折搭接

(h)钢筋在顶层端节点外侧直线搭接

图 13-11　梁和柱的纵向钢筋在节点部位的锚固和搭接

13.4 剪力墙结构

13.4.1 基本概念

剪力墙(《建筑抗震设计规范》(GB 50011—2010)中称为抗震墙)结构是指纵、横向的主要承重结构全部为结构墙的结构。短肢剪力墙是指截面厚度不大于 300 mm、各肢截面高度与厚度之比的最大值大于 4 但不大于 8 的剪力墙。常用的截面形式有 T 字形、L 形、十字形、Z 字形、折线形、一字形。

钢筋混凝土房屋建筑结构中,除框架结构外,其他结构体系都有剪力墙。

没有开洞的实体剪力墙只有墙肢构件,开洞剪力墙由墙肢和连梁两种构件组成。连梁通常指连接剪力墙墙肢的结构构件,可以通过剪力墙开洞形成连梁,连梁的跨高比一般小于 5。连梁主要作用是使剪力墙各墙肢共同工作变形,并具有较高的延性,若地震来时,应该确保连梁先于剪力墙破坏,一般不宜利用连梁直接承受荷载。按墙面开洞情况,剪力墙可分为四类:

1. 整体墙(图 13-12(a))

凡墙面不开洞或开洞面积较小(通常指开洞面积不大于 15％),且孔洞间净距及洞边至墙边的净距大于洞口长边尺寸时,可以忽略洞口的影响,作为整体墙来考虑,平面假定仍然适用,因而截面应力可按材料力学公式计算。变形属于弯曲型。

2. 小开口整体墙(图 13-12(b))

当洞口较大(如开洞面积为 15％～30％)时,属于小开口整体墙。变形基本属于弯曲型。

3. 双肢剪力墙和多肢剪力墙(图 13-12(c)、图 13-12(d))

当洞口更大(如开洞面积为 30％～50％),洞口成列布置时,即形成双肢剪力墙和多肢剪力墙(又称联肢剪力墙)。变形已由弯曲型逐渐向剪切型过渡。

4. 壁式框架(图 13-12(e))

当洞口尺寸更大(如开洞面积大于 50％),连梁的线刚度接近于墙肢的线刚度时,剪力墙的受力性能已接近于框架,这种剪力墙称为壁式框架。变形接近剪切型。

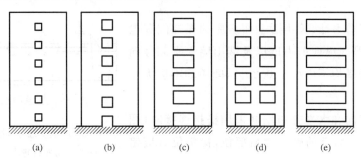

(a)　　　　(b)　　　　(c)　　　　(d)　　　　(e)

图 13-12　剪力墙的类型

13.4.2 剪力墙结构的抗震构造措施

1. 剪力墙墙肢

(1)剪力墙的混凝土强度等级

《高层建筑混凝土结构技术规程》(JGJ 3—2010)规定,剪力墙的混凝土强度等级不应低于C20,不宜高于 C60。

（2）剪力墙的截面厚度

①应符合《高层建筑混凝土结构技术规程》(JGJ 3—2010)关于墙体稳定验算的要求。

②一、二级剪力墙：底部加强部位不应小于 200 mm，其他部位不应小于 160 mm；一字形独立剪力墙底部加强部位不应小于 220 mm，其他部位不应小于 180 mm。

③三、四级剪力墙：不应小于 160 mm，一字形独立剪力墙的底部加强部位尚不应小于 180 mm。

④剪力墙井筒中，分隔电梯井或管道井的墙肢截面厚度可适当减小，但不宜小于 160 mm。

⑤短肢剪力墙截面厚度除应符合上述规定外，底部加强部位尚不应小于 200 mm，其他部位尚不应小于 180 mm。

（3）分布钢筋

①高层剪力墙结构的竖向和水平分布钢筋不应单排布置。剪力墙截面厚度不大于 400 mm 时，可采用双排配筋；大于 400 mm 但不大于 700 mm 时，宜采用三排配筋；大于 700 mm 时，宜采用四排配筋（图 13-13）。

各排分布钢筋之间应设置拉筋，拉筋的间距不应大于 600 mm，直径不应小于 6 mm。

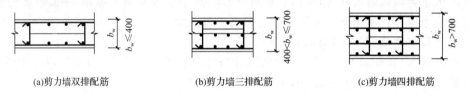

(a)剪力墙双排配筋　　　(b)剪力墙三排配筋　　　(c)剪力墙四排配筋

图 13-13　剪力墙分布钢筋的布置

②剪力墙竖向和水平分布钢筋的配筋率，一、二、三级时均不应小于 0.25%，四级和非抗震设计时不应小于 0.20%。

③剪力墙竖向和水平分布钢筋的间距均不宜大于 300 mm，直径不应小于 8 mm 且不宜大于墙厚的 1/10。

④房屋顶层剪力墙、长矩形平面房屋的楼梯间和电梯间剪力墙、端开间纵向剪力墙以及端山墙水平和竖向分布钢筋的配筋率均不应小于 0.25%，间距均不应大于 200 mm。

⑤剪力墙竖向和水平分布钢筋采用搭接连接时（图 13-14），一、二级剪力墙的底部加强部位，接头位置应错开，同一截面连接的钢筋数量不宜超过总数量的 50%，

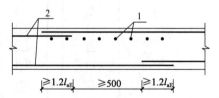

图 13-14　剪力墙分布钢筋的搭接连接
1—竖向分布钢筋；2—水平分布钢筋

错开净距不宜小于 500 mm；其他情况剪力墙的钢筋可在同一截面连接。分布钢筋的搭接长度，抗震设计时不应小于 $1.2l_{aE}$。

⑥剪力墙竖向和水平分布钢筋的锚固以及竖向分布钢筋的接头位置，可查阅标准构造图集（如 16G101 图集等）。

（4）边缘构件

边缘构件是指设置在剪力墙的边缘，起到改善剪力墙受力性能的暗柱和端柱等。边缘构

件分为两大类:构造边缘构件和约束边缘构件。其构造要求如下:

①剪力墙两端和洞口两侧应设置边缘构件,并应符合下列规定:

Ⅰ.一、二、三级剪力墙底层墙肢底截面的轴压比大于表13-8的规定值时,以及部分框支剪力墙结构的剪力墙,应在底部加强部位及相邻的上一层设置约束边缘构件。

表 13-8 　　　　　　　　　　剪力墙可不设约束边缘构件的最大轴压比

等级或烈度	一级(9 度)	一级(7、8 度)	二、三级
轴压比	0.1	0.2	0.3

注:墙肢轴压比是指重力荷载代表值作用下墙肢承受的轴压力设计值与墙肢的全截面面积和混凝土轴心抗压强度设计值乘积之比值。

Ⅱ.除上述所列部位外,剪力墙应设置构造边缘构件。

Ⅲ.B 级 * 高度高层建筑的剪力墙,宜在约束边缘构件层与构造边缘构件层之间设置1~2层过渡层,过渡层边缘构件的箍筋配置要求可低于约束边缘构件的要求,但应高于构造边缘构件的要求。

②约束边缘构件

剪力墙的约束边缘构件可分为暗柱、端柱和翼墙(图 13-15),并应符合下列规定:

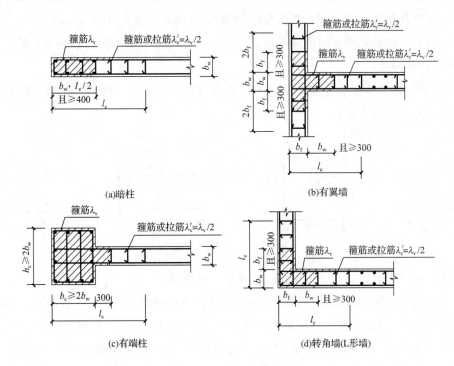

图 13-15　剪力墙的约束边缘构件

注:钢筋混凝土高层建筑结构的最大适用高度应区分为 A 级和 B 级。A 级建筑数量多,应用广泛,符合《高层建筑混凝土结构技术规程》(JGJ 3—2010)相应的规定;B 级建筑高度超出《高层建筑混凝土结构技术规程》(JGJ 3—2010)相应的规定,应按超限高层建筑设计和审查。

Ⅰ.约束边缘构件沿墙肢的长度 l_c 和箍筋配箍特征值 λ_v 应符合表 13-9 的要求,其体积配箍率 ρ_v 应符合《高层建筑混凝土结构技术规程》(JGJ 3—2010)的有关规定。

表 13-9　　　　　　　　约束边缘构件沿墙肢的长度 l_c 和箍筋配箍特征值 λ_v

项目	一级(9度)		一级(7、8度)		二、三级	
	$\mu_N \leqslant 0.2$	$\mu_N > 0.2$	$\mu_N \leqslant 0.3$	$\mu_N > 0.3$	$\mu_N \leqslant 0.4$	$\mu_N > 0.4$
l_c(暗柱)	$0.2h_w$	$0.25h_w$	$0.15h_w$	$0.20h_w$	$0.15h_w$	$0.20h_w$
l_c(翼墙或端柱)	$0.15h_w$	$0.20h_w$	$0.10h_w$	$0.15h_w$	$0.10h_w$	$0.15h_w$
λ_v	0.12	0.20	0.12	0.20	0.12	0.20

注:①μ_N 为墙肢在重力荷载代表值作用下的轴压比,h_w 为墙肢的长度。

②剪力墙的翼墙长度小于翼墙厚度的 3 倍或端柱截面边长小于 2 倍墙厚时,按无翼墙、无端柱查表。

③l_c 为约束边缘构件沿墙肢的长度(图 13-15)。对暗柱不应小于墙厚和 400 mm 的较大值;有翼墙或端柱时,不应小于翼墙厚度或端柱沿墙肢方向截面高度加 300 mm。

Ⅱ.剪力墙约束边缘构件阴影部分(图 13-15)的竖向钢筋除应满足正截面受压(受拉)承载力计算要求外,其配筋率一、二、三级时分别不应小于 1.2%、1.0% 和 1.0%,并分别不应少于 8 Φ 16、6 Φ 16 和 6 Φ 14 的钢筋。

Ⅲ.约束边缘构件内箍筋或拉筋沿竖向的间距,一级不宜大于 100 mm,二、三级不宜大于 150 mm;箍筋、拉筋沿水平方向的肢距不宜大于 300 mm,不应大于竖向钢筋间距的2倍。

③构造边缘构件

剪力墙构造边缘构件的范围宜按图 13-16 中阴影部分采用,其最小配筋应满足表 13-10 的规定,并应符合下列要求:

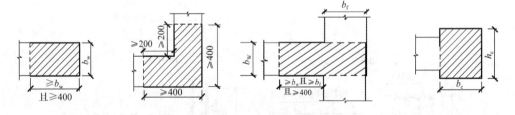

图 13-16　剪力墙的构造边缘构件范围

Ⅰ.竖向配筋应满足正截面受压(受拉)承载力的要求。

Ⅱ.当端柱承受集中荷载时,其竖向钢筋、箍筋直径和间距应满足框架柱的相应要求。

Ⅲ.箍筋、拉筋沿水平方向的肢距不宜大于 300 mm,不应大于竖向钢筋间距的 2 倍。

Ⅳ.抗震设计时,对于连体结构、错层结构以及 B 级高度高层建筑结构中的剪力墙(筒体),其构造边缘构件的最小配筋应符合下列要求:

(Ⅰ)竖向钢筋最小量应比表 13-10 中的数值提高 $0.001A_c$ 采用。

(Ⅱ)箍筋的配箍范围宜取图 13-16 中阴影部分,其配箍特征值 λ_v 不宜小于 0.1。

表 13-10 剪力墙构造边缘构件的最小配筋要求

抗震等级	底部加强部位		
	竖向钢筋最小值（取较大值）	箍筋	
		最小值/mm	沿竖向最大间距/mm
一	$0.010A_c$，$6\,\Phi\,16$	8	100
二	$0.008A_c$，$6\,\Phi\,14$	8	150
三	$0.006A_c$，$6\,\Phi\,12$	6	150
四	$0.005A_c$，$4\,\Phi\,12$	6	200
抗震等级	其他部位		
	竖向钢筋最小值（取较大值）	拉筋	
		最小直径/mm	沿竖向最大间距/mm
一	$0.008A_c$，$6\,\Phi\,14$	8	150
二	$0.006A_c$，$6\,\Phi\,12$	8	200
三	$0.005A_c$，$4\,\Phi\,12$	6	200
四	$0.004A_c$，$4\,\Phi\,12$	6	250

注：①A_c 为构造边缘构件的截面面积，即图 13-16 中剪力墙截面的阴影部分。

②符号 Φ 表示钢筋直径。

③其他部位的转角处宜采用箍筋。

④暗柱及端柱内纵向钢筋连接和锚固要求宜与框架柱相同。

2. 连梁

（1）纵向钢筋

①跨高比（l/h_b）不大于 1.5 的连梁，抗震设计时，其纵向钢筋的最小配筋率宜符合表 13-11 的要求；跨高比大于 1.5 的连梁，其纵向钢筋的最小配筋率可按框架梁的要求采用。

表 13-11 跨高比（l/h_b）不大于 1.5 的连梁纵向钢筋的最小配筋率　　　　　　%

跨高比	最小配筋率（采用较大值）
$l/h_b \leqslant 0.5$	$0.20，45f_t/f_y$
$0.5 < l/h_b \leqslant 1.5$	$0.25，55f_t/f_y$

②连梁顶面及底面单侧纵向钢筋的最大配筋率宜符合表 13-12 的要求。若不满足，则应按实配钢筋进行连梁强剪弱弯的验算。

表 13-12 连梁纵向钢筋的最大配筋率　　　　　　%

跨高比	最大配筋率
$l/h_b \leqslant 1.0$	0.6
$1.0 < l/h_b \leqslant 2.0$	1.2
$2.0 < l/h_b \leqslant 2.5$	1.5

③连梁顶面、底面纵向钢筋伸入墙肢的长度，抗震设计时不应小于 l_{aE}，且均不应小于 600 mm（图 13-17）。

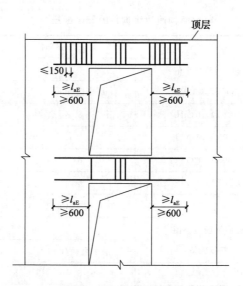

图 13-17 连梁配筋构造示意图

(2)箍筋

①抗震设计时,沿连梁全长箍筋的构造应符合框架梁梁端箍筋加密区的箍筋构造要求。

②顶层连梁纵向水平钢筋伸入墙肢的长度范围内,应配置箍筋,箍筋间距不宜大于150 mm,直径应与该连梁的箍筋直径相同。

(3)腰筋

①连梁高度范围内的墙肢水平分布钢筋应在连梁内拉通,作为连梁的腰筋。

②连梁截面高度大于 700 mm 时,其两侧腰筋的直径不应小于 8 mm,间距不应大于200 mm;跨高比不大于 2.5 的连梁,其两侧腰筋的总面积配筋率不应小于 0.3%。

3.剪力墙开洞和连梁开洞

(1)剪力墙墙面开有边长小于 800 mm 小洞口,且在整体计算中不考虑其影响时,应在洞口上、下和左、右配置补强钢筋,补强钢筋的直径不应小于 12 mm,截面面积应分别不小于被截断的水平分布钢筋和竖向分布钢筋的面积(图 13-18(a))。

(2)穿过连梁的管道宜埋设套管,洞口上、下截面的有效高度不宜小于梁高的 1/3,且不宜小于 200 mm;被洞口削弱的截面应进行承载力验算,洞口处应配置补强纵向钢筋和箍筋(图 13-18(b)),补强纵向钢筋的直径不应小于 12 mm。

13.5 框架-剪力墙结构

13.5.1 基本概念

框架-剪力墙结构(简称框-剪结构)是由框架和剪力墙两类抗侧力单元组成的,这两类抗侧力单元的变形和受力特点不同。剪力墙的变形以弯曲型为主,框架的变形以剪切型为主。在框-剪结构中,框架和剪力墙由楼盖连接起来而共同变形。

在框-剪结构协同工作时,由于剪力墙的刚度比框架大得多,因此剪力墙承担大部分水平力;此外,框架和剪力墙分担水平力的比例,在房屋上部、下部是变化的。在房屋下部,由于剪力墙变形增大,框架变形减小,所以下部剪力墙承担更多剪力,而框架下部承担的剪力较少。

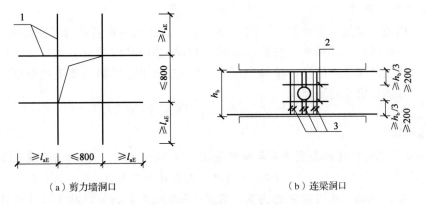

（a）剪力墙洞口 （b）连梁洞口

图 13-18　洞口补强配筋示意图

1—墙洞口周边补强钢筋；2—连梁洞口上、下补强纵向钢筋；3—连梁洞口补强箍筋

在房屋上部，情况恰好相反，剪力墙承担外载减小，而框架承担剪力增大。这样，就使框架上部和下部所受剪力均匀化。从图 13-19 协同变形曲线可以看出，框架-剪力墙结构的层间变形在下部小于纯框架结构，在上部小于纯剪力墙结构，因此各层的层间变形也将趋于均匀化。

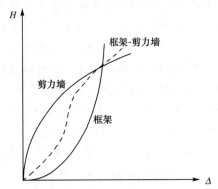

图 13-19　框架-剪力墙体系协同工作的侧向位移曲线

13.5.2　框架-剪力墙结构的抗震构造措施

框架-剪力墙结构除应符合框架结构和剪力墙结构的有关规定外，还应符合以下要求：

1. 剪力墙的分布钢筋

（1）剪力墙的竖向、水平分布钢筋的配筋率，抗震设计时均不应小于 0.25%。

（2）剪力墙的竖向、水平分布钢筋至少双排布置。

（3）各排分布钢筋之间应设置拉筋，拉筋的间距不应大于 600 mm，直径不应小于 6 mm。

2. 带边框剪力墙

（1）带边框剪力墙的剪力墙截面厚度除应符合《高层建筑混凝土结构技术规程》(JGJ 3—2010)关于墙体稳定的计算要求外，尚应符合下列规定：

①抗震设计时，一、二级剪力墙的底部加强部位不应小于 200 mm。

②除上述要求以外的其他情况不应小于 160 mm。

（2）剪力墙的水平钢筋应全部锚入边框柱内，锚固长度不应小于 l_{aE}。

（3）与剪力墙重合的框架梁可保留，亦可做成宽度与墙厚相同的暗梁，暗梁截面高度可取墙厚的 2 倍或与该榀框架梁截面等高，暗梁的配筋可按构造配置且应符合一般框架梁相应抗震等级的最小配筋要求。

（4）剪力墙截面宜按工字形设计，其端部的纵向受力钢筋应配置在边框柱截面内。

（5）边框柱截面宜与该榀框架其他柱的截面相同，边框柱应符合有关框架柱构造配筋规定；剪力墙底部加强部位边框柱的箍筋宜沿全高加密；当带边框剪力墙上的洞口紧邻边框柱时，边框柱的箍筋宜沿全高加密。

本章小结

1.多层及高层建筑是社会生产发展和科学技术进步的结果。我国《高层建筑混凝土结构技术规程》(JGJ 3—2010)规定，10层及10层以上或房屋高度超过28 m的住宅建筑和房屋高度大于24 m的其他高层民用建筑为高层。目前，多层及高层钢筋混凝土房屋的常用结构体系有四种类型，即框架结构、剪力墙结构、框架-剪力墙结构和简体结构。

2.多层和高层钢筋混凝土结构抗震设计时主要考虑抗震等级、房屋的高宽比限值、建筑结构的规则性和抗震缝设置等因素，对钢筋混凝土框架结构、剪力墙结构和框架-剪力墙结构的构造等要求均有具体规定。

3.框架结构体系是指采用梁、柱组成的框架体系作为建筑竖向承重结构，并同时承受水平荷载的结构体系。其中，连系平面框架以组成空间体系结构的梁称为连系梁，框架结构中承受主要荷载的梁称为框架梁，其有全现浇式、全装配式、装配整体式及半现浇式四种形式。

4.剪力墙结构体系是指将房屋的内、外墙都做成实体的钢筋混凝土结构体系，剪力墙结构适用于具有小房间的住宅、旅馆等建筑，省材料且施工速度很快。

5.框架-剪力墙体系是指将框架结构和剪力墙结构结合起来的结构体系。这种体系改善了纯框架或纯剪力墙结构中上部和下部层间变形相差较大的缺点，在地震作用下可减少非结构构件的破坏。框-剪体系的适用高度为15～25层，一般不宜超过30层。

6.简体体系是指以简体为主组成的承受竖向和水平作用的结构体系。简体是由若干片剪力墙围合而成的封闭井简式结构，其受力与一个固定于基础上的简形悬臂构件相似。根据开孔的多少，简体有空腹简和实腹简之分。

复习思考题

13-1 我国《高层建筑混凝土结构技术规程》(JGJ 3—2010)如何定义高层建筑？

13-2 国际上如何定义高层和超高层建筑？

13-3 高层建筑的主要结构体系包括哪些？

13-4 多层和高层混凝土结构的抗震设计规定有哪些？

13-5 框架结构的特点是什么？其主要适用范围是什么？

13-6 剪力墙结构的特点是什么？其主要适用范围是什么？

13-7 框-剪结构的特点是什么？其主要适用范围是什么？

13-8 简述框架结构、剪力墙结构和框架-剪力墙结构的抗震构造措施。

模块三

新型装配式混凝土结构

第14章 新型装配式混凝土结构一般规定及材料要求

学习目标

掌握新型装配式混凝土结构的概念,熟悉新型装配式混凝土结构的一般规定及材料要求,了解新型装配式混凝土结构的使用范围。

14.1 概 述

为了落实国家节能减排、美化环境的大政方针,住房和城乡建设部于2014年10月出台了《装配式混凝土结构技术规程》(JGJ 1—2014),目的是在全国各地民用建筑中大力推广装配式混凝土结构。和现浇混凝土结构相比,装配式混凝土结构有以下优点:

(1)有利于我国建筑工业化的发展,提高生产率,节约水、电、材料等资源和能源,遵循可持续发展的原则。

(2)有利于绿色施工,降低施工对环境的负面影响,包括降低噪声、防止扬尘、减少环境污染、清洁运输、减少场地干扰等。

由于传统的装配式混凝土结构在整体性和抗震性能方面不如现浇混凝土结构,因此,新修订的《装配式混凝土结构技术规程》(JGJ 1—2014)在预制混凝土构件节点部位采取了很多保证结构整体性的构造措施。为了和传统的装配式混凝土结构区别,本模块所述的装配式混凝土结构(简称装配式结构)是指新型装配式混凝土结构。

1. 新型装配式混凝土结构的定义

新型装配式混凝土结构是指由预制混凝土构件通过各种可靠的方式进行连接并与现场后浇混凝土、水泥基灌浆料形成的装配式混凝土结构。

2. 新型装配式混凝土结构的适用范围

新型装配式混凝土结构适用于非抗震设计及抗震设防烈度为6度至8度的民用建筑。

3. 新型装配式混凝土结构常用的名词解释

(1)混凝土粗糙面。预制构件结合面上的凹凸不平或骨料显露的表面,简称粗糙面。

(2)钢筋套筒灌浆连接。在预制混凝土构件内预埋的金属套筒中插入钢筋并灌注水泥基灌浆料而实现的钢筋连接方式。

（3）钢筋浆锚搭接连接 。在预制混凝土构件中预留孔道,在孔道中插入需搭接的钢筋,并灌注水泥基灌浆料而实现的钢筋搭接连接方式。

（4）叠合楼盖。预制混凝土梁、板顶部在现场后浇混凝土而形成的整体受弯构件称为预制叠合板或叠合梁。由预制叠合板或叠合梁组成的楼盖称为预制叠合楼盖,简称叠合楼盖。

4. 新型装配式混凝土结构的特点

（1）节点区域的混凝土后浇或纵筋采用灌浆套筒连接或浆锚搭接连接。

（2）节点区域的钢筋构造与现浇结构相同。

（3）采用叠合楼盖。

5. 新型装配式混凝土结构的分类

（1）装配整体式框架结构。

（2）装配整体式剪力墙结构。

（3）装配整体式框架-现浇剪力墙结构。

（4）装配整体式部分框支剪力墙结构。

14.2　新型装配式混凝土结构一般规定

14.2.1　基本要求

新型装配式混凝土结构的设计应符合现行国家标准《混凝土结构设计规范》(GB 50010—2010)的基本要求,并应符合下列规定:

（1）应采取有效措施加强结构的整体性。

（2）装配式结构宜采用高强混凝土、高强钢筋。

（3）装配式结构的节点和接缝应受力明确、构造可靠,并应满足承载力、延性和耐久性等要求。

（4）应根据连接节点和接缝的构造方式和性能,确定结构的整体计算模型。

（5）预制构件的连接部位宜设置在结构受力较小的部位。

14.2.2　结构设计基本规定

装配整体式框架结构、装配整体式剪力墙结构、装配整体式框架-现浇剪力墙结构、装配整体式部分框支剪力墙结构的房屋最大适用高度应满足表 14-1 的要求,并应符合下列规定:

①当结构中竖向构件全部为现浇且楼盖采用叠合梁板时,房屋的最大适用高度可按现行行业标准《高层建筑混凝土结构技术规程》(JGJ 3—2010)中的规定采用。

②装配整体式剪力墙结构和装配整体式部分框支剪力墙结构,在规定的水平力作用下,当预制剪力墙构件底部承担的总剪力大于该层总剪力的 50% 时,其最大适用高度应适当降低;当预制剪力墙构件底部承担的总剪力大于该层总剪力的 80% 时,其最大适用高度应取表14-1中括号内的数值。

表 14-1　　　　　　　　　**装配整体式结构房屋的最大适用高度**　　　　　　　　　　　m

结构体系	非抗震设计	抗震设防烈度			
		6 度	7 度	8 度(0.2 g)	8 度(0.3 g)
装配整体式框架结构	70	60	50	40	30
装配整体式框架-现浇剪力墙结构	150	130	120	100	80
装配整体式剪力墙结构	140(130)	130(120)	110(100)	90(80)	70(60)
装配整体式部分框支剪力墙结构	120(110)	110(100)	90(80)	70(60)	40(30)

注:房屋高度指室外地面到主要屋面的高度,不包括局部突出屋顶部分。

(2)装配整体式结构构件的抗震设计,应根据设防类别、烈度、结构类型和房屋高度采用不同的抗震等级,并应符合相应的计算和构造措施要求。丙类装配整体式结构的抗震等级应按表 14-2 确定。

表 14-2　　　　　　　　　　　　**丙类装配整体式结构的抗震等级**

结构类型		抗震设防烈度							
		6 度		7 度			8 度		
装配整体式框架结构	高度/m	≤24	>24	≤24	>24		≤24	>24	
	框架	四	三	三	二		二	一	
	大跨度框架	三		二			一		
装配整体式框架-现浇剪力墙结构	高度/m	≤60	>60	≤24	>24且≤60	>60	≤24	>24且≤60	>60
	框架	四	三	四	三	二	三	二	一
	剪力墙	三	三	三	二	二	二	一	一
装配整体式剪力墙结构	高度/m	≤70	>70	≤24	>24且≤70	>70	≤24	>24且≤70	>70
	剪力墙	四	三	四	三	二	三	二	一
装配整体式部分框支剪力墙结构	高度/m	≤70	>70	≤24	>24且≤70	>70	≤24	>24且≤70	
	现浇框支框架	二	二	二	二	一	一	一	
	底部加强部位剪力墙	三	二	三	二	一	二	一	
	其他区域剪力墙	四	三	四	三	二	三	二	

注:大跨度框架是指跨度不小于 18 m 的框架。

(3)乙类装配整体式结构应按本地区抗震设防烈度提高一度的要求加强其抗震措施;当本地区抗震设防烈度为 8 度且抗震等级为一级时,应采取比一级更高的抗震措施;当建筑场地为Ⅰ类时,仍可按本地区抗震设防烈度的要求采取抗震构造措施。

(4)装配式结构的平面布置宜符合下列规定:

①平面形状宜简单、规则、对称,质量、刚度分布宜均匀;不应采用严重不规则的平面布置。

②平面长度不宜过长,如图 14-1 所示,长宽比(L/B)宜按表 14-3 采用。

③平面突出部分的长度 l 不宜过大,宽度 b 不宜过小, l/B_{max} 、 l/b 宜按表 14-3 采用。

④平面不宜采用角部重叠或细腰形平面布置。

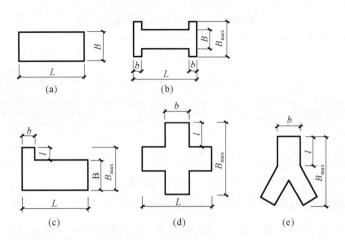

图 14-1 建筑平面示例

表 14-3 平面尺寸及突出部位尺寸的比值限值

抗震设防烈度	L/B	$l/B_{\max}$	l/b
6、7 度	≤6.0	≤0.35	≤2.0
8 度	≤5.0	≤0.30	≤1.5

(5)装配式结构竖向布置应连续、均匀,避免抗侧力结构的侧向刚度和承载力沿竖向突变,并符合现行国家标准《建筑抗震设计规范》(GB 50011—2010)的有关规定。

(6)抗震设计的高层装配整体式结构,当其房屋高度、规则性、结构类型等超过《装配式混凝土结构技术规程》(JGJ 1—2014)的规定或者抗震设防标准有特殊要求时,可按现行行业标准《高层建筑混凝土结构技术规程》(JGJ 3—2010)的有关规定进行结构抗震性能设计。

(7)高层装配整体式结构应符合下列规定:

①宜设置地下室,地下室宜采用现浇混凝土。

②剪力墙结构底部加强部位的剪力墙宜采用现浇混凝土。

③框架结构首层柱宜采用现浇混凝土,顶层宜采用现浇楼盖结构。

(8)带转换层的装配整体式结构应符合下列规定:

①当采用部分框支剪力墙结构时,底部框支层不宜超过 2 层,且框支层及相邻上一层应采用现浇结构。

②部分框支剪力墙以外的结构中,转换梁、转换柱宜现浇。

(9)装配式结构构件及节点应进行承载能力极限状态及正常使用极限状态设计,并应符合现行国家标准《混凝土结构设计规范》(GB 50010—2010)、《建筑抗震设计规范》(GB 50011—2010)和《混凝土结构工程施工规范》(GB 50666—2011)等的有关规定。

(10)抗震设计时,构件及节点的承载力抗震调整系数 γ_{RE} 应按表 14-4 采用;当仅考虑竖向地震作用组合时,承载力抗震调整系数 γ_{RE} 应取 1.0。预埋件锚筋截面计算的承载力抗震调整系数 γ_{RE} 应取 1.0。

(11)预制构件节点及接缝处后浇混凝土强度等级不应低于预制构件的混凝土强度等级;多层剪力墙结构中墙板水平接缝用坐浆材料的强度等级应大于被连接构件的混凝土强度等级。

(12)预埋件和连接件等外露金属件应按不同环境类别进行封闭或防腐、防锈、防火处理,并应符合耐久性要求。

表 14-4 构件及节点承载力抗震调整系数 γ_{RE}

| 结构构件类别 | 正截面承载力计算 | | | | 斜截面承载力计算 | 受冲切承载力计算、接缝受剪承载力计算 |
| | 受弯构件 | 偏心受压柱 | | 偏心受拉构件 | 剪力墙 | 各类构件及框架节点 | |
		轴压比小于0.15	轴压比不小于0.15				
γ_{RE}	0.75	0.75	0.8	0.85	0.85	0.85	0.85

14.3 新型装配式混凝土结构材料要求

14.3.1 混凝土、钢筋和钢材

（1）混凝土、钢筋和钢材的力学性能指标和耐久性要求等应符合现行国家标准《混凝土结构设计规范》（GB 50010—2010）和《钢结构设计标准》（GB 50017—2017）的规定。

（2）预制构件的混凝土强度等级不宜低于C30；预应力混凝土预制构件的混凝土强度等级不宜低于C40，且不应低于C30；现浇混凝土的强度等级不应低于C25。

（3）钢筋的选用应符合现行国家标准《混凝土结构设计规范》（GB 50010—2010）的规定。普通钢筋采用套筒灌浆连接和浆锚搭接连接时，钢筋应采用热轧带肋钢筋。

（4）钢筋焊接网应符合现行行业标准《钢筋焊接网混凝土结构技术规程》（JGJ 114—2014）的规定。

（5）预制构件的吊环应采用未经冷加工的HPB300钢筋制作。吊装用内埋式螺母或吊杆的材料应符合国家现行相关标准的规定。

14.3.2 连接材料

（1）钢筋套筒灌浆连接接头采用的套筒应符合现行行业标准《钢筋连接用灌浆套筒》（JG/T 398—2012）的规定。

（2）钢筋套筒灌浆连接接头采用的灌浆料应符合现行行业标准《钢筋连接用套筒灌浆料》（JG/T 408—2013）的规定。

（3）钢筋浆锚搭接连接接头应采用水泥基灌浆料，灌浆料的性能应满足表14-5的要求。

表 14-5 钢筋浆锚搭接连接接头用灌浆料性能要求

项　　目		性能指标	试验方法标准
泌水率/%		0	《普通混凝土拌和物性能试验方法标准》（GB/T 50080—2016）
流动度/mm	初始值	≥200	《水泥基灌浆材料应用技术规范》（GB/T 50448—2015）
	30 min 保留值	≥150	
竖向膨胀率/%	3 h	≥0.02	《水泥基灌浆材料应用技术规范》（GB/T 50448—2015）
	24 h 与 3 h 的膨胀率之差	0.02~0.05	
抗压强度/MPa	1 d	≥35	《水泥基灌浆材料应用技术规范》（GB/T 50448—2015）
	7 d	≥55	
	28 d	≥80	
氯离子含量/%		≤0.06	《混凝土外加剂匀质性试验方法》（GB/T 8077—2012）

（4）钢筋锚固板的材料应符合现行行业标准《钢筋锚固板应用技术规程》(JGJ 256—2011)的规定。

（5）受力预埋件的锚板及锚筋材料应符合现行国家标准《混凝土结构设计规范》(GB 50010—2010) 的有关规定。专用预埋件及连接件材料应符合国家现行有关标准的规定。

（6）连接用焊接材料，螺栓、锚栓和铆钉等紧固件的材料应符合国家现行标准《钢结构设计标准》(GB 50017—2017)、《钢结构焊接规范》(GB 50661—2011)和《钢筋焊接及验收规程》(JGJ 18—2012)等的规定。

本章小结

1. 新型装配式混凝土结构是指由预制混凝土构件通过各种可靠的方式进行连接并与现场后浇混凝土、水泥基灌浆料形成的装配式混凝土结构。

2. 新型装配式混凝土结构适用于非抗震设计及抗震设防烈度为 6 度至 8 度的民用建筑。

3. 新型装配式混凝土结构的特点：(1)节点区域的混凝土后浇或纵筋采用灌浆套筒连接或浆锚搭接连接。(2)节点区域的钢筋构造与现浇结构相同。(3)采用叠合楼盖。

4. 新型装配式混凝土结构的分类：(1)装配整体式框架结构；(2)装配整体式剪力墙结构；(3)装配整体式框架-现浇剪力墙结构；(4)装配整体式部分框支剪力墙结构。

5. 新型装配整体式混凝土结构的一般规定和材料要求与现浇混凝土结构有一定的差别。

复习思考题

14-1 什么是新型装配式混凝土结构？其使用范围是什么？

14-2 什么是混凝土粗糙面？

14-3 什么是钢筋套筒灌浆连接？

14-4 什么是钢筋浆锚搭接连接？

14-5 什么是叠合楼盖？

14-6 新型装配式混凝土结构的特点有哪些？

14-7 新型装配式混凝土结构有哪几种类型？

14-8 新型装配式混凝土结构的设计基本要求有哪些？

14-9 新型装配式混凝土结构中的混凝土、钢筋和钢材有哪些要求？

第15章 新型装配式混凝土结构预制构件、连接及楼盖

学习目标

掌握新型装配式混凝土结构连接设计及楼盖设计的构造要求,熟悉新型装配式混凝土结构预制构件设计的一般规定,了解新型装配式混凝土结构预制构件接缝受剪承载力验算的基本规定。

15.1 新型装配式混凝土结构预制构件设计

(1)预制构件的设计应符合下列规定:

①对持久设计状况,应对预制构件进行承载力、变形、裂缝控制验算。

②对地震设计状况,应对预制构件进行承载力验算。

③对制作、运输和堆放、安装等短暂设计状况下的预制构件验算,应符合现行国家标准《混凝土结构工程施工规范》(GB 50666—2011)的有关规定。

(2)当预制构件中钢筋的混凝土保护层厚度大于 50 mm 时,宜对钢筋的混凝土保护层采取有效的构造措施。

(3)预制板式楼梯的梯段板底应配置通长的纵向钢筋。板面宜配置通长的纵向钢筋;当楼梯两端均不能滑动时,板面应配置通长的纵向钢筋。

(4)用于固定连接件的预埋件与预埋吊件、临时支撑用预埋件不宜兼用;当兼用时,应同时满足各种设计工况要求。预制构件中预埋件的验算应符合现行国家标准《混凝土结构设计规范》(GB 50010—2010)、《钢结构设计标准》(GB 50017—2017)和《混凝土结构工程施工规范》(GB 50666—2011)等有关规定。

(5)预制构件中外露预埋件凹入构件表面的深度不宜小于 10 mm。

15.2 新型装配式混凝土结构连接设计

(1)新型装配式混凝土结构中,接缝的正截面承载力应符合现行国家标准《混凝土结构设

计规范》(GB 50010—2010)的规定。接缝的受剪承载力应符合下列规定：

持久设计状况

$$\gamma_0 V_{jd} \leqslant V_u \qquad (15\text{-}1)$$

地震设计状况

$$V_{jdE} \leqslant V_{uE} / \gamma_{RE} \qquad (15\text{-}2)$$

在梁、柱端部箍筋加密区及剪力墙底部加强部位，尚应符合

$$\eta_j V_{mua} \leqslant V_{uE} \qquad (15\text{-}3)$$

式中　γ_0——结构重要性系数，安全等级为一级时不应小于 1.1，安全等级为二级时不应小于 1.0；

　　　V_{jd}——持久设计状况下接缝剪力设计值；

　　　V_{jdE}——地震设计状况下接缝剪力设计值；

　　　V_u——持久设计状况下梁端、柱端、剪力墙底部接缝受剪承载力设计值；

　　　V_{uE}——地震设计状况下梁端、柱端、剪力墙底部接缝受剪承载力设计值；

　　　V_{mua}——被连接构件端部按实配钢筋面积计算的斜截面受剪承载力设计值；

　　　η_j——接缝受剪承载力增大系数，抗震等级为一、二级时取 1.2，抗震等级为三、四级时取 1.1。

（2）新型装配式混凝土结构中，节点及接缝处的纵向钢筋连接宜根据接头受力、施工工艺等要求选用机械连接、套筒灌浆连接、浆锚搭接连接、焊接连接、绑扎搭接连接等连接方式，并应符合国家现行有关标准的规定。

（3）纵向钢筋采用套筒灌浆连接时，应符合下列规定：

①接头应满足行业标准《钢筋机械连接技术规程》（JGJ 107－2016）中Ⅰ级接头的性能要求，并应符合国家现行有关标准的规定。

②预制剪力墙中钢筋接头处套筒外侧钢筋的混凝土保护层厚度不应小于 15 mm，预制柱中钢筋接头处套筒外侧箍筋的混凝土保护层厚度不应小于 20 mm。

③套筒之间的净距不应小于 25 mm。

（4）纵向钢筋采用浆锚搭接连接时，对预留孔成孔工艺、孔道形状和长度、构造要求、灌浆料和被连接钢筋，应进行力学性能以及适用性的试验验证。直径大于 20 mm 的钢筋不宜采用浆锚搭接连接，直接承受动力荷载构件的纵向钢筋不应采用浆锚搭接连接。

（5）预制构件与后浇混凝土、灌浆料、坐浆材料的结合面应设置粗糙面、键槽，并应符合下列规定：

①预制板与后浇混凝土叠合层之间的结合面应设置粗糙面。

②预制梁与后浇混凝土叠合层之间的结合面应设置粗糙面；预制梁端面应设置键槽，如图 15-1 所示，且宜设置粗糙面。键槽的尺寸和数量应按第 16 章 16.2 节第（2）条的规定计算确定；键槽的深度 t 不宜小于 30 mm，宽度 w 不宜小于深度的 3 倍且不宜大于深度的 10 倍；键槽可贯通截面，当不贯通时槽口距离截面边缘不宜小于 50 mm；键槽间距宜等于键槽宽度；键槽端部斜面倾角不宜大于 30°。

③剪力墙的顶部和底部与后浇混凝土的结合面应设置粗糙面；侧面与后浇混凝土的结合

面应设置粗糙面,也可设置键槽;键槽深度 t 不宜小于 20 mm,宽度 w 不宜小于深度的 3 倍且不宜大于深度的 10 倍,键槽间距宜等于键槽宽度,键槽端部斜面倾角不宜大于 30°。

④预制柱的底部应设置键槽且宜设置粗糙面,键槽应均匀布置,键槽深度不宜小于 30 mm,键槽端部斜向倾角不宜大于 30°。柱顶应设置粗糙面。

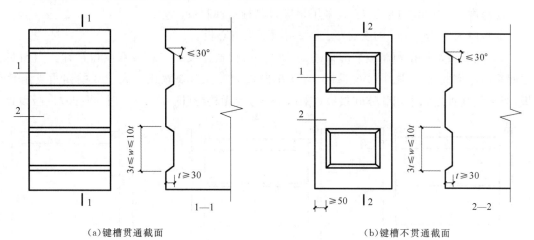

（a）键槽贯通截面　　　　　　　　　　　　　　（b）键槽不贯通截面

图 15-1　梁端键槽构造示意图

1—键槽;2—梁端面

⑤粗糙面的面积不宜小于结合面的 80%,预制板的粗糙面凹凸深度不应小于 4 mm,预制梁端、预制柱端、预制墙端的粗糙面凹凸深度不应小于 6 mm。

（6）预制构件纵向钢筋宜在后浇混凝土内直线锚固;当直线锚固长度不足时,可采用弯折、机械锚固方式,并应符合现行国家标准《混凝土结构设计规范》（GB 50010—2010）和《钢筋锚固板应用技术规程》（JGJ 256—2011）的规定。

（7）应对连接件、焊缝、螺栓或铆钉等紧固件在不同设计状况下的承载力进行验算,并应符合现行国家标准《钢结构设计标准》（GB 50017—2017）和《钢结构焊接规范》（GB 50661—2011）等的规定。

（8）预制楼梯与支承构件之间宜采用简支连接。采用简支连接时,应符合下列规定:

①预制楼梯宜一端设置固定铰,另一端设置滑动铰,其转动及滑动变形能力应满足结构层间位移的要求,且预制楼梯端部在支承构件上的最小搁置长度应符合表 15-1 的规定。

表 15-1　　　　　　　　　　　　预制楼梯在支承构件上的最小搁置长度

抗震设防烈度/度	6	7	8
最小搁置长度/mm	75	75	100

②预制楼梯设置滑动铰的端部应采取防止滑落的构造措施。

15.3　新型装配式混凝土结构楼盖设计

（1）新型装配式混凝土结构楼盖宜采用叠合楼盖。结构转换层、平面复杂或开洞较大的楼层、作为上部结构嵌固部位的地下室楼层宜采用现浇楼盖。

（2）叠合板应按现行国家标准《混凝土结构设计规范》（GB 50010—2010）进行设计,并应符合下列规定：

　　①叠合板的预制板厚度不宜小于 60 mm,后浇混凝土叠合层厚度不应小于 60 mm。

　　②当叠合板的预制板采用空心板时,板端空腔应封堵。

　　③跨度大于 3 m 的叠合板,宜采用桁架钢筋混凝土叠合板。

　　④跨度大于 6 m 的叠合板,宜采用预应力混凝土预制板。

　　⑤板厚大于 180 mm 的叠合板,宜采用混凝土空心板。

　　(3)叠合板可根据预制板接缝构造、支座构造、长宽比按单向板或双向板设计。当预制板之间采用分离式接缝(图 15-2(a))时,宜按单向板设计。对长宽比不大于 3 的四边支承叠合板,当其预制板之间采用整体式接缝(图 15-2(b))或无接缝(图 15-2(c))时,可按双向板设计。

(a)单向叠合板　　　　　　(b)带接缝双向叠合板　　　　　　(c)无接缝双向叠合板

图 15-2　叠合板的预制板布置形式示意图

1—预制板;2—梁或墙;3—板侧分离式接缝;4—板侧整体式接缝

　　(4)叠合板支座处的纵向钢筋应符合下列规定：

　　①板端支座处,预制板内的纵向受力钢筋宜从板端伸出并锚入支承梁或墙的后浇混凝土中,锚固长度不应小于 $5d$(d 为纵向受力钢筋直径),且宜伸过支座中心线(图 15-3(a))。

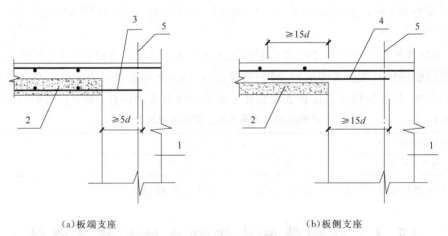

(a)板端支座　　　　　　　　　　　(b)板侧支座

图 15-3　叠合板端及板侧支座构造示意图

1—支承梁或墙;2—预制板;3—纵向受力钢筋;4—附加钢筋;5—支座中心线

　　②单向叠合板的板侧支座处,当预制板内的板底分布钢筋伸入支承梁或墙的后浇混凝土中时,与板端支座相同;当板底分布钢筋不伸入支座时,宜在紧邻预制板顶面的后浇混凝土叠合层中设置附加钢筋,附加钢筋截面面积不宜小于预制板内的同向分布钢筋面积,间距不宜大

于 600 mm,在板的后浇混凝土叠合层内锚固长度不应小于 15d,在支座内锚固长度不应小于 15d(d 为附加钢筋直径)且宜伸过支座中心线(图 15-3(b))。

(5)单向叠合板板侧的分离式接缝宜配置附加钢筋(图 15-4),并应符合下列规定:

①接缝处紧邻预制板顶面宜设置垂直于板缝的附加钢筋,附加钢筋伸入两侧后浇混凝土叠合层的锚固长度不应小于 15d(d 为附加钢筋直径)。

②附加钢筋截面面积不宜小于预制板中该方向钢筋面积,钢筋直径不宜小于 6 mm,间距不宜大于 250 mm。

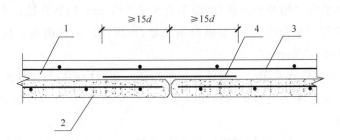

图 15-4　单向叠合板板侧分离式接缝构造示意图

1—后浇混凝土叠合层;2—预制板;3—后浇层内钢筋;4—附加钢筋

(6)双向叠合板板侧的整体式接缝宜设置在叠合板的次要受力方向上且宜避开最大弯矩截面。接缝可采用后浇带形式,并应符合下列规定:

①后浇带宽度不宜小于 200 mm。

②后浇带两侧板底纵向受力钢筋可在后浇带中焊接连接、搭接连接、弯折锚固。

③当后浇带两侧板底纵向受力钢筋在后浇带中弯折锚固时(图 15-5),应符合下列规定:

Ⅰ.叠合板厚度不应小于 10d,且不应小于 120 mm(d 为弯折钢筋直径的较大值);

Ⅱ.接缝处预制板侧伸出的纵向受力钢筋应在后浇混凝土叠合层内锚固,且锚固长度不应小于 l_a;两侧钢筋在接缝处重叠的长度不应小于 10d,钢筋弯折角度不应大于 30°,弯折处沿接缝方向应配置不少于 2 根通长构造钢筋,且直径不应小于该方向预制板内钢筋直径。

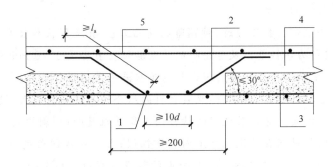

图 15-5　双向叠合板整体式接缝构造示意图

1—通长构造钢筋;2—纵向受力钢筋;3—预制板;4—后浇混凝土叠合层;5—后浇层内钢筋

(7)桁架钢筋混凝土叠合板应满足下列要求:

①桁架钢筋应沿主要受力方向布置。

②桁架钢筋距板边不应大于 300 mm,间距不宜大于 600 mm。

③桁架钢筋弦杆钢筋直径不宜小于 8 mm,腹杆钢筋直径不应小于 4 mm。

④桁架钢筋弦杆混凝土保护层厚度不应小于 15 mm。

(8)当未设置桁架钢筋时,在下列情况下,叠合板的预制板与后浇混凝土叠合层之间应设置抗剪构造钢筋:

①单向叠合板跨度大于 4.0 m 时,距支座 1/4 跨范围内。

②双向叠合板短向跨度大于 4.0 m 时,距四边支座 1/4 短跨范围内。

③悬挑叠合板。

④悬挑板的上部纵向受力钢筋在相邻叠合板的后浇混凝土锚固范围内。

(9)叠合板的预制板与后浇混凝土叠合层之间设置的抗剪构造钢筋应符合下列规定:

①抗剪构造钢筋宜采用马镫形状,间距不宜大于 400 mm,钢筋直径 d 不应小于 6 mm。

②马镫钢筋宜伸到叠合板上、下部纵向钢筋处,预埋在预制板内的总长度不应小于 $15d$,水平段长度不应小于 50 mm。

(10)阳台板、空调板宜采用叠合构件或预制构件。预制构件应与主体结构可靠连接;叠合构件的负弯矩钢筋应在相邻叠合板的后浇混凝土中可靠锚固,叠合构件中预制板底钢筋的锚固应符合下列规定:

①当板底为构造配筋时,其钢筋锚固应与本章 15.3 节第(4)条所述的板端支座相同。

②当板底为计算要求配筋时,钢筋应满足受拉钢筋的锚固要求。

📎 本章小结

1.新型装配式混凝土结构预制构件设计应符合下列要求:

(1)对持久设计状况,应对预制构件进行承载力、变形、裂缝控制验算。

(2)对地震设计状况,应对预制构件进行承载力验算。

(3)对制作、运输和堆放、安装等短暂设计状况下的预制构件验算,应符合现行国家标准《混凝土结构工程施工规范》(GB 50666—2011)的有关规定。

2.新型装配式混凝土结构中,节点及接缝处的纵向钢筋连接宜根据接头受力、施工工艺等要求选用机械连接、套筒灌浆连接、浆锚搭接连接、焊接连接、绑扎搭接连接等连接方式,并应符合国家现行有关标准的规定。

3.纵向钢筋采用浆锚搭接连接时,对预留孔成孔工艺、孔道形状和长度、构造要求、灌浆料和被连接钢筋,应进行力学性能以及适用性的试验验证。直径大于 20 mm 的钢筋不宜采用浆锚搭接连接,直接承受动力荷载构件的纵向钢筋不应采用浆锚搭接连接。

4.预制构件与后浇混凝土、灌浆料、坐浆材料的结合面应设置粗糙面、键槽。

5.预制梁与后浇混凝土叠合层之间的结合面应设置粗糙面;预制梁端面应设置键槽。

6.预制构件纵向钢筋宜在后浇混凝土内直线锚固;当直线锚固长度不足时,可采用弯折、机械锚固方式,并应符合现行国家标准《混凝土结构设计规范》(GB 50010—2010)和《钢筋锚固板应用技术规程》(JGJ 256—2011)的规定。

7.应对连接件、焊缝、螺栓或铆钉等紧固件在不同设计状况下的承载力进行验算,并应符合现行国家标准《钢结构设计标准》(GB 50017—2017)和《钢结构焊接规范》(GB 50661—2011)等的规定。

8.预制楼梯与支承构件之间宜采用简支连接。

9.新型装配式混凝土结构楼盖宜采用叠合楼盖;结构转换层、平面复杂或开洞较大的楼层、作为上部结构嵌固部位的地下室楼层宜采用现浇楼盖。

　　10.叠合板可根据预制板接缝构造、支座构造、长宽比按单向板或双向板设计。

　　11.阳台板、空调板宜采用叠合构件或预制构件。

复习思考题

　　15-1　新型装配式混凝土结构预制构件的设计应符合哪些规定？

　　15-2　新型装配式混凝土结构中，节点及接缝处的纵向钢筋连接方式有哪些？

　　15-3　新型装配式混凝土结构中，纵向钢筋采用套筒灌浆连接时，应符合哪些规定？

　　15-4　新型装配式混凝土结构中，纵向钢筋采用浆锚搭接连接时应符合哪些要求？

　　15-5　新型装配式混凝土结构中，预制构件与后浇混凝土、灌浆料、坐浆材料的结合面应设置什么？应符合哪些规定？

　　15-6　新型装配式混凝土结构中，叠合板设计应符合哪些规定？

　　15-7　新型装配式混凝土结构中，叠合板支座处的纵向钢筋应符合哪些规定？画图说明。

　　15-8　新型装配式混凝土结构中，单向叠合板板侧的分离式接缝中配置的附加钢筋应符合哪些规定？画图说明。

　　15-9　新型装配式混凝土结构中，双向叠合板板侧的整体式接缝采用后浇带形式时，应符合哪些规定？画图说明。

第16章 新型装配式混凝土框架结构

学习目标

掌握新型装配式混凝土框架结构构造设计,熟悉新型装配式混凝土框架结构承载力计算,了解新型装配式混凝土框架结构设计基本要求。

16.1 新型装配式混凝土框架结构设计基本要求

(1)新型装配式混凝土框架结构可按现浇混凝土框架结构进行设计。

(2)新型装配式混凝土框架结构中,预制柱的纵向钢筋连接应符合下列规定:

①当房屋高度不大于12 m或层数不超过3层时,可采用套筒灌浆、浆锚搭接、焊接等连接方式。

②当房屋高度大于12 m或层数超过3层时,宜采用套筒灌浆连接。

(3)装配整体式框架结构中,预制柱水平接缝处不宜出现拉力。

16.2 新型装配式混凝土框架结构承载力计算

(1)对一、二、三级抗震等级的装配整体式框架,应进行梁柱节点核心区抗震受剪承载力验算;对四级抗震等级可不进行验算。梁柱节点核心区抗震受剪承载力验算和构造应符合现行国家标准《混凝土结构设计规范》(GB 50010—2010)和《建筑抗震设计规范》(GB 50011—2010)中的有关规定。

(2)叠合梁端竖向接缝的受剪承载力设计值应按下列公式计算:

①持久设计状况

$$V_u = 0.07 f_c A_{c1} + 0.10 f_c A_k + 1.65 A_{sd} \sqrt{f_c f_y} \tag{16-1}$$

②地震设计状况

$$V_{uE} = 0.04 f_c A_{c1} + 0.06 f_c A_k + 1.65 A_{sd} \sqrt{f_c f_y} \tag{16-2}$$

式中 V_u——持久设计状况下接缝受剪承载力设计值;

f_c——预制构件混凝土轴心抗压强度设计值；

A_{c1}——叠合梁端截面后浇混凝土叠合层截面面积；

A_k——各键槽的根部截面面积(图16-1)之和，按后浇键槽根部截面和预制键槽根部截面分别计算，并取二者的较小值；

A_{sd}——垂直穿过结合面所有钢筋的面积，包括叠合层内的纵向钢筋；

f_y——垂直穿过结合面钢筋抗拉强度设计值；

V_{uE}——地震设计状况下接缝受剪承载力设计值。

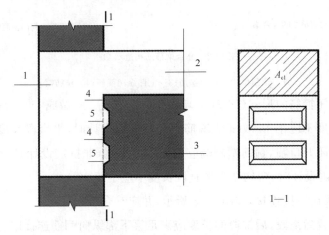

图16-1 叠合梁端受剪承载力计算参数示意图

1—后浇节点区；2—后浇混凝土叠合层；3—预制梁；4—预制键槽根部截面；5—后浇键槽根部截面

③在地震设计状况下，预制柱底水平接缝的受剪承载力设计值应按下列公式计算：

当预制柱受压时

$$V_{uE} = 0.8N + 1.65A_{sd}\sqrt{f_c f_y} \tag{16-3}$$

当预制柱受拉时

$$V_{uE} = 1.65A_{sd}\sqrt{f_c f_y\left[1 - \left(\frac{N}{A_{sd}f_y}\right)^2\right]} \tag{16-4}$$

式中　V_{uE}——地震设计状况下接缝受剪承载力设计值。

N——与剪力设计值V相对应的垂直于结合面的轴向力设计值，取绝对值进行计算；

A_{sd}——垂直穿过结合面所有钢筋的面积，包括叠合层内的纵向钢筋；

f_c——预制构件混凝土轴心抗压强度设计值；

f_y——垂直穿过结合面钢筋抗拉强度设计值；

16.3 新型装配式混凝土框架结构构造设计

(1)在新型装配式混凝土框架结构中，当采用叠合梁时，框架梁的后浇混凝土叠合层厚度不宜小于150 mm，次梁的后浇混凝土叠合层厚度不宜小于120 mm；当采用凹口截面预制梁时，凹口深度不宜小于50 mm，凹口边厚度不宜小于60 mm。

(2)叠合梁的箍筋配置应符合下列规定：

①抗震等级为一、二级的叠合框架梁的梁端箍筋加密区宜采用整体封

微课77

新型装配式混凝土
框架结构构造设计

闭箍筋,如图 16-2(a)所示。

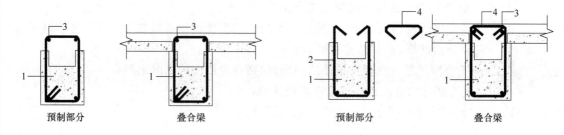

(a)采用整体封闭箍筋的叠合梁   (b)采用组合封闭箍筋的叠合梁

图 16-2　叠合梁箍筋构造示意图

1—预制梁;2—开口箍筋;3—上部纵向箍筋;4—箍筋帽

②采用组合封闭箍筋的形式(16-2(b))时,开口箍筋上方应做成 135°弯钩,非抗震设计时,弯钩端头平直段长度不应小于 5d(d 为箍筋直径);抗震设计时,平直段长度不应小于 10d,现场应采用箍筋帽封闭开口箍,箍筋帽末端应做成 135°弯钩,非抗震设计时,弯钩端头平直段长度不应小于 5d;抗震设计时,弯钩端头平直段长度不应小于 10d。

(3)叠合梁可采用对接连接,如图 16-3 所示,并应符合下列规定:

①连接处应设置后浇段,后浇段的长度应满足梁下部纵向钢筋连接作业的空间需求。

②梁下部纵向钢筋在后浇段内宜采用机械连接、套筒灌浆连接或焊接连接。

③后浇段内的箍筋应加密,箍筋间距不应大于 5d(d 为纵向钢筋直径),且不应大于 100 mm。

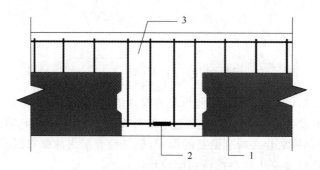

图 16-3　叠合梁连接示意图

1—预制梁;2—钢筋连接接头;3—后浇段

(4)主梁与次梁采用后浇段连接时,应符合下列规定:

①在端部节点处,次梁下部纵向钢筋伸入主梁后浇段内的长度不应小于 12d。次梁上部纵向钢筋应在主梁后浇段内锚固。当采用弯折锚固(或锚固板)时,锚固直段长度不应小于 $0.6l_{ab}$;当钢筋应力不大于钢筋强度设计值的 50% 时,锚固直段长度不应小于 $0.35l_{ab}$;弯折锚固的弯折后直段长度不应小于 12d(d 为纵向钢筋直径),如图 16-4(a)所示。

②在中间节点处,两侧次梁的下部纵向钢筋伸入主梁后浇段内长度不应小于 12d(d 为纵向钢筋直径);次梁上部纵向钢筋应在现浇层内贯通,如图 16-4(b)所示。

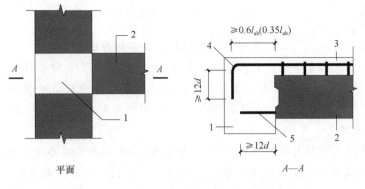

（a）端部节点

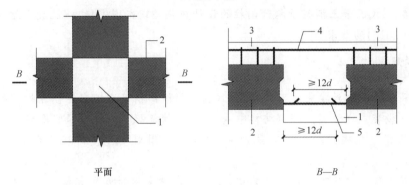

（b）中间节点

图 16-4　主次梁连接节点示意图

1—主梁后浇段；2—次梁；3—后浇混凝土叠合层；4—次梁上部纵向钢筋；5—次梁下部纵向钢筋

（5）预制柱的设计应符合现行国家标准《混凝土结构设计规范》（GB 50010—2010）的要求，并应符合下列规定：

①柱纵向受力钢筋直径不宜小于 20 mm。

②矩形柱截面宽度或圆柱直径不宜小于 400 mm，且不宜小于同方向梁宽的 1.5 倍。

③柱纵向受力钢筋在柱底采用套筒灌浆连接时，箍筋加密区长度不应小于纵向受力钢筋连接区域长度与 500 mm 之和，套筒上端第一道箍筋距离套筒顶部不应大于 50 mm，如图 16-5 所示。

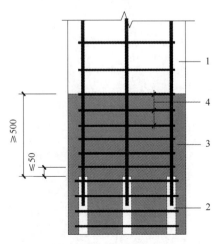

图 16-5　钢筋采用套筒灌浆连接时柱底箍筋加密区域构造示意图

1—预制柱；2—套筒灌浆连接接头；3—箍筋加密区（阴影区域）；4—加密区箍筋

本章小结

1. 新型装配式混凝土框架结构可按现浇混凝土框架结构进行设计。

2. 对一、二、三级抗震等级的装配整体式框架,应进行梁柱节点核心区抗震受剪承载力验算;对四级抗震等级可不进行验算。梁柱节点核心区抗震受剪承载力验算和构造应符合现行国家标准《混凝土结构设计规范》(GB 50010—2010)和《建筑抗震设计规范》(GB 50011—2010)中的有关规定。

3. 在新型装配式混凝土框架结构中,当采用叠合梁时,框架梁的后浇混凝土叠合层厚度不宜小于 150 mm,次梁的后浇混凝土叠合层厚度不宜小于 120 mm;当采用凹口截面预制梁时,凹口深度不宜小于 50 mm,凹口边厚度不宜小于 60 mm。

4. 新型装配式混凝土框架结构预制柱的设计应符合现行国家标准《混凝土结构设计规范》(GB 50010—2010)的要求。

复习思考题

16-1 新型装配式混凝土框架结构中,预制柱的纵向钢筋连接应符合哪些规定?

16-2 新型装配式混凝土框架结构中,叠合梁的箍筋配置应符合哪些规定?画图说明。

16-3 新型装配式混凝土框架结构中,叠合梁采用对接连接时应符合哪些规定?画图说明。

16-4 新型装配式混凝土框架结构中,主梁与次梁采用后浇段连接时,应符合哪些规定?画图说明。

16-5 新型装配式混凝土框架结构中,预制柱的设计应符合哪些规定?画图说明。

第 17 章 新型装配式混凝土剪力墙结构

学习目标

掌握新型装配式混凝土剪力墙结构与多层装配式剪力墙结构构造及连接设计,熟悉新型装配式混凝土剪力墙结构与多层装配式剪力墙结构基本要求。

17.1 基本要求

(1)抗震设计时,对同一层内既有现浇墙肢也有预制墙肢的装配整体式剪力墙结构,现浇墙肢水平地震作用弯矩、剪力宜乘以不小于1.1的增大系数。

(2)装配整体式剪力墙结构的布置应满足下列要求:

①应沿两个方向布置剪力墙。

②剪力墙的截面宜简单、规则,预制墙的门窗洞口宜上下对齐、成列布置。

(3)抗震设计时,高层装配整体式剪力墙结构不应全部采用短肢剪力墙;抗震设防烈度为8度时,不宜采用具有较多短肢剪力墙的剪力墙结构。当采用具有较多短肢剪力墙的剪力墙结构时,应符合下列规定:

①在规定的水平地震作用下,短肢剪力墙承担的底部倾覆力矩不宜大于结构底部总地震倾覆力矩的50%。

②房屋适用高度应比表14-1规定的装配整体式剪力墙结构的最大适用高度适当降低,抗震设防烈度为7度和8度时宜分别降低20 m。

注意:具有较多短肢剪力墙的剪力墙结构是指,在规定的水平地震作用下,短肢剪力墙承担的底部倾覆力矩不小于结构底部总地震倾覆力矩的30%的剪力墙结构。

(4)抗震设防烈度为8度时.高层装配整体式剪力墙结构中的电梯井筒宜采用现浇混凝土结构。

17.2 预制剪力墙构造

(1)预制剪力墙宜采用一字形,也可采用L形、T形或U形;开洞预制剪力墙洞口宜居中布置,洞口两侧的墙肢宽度不应小于 200 mm,洞口上方连梁高度不宜小于 250 mm。

(2)预制剪力墙的连梁不宜开洞,当需要开洞时,洞口宜预埋套管,洞口上、下截面的有效高度不宜小于梁高的 1/3,且不宜小于 200 mm;被洞口削弱的连梁截面应进行承载力验算,洞口处应配置补强纵向钢筋和箍筋,补强纵向钢筋的直径不应小于 12 mm。

(3)预制剪力墙开有边长小于 800 mm 的洞口且在结构整体计算中不考虑其影响时,应沿洞口周边配置补强钢筋;补强钢筋的直径不应小于 12 mm,截面面积不应小于同方向被洞口截断的钢筋面积,该钢筋自孔洞边角计算伸入墙内的长度,非抗震设计时不应小于 l_a,抗震设计时不应小于 l_{aE},如图 17-1 所示。

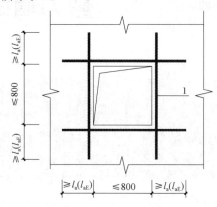

图 17-1　预制剪力墙洞口补强钢筋配置示意图
1—洞口补强钢筋

(4)当采用套筒灌浆连接时,自套筒底部至套筒顶部并向上延伸 300 mm 范围内,预制剪力墙的水平分布钢筋应加密(图 17-2),加密区水平分布钢筋的最大间距及最小直径应符合表 17-1 的规定,套筒上端第一道水平分布钢筋距离套筒顶部不应大于 50 mm。

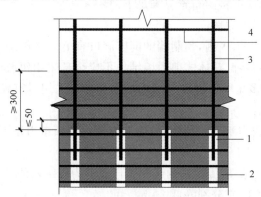

图 17-2　钢筋套筒灌浆连接部位
水平分布钢筋的加密构造示意图
1—灌浆套筒;2—水平分布钢筋加密区域(阴影区域);3—竖向钢筋;4—水平分布钢筋

表 17-1　　　　　　　　　　　　　　　加密区水平分布钢筋要求

抗震等级	最大间距/mm	最小直径/mm
一、二级	100	8
三、四级	150	8

(5)端部无边缘构件的预制剪力墙,宜在端部配置 2 根直径不小于 12 mm 的竖向构造钢筋;沿该钢筋竖向应配置拉筋,拉筋直径不宜小于 6 mm,间距不宜大于 250 mm。

(6)当预制外墙采用夹心墙板时,应满足下列要求:

①外叶墙板厚度不应小于 50 mm,且外叶墙板应与内叶墙板可靠连接。

②夹心外墙板的夹层厚度不宜大于 120 mm。

③当作为承重墙时,内叶墙板应按剪力墙进行设计。

17.3　连接设计

(1)楼层内相邻预制剪力墙之间应采用整体式接缝连接,且应符合下列规定:

①当接缝位于纵、横墙交接处的约束边缘构件区域时,约束边缘构件的阴影区域(图17-3)宜全部采用后浇混凝土,并应在后浇段内设置封闭箍筋。

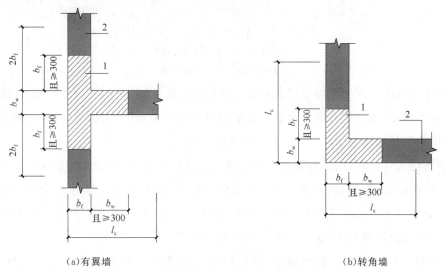

(a)有翼墙　　　　　　　　　　　　　　(b)转角墙

图 17-3　约束边缘构件全部后浇构造示意图

(阴影区域为约束边缘构件范围)

l_c—约束边缘构件沿墙肢的长度;1—后浇段;2—预制剪力墙

②当接缝位于纵、横墙交接处的构造边缘构件区域时,构造边缘构件宜全部采用后浇混凝土(图 17-4);当仅在一面墙上设置后浇段时,后浇段的长度不宜小于 300 mm(图 17-5)。

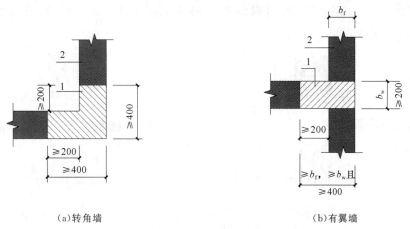

(a)转角墙　　　　　　　　　　　　　　(b)有翼墙

图 17-4　构造边缘构件全部后浇构造示意图

(阴影区域为构造边缘构件范围)

1—后浇段;2—预制剪力墙

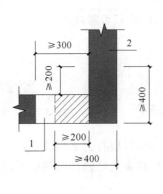
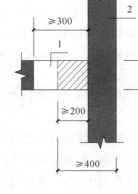

（a）转角墙

（b）有翼墙

图 17-5　构造边缘构件部分后浇构造示意图

（阴影区域为构造边缘构件范围）

1—后浇段；2—预制剪力墙

③边缘构件内的配筋及构造要求应符合现行国家标准《建筑抗震设计规范》（GB 50011—2010）的有关规定；预制剪力墙的水平分布钢筋在后浇段内的锚固、连接应符合现行国家标准《混凝土结构设计规范》（GB 50010—2010）的有关规定。

④非边缘构件位置，相邻预制剪力墙之间应设置后浇段，后浇段的宽度不应小于墙厚且不宜小于 200 mm；后浇段内应设置不少于 4 根竖向钢筋，钢筋直径不应小于墙体竖向分布钢筋直径且不应小于 8 mm；两侧墙体的水平分布钢筋在后浇段内的锚固、连接应符合现行国家标准《混凝土结构设计规范》（GB 50010—2010）的有关规定。

（2）屋面以及立面收进的楼层，应在预制剪力墙顶部设置封闭的后浇钢筋混凝土圈梁（图 17-6），并应符合下列规定：

①圈梁截面宽度不应小于剪力墙的厚度，截面高度不宜小于楼板厚度及 250 mm 的较大值，圈梁应与叠合楼、屋盖浇筑成整体。

②圈梁内配置的纵向钢筋不应小于 4Φ12，且按全截面计算的配筋率不应小于 0.5% 和水平分布钢筋配筋率的较大值，纵向钢筋竖向间距不应大于 200 mm；箍筋间距不应大于 200 mm，且直径不应小于 8 mm。

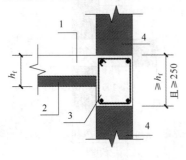
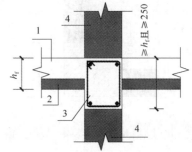

（a）端部节点

（b）中间节点

图 17-6　后浇钢筋混凝土圈梁构造示意图

1—后浇混凝土叠合层；2—预制板；3—后浇圈梁；4—预制剪力墙

（3）各层楼面位置，预制剪力墙顶部无后浇圈梁时，应设置连续的水平后浇带（图 17-7）；水平后浇带应符合下列规定：

①水平后浇带宽度应取剪力墙的厚度，高度不应小于楼板厚度；水平后浇带应与叠合楼、屋盖浇筑成整体。

②水平后浇带内应配置不小于 2 根连续纵向钢筋，其直径不宜小于 12 mm。

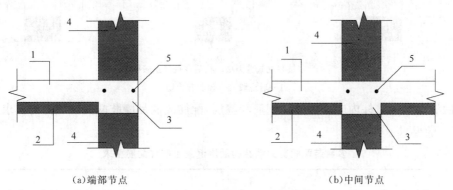

（a）端部节点　　　　　　　　　　（b）中间节点

图 17-7　水平后浇带构造示意图

1—后浇混凝土叠合层；2—预制板；3—水平后浇带；4—预制墙板；5—纵向钢筋

（4）预制剪力墙底部接缝宜设置在楼面标高处，并应符合下列规定：

①接缝高度宜为 20 mm。

②接缝宜采用灌浆料填实。

③接缝处后浇混凝土上表面应设置粗糙面。

17.4　多层装配式剪力墙结构

多层装配式剪力墙结构是指 6 层及 6 层以下、建筑设防类别为丙类的装配式剪力墙结构。

1. 基本要求

（1）多层装配式剪力墙结构抗震等级应符合下列规定：

①抗震设防烈度为 8 度时取三级。

②抗震设防烈度为 6、7 度时取四级。

（2）当房屋高度不大于 10 m 且层数不超过 3 层时，预制剪力墙截面厚度不应小于 120 mm；当房屋层数超过 3 层时，预制剪力墙截面厚度不宜小于 140 mm。

（3）当预制剪力墙截面厚度不小于 140 mm 时，应配置双排双向分布钢筋网，剪力墙中水平及竖向分布钢筋的最小配筋率不应小于 0.15%。

2. 连接设计

（1）抗震等级为三级的多层装配式剪力墙结构，在预制剪力墙转角、纵横墙交接部位应设置后浇混凝土暗柱，并应符合下列规定：

①后浇混凝土暗柱截面高度不宜小于墙厚，且不应小于 250 mm，截面宽度可取墙厚（图 17-8）。

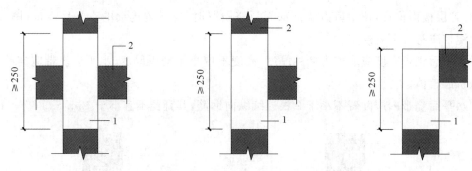

图 17-8　多层装配式剪力墙结构后浇混凝土暗柱示意图

1—后浇段；2—预制剪力墙

②后浇混凝土暗柱内应配置竖向钢筋和箍筋,配筋应满足墙肢截面承载力的要求,并应满足表 17-2 的要求。

表 17-2　　　　　　　　多层装配式剪力墙结构后浇混凝土暗柱配筋要求

底层			其他层		
纵向钢筋最小量	箍筋/mm		纵向钢筋最小量	箍筋/mm	
	最小直径	沿竖向最大间距		最小直径	沿竖向最大间距
4Φ12	6	200	4Φ10	6	250

③预制剪力墙的水平分布钢筋在后浇混凝土暗柱内的锚固、连接应符合现行国家标准《混凝土结构设计规范》(GB 50010—2010)的有关规定。

(2)楼层内相邻预制剪力墙之间的竖向接缝可采用后浇段连接,并符合下列规定:

①后浇段内应设置竖向钢筋,竖向钢筋配筋率不应小于墙体竖向分布钢筋配筋率,且不宜小于 2Φ12。

②预制剪力墙的水平分布钢筋在后浇段内的锚固、连接应符合现行国家标准《混凝土结构设计规范》(GB 50010—2010)的有关规定。

(3)预制剪力墙水平接缝宜设置在楼面标高处,并应满足下列要求:

①接缝厚度宜为 20 mm。

②接缝处应设置连接节点,连接节点间距不宜大于 1 m;穿过接缝的连接钢筋数量应满足接缝受剪承载力的要求,且配筋率不应低于墙板竖向钢筋配筋率,连接钢筋直径不应小于 14 mm。

③连接钢筋可采用套筒灌浆连接、浆锚搭接连接、焊接连接,并应满足《装配式混凝土结构技术规程》(JGJ 1—2014)附录 A 中相应的构造要求。

(4)当房屋层数大于 3 层时,应符合下列规定:

①屋面、楼面宜采用叠合楼盖,叠合板与预制剪力墙的连接应符合第 15 章 15.3 节第(4)条的规定。

②沿各层墙顶应设置水平后浇带,并应符合本章 17.3 节第(3)条的规定。

③当抗震等级为三级时,应在屋面设置封闭的后浇钢筋混凝土圈梁,圈梁应符合本章 17.3 节第(2)条的规定。

(5)当房屋层数不大于 3 层时,楼面可采用预制楼板,并应符合下列规定:

①预制板在墙上的搁置长度不应小于 60 mm,当墙厚不能满足搁置长度要求时可设置挑耳;板端后浇混凝土接缝宽度不宜小于 50 mm,接缝内应配置连续的通长钢筋,钢筋直径不应小于 8 mm。

②当板端伸出锚固钢筋时,两侧伸出的锚固钢筋应互相可靠连接,并应与支承墙伸出的钢筋、板端接缝内设置的通长钢筋拉结。

③当板端不伸出锚固钢筋时,应沿板跨方向布置连系钢筋,连系钢筋直径不应小于 10 mm,间距不应大于 600 mm;连系钢筋应与两侧预制板可靠连接,并应与支承墙伸出的钢筋、板端接缝内设置的通长钢筋拉结。

(6)连梁宜与剪力墙整体预制,也可在跨中拼接。预制剪力墙洞口上方的预制连梁可与后浇混凝土圈梁或水平后浇带形成叠合连梁;叠合连梁的配筋及构造要求应符合现行国家标准《混凝土结构设计规范》(GB 50010—2010)的有关规定。

(7)预制剪力墙与基础的连接应符合下列规定:

①基础顶面应设置现浇混凝土圈梁,圈梁上表面应设置粗糙面。

②预制剪力墙与圈梁顶面之间的接缝构造应符合本章 17.4 节第 2 点第(3)条的规定,连接钢筋应在基础中可靠锚固,且宜伸入到基础底部。

③剪力墙后浇暗柱和竖向接缝内的纵向钢筋应在基础中可靠锚固,且宜伸入到基础底部。

本章小结

1.抗震设计时,对同一层内既有现浇墙肢也有预制墙肢的装配整体式剪力墙结构,现浇墙肢水平地震作用弯矩、剪力宜乘以不小于 1.1 的增大系数。

2.具有较多短肢剪力墙的剪力墙结构是指,在规定的水平地震作用下,短肢剪力墙承担的底部倾覆力矩不小于结构底部总地震倾覆力矩的 30% 的剪力墙结构。

3.抗震设防烈度为 8 度时.高层装配整体式剪力墙结构中的电梯井筒宜采用现浇混凝土结构。

4.预制剪力墙宜采用一字形,也可采用 L 形、T 形或 U 形;开洞预制剪力墙洞口宜居中布置,洞口两侧的墙肢宽度不应小于 200 mm,洞口上方连梁高度不宜小于 250 mm。

5.预制剪力墙的连梁不宜开洞,当需要开洞时,洞口宜预埋套管,洞口上、下截面的有效高度不宜小于梁高的 1/3,且不宜小于 200 mm;被洞口削弱的连梁截面应进行承载力验算,洞口处应配置补强纵向钢筋和箍筋,补强纵向钢筋的直径不应小于 12 mm。

6.端部无边缘构件的预制剪力墙,宜在端部配置 2 根直径不小于 12 mm 的竖向构造钢筋;沿该钢筋竖向应配置拉筋,拉筋直径不宜小于 6 mm,间距不宜大于 250 mm。

7.边缘构件内的配筋及构造要求应符合现行国家标准《建筑抗震设计规范》(GB 50011—2010)的有关规定;预制剪力墙的水平分布钢筋在后浇段内的锚固、连接应符合现行国家标准《混凝土结构设计规范》(GB 50010—2010)的有关规定。

8.非边缘构件位置,相邻预制剪力墙之间应设置后浇段,后浇段的宽度不应小于墙厚且不宜小于 200 mm;后浇段内应设置不少于 4 根竖向钢筋,钢筋直径不应小于墙体竖向分布钢筋直径且不应小于 8 mm;两侧墙体的水平分布钢筋在后浇段内的锚固、连接应符合现行国家标准《混凝土结构设计规范》(GB 50010—2010)的有关规定。

9. 多层装配式剪力墙结构连梁宜与剪力墙整体预制,也可在跨中拼接。预制剪力墙洞口上方的预制连梁可与后浇混凝土圈梁或水平后浇带形成叠合连梁;叠合连梁的配筋及构造要求应符合现行国家标准《混凝土结构设计规范》(GB 50010—2010)的有关规定。

复习思考题

17-1 装配整体式剪力墙结构的布置应满足哪些要求?

17-2 什么是具有较多短肢剪力墙的剪力墙结构? 抗震设计时,当采用具有较多短肢剪力墙的剪力墙结构时应符合哪些规定?

17-3 楼层内相邻预制剪力墙之间采用整体式接缝连接时,应符合哪些规定? 画图说明。

17-4 预制剪力墙顶部设置封闭的后浇钢筋混凝土圈梁时,应符合哪些规定? 画图说明。

17-5 预制剪力墙顶部的水平后浇带应符合哪些规定? 画图说明。

17-6 什么是多层装配式剪力墙结构?

17-7 多层装配式剪力墙结构抗震等级应符合哪些规定?

17-8 抗震等级为三级的多层装配式剪力墙结构中,在预制剪力墙转角、纵横墙交接部位设置的后浇混凝土暗柱应符合哪些规定? 画图说明。

17-9 预制剪力墙与基础的连接应符合哪些规定?

模块四

钢结构

第18章 钢结构材料

学习目标

掌握钢材的主要力学性能以及钢材的破坏形式,熟悉建筑钢结构钢材的选用。

钢结构具有以下优点:强度高、强重比大;塑性、韧性好;材质均匀,符合力学假定,安全可靠性高;工业化程度高,适合工厂化生产,施工速度快。同时,钢结构也具有耐热不耐火、易锈蚀、耐腐性差等缺点。钢结构广泛应用于:重型结构及大跨度建筑结构;多层、高层及超高层建筑结构;轻钢结构;塔桅等高耸结构;钢-混凝土组合结构。随着我国钢铁产量的日益增加以及我国用钢政策的调整,钢结构将会更加广泛地应用在各个领域。

要深入了解钢结构的特性,首先必须了解钢材的主要力学性能及钢结构用钢的种类。

18.1 钢材的主要力学性能

钢结构在使用过程中会受到各种形式的作用,因此要求钢材应具有良好的力学性能、加工性能和耐腐蚀性能,以保证结构安全可靠。

18.1.1 钢材的应力-应变(σ-ε)曲线

低碳钢在单向拉伸时的 σ-ε 曲线是通过静力拉伸试验得到的,如图18-1所示。从图18-1可以看出,钢材的工作特性可以分成如下几个阶段:

1. 弹性阶段(OAB 段)

在曲线 OAB 段,钢材处于弹性阶段,当荷载增加时变形也增加,当荷载降到 0(完全卸载)时变形也降到 0(曲线回到原点)。其中,OA 段是一条线段,荷载与伸长成正比,符合胡克定律。A 点对应的应力称为比例极限,用 f_p 表示;B 点对应的应力称为弹性极限,用 f_e 表示。由于比例极限和弹性极限非常接近,试验中很难加以区别,所以实际应用中常将二者视为相等。

2. 屈服阶段(BCD 段)

当应力超过弹性极限后,应力不再增加,仅有些微小的波动;而应变却在应力几乎不变的情况下急剧增长,材料暂时失去了抵抗变形的能力。这种现象一直持续到 D 点。这种应力几乎不变、应变却不断增加,从而产生明显塑性变形的现象,称为屈服现象。在该阶段中,曲线第

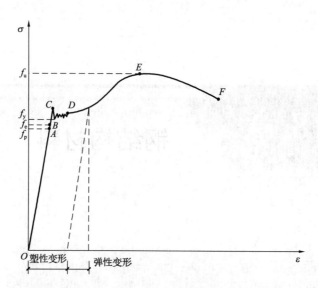

图 18-1　钢材的 σ-ε 曲线

一次上升到达的最高点,称为上屈服点,曲线首次下降所达到的最低点,称为下屈服点,即屈服极限,用 f_y 表示。

3.强化阶段(DE 段)

经过屈服阶段以后,从 D 点开始曲线又逐渐上升,材料又恢复了抵抗变形的能力,要使它继续变形,必须增加应力,这种现象称为材料的强化。此时钢材的弹性并没有完全恢复,塑性特性非常明显,此时若将外力慢慢卸去,应力-应变关系将沿着与 OA 段近乎平行的直线下降。这说明材料的变形已不能完全消失,其中,能消失的变形称为弹性变形(应变);残留下来的变形称为塑性变形(应变)。曲线最高点 E 点,是材料所能承受的最大荷载,其对应的应力,称为强度极限或抗拉强度,用 f_u 表示。

4.颈缩阶段(EF 段)

当应力超过极限强度时,在试件材料质量较差处,截面出现横向收缩,截面面积开始显著缩小,塑性变形迅速增大,这种现象称为颈缩。此时,应力不断降低,变形却持续发展,直至 F 点试件断裂。

由以上现象可以看到,当应力到达屈服极限 f_y 时,钢材会产生显著的塑性变形;当应力到达抗拉强度(强度极限)f_u 时,钢材会由于局部变形而导致断裂,这都是工程实际中应当避免的。因此,屈服极限和抗拉强度是反映钢材强度的两个主要性能指标。

5.单向拉伸试验的几个力学性能指标

(1)比例极限(f_p)和弹性极限(f_e)

应力小于比例极限时,应力、应变为直线关系。弹性极限比比例极限略高,在应力小于弹性极限时,钢材处于弹性阶段,若在此时卸载,则拉伸变形可以完全恢复。

弹性阶段应力-应变曲线的斜率就是钢材的弹性模量。

(2)屈服极限(f_y)

应力达到屈服极限后,应力基本保持不变而应变持续发展,形成屈服台阶,钢材进入塑性阶段。

设计时,屈服极限被视为静力强度的承载力极限,其原因是:

①屈服极限可以看成弹性工作和塑性工作的分界点。应力达到屈服极限后,塑性变形很

大,极易察觉,可及时处理而不致破坏。

②应力达到屈服极限后,钢材仍可以继续承载(到达极限强度后才破坏),这样,钢材有必要的安全储备。

计算时可以假设钢材为理想的弹塑性体。这是因为钢材在屈服极限之前的性质接近理想的弹性体,屈服极限之后的屈服现象又接近理想的塑性体,并且应变的范围已足够用来考虑结构或构件的塑性变形的发展,因此可以认为钢材是理想的弹塑性材料,并将屈服极限 f_y 作为钢材弹性和塑性的分界点,如图 18-2 所示。这就为进一步发展钢结构的计算理论提供了基础。

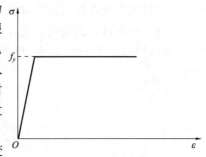

高强度钢没有明显的屈服极限,可将卸载后残余应变为 0.2% 所对应的应力作为屈服强度(有时用 $f_{0.2}$ 表示),也称名义屈服或条件屈服。

图 18-2 理想的弹塑性体

钢结构设计中对以上二者不加以区别,统称为屈服强度,用 f_y 表示。

(3)极限(抗拉)强度(f_u)

屈服台阶过后,钢材内部组织经过调整,对荷载的抵抗能力有所提高,钢材进入强化阶段。应力达到极限强度 f_u 时,试件在最薄弱处出现"颈缩"现象,随之破坏。

(4)屈强比

屈强比是指屈服强度和抗拉强度的比值,它是衡量钢材强度储备的一个系数。抗拉强度 f_u 是钢材破坏前能够承受的最大应力。虽然在达到这个应力时,钢材已由于产生很大的塑性变形而失去使用性能,但是抗拉强度高则可增加结构的安全保障,因此将屈服强度和抗拉强度的比值 f_y/f_u 定义为屈强比,作为衡量钢材强度储备的一个系数。屈强比越低,钢材的安全储备越大。

18.1.2 钢材的塑性

塑性是指钢材破坏前产生塑性变形的能力。衡量钢材塑性好坏的主要指标是伸长率 δ 和断面收缩率 ψ。δ、ψ 值越大,钢材的塑性越好。δ 与 ψ 可由静力拉伸试验得到。

1. 伸长率

伸长率 δ 等于试件拉断后原标距的伸长值和原标距比值的百分率,即

$$\delta = \frac{l_1 - l_0}{l_0} \times 100\% \qquad (18-1)$$

式中　δ——伸长率;

　　　l_0——试件原标距;

　　　l_1——试件拉断后的标距。

2. 断面收缩率

断面收缩率是指试件拉断后,颈缩区的断面面积缩小值与原断面面积比值的百分率,即

$$\psi = \frac{A_0 - A_1}{A_0} \times 100\% \qquad (18-2)$$

式中　ψ——断面收缩率;

　　　A_0——试件原断面面积;

　　　A_1——试件拉断后颈缩区的断面面积。

18.1.3 钢材的冷弯性能

钢材的冷弯性能是指钢材在冷加工（常温下加工）中产生塑性变形时，对发生裂缝的抵抗能力。钢材的冷弯性能用冷弯试验来检验。

冷弯试验在材料试验机上进行，通过冷弯冲头加压，如图 18-3 所示。当试件弯曲至 $180°$ 时，检查试件弯曲部分的外面、里面和侧面。如无裂纹、断裂或分层，则认为试件冷弯性能合格。

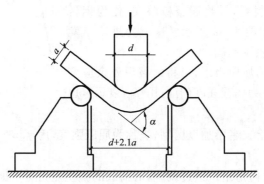

图 18-3　冷弯试验

冷弯试验一方面可以检验钢材能否适应构件制作中的冷加工工艺过程；另一方面通过试验还能暴露出钢材的内部缺陷，鉴定钢材的塑性和可焊性。冷弯试验是鉴定钢材质量的一种良好方法，是衡量钢材力学性能和冶金质量的综合指标。

18.1.4 钢材的冲击韧性

钢材的强度和塑性指标是由静力拉伸试验获得的，当其用于承受动力荷载时，显然有很大的局限性。衡量钢材抗冲击性能的指标是钢材的韧性。韧性是钢材在塑性变形和断裂过程中吸收能量的能力，它与钢材的塑性有关而又不同于塑性，是强度与塑性的综合表现。

韧性指标用冲击韧性值 a_k 表示，由冲击试验获得。它是判断钢材在冲击荷载作用下是否出现脆性破坏的主要指标之一。

在冲击试验中，一般采用截面尺寸为 10 mm×10 mm，长度为 55 mm，中间开有小槽（夏氏 V 形缺口）的长方形试件，放在摆锤式冲击试验机上进行试验，如图 18-4 所示。冲断试样后，可求出 a_k 值。即

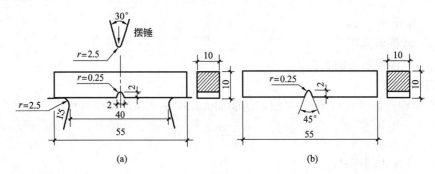

图 18-4　冲击试验

$$a_k = \frac{A_k}{A_n} \tag{18-3}$$

式中　a_k——冲击韧性值，$N \cdot m/cm^2$（或 J/cm^2）；

A_k——冲击功，$N \cdot m$（或 J），由试验机上的刻度盘读出，或按式 $A_k = W(h_1 - h_2)$ 计算；

W——摆锤质量，N；

h_1、h_2——冲断前、后的摆锤高度，m；

A_n——试件缺口处的净截面面积，cm^2。

18.1.5　钢材的可焊性

钢材的可焊性是指在一定工艺和结构条件下，钢材经过焊接能够获得良好的焊接接头的性能。

可焊性分为施工上的可焊性和使用性能上的可焊性。施工上的可焊性是指焊接构件对产生裂纹的敏感性；使用性能上的可焊性是指焊接构件在焊接后的力学性能是否低于母材的性能。

一般来说，可焊性良好的钢材，用普通的焊接方法焊接后焊缝金属及其附近热影响区的金属不产生裂纹，并且其机械性能不低于母材的机械性能。

18.2　钢材的破坏

钢材虽然具有较好的塑性性能，但仍存在塑性破坏和脆性破坏两种可能。

1. 塑性破坏

塑性破坏也称为延性破坏。它的特征是构件应力超过屈服强度 f_y，并达到抗拉强度 f_u 后，构件产生明显的变形并断裂；塑性破坏的断口常为杯形，呈纤维状，色泽发暗。塑性破坏在破坏前有很明显的变形，并有较长的变形持续时间，便于发现和补救。

2. 脆性破坏

脆性破坏在破坏前无明显变形，平均应力亦小（一般都小于屈服强度），没有任何预兆，破坏断口平直并呈有光泽的晶粒状。脆性破坏是突然发生的，危险性大，应尽量避免。

影响钢材脆断的直接因素是裂纹尺寸、作用应力和材料的韧性。提高钢材抗脆断性能的主要措施有：

(1)加强施焊工艺管理，避免施焊过程中产生裂纹、夹渣和气泡等。

(2)焊缝不宜过分集中，施焊时不宜过强约束，避免产生过大残余应力。低温下发生低应力的脆断，常与残余应力有关。

(3)进行合理细部构造设计，避免产生应力集中。应力集中处会产生同号应力场，使钢材变脆。尽量避免采用厚钢板，厚钢板比薄钢板较易脆断。

(4)选择合理的钢材，钢材化学成分与钢材抗脆断能力有关，含碳量多的钢材，抗脆断性能有所下降。对于在低温下工作的钢结构，应选择抗低温冲击韧性好的材料。

此外，冷加工、加载速度等对钢材抗脆断性能都有影响，在设计中应加以注意。

18.3 建筑钢结构用钢材

18.3.1 碳素结构钢

碳素结构钢是最普遍的工程用钢,按其碳质量分数的多少,又可分成低碳钢、中碳钢和高碳钢三种。通常把碳质量分数为 0.03%～0.25%的钢材称为低碳钢,碳质量分数为 0.25%～0.60%的钢材称为中碳钢,碳质量分数为 0.60%～2.0%的钢材称为高碳钢。

建筑钢结构主要使用的钢材是低碳钢。

1. 普通碳素结构钢

按照最新国家标准《碳素结构钢》(GB/T 700—2006)规定,碳素结构钢分为四个牌号,即 Q195、Q215、Q235 和 Q275。牌号由代表屈服强度的字母、屈服强度数值、质量等级、脱氧方法符号四个部分按顺序组成。其中

Q——钢材屈服强度,"屈"字汉语拼音首字母;

A、B、C、D——质量等级;

F——沸腾钢;

Z——镇静钢;

TZ——特殊镇静钢,相当于桥梁钢。

对于 Q235 来说,A、B 两级钢的脱氧方法可以是"Z"或"F",C 级钢只能是"Z",D 级钢只能是"TZ",其中,用"Z"与"TZ"符号时可以省略。

例如:Q235-A·F 表示屈服强度为 235 N/mm^2 的 A 级沸腾钢;Q235-B 表示屈服强度为 235 N/mm^2 的 B 级镇静钢。

2. 优质碳素结构钢

优质碳素结构钢是以满足不同加工要求而赋予相应性能碳素钢。《优质碳素结构钢》(GB/T 699—2015)中所列牌号适于建筑钢结构使用的有四个牌号,分别是 Q195,Q215A、B,Q235A、B、C、D,Q275。

18.3.2 低合金高强度结构钢

低合金高强度结构钢是指在炼钢过程中添加一些合金元素(其总质量分数不超过 5%)的钢材。加入合金元素后钢材强度可明显提高,使钢结构构件的强度、刚度、稳定性(度)三个主要控制指标都能充分发挥,尤其在大跨度或重负载结构中优点更为突出,一般可比碳素结构钢节约 20%左右的用钢量。

低合金高强度结构钢的牌号表示方法与碳素结构钢一致,即由代表屈服强度的汉语拼音首字母(Q)、屈服强度数值、质量等级符号(A、B、C、D、E)三部分按顺序排列。根据《低合金高强度结构钢》(GB/T 1591—2008),钢的牌号共有 Q345、Q390、Q420、Q460、Q500、Q550、Q620 和 Q690 八种,随着质量等级的变化,其化学成分(熔炼分析)和力学性能也有变化。

18.3.3 耐大气腐蚀用钢(耐候钢)

在普通碳素钢材的冶炼过程中,加入少量特定的合金元素,一般为 Cu、P、Cr、Ni 等,使之在金属基体表面形成保护层,以提高钢材耐大气腐蚀性能,这类钢统称为耐大气腐蚀用钢或

耐候钢。

我国现行生产的这类钢又分为高耐候结构钢和焊接结构用耐候钢两类。

1. 高耐候结构钢

按照已经实施的国家标准《耐候结构钢》(GB/T 4171—2008)的规定,这类钢材适用于耐大气腐蚀的建筑结构产品,通常在交货状态下使用。

这类钢的耐候性能比焊接结构用耐候钢好,故称为高耐候结构钢。高耐候结构钢按化学成分分为:铜磷钢和铜磷铬镍钢两类。其牌号表示方法是由分别代表"屈服强度"和"高耐候"的汉语拼音首字母 Q 和 GNH、屈服强度数值以及质量等级(A、B、C、D)组成。例如,牌号Q355GHC 表示屈服强度为 355MPa、质量等级为 C 级的高耐候结构钢。

高耐候结构钢共分 Q265GNH、Q295GNH、Q310GNH、Q355GNH 四种牌号。

2. 焊接结构用耐候钢

这类耐候钢以保持钢材具有良好的焊接性能为特点,其适用厚度可达 100 mm。主要用于制作螺栓连接、铆接和焊接的结构件。牌号表示由代表"屈服强度"的汉语拼音首字母 Q 和"耐候"的字母 NH 以及钢材的质量等级(A、B、C、D、E)顺序组成;规定共分 Q235NH、Q295NH、Q355NH、Q415NH、Q460NH、Q500NH、Q550NH 七种牌号,钢材的质量等级只与钢材的冲击韧性试验温度及冲击功数值有关。

18.3.4 建筑钢材的规格

钢结构所用的钢材主要有热轧钢板、型钢、圆钢以及冷弯薄壁型钢,还有热轧钢管和冷弯焊接钢管,如图 18-5 所示。

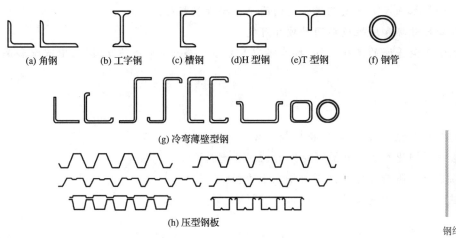

(a) 角钢   (b) 工字钢   (c) 槽钢   (d)H 型钢   (e)T 型钢   (f) 钢管

(g) 冷弯薄壁型钢

(h) 压型钢板

微课78

钢结构所用钢材及规格

图 18-5 建筑钢材的规格

1. 热轧钢板和型钢

热轧钢板包括厚钢板和薄钢板,表示方法为"_宽度×厚度×长度",单位为 mm。钢板的牌号为 Q345GJ、Q390GJ、Q420GJ、Q460GJ、Q500GJ、Q550GJ、Q620GJ、Q690GJ 八种。

工字钢有普通工字钢和轻型工字钢之分。普通工字钢用号数表示,号数为截面高度(以厘米为单位)。20 号以上的工字钢,同一号数根据腹板厚度不同分为 a、b、c 三类,如 I32a、I32b、I32c。轻型工字钢比普通工字钢的腹板薄,翼缘宽而薄。轻型工字钢可用汉语拼音字母"Q"表示,如 QI40。

H 型钢比工字钢的翼缘宽度大而且等厚,因此更高效。依据《热轧 H 型钢和剖分 T 型钢》(GB/T 11263—2017),热轧 H 型钢分为宽翼缘 H 型钢、中翼缘 H 型钢和窄翼缘 H 型钢,代号分别为 HW、HM 和 HN,型号采用"高度×宽度"来表示,如 HW400×400、HM500×300、HN700×300。H 型钢的两个主轴方向的惯性矩接近,使构件受力更加合理。目前,H 型钢已广泛应用于高层建筑、轻型工业厂房和大型工业厂房中。

槽钢的规格以代号和["截面高度(mm)×翼缘宽度(mm)×腹板厚度(mm)" 表示,如[200×73×7。此外,也可以用型号表示,即用代号和[截面高度的厘米数以及 a、b、c 等表示(意义同工字钢),如[200×73×7 也可以表示为[20a。

角钢有等边角钢和不等边角钢两种。如∟100×10 表示边长为 100 mm,厚度为 10 mm 的等边角钢,∟100×80×8 表示长边为 100 mm,短边为 80 mm,厚度为 8 mm 的不等边角钢。

钢管常用热轧无缝钢管和焊接钢管。用"φ外径×壁厚"表示,单位为 mm,如 φ102×5。

2. 冷弯薄壁型钢

冷弯薄壁型钢采用薄钢板冷轧制成,其截面形式及尺寸按合理方案设计。薄壁型钢能充分利用钢材的强度,节约钢材,在轻钢结构中得到广泛应用,主要用作厂房的檩条、墙梁。冷弯型钢的壁厚一般为 1.5～12 mm,国外已发展到 25 mm,但用作承重结构受力构件时,壁厚不宜小于 2 mm,需采用 Q235 钢或 Q345 钢,且应保证其屈服强度、抗拉强度、伸长率、冷弯试验和硫、磷的质量分数合格;对于焊接结构应保证碳质量分数合格。成形后的型材不得有裂纹。

本章小结

1. 钢材的受力可以分成弹性阶段、屈服阶段、强化阶段和颈缩阶段四个阶段。

2. 屈服强度和抗拉强度是反映钢材强度的两个主要性能指标。

3. 钢材存在塑性破坏和脆性破坏两种破坏可能。

4. 碳素结构钢是最普遍的工程用钢,按其碳质量分数的多少,可分成低碳钢、中碳钢和高碳钢三种。

复习思考题

18-1 钢材在单向拉伸时,其受力特性是什么?

18-2 什么叫屈强比?为什么要规定钢材的屈强比?

18-3 提高钢材抗脆断性能的主要措施包括哪些?

18-4 普通碳素结构钢的牌号如何表示?

第 19 章　钢结构的连接

学习目标

掌握焊缝连接的构造及计算、螺栓连接的构造及受力性能,熟悉钢结构连接的种类及其特点、焊缝连接缺陷及焊缝连接质量检验,了解焊接残余应力和残余变形产生的原因及其危害和减少焊接残余应力的措施。

钢结构的构件是由钢板、型钢等通过连接构成的,如梁、柱、桁架等,运到工地后再通过一定的安装连接而形成整个结构。因此,连接在钢结构中占有枢纽地位。设计任何钢结构都会遇到连接问题。

钢结构的连接设计必须遵循安全可靠、传力明确、构造简单、制造方便和节约钢材的原则。

19.1　钢结构连接的种类及其特点

钢结构的连接方法有焊缝连接、螺栓连接、铆钉连接和轻型钢结构的紧固件连接四种,如图 19-1 所示。

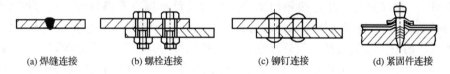

(a) 焊缝连接　　(b) 螺栓连接　　(c) 铆钉连接　　(d) 紧固件连接

图 19-1　钢结构的连接方法

19.1.1　焊缝连接的特点

焊缝连接是目前钢结构最主要的连接方法。其优点包括:不削弱构件截面,节约材料;构造简单,对钢材的任何方位、角度和形状一般都可直接连接;密封性能好,连接的刚度大;制造方便,可采用自动化作业,生产效率高。其缺点有:焊缝附近钢材因焊接高温作用形成热影响区,其材质变脆;焊接残余应力和残余变形,对结构的承载力、刚度和使用性能有一定影响;焊接结构对裂纹很敏感,一旦产生局部裂纹,就很容易扩展到整体,低温冷脆现象较为严重;焊接的塑性和韧性较差,施焊时可能产生缺陷,使疲劳强度降低。

19.1.2　螺栓连接的种类及特点

螺栓连接可分为普通螺栓连接和高强度螺栓连接两类。其优点有:施工工艺简单、安装方便,特别适用于工地安装连接,工程进度和质量易得到保证;装拆方便,适用于需装拆结构的连接和临时性连接。其缺点有:对构件截面有一定的削弱;有时在构造上还需增设辅助连接件,故用料增加,构造较繁;螺栓连接需制孔,拼装和安装时需对孔,工作量增加,且对制造的精度要求较高。螺栓连接也是钢结构连接的重要方式之一。

1. 普通螺栓连接

普通螺栓分 A、B、C 三级。其中 A 级和 B 级为精制螺栓,螺栓材料的性能等级为 5.6 级和 8.8 级(其抗拉强度分别不小于 500 N/mm² 和 800 N/mm²,屈强比分别为 0.6 和0.8),这种螺栓须经车床加工精制而成,表面光滑,精度较高。且要求配用 I 类孔,即螺栓孔须在装配好的构件上钻成或扩钻成孔,为保证精度,如在单个零件上钻孔,则需分别使用钻模钻制。I 类孔孔壁光滑,对孔准确。C 级螺栓为粗制螺栓,螺栓材料的性能等级为 4.6 级和 4.8 级(其抗拉强度不小于 400 N/mm²,屈强比分别为 0.6 和 0.8),做工较粗糙,尺寸不很准确。一般配用 II 类孔,即螺栓孔在零件上一次冲成,或不用钻模钻成。

A 级、B 级螺栓孔径 d_0 比螺杆直径 d 大 0.3~0.5 mm,其连接抗剪和承压强度高,连接变形小,但由于成本高、制造安装较困难,故一般较少采用。C 级螺栓孔径 d_0 比螺杆直径 d 大 1.5~3.0 mm,一般情况下,C 级螺栓要求:螺栓公称直径 $d \leqslant 16$ mm 时,d_0 比 d 大1.5 mm;$d = 18$~24 mm 时,d_0 比 d 大 2.0 mm;$d = 27$~30 mm 时,d_0 比 d 大 3.0 mm。其连接传递剪力时,连接变形较大,但传递拉力的性能尚好。C 级螺栓常用于承受拉力的安装螺栓连接、次要结构的受剪连接以及安装时的临时固定。

普通螺栓连接的优点是装拆方便,不需要特殊设备。

2. 高强度螺栓连接

高强度螺栓的性能等级分为 8.8 级(用 45 钢、35 钢制成)和 10.9 级 (用 40B 钢和20MnTiB 钢制成),表示螺栓抗拉强度分别不低于 800 N/mm² 和 1 000 N/mm²,且屈强比分别为 0.8 和 0.9。

高强度螺栓连接分为摩擦型螺栓连接和承压型螺栓连接两种。摩擦型螺栓连接是只依靠摩擦阻力传力,并以剪力不超过接触面摩擦力作为设计准则。其整体性和连接刚度好、变形小、受力可靠、耐疲劳,特别适用于承受动力荷载的结构。承压型螺栓连接允许接触面滑移,以连接达到破坏的极限承载力作为设计准则。其设计承载力高于摩擦型螺栓连接,但整体性和刚度较差、剪切变形大、动力性能差,只适用于承受静力或间接动力荷载结构中允许发生一定滑移变形的连接。摩擦型螺栓孔径 d_0 应比螺杆直径 d 大 1.5~2.0 mm;承压型螺栓孔径 d_0应比螺杆直径 d 大 1.0~1.5 mm。

高强度螺栓连接的缺点是在扳手、材料、制造和安装方面有一些特殊的技术要求,价格较贵。

19.1.3　铆钉连接的种类及特点

铆钉连接有热铆和冷铆两种,热铆是将烧红的钉坯插入构件的钉孔中,然后用铆钉枪或压铆机挤压铆合而成的。冷铆是在常温下铆合而成的。在建筑结构中一般采用热铆。铆钉连接在受力和计算上与普通螺栓连接相仿,其特点是传力可靠,塑性、韧性均较好,但其制造费工费料,且劳动强度高,施工麻烦,打铆时噪音大,劳动条件差,目前已极少采用。

19.1.4 轻型钢结构的紧固件连接的种类及特点

在冷弯薄壁轻型钢结构中经常采用射钉、自攻螺钉、钢拉铆钉等机械式连接方法,主要用于压型钢板之间及压型钢板与冷弯型钢等支承构件之间的连接。

19.2 焊缝连接

19.2.1 焊接方法

钢结构常用的焊接方法是电弧焊,根据操作的自动化程度和焊接时用以保护熔融金属的物质种类,电弧焊分为手工电弧焊、自动或半自动埋弧焊及气体保护焊等。

1. 手工电弧焊

手工电弧焊是钢结构中最常用的焊接方法,其设备简单,操作灵活方便,适用于任意空间位置的焊接,应用极为广泛。但生产效率比自动或半自动埋弧焊低,质量较差,且变异性大,焊缝质量在一定程度上取决于焊工的技术水平,劳动条件差。

手工电弧焊由焊条、焊钳、焊件、电焊机和导线等组成电路。通电后,在涂有药皮的焊条与焊件间产生电弧。电弧的温度可高达3 000 ℃。在高温作用下,焊条熔化,滴入在焊件上被电弧吹成的熔池中,与焊件的熔融金属相互结合,冷却后形成焊缝。同时焊条药皮形成的熔渣和气体覆盖着熔池,防止空气中的氧、氮等气体与熔池中的液体金属接触,避免形成脆性易裂的化合物,如图19-2所示。

手工电弧焊常用的焊条有碳钢焊条和低合金钢焊条,其牌号有E43型、E50型和E55型等。手工电弧焊所用的焊条应与焊件钢材相适应。一般情况下:对Q235钢采用E43型焊条;对Q345钢采用E50型焊条;对Q390钢和Q420钢采用E55型焊条。当不同强度的两种钢材连接时,宜采用与低强度钢材相适应的焊条。

2. 自动或半自动埋弧焊

自动或半自动埋弧焊的原理是电焊机可沿轨道按规定的速度移动,外表裸露、不涂焊药的焊丝成卷装置在焊丝转盘上,焊剂呈散状颗粒装在漏斗中,焊剂从漏斗中流下来覆盖在焊件上的焊剂层中。通电引弧后,因电弧的作用,焊丝、焊件和焊剂熔化,焊剂熔渣浮在熔融焊缝金属上

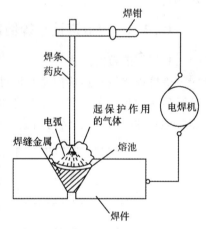

图19-2 手工电弧焊

面,阻止熔融金属与空气的接触,并供给焊缝金属必要的合金元素。随着焊机的自动移动,颗粒状的焊剂不断地由漏斗流下,电弧完全埋在焊剂之内,同时焊丝也自动下降,所以称其为自动埋弧焊,如图19-3所示。自动埋弧焊焊缝的质量稳定,焊缝内部缺陷很少,所以质量比手工电弧焊高。半自动埋弧焊是人工移动焊机,它的焊缝质量介于自动埋弧焊与手工电弧焊之间。

自动或半自动埋弧焊应采用与被连接件金属强度相匹配的焊丝与焊剂。

3. 气体保护焊

气体保护焊的原理是在焊接时用喷枪喷出的惰性气体和二氧化碳气体在电弧周围形成局

部保护层,防止有害气体侵入焊缝并保证了焊接过程的稳定。操作时可用自动或半自动方式,如图 19-4 所示。

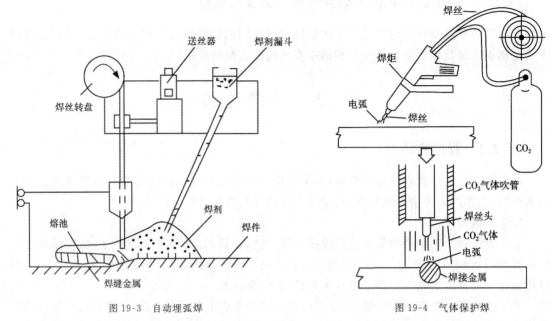

图 19-3 自动埋弧焊   图 19-4 气体保护焊

气体保护焊的焊缝熔化区没有熔渣形成,能够清楚地看到焊缝的成形过程;又由于热量集中,焊接速度较快,焊件熔深大,所能形成的焊缝强度比手工电弧焊高,且具有较高的抗腐蚀性,适于全方位的焊接。但气体保护焊操作时须在室内避风处,若在工地施焊,则须搭设防风棚。

19.2.2 焊缝连接与焊缝的形式

1. 焊缝连接的形式

焊缝连接按被连接构件的相对位置可分为对接、搭接、T 形连接和角连接四种形式,这些连接所用的焊缝主要有对接焊缝和角焊缝两种焊缝形式,如图 19-5 所示。在具体应用时,应根据连接的受力情况、结构制造、安装和焊接条件进行适当的选择。

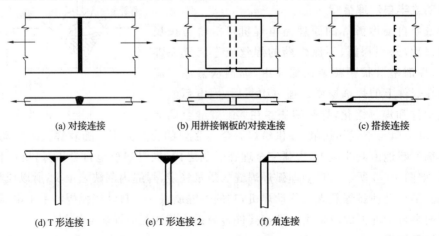

(a) 对接连接   (b) 用拼接钢板的对接连接   (c) 搭接连接

(d) T 形连接 1   (e) T 形连接 2   (f) 角连接

图 19-5 焊缝连接的形式

对接连接主要用于厚度相同或相近的两构件间的相互连接。如图 19-5(a)所示为采用对接焊缝的对接连接,由于被连接的两构件在同一平面内,因而传力较均匀平顺,没有明显的应力集中,且用料经济,但是焊件边缘需要加工,对所连接的两块板的间隙和坡口尺寸有严格要求。

如图 19-5(b)所示为用双层盖板和角焊缝的对接连接,这种连接受力情况复杂、传力不均匀、费料;但因不需要开坡口,所以施工简便,且所连接的两块板的间隙大小不需要严格控制。

如图 19-5(c)所示为用角焊缝的搭接连接,特别适用于不同厚度构件的连接。其传力不均匀、材料较费,但构造简单、施工方便,目前还广泛应用。

如图 19-5(d)所示为用角焊缝的 T 形连接,焊件间存在缝隙,截面突变,应力集中现象严重,疲劳强度较低,可用于承受静力荷载或间接动力荷载结构的连接中。

如图 19-5(e)所示为用 K 形坡口焊缝的 T 形连接,用于直接承受动力荷载的结构,如重级工作制吊车梁的上翼缘与腹板的连接。

如图 19-5(f)所示为用角焊缝的角连接,主要用于制作箱形截面。

2. 焊缝的形式

按照焊缝与所受力方向的关系,对接焊缝分为正对接焊缝和斜对接焊缝,如图 19-6(a)和图 19-6(b)所示。角焊缝又分为正面角焊缝(端缝)、侧面角焊缝(侧缝)和斜焊缝(斜缝),如图 19-6(c)所示。

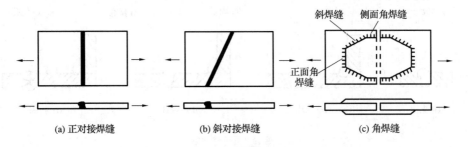

(a) 正对接焊缝　　(b) 斜对接焊缝　　(c) 角焊缝

图 19-6　焊缝的形式

角焊缝按沿长度方向的布置分为连续角焊缝和断续角焊缝两种,如图 19-7 所示。连续角焊缝的受力性能较好,断续角焊缝的起、灭弧处容易引起应力集中,重要结构应避免采用,只能用于一些次要构件的连接或受力很小的连接中。断续角焊缝焊段的长度 $l_1 \geqslant 10h_f$(h_f 为角焊缝的焊脚尺寸)或 50 mm,其净距应满足:对受压构件,$l \leqslant 15t$;对受拉构件,$l \leqslant 30t$(t 为较薄焊件的厚度)。

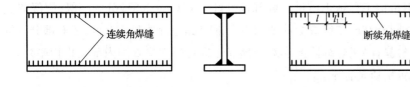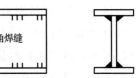

图 19-7　连续角焊缝和断续角焊缝

焊缝按施焊位置分为平焊、横焊、立焊和仰焊,如图 19-8 所示。平焊也称俯焊,施焊方便,质量易保证;横焊、立焊施焊要求焊工的操作水平较平焊要高一些,质量较平焊低;仰焊的操作条件最差,焊缝质量最不易保证,因此设计和制造时应尽量避免采用仰焊。

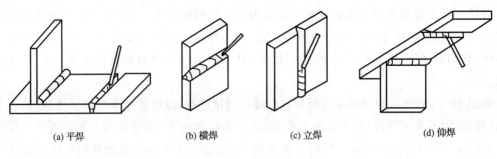

（a）平焊　　　　（b）横焊　　　　（c）立焊　　　　（d）仰焊

图 19-8　焊缝施焊位置

19.2.3　焊缝质量级别

1. 焊缝缺陷

焊缝缺陷是指在焊接过程中产生于焊缝金属或其附近热影响区钢材表面或内部的缺陷。常见的焊缝缺陷有裂纹、焊瘤、烧穿、弧坑、气孔、夹渣、咬边、未熔合、未焊透，以及焊缝尺寸不符合要求，焊缝成形不良等，如图 19-9 所示。

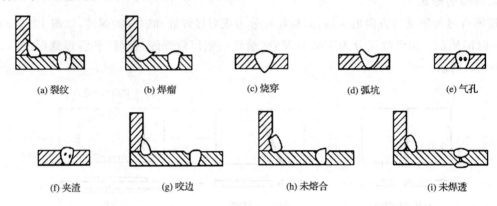

（a）裂纹　　　（b）焊瘤　　　（c）烧穿　　　（d）弧坑　　　（e）气孔

（f）夹渣　　　　（g）咬边　　　　（h）未熔合　　　　（i）未焊透

图 19-9　焊缝缺陷

2. 焊缝质量验收

焊缝缺陷的存在使焊缝的受力面积削弱，并在缺陷处引起应力集中，所以对连接的强度、冲击韧性及冷弯性能等均有不利影响。因此，焊缝质量验收非常重要。

焊缝质量验收一般可采用外观检查和内部无损检验，前者检查外观缺陷和几何尺寸，后者检查内部缺陷。内部无损检验目前广泛采用超声波检验。此外，还可采用 X 射线和 γ 射线透视或拍片。

焊缝质量级别按《钢结构工程施工质量验收规范》（GB 50205—2001）分为三级：三级焊缝只要求对全部焊缝进行外观检查；二级焊缝除要求对全部焊缝进行外观检查外，还对部分焊缝进行超声波等内部无损检验；一级焊缝除要求对全部焊缝进行外观检查和内部无损检验外，这些检查还都应符合相应级别质量标准。

3. 焊缝质量等级的规定

《钢结构设计标准》（GB 50017—2017）根据钢结构的重要性、荷载特性、焊缝形式、工作环境以及应力状态等情况，对焊缝质量等级进行了具体规定。

（1）在需要进行疲劳计算的构件中，凡对接焊缝均应焊透，其质量等级为：作用力垂直于焊缝长度方向的横向对接焊缝或 T 形对接与角接组合焊缝,受拉时应为一级,受压时应为二级;作用力平行于焊缝长度方向的纵向对接焊缝应为二级。

（2）不需要进行疲劳计算的构件中,凡要求与母材等强的对接焊缝应焊透,其质量等级为:受拉时应不低于二级,受压时宜为二级。

（3）重级工作制和起重量 $Q \geqslant 50$ t 的中级工作制吊车梁的腹板与上翼缘之间,以及吊车桁架上弦杆与节点板之间的 T 形接头要求焊透,焊缝形式一般为对接与角接的组合焊缝,其质量等级不应低于二级。

（4）不要求焊透的 T 形接头采用的角焊缝或部分焊透的对接与角接组合焊缝,以及搭接连接采用的角焊缝,其质量等级为:对直接承受动力荷载且需要进行疲劳计算的结构和吊车起重量 $Q \geqslant 50$ t 的中级工作制吊车梁,焊缝的外观质量标准应符合二级;对其他结构,焊缝的外观质量标准可为三级。

19.2.4 焊缝符号及标注方法

在钢结构施工图上,要用焊缝符号标明焊缝的形式、尺寸和辅助要求。根据国家标准《焊缝符号表示法》（GB/T 324—2008）和《建筑结构制图标准》（GB/T 50105—2010）的规定,焊缝符号主要由引出线和基本符号组成,必要时还可加上辅助符号、补充符号和栅线符号,见表 19-1。

表 19-1　　焊缝符号

类别	名　称		示意图	符　号	示　例
基本符号	对接焊缝	I 形		‖	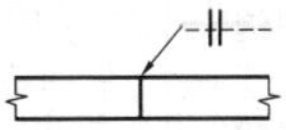
		V 形		V	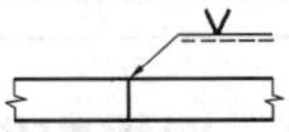
		单边 V 形		V	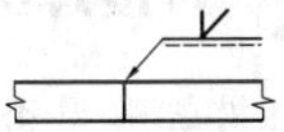
		K 形	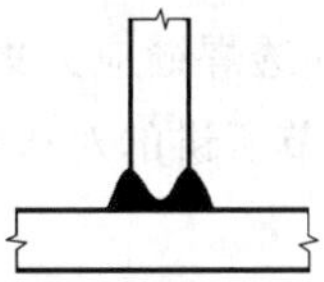	⊁	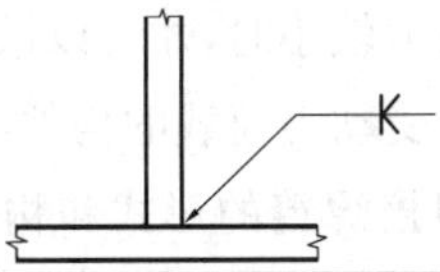
	角焊缝		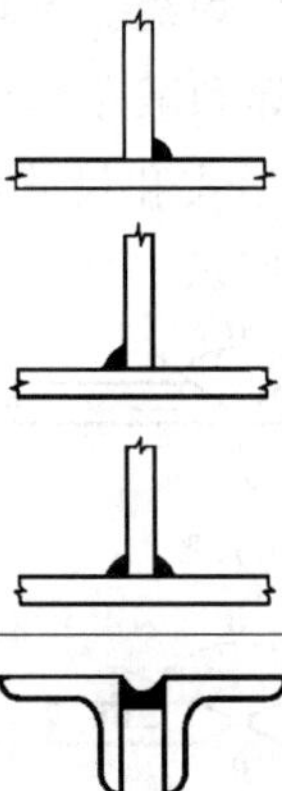	◺	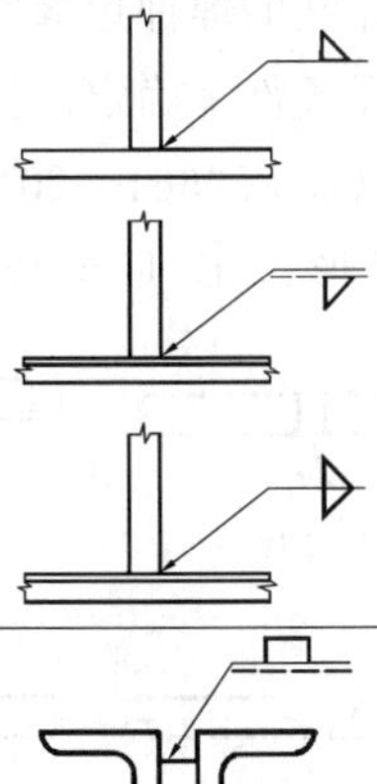
	塞焊缝		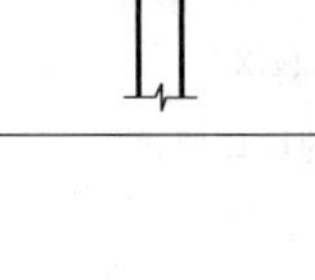	 ⊓	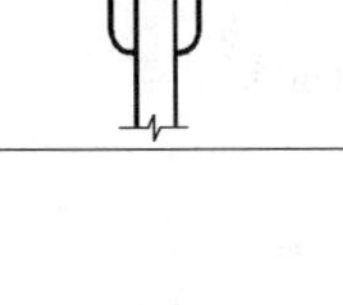

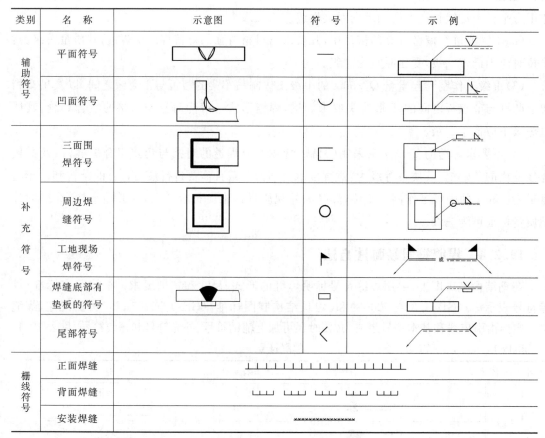

类别	名 称	示意图	符 号	示 例
辅助符号	平面符号		—	
	凹面符号		⌣	
补充符号	三面围焊符号		⊐	
	周边焊缝符号		○	
	工地现场焊符号		▸	
	焊缝底部有垫板的符号		▭	
	尾部符号		<	
栅线符号	正面焊缝		┴┴┴┴┴┴┴┴	
	背面焊缝		⊔ ⊔ ⊔	
	安装焊缝		××××××××	

19.2.5 对接焊缝的构造和计算

对接焊缝按焊缝是否焊透可分为焊透焊缝和未焊透焊缝。一般采用焊透焊缝,当板件厚度较大而内力较小时,才可以采用未焊透焊缝。由于未焊透焊缝应力集中和残余应力严重,所以对于直接承受动力荷载的构件不宜采用未焊透焊缝。本节所讲的对接焊缝计算均指焊透焊缝。

1. 对接焊缝的形式和构造

对接焊缝的焊件边缘常需加工成坡口,故又称坡口焊缝。其坡口形式和尺寸应根据焊件厚度和施焊条件来确定。按照保证焊缝质量、便于施焊和减小焊缝截面的原则,根据《钢结构焊接规范》(GB 50661—2011)中推荐的焊接接头基本形式和尺寸,常见的坡口形式有 I 形、单边 V 形、V 形、J 形、U 形、K 形和 X 形等,如图 19-10 所示。

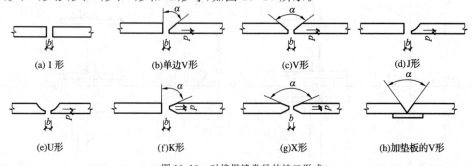

(a) I形　　(b)单边V形　　(c)V形　　(d)J形

(e)U形　　(f)K形　　(g)X形　　(h)加垫板的V形

图 19-10　对接焊缝常见的坡口形式

焊件较薄(手工电弧焊 $t=3\sim6$ mm;自动埋弧焊 $t=6\sim10$ mm)时,不开坡口,即采用Ⅰ形坡口,如图 19-10(a)所示;中等厚度焊件(手工电弧焊 $t=6\sim16$ mm;自动埋弧焊 $t=10\sim20$ mm)宜采用有适当斜度的单边 V 形、V 形或 J 形坡口,如图 19-10(b)～图 19-10(d)所示;较厚焊件(手工电弧焊 $t>16$ mm;自动埋弧焊 $t>20$ mm)宜采用 U 形、K 形或 X 形坡口焊,如图 19-10(e)～图 19-10(g)所示。U 形、K 形或 X 形坡口与 V 形坡口相比,截面面积小,但加工费工。V 形和 U 形坡口焊缝主要为正面焊,对反面焊时应清根补焊,以达到焊透。若不具备补焊条件,或因装配条件限制间隙过大时,应在坡口下面预设垫板,来阻止熔融金属流淌和使根部焊透,如图 19-10(h)所示。K 形和 X 形坡口焊缝均应清根并双面施焊。图 19-10 中 p 为钝边(手工焊为 $0\sim3$ mm,自动埋弧焊一般为 $2\sim6$ mm),可起托住熔融金属的作用;b 为间隙(手工焊一般为 $0\sim3$ mm,自动埋弧焊一般为 0),可使焊缝有收缩余地,并使各斜坡口组成一个施焊空间,确保焊条得以运转,焊缝能够焊透。

当用对接焊缝拼接不同宽度或厚度的焊件且差值超过 4 mm 时,应分别在宽度方向或厚度方向从一侧或两侧做成坡度不大于 1:2.5 的斜坡,如图 19-11 所示,使截面平缓过渡,减少应力集中。直接承受动力荷载且需要进行疲劳计算的结构,变宽、变厚处的斜角坡度不应大于 1:4。

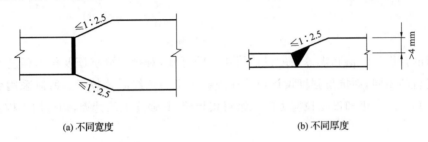

(a) 不同宽度　　　　　　　　　　　　(b) 不同厚度

图 19-11　不同宽度或厚度钢板的拼接

钢板的拼接当采用纵、横两个方向的对接焊缝时,可采用十字形交叉(图 19-12(a))或 T 形交叉(图 19-12(b))。当为 T 形交叉时,交叉点的间距 a 不得小于 200 mm。

对接焊缝两端因起弧和灭弧影响,常不易焊透而出现凹陷的弧坑,此处极易产生应力集中和裂纹现象。为消除以上不利影响,施焊时应在焊缝两端设置引弧板,如图 19-13 所示,材质与被焊母材相同,焊接完毕后用火焰切除,并修磨平整。当某些情况下无法采用引弧板时,每条焊缝计算长度应为实际长度减 $2t$(t 为较薄焊件厚度)。

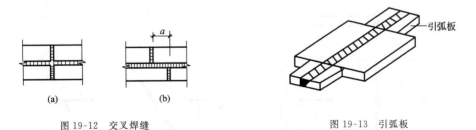

(a)　　　　　(b)

图 19-12　交叉焊缝　　　　　　　　图 19-13　引弧板

2. 对接焊缝的计算

对接焊缝的截面与被连接件的截面基本相同,焊缝中的应力分布情况与被连接件截面一致,设计时采用的强度计算公式与被连接件的基本相同。

(1)轴心受力对接焊缝的计算

对接焊缝受垂直于焊缝长度方向的轴心拉力或压力(图 19-14(a))作用,其强度计算公式为

$$\sigma = \frac{N}{l_{\mathrm{w}} h_{\mathrm{e}}} \leqslant f_{\mathrm{t}}^{\mathrm{w}} \text{ 或 } f_{\mathrm{c}}^{\mathrm{w}} \tag{19-1}$$

式中　N——轴心拉力或压力设计值；

　　　l_{w}——焊缝的计算长度,当采用引弧板时,取焊缝实际长度,当未采用引弧板时,每条焊缝取实际长度减 $2h_{\mathrm{e}}$；

　　　h_{e}——对接接头取连接件的较小厚度,T 形接头取腹板厚度；

　　　$f_{\mathrm{t}}^{\mathrm{w}}$、$f_{\mathrm{c}}^{\mathrm{w}}$——对接焊缝的抗拉、抗压强度设计值,按附表 B-2 采用。

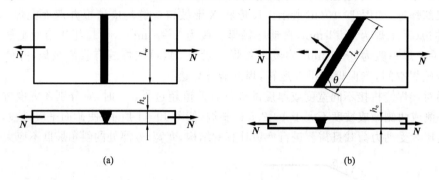

图 19-14　对接焊缝受轴心力

由钢材的强度设计值和焊缝强度设计值相比较可知,对接焊缝抗压及抗剪强度设计值均与连接件钢材的相同,而抗拉强度设计值只在焊缝质量为三级时才较低。所以采用引弧板施焊时,质量为一级、二级和没受拉应力的三级对接焊缝,其强度无须计算,即可用于构件的任何部位。

质量为三级的受拉或无法采用引弧板的对接焊缝需进行强度计算,当计算不满足要求时,可将其移到受力较小处,不便移动时可改用二级焊缝或采用三级斜焊缝,如图 19-14(b)所示。《钢结构设计标准》(GB 50017—2017)规定,当斜焊缝与作用力间的夹角 θ 符合 $\tan \theta \leqslant 1.5$ ($\theta \leqslant 56^{\circ}$)时,其强度超过母材,强度可不做计算。

【例 19-1】 计算图 19-15 所示的两块钢板的对接焊缝。已知截面尺寸为 $B = 400$ mm, $h_{\mathrm{e}} = 12$ mm,轴心力设计值 $N = 1\,000$ kN,钢材为 Q235 钢,采用手工电弧焊,焊条为 E43 型,施焊不用引弧板,焊缝质量等级为三级。

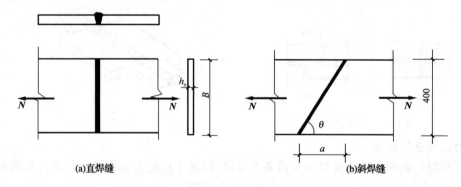

图 19-15　例 19-1 图

【解】 根据钢板厚度和焊缝质量等级查附表 B-2,$f_{\mathrm{t}}^{\mathrm{w}} = 185$ N/mm^2,焊缝计算长度 $l_{\mathrm{w}} = B - 2h_{\mathrm{e}} = 400 - 2 \times 12 = 376$ mm。

$$\sigma = \frac{N}{l_w h_e} = \frac{1\,000 \times 10^3}{376 \times 12} = 222\ \text{N/mm}^2 > f_t^w = 185\ \text{N/mm}^2$$

故不满足要求。

应改为如图 19-15(b)所示的斜焊缝来增大焊缝计算长度,取 $\tan\theta = 1.5$,$a = \dfrac{B}{\tan\theta} = \dfrac{400}{1.5} = 267\ \text{mm}$,取 270 mm,焊缝计算长度

$$l_w = B/\sin\theta - 2h_e = \frac{400}{\frac{3}{\sqrt{13}}} - 2 \times 12 = 456.8\ \text{mm}$$

$$\sigma = \frac{N \cdot \sin\theta}{l_w h_e} = \frac{1000 \times 10^3 \times \frac{3}{\sqrt{13}}}{456.8 \times 12} = 151.8\ \text{N/mm}^2 < f_t^w = 185\ \text{N/mm}^2$$

焊缝满足要求。

(2)弯矩、剪力共同作用时对接焊缝的计算

①矩形截面

如图 19-16(a)所示为矩形截面在弯矩与剪力共同作用下的对接焊缝连接。由于焊缝截面是矩形,由材料力学可知,最大正应力与最大剪应力不在同一点上,因此应分别验算其最大正应力和最大剪应力,即

$$\sigma_{\max} = \frac{M}{W_w} = \frac{6M}{l_w^2 h_e} \leqslant f_t^w\ \text{或}\ f_c^w \tag{19-2}$$

$$\tau_{\max} = \frac{V S_w}{I_w h_e} \leqslant f_v^w \tag{19-3}$$

式中　M——计算截面处的弯矩设计值;

　　　W_w——焊缝计算截面的截面模量;

　　　V——计算截面处的剪力设计值;

　　　S_w——焊缝计算截面对中性轴的最大面积矩;

　　　I_w——焊缝计算截面对中性轴的惯性矩;

　　　f_v^w——对接焊缝的抗剪强度设计值。

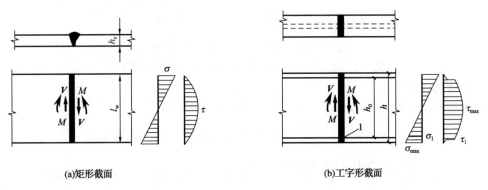

(a)矩形截面　　　　　　(b)工字形截面

图 19-16　对接焊缝受弯矩、剪力共同作用

②工字形截面

如图 19-16(b)所示为工字形截面在弯矩与剪力共同作用下的对接焊缝连接。截面中的最大正应力和最大剪应力亦不在同一点上,也应按式(19-2)和式(19-3)分别进行验算。在工字形焊缝截面翼缘与腹板相交处,同时受有较大的正应力 σ_1 和剪应力 τ_1,还应验算其折算应力,即

$$\sqrt{\sigma_1^2 + 3\tau_1^2} \leqslant 1.1 f_t^w \qquad (19\text{-}4)$$

式中　σ_1——工字形焊缝截面翼缘与腹板相交处的弯曲正应力，$\sigma_1 = \dfrac{Mh_0}{W_w h} = \sigma_{max}\dfrac{h_0}{h}$；

　　　τ_1——工字形焊缝截面翼缘与腹板相交处的剪应力，$\tau_1 = \dfrac{VS_{w1}}{I_w t_w}$；

　　　S_{w1}——工字形截面受拉(或受压)翼缘对截面中性轴的面积矩；

　　　t_w——工字形截面腹板厚度；

　　　1.1——考虑最大折算应力只发生在焊缝局部，因此该点的设计强度提高10%。

【例 19-2】 某 8 m 跨度简支梁的截面和荷载(含梁自重在内的设计值)如图 19-17 所示，在距 A 支座 2.4 m 处有翼缘和腹板的拼接连接，试设计其拼接的对接焊缝。已知钢材为 Q235 钢，采用 E43 型焊条，手工电弧焊，三级质量标准，施焊时采用引弧板。翼缘尺寸 $b \times h$ 为 250 mm×16 mm，腹板尺寸为 1 000 mm×10 mm。

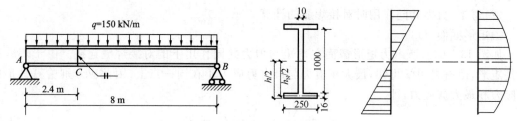

图 19-17　例 19-2 图

【解】　①距 A 支座 2.4 m 处的截面内力计算

$$M = \frac{qa}{2}(l-a) = \frac{1}{2} \times 150 \times 2.4 \times (8-2.4) = 1\,008 \text{ kN} \cdot \text{m}$$

$$V = q\left(\frac{l}{2} - a\right) = 150 \times \left(\frac{8}{2} - 2.4\right) = 240 \text{ kN}$$

②焊缝计算截面的几何特性计算

$$I_w = \frac{1}{12} \times (250 \times 1\,032^3 - 240 \times 1\,000^3) = 2.9 \times 10^9 \text{ mm}^4$$

$$W_w = \frac{2.9 \times 10^9}{516} = 5.6 \times 10^6 \text{ mm}^3$$

$$S_{w1} = 250 \times 16 \times 508 = 2.03 \times 10^6 \text{ mm}^3$$

$$S_w = 2.03 \times 10^6 + 10 \times 500 \times 250 = 3.28 \times 10^6 \text{ mm}^3$$

③焊缝强度计算

由附表 B-2 查得，$f_t^w = 185 \text{ N/mm}^2$，$f_v^w = 125 \text{ N/mm}^2$，则

$$\sigma_{max} = \frac{M}{W_w} = \frac{1\,008 \times 10^6}{5.6 \times 10^6} = 180 \text{ N/mm}^2 < f_t^w = 185 \text{ N/mm}^2$$

$$\tau_{max} = \frac{VS_w}{I_w h_e} = \frac{240 \times 10^3 \times 3.28 \times 10^6}{2.9 \times 10^9 \times 10} = 27.14 \text{ N/mm}^2 < f_v^w = 125 \text{ N/mm}^2$$

$$\sigma_1 = \frac{Mh_0}{W_w h} = \sigma_{max}\frac{h_0}{h} = 180 \times \frac{1\,000}{1\,032} = 174.4 \text{ N/mm}^2$$

$$\tau_1 = \frac{VS_{w1}}{I_w t_w} = \frac{240 \times 10^3 \times 2.03 \times 10^6}{2.9 \times 10^9 \times 10} = 16.8 \text{ N/mm}^2$$

$$\sqrt{\sigma_1^2 + 3\tau_1^2} = \sqrt{174.4^2 + 3 \times 16.8^2} = 176.8 \text{ N/mm}^2 < 1.1 f_t^w = 1.1 \times 185 = 203.5 \text{ N/mm}^2$$

因此，采用此对接焊缝满足要求。

（3）弯矩、剪力和轴心力共同作用时对接焊缝的计算

①矩形截面

如图 19-18(a)所示为在弯矩、剪力、轴心力共同作用下的矩形截面对接焊缝。焊缝截面的最大正应力在焊缝的端部，其值为轴心力和弯矩产生的应力之和，最大剪应力在截面的中性轴上。因此应分别验算其最大正应力和最大剪应力，即

$$\sigma_{max}=\sigma_N+\sigma_M=\frac{N}{l_w h_e}+\frac{M}{W_w}\leqslant f_t^w \text{ 或 } f_c^w \tag{19-5}$$

$$\tau_{max}=\frac{VS_w}{I_w h_e}\leqslant f_v^w$$

在截面中性轴上，有 σ_N 和 τ_{max} 同时作用，还应验算其折算应力，即

$$\sqrt{\sigma_N^2+3\tau_{max}^2}\leqslant 1.1 f_t^w \tag{19-6}$$

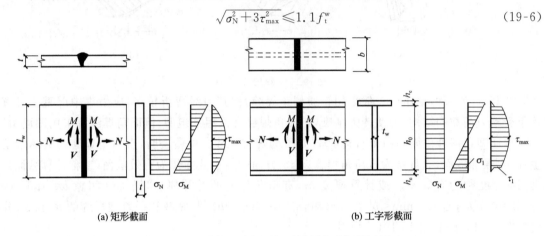

(a) 矩形截面　　　　　　　　　　　(b) 工字形截面

图 19-18　受弯矩、剪力和轴心力共同作用的对接焊缝

②工字形截面

如图 19-18(b)所示为在弯矩、剪力、轴心力共同作用下的工字形截面对接焊缝。同理，应验算其最大正应力、最大剪应力和折算应力，即

$$\sigma_{max}=\sigma_M\pm\sigma_N=\frac{M}{W_w}\pm\frac{N}{A_w}\leqslant f_t^w \text{ 或 } f_c^w \tag{19-7}$$

$$\tau_{max}=\frac{VS_w}{I_w t_w}\leqslant f_v^w \tag{19-8}$$

$$\sqrt{(\sigma_N+\sigma_1)^2+3\tau_1^2}\leqslant 1.1 f_t^w \tag{19-9}$$

$$\sqrt{\sigma_N^2+3\tau_{max}^2}\leqslant 1.1 f_t^w$$

式中　A_w——焊缝计算截面面积；

　　　σ_1、τ_1——取值同式(19-4)。

19.2.6　角焊缝的构造和计算

1. 角焊缝的形式和构造

（1）角焊缝的形式

角焊缝是沿着被连接板件之一的边缘施焊而成的，角焊缝根据两焊脚边的夹角可分为直角角焊缝(图 19-19(a)～图 19-19(c))和斜角角焊缝(图 19-19(d)～图 19-19(f))，在钢结构中，最常用的是直角角焊缝，斜角角焊缝主要用于钢管结构中。

直角角焊缝按其截面形式可分为普通型(图 19-19(a))、平坦型(图 19-19(b))和凹面型

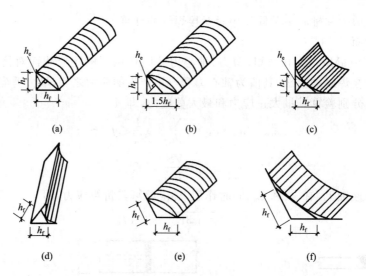

图 19-19　角焊缝的形式

（图 19-19(c)）三种，钢结构一般采用普通型角焊缝，但其力线弯折较多，应力集中严重。对直接承受动力荷载的结构，为使传力平顺，正面角焊缝宜采用平坦型，侧面角焊缝宜采用凹面型。

普通型角焊缝截面的两个直角边长 h_f 称为焊脚尺寸。试验表明，直角角焊缝的破坏常发生在 45°喉部截面，通常认为直角角焊缝以 45°方向的最小截面作为有效截面（或称计算截面）。其截面厚度称为有效厚度或计算厚度 h_e，直角角焊缝的计算厚度，当焊件间隙 $b \leqslant 1.5$ mm 时，$h_e = 0.7\, h_f$；当 1.5 mm $< b \leqslant 5$ mm 时，$h_e = 0.7(h_f - b)$，凹面型和平坦型焊缝的 h_f 和 h_e 分别按图 19-19(b) 和图 19-19(c) 采用。

角焊缝按其长度方向和外力作用方向的不同可分为垂直于力作用方向的正面角焊缝和平行于力作用方向的侧面角焊缝，以及与力作用方向成斜交的斜向角焊缝，如图 19-20 所示。

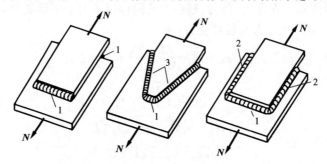

图 19-20　角焊缝截面
1—正面角焊缝；2—侧面角焊接；3—斜向角焊缝

（2）角焊缝的构造要求
① 最小焊脚尺寸
角焊缝最小焊脚尺寸见表 19-2。

19-2　　　　　　　　　　　　　　　　　　　　角焊缝最小焊脚尺寸　　　　　　　　　　　　　　　　　　mm

母材厚度	角焊缝最小焊脚尺寸
$t \leqslant 6$	3
$6 < t \leqslant 12$	5
$12 < t \leqslant 20$	6

②最大焊脚尺寸

焊件较薄,角焊缝的焊脚尺寸过大,焊接时热量输入过大,焊件将产生较大的焊接残余应力和残余变形,较薄焊件易烧穿。板件边缘的角焊缝与板件边缘等厚时,施焊时易产生咬边现象。《钢结构设计标准》(GB 50017—2017)规定

$$h_{fmax} \leqslant 1.2t_{min}$$

式中　t_{min}——较薄焊件厚度(钢管结构除外),mm,如图 19-21(a)所示。

对图 19-21(b)所示板件(厚度为 t_1)边缘的角焊缝 h_{fmax} 还应符合:当 $t_1 > 6$ mm 时,$h_{fmax} \leqslant t_1 - (1 \sim 2)$ mm;当 $t_1 \leqslant 6$ mm 时,$h_{fmax} \leqslant t_1$。

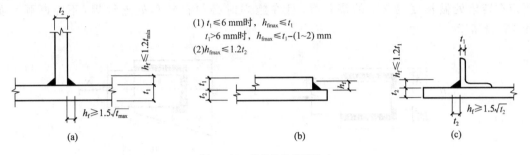

图 19-21　角焊缝的焊脚尺寸

③不等焊脚尺寸

当焊件厚度相差较大,且采用等焊脚尺寸无法满足最大和最小焊脚尺寸的要求时,可采用不等焊脚尺寸,即与较薄焊件接触的焊脚尺寸满足 $h_f \leqslant 1.2t_1$,与较厚焊件接触的焊脚尺寸满足 $h_f \geqslant 1.5\sqrt{t_2}$,其中 $t_2 > t_1$,如图 19-21(c)所示。

④侧面角焊缝的最大计算长度

侧面角焊缝沿长度方向受力不均匀,两端大而中间小,且随焊缝长度与其焊脚尺寸之比的增大而差别增大。当焊缝过长时,焊缝两端应力可能达到极限,两端首先出现裂缝,而焊缝中部还未充分发挥其承载力。因而,《钢结构设计标准》(GB 50017—2017)规定,侧面角焊缝的最大计算长度取 $l_w \leqslant 60h_f$。当实际长度大于上述规定数值时,其超过部分在计算中不予考虑;当内力沿侧面角焊缝全长分布时,其计算长度不受此限制。如工字形截面柱或梁的翼缘与腹板的连接焊缝等。

⑤最小计算长度

角焊缝焊脚大而长度过小时,将使焊件局部加热严重,并且起弧、灭弧的弧坑相距太近,以及可能产生的其他缺陷,使焊缝不够可靠。因此,《钢结构设计标准》(GB 50017—2017)规定,$l_w \geqslant 8h_f$ 且 $l_w \geqslant 40$ mm。

⑥当板件端部仅用两侧面角焊缝连接时,为避免应力传递的过分弯折而使构件中应力不均匀,《钢结构设计标准》(GB 50017—2017)规定,侧面角焊缝长度 $l \geqslant b$,如图 19-22(a)所示;

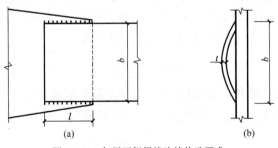

图 19-22　仅用两侧焊缝连接构造要求

为避免焊缝横向收缩时引起板件拱曲太大，如图 19-22（b）所示，《钢结构设计标准》（GB 50017—2017）规定，$b \leqslant 16t(t>12\ \text{mm})$ 或 190 mm $(t \leqslant 12\ \text{mm})$（$t$ 为较薄焊件厚度）。当宽度 b 不满足上述规定时，应加正面角焊缝。

⑦在搭接连接中，为了减少焊缝收缩产生的残余应力以及偏心产生的附加弯矩，规定搭接长度 $l_\text{d} \geqslant 5t_\text{min}$，且不得小于 25 mm，如图 19-23 所示。

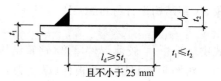

图 19-23　搭接长度要求

⑧当角焊缝的端部在构件的转角处时，为了避免起弧、灭弧的缺陷发生在应力集中较严重的转角处。规定在转角处做长度为 $2h_\text{f}$ 的绕角焊，且在施焊时必须在转角处连续焊（不能断弧），如图 19-24 所示。

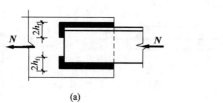
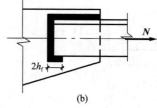

图 19-24　角焊缝的绕角焊

2. 角焊缝的计算

（1）直角角焊缝强度计算的基本公式

由于角焊缝受力后的应力分布很复杂，很难用精确的方法计算。实际计算时采用简化的方法，假定角焊缝的破坏截面在最小截面（45°喉部截面），其计算厚度为 $h_\text{e} = h_\text{f}\cos 45° = 0.7h_\text{f}$，其面积为 $h_\text{e}l_\text{w}$（l_w 为角焊缝的计算长度），该截面称为角焊缝的计算截面。并假定截面上的应力沿焊缝长度方向均匀分布。

《钢结构设计标准》（GB 50017—2017）规定角焊缝计算公式为

$$\sqrt{\left(\frac{\sigma_\text{f}}{\beta_\text{f}}\right)^2 + \tau_\text{f}^2} \leqslant f_\text{f}^\text{w} \tag{19-10}$$

式中　σ_f——按焊缝有效截面计算，垂直于焊缝长度方向的应力。

τ_f——按焊缝有效截面计算，平行于焊缝长度方向的应力。

β_f——正面角焊缝的强度设计值增大系数。《钢结构设计标准》（GB 50017—2017）规定：对承受静力荷载或间接动力荷载的结构取 1.22；对直接承受动力荷载的结构取 1.0。

f_f^w——角焊缝强度设计值，按附表 B-2 采用。

（2）角焊缝受轴心力作用时的计算

当作用力（拉力、压力、剪力）通过角焊缝的形心时，可认为焊缝的应力为均匀分布。因作用力方向与焊缝长度方向间关系的不同，故在应用式（19-10）计算时 τ_f、σ_f 应分别为：

①侧面角焊缝或作用力平行于焊缝长度方向的焊缝

$$\tau_\text{f} = \frac{N}{h_\text{e}\sum l_\text{w}} \leqslant f_\text{f}^\text{w} \tag{19-11}$$

式中　l_w——角焊缝的计算长度，对每条焊缝等于实际长度减 $2h_\text{f}$。

②正面角焊缝或作用力垂直于焊缝长度方向的焊缝

$$\sigma_\text{f} = \frac{N}{h_\text{e}\sum l_\text{w}} \leqslant \beta_\text{f} f_\text{f}^\text{w} \tag{19-12}$$

③两个方向的力共同作用的角焊缝,应分别计算两个方向力作用下的 σ_f 和 τ_f,然后按式(19-10)计算即可。

④周围角焊缝

如图 19-6(c)所示,由侧面、正面和斜向角焊缝组成的周围角焊缝,假设破坏时各部分都达到了各自的极限强度,则计算公式为

$$\frac{N}{\sum(\beta_f h_e l_w)} \leq f_f^w \tag{19-13}$$

对承受静力或间接动力荷载的结构,式(19-13)中 β_f 按下列规定采用:侧面角焊缝部分取 $\beta_f = 1.0$;正面角焊缝部分取 $\beta_f = 1.22$;斜向角焊缝部分按 $\beta_f = \beta_\theta = 1/\sqrt{1-\sin^2\theta/3}$ 计算(β_θ 为斜向角焊缝强度增大系数,其值为 1.0~1.22)。表 19-3 列出了轴心力与焊缝长度方向的夹角 θ 与 $\beta_{f\theta}$ 的关系。对直接承受动力荷载的结构,则一律取 $\beta_f = 1.0$。

表 19-3 $\beta_{f\theta}$ 值

θ	0°	20°	30°	40°	45°	50°	60°	70°	80°~90°
$\beta_{f\theta}$	1	1.02	1.04	1.08	1.10	1.11	1.15	1.19	1.22

【例 19-3】 如图 19-25 所示的焊缝连接,采用三面围焊,承受的轴心拉力设计值 $N = 1\,000$ kN。钢材为 Q235B 钢,焊条为 E43 型,试验算此连接焊缝是否满足要求。

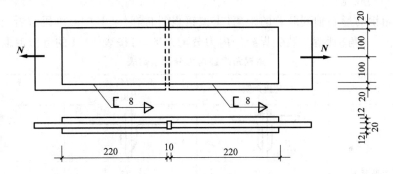

图 19-25 例 19-3 图

【解】 确定角焊缝的焊脚尺寸 h_f

取 $h_f = 8$ mm,则 $h_f \leq h_{f\max} = t - (1\sim2) = 12 - (1\sim2) = 10\sim11$ mm

$h_f < 1.2 t_{\min} = 1.2 \times 12 = 14.4$ mm

根据表 19-2,$h_f \geq 6$ mm

由附表 B-2 查得角焊缝强度设计值 $f_f^w = 160$ N/mm²,故正面角焊缝承受的力

$N_1 = 2 h_e l_{w1} \beta_f f_f^w = 2 \times 0.7 \times 8 \times 200 \times 1.22 \times 160 \times 10^{-3} = 437$ kN

则侧面角焊缝承受的力为 $N_2 = N - N_1 = 1\,000 - 437 = 563$ kN,则

$$\tau_f = \frac{N_2}{4 h_e l_{w2}} = \frac{563 \times 10^3}{4 \times 0.7 \times 8 \times (220-8)} = 118.56 \text{ N/mm}^2 < f_f^w = 160 \text{ N/mm}^2$$

故满足要求。

(4)角钢连接的角焊缝计算

在钢桁架中,杆件一般采用角钢,各杆件与连接板用角焊缝连接在一起,连接焊缝可以采用两面侧焊、三面围焊和 L 形围焊三种形式,如图 19-26 所示。为了避免焊缝偏心受力,焊缝传递的合力作用线应与角钢的轴线重合。

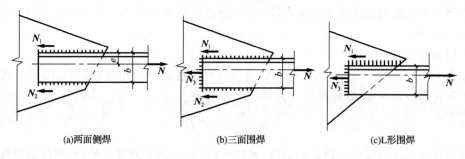

图 19-26　角钢与钢板的角焊缝连接形式

①采用两侧面角焊缝连接,如图 19-26(a)所示。

虽然轴心力通过截面形心,但由于截面形心到角钢肢背和肢尖的距离不等,因此,肢背焊缝和肢尖焊缝承担的内力也不相等。设 N_1、N_2 分别为角钢肢背和肢尖焊缝承担的内力,由平衡条件 $\sum M = 0$,可得

$$N_1 = \frac{b-e}{b}N = K_1 N \tag{19-14}$$

$$N_2 = \frac{e}{b}N = K_2 N \tag{19-15}$$

式中　b——角钢肢宽;

　　　e——角钢的形心轴到肢背的距离(查型钢表(扫描附录 B 中二维码查看)获取);

　　　K_1、K_2——角钢肢背、肢尖焊缝的内力分配系数,可按表 19-4 的近似值取用。

表 19-4　　　　　　　　　　　　角钢角焊缝内力分配系数表

角钢类型		等边角钢	不等边角钢 (短边相连)	不等边角钢 (长边相连)
连接情况				
分配 系数	角钢肢背 K_1	0.70	0.75	0.65
	角钢肢尖 K_2	0.30	0.25	0.35

②采用三面围焊连接,如图 19-26(b)所示。

先根据构造要求选取正面角焊缝的焊脚尺寸 h_{f3},计算其所能承担的内力 N_3(设截面为双角钢组成的 T 形截面)

$$N_3 = 2 \times 0.7 h_{f3} b \beta_f f_f^w \tag{19-16}$$

由平衡条件可得

$$N_1 = K_1 N - \frac{N_3}{2} \tag{19-17}$$

$$N_2 = K_2 N - \frac{N_3}{2} \tag{19-18}$$

③采用 L 形围焊,如图 19-26(c)所示。

令式(19-18)中的 $N_2 = 0$,可得

$$N_3 = 2K_2 N \tag{19-19}$$

则　　　　　　　　　　　　$$N_1 = N - N_3 = (1 - 2K_2)N \tag{19-20}$$

根据以上计算求得各条焊缝的内力后,按构造要求确定肢背与肢尖焊缝的焊脚尺寸,可计

算出肢背与肢尖焊缝的计算长度。对于双角钢组成的 T 形截面：

肢背的一条侧面角焊缝长

$$l_{w1} = \frac{N_1}{2 \times 0.7 h_{f1} f_f^w}$$ (19-21)

式中　h_{f1}——角钢肢背焊缝的焊脚尺寸。

肢尖的一条侧面角焊缝长

$$l_{w2} = \frac{N_2}{2 \times 0.7 h_{f2} f_f^w}$$ (19-22)

式中　h_{f2}——角钢肢尖焊缝的焊脚尺寸。

每条侧面角焊缝的实际长度，应根据施焊情况和连接类型确定：用围焊相连（三面围焊或 L 形围焊），焊缝的实际长度为 $l = l_w + h_f$；两侧面角焊缝连接，每条侧面角焊缝的实际长度为 $l = l_w + 2h_f$；绕角焊的侧面角焊缝，其焊缝实际长度为 $l = l_w$（绕角焊焊缝长度 $2h_f$ 不计入计算长度）。

【例 19-4】　如图 19-27 所示，$2\llcorner 100$ mm $\times 10$ mm 的角钢与厚度为 14 mm 的节点板连接，轴心力设计值 $N = 450$ kN（静力荷载），钢材为 Q235 钢，手工电弧焊，采用两侧面角焊缝连接，试确定肢背和肢尖所需的实际焊缝长度。

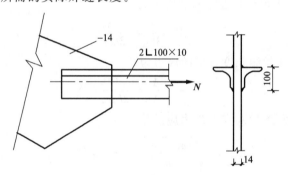

图 19-27　例 19-4 图

【解】　设角钢肢背、肢尖及端部焊缝尺寸相同，取 $h_f = 8$ mm，则

$$h_f \leqslant t - (1 \sim 2) = 10 - (1 \sim 2) = 8 \sim 9 \text{ mm}$$

$$h_f < 1.2 t_{min} = 1.2 \times 10 = 12 \text{ mm}$$

根据表 19-2，$h_f \geqslant 6$ mm

由附表 B-2 查得，角焊缝强度设计值 $f_f^w = 160$ N/mm^2。由表 19-4 查得，焊缝内力分配系数为 $K_1 = 0.70$，$K_2 = 0.30$。

角钢肢背和肢尖焊缝承受的内力分别为

$$N_1 = K_1 N = 0.7 \times 450 = 315 \text{ kN}; N_2 = K_2 N = 0.3 \times 450 = 135 \text{ kN}$$

肢背和肢尖焊缝需要的实际长度为

$$l_{w1} = \frac{N_1}{2 h_e f_f^w} + 2h_f = \frac{315 \times 10^3}{2 \times 0.7 \times 8 \times 160} + 2 \times 8 = 192 \text{ mm}, 取 200 \text{ mm}$$

$$l_{w2} = \frac{N_2}{2 h_e f_f^w} + 2h_f = \frac{135 \times 10^3}{2 \times 0.7 \times 8 \times 160} + 2 \times 8 = 91 \text{ mm}, 取 100 \text{ mm}$$

（5）弯矩、剪力和轴心力共同作用时 T 形连接的角焊缝计算

图 19-28（a）所示为一受斜向偏心拉力 F 作用的角焊缝连接的 T 形接头。将作用力 F 分

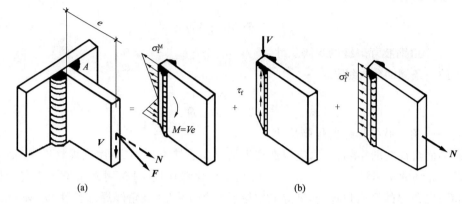

解并向焊缝形心简化，角焊缝同时承受轴心力 $N=F_x$、剪力 $V=F_y$ 和弯矩 $M=Ve$ 的共同作用。焊缝计算截面上的应力分布如图 19-28(b)所示，其中 A 点应力最大，为危险点。

图 19-28　弯矩、剪力和轴心力共同作用时 T 形连接的角焊缝

由 N 产生的垂直于焊缝长度方向的应力为

$$\sigma_f^N = \frac{N}{A_w} = \frac{N}{2h_e l_w} \tag{19-23}$$

由 M 产生的垂直于焊缝长度方向的应力为

$$\sigma_f^M = \frac{M}{W_w} = \frac{6M}{2h_e l_w^2} \tag{19-24}$$

由 V 产生的平行于焊缝长度方向的应力为

$$\tau_f = \frac{V}{A_w} = \frac{V}{2h_e l_w} \tag{19-25}$$

代入式(19-10)，焊缝上 A 点的应力应满足

$$\sqrt{\left(\frac{\sigma_f^N + \sigma_f^M}{\beta_f}\right)^2 + \tau_f^2} \leqslant f_f^w \tag{19-26}$$

仅有弯矩和剪力共同作用时，焊缝上 A 点的应力应满足

$$\sqrt{\left(\frac{\sigma_f^M}{\beta_f}\right)^2 + \tau_f^2} \leqslant f_f^w \tag{19-27}$$

式中　A_w——角焊缝的有效截面面积；

　　　W_w——角焊缝的有效截面模量。

【例 19-5】　试计算如图 19-29 所示钢板与柱翼缘的连接角焊缝的强度。已知 $N=390$ kN（设计值），与焊缝之间的夹角 $\theta=60°$，钢材为 Q235 钢，手工电弧焊，焊条为 E43 型。

【解】　查附表 B-2 得 $f_f^w=160$ N/mm²

$$N_x = N\sin\theta, \quad N_y = N\cos\theta$$

$$\sigma_f = \frac{N_x}{A_w} = \frac{N\sin\theta}{2 \times 0.7 h_f l_w}$$

$$= \frac{390 \times 10^3 \times \sin 60°}{2 \times 0.7 \times 8 \times (200 - 2 \times 8)} = 163.89 \text{ N/mm}^2$$

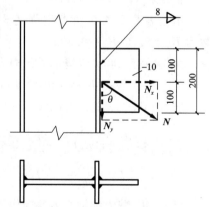

图 19-29　例 19-5 图

$$\tau_f = \frac{N_y}{A_w} = \frac{N\cos\theta}{2\times0.7h_fl_w} = \frac{390\times10^3\times\cos60°}{2\times0.7\times8\times(200-2\times8)} = 94.62 \text{ N/mm}^2$$

$$\sqrt{\left(\frac{\sigma_f}{\beta_f}\right)^2 + \tau_f^2} = \sqrt{\left(\frac{163.89}{1.22}\right)^2 + 94.62^2} = 164.32 \text{ N/mm}^2 < f_f^w = 160 \text{ N/mm}^2$$

故不满足要求,焊缝不安全。

19.2.7 焊接残余应力和残余变形

1. 焊接残余应力和残余变形产生的原因

钢结构构件或节点在焊接过程中,局部区域受到很强的高温作用,在此不均匀的加热和冷却过程中产生的变形称为焊接残余变形。焊接后冷却时,焊缝与焊缝附近的钢材不能自由收缩,由该约束所产生的应力称为焊接残余应力。

焊接残余应力按其与焊缝长度方向或厚度方向的关系可分为纵向残余应力、横向残余应力和厚度方向残余应力。纵向残余应力是沿着焊缝长度方向的应力,焊接高温使焊缝周围产生塑性压缩,冷却时收缩受到限制,焊缝区受拉,焊缝区以外受压。横向残余应力是垂直于焊缝长度方向且平行于构件表面的应力,纵向收缩产生反向变形——中间受拉,两端受压;先焊接限制后焊接变形——中间受压,两端受拉应力叠加。厚度方向残余应力是垂直于焊缝长度方向且垂直于构件表面的应力,表面先冷却限制内部收缩,内部受拉,表面受压。

焊接残余变形是由于焊接过程中焊区的收缩变形引起的,表现在构件局部的鼓起、歪曲、弯曲或扭曲等。主要有纵向收缩、横向收缩、弯曲变形、角变形、波浪变形、扭曲变形等,如图 19-30 所示。

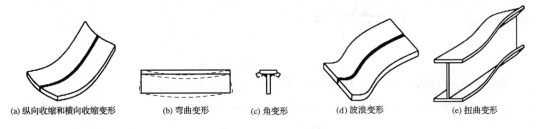

(a) 纵向收缩和横向收缩变形　　(b) 弯曲变形　　(c) 角变形　　(d) 波浪变形　　(e) 扭曲变形

图 19-30　焊接残余变形

2. 焊接残余应力和残余变形的危害

无外加约束的情况下,焊接残余应力是自相平衡的内应力。因此,焊接残余应力对在常温下承受静力荷载的结构的承载力没有影响,但会降低构件的刚度和稳定性。因焊缝中存在三向同号应力,阻碍了塑性变形,使裂缝容易发生和开展,因此疲劳强度降低。

焊接残余变形会使构件不能保持正确的设计尺寸及位置,使安装发生困难,甚至可能影响结构的工作。例如轴心压杆,因焊接发生了弯曲变形,变成了压弯构件,故强度和稳定承载力都会降低。

3.减少焊接残余应力和残余变形的措施

(1)设计上的措施

选用适宜的焊脚尺寸和焊缝长度;焊缝对称布置,尽量避免焊缝过度集中和多方向相交;连接过渡尽量平缓;焊缝布置应尽可能考虑施焊方便,避免仰焊。

(2)工艺方面

采用合理的施焊次序。图 19-31(a)所示的长焊缝采用分段退焊,图 19-31(b)所示的厚焊缝采用分层焊,图 19-31(c)所示的钢板分块拼接与图 19-31(d)所示的工字形截面采用对角跳焊。

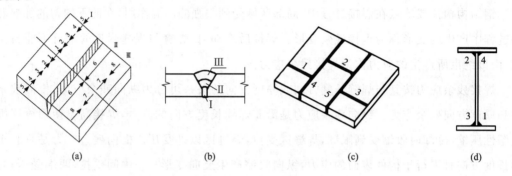

图 19-31　合理的施焊次序

采用反向预变形,如图 19-32 所示,即施焊前给构件一个与焊接变形相反的变形,使之与焊接所引起的变形相抵消,从而减少最终的焊接变形量。

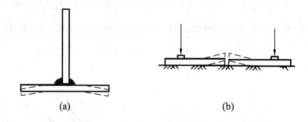

图 19-32　减少焊接变形的措施

对已产生变形的构件,可局部加热后用机械的方法进行校正。

对小尺寸的构件,可在焊前预热,或焊后回火加热到 600 ℃左右,然后缓慢冷却,可部分消除焊接残余应力。焊接后对焊件进行锤击,也可减少焊接残余应力与残余变形。

19.3　普通螺栓连接

19.3.1　普通螺栓连接的构造

1.螺栓的规格

钢结构工程中采用的普通螺栓形式为六角头型,其代号用字母 M 与公称直径的毫米数表示,建筑工程常用 M16、M20、M24 等螺栓。

钢结构施工图采用的螺栓及孔的图例见表 19-5。

表 19-5 钢结构施工图采用的螺栓及孔的图例

序号	名　　称	图　例	说　明
1	永久螺栓		
2	安装螺栓		
3	高强度螺栓		1. 细"＋"线表示定位线。 2. ϕ 表示螺栓孔直径。 3. M 表示螺栓型号。
4	圆形螺栓孔		
5	长圆形螺栓孔		

2. 螺栓的排列

螺栓的排列应简单紧凑、整齐划一并便于安装紧固,通常采用并列和错列两种形式,如图 19-33 所示。其特点是:并列简单,但螺栓孔对截面削弱较大;错列紧凑,减少截面削弱,但排列较繁。

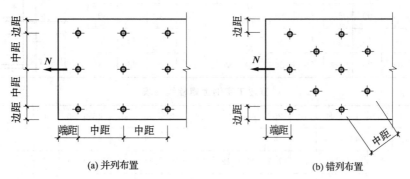

(a) 并列布置　　　　　　　　　(b) 错列布置

图 19-33　螺栓的排列

不论采用哪种排列方法,螺栓间距及螺栓到构件边缘的距离应满足下列要求:

(1)受力要求:螺栓间距及螺栓到构件边缘的距离不应太小,以免螺栓之间的钢板截面削弱过大造成钢板被拉断,或边缘处螺栓孔前的钢板被冲剪断。对于受压构件,平行于力方向的栓距不应过大,否则螺栓间钢板可能鼓曲。

(2)构造要求:螺栓中距及边距不应过大,否则被连接的钢板不能紧密贴合,潮气容易侵入缝隙,引起钢板锈蚀。

(3)施工要求:螺栓间距应有足够的空间,以便于转动扳手,拧紧螺母。

《钢结构设计标准》(GB 50017—2017)规定了螺栓中心间距、端距及边距的最大、最小限值,见表 19-6。

型钢(普通工字钢、角钢和槽钢)上的螺栓排列,除了要满足表 19-6 的要求外,还应注意不要在靠近截面倒角和圆角处打孔,并应分别符合表 19-7～表 19-9 的要求。

表 19-6　　　　　　　　　　　　螺栓或铆钉的最大、最小限值

名称	位置和方向			最大限值（取两者的较小值）	最小限值
中心间距	外排（垂直于内力方向或平行于内力方向）			$8d_0$ 或 $12t$	$3d_0$
	中间排	垂直于内力方向		$16d_0$ 或 $24t$	
		平行于内力方向	构件受压力	$12d_0$ 或 $18t$	
			构件受拉力	$16d_0$ 或 $24t$	
	沿对角线方向			—	
中心至构件边缘的距离	平行于内力方向			$4d_0$ 或 $8t$	$2d_0$
	垂直于内力方向	剪切边或手工气割边			$1.5d_0$
		轧制边、自动气割或锯割边	高强度螺栓		
			其他螺栓或铆钉		$1.2d_0$

注：①d_0 为螺栓孔或铆钉孔直径，t 为外层较薄板件的厚度。

②钢板边缘与刚性构件（如角钢、槽钢等）相连的螺栓或铆钉的最大间距，可按中间排的数值采用。

表 19-7　　　　　　　　　　　　角钢上螺栓线距表　　　　　　　　　　　　mm

单行排列	b	45	50	56	63	70	75	80	90	100	110	125
	e	25	30	30	35	40	45	45	50	55	60	70
	d_{0max}	13.5	15.5	17.5	20	22	22	24	24	24	26	26

双行错列	b	125	140	160	180	200	双行并列	b	140	160	180	200
	e_1	55	60	65	65	80		e_1	55	60	65	80
	e_2	35	45	50	80	80		e_2	60	70	80	80
	d_{0max}	24	26	26	26	26		d_{0max}	20	22	22	28

表 19-8　　　　　　　　　　　　普通工字钢上螺栓线距表　　　　　　　　　　　　mm

型　号		10	12.6	14	16	18	20	22	25	28	32	36	40	45	50	56	63
翼缘	a	36	42	44	44	50	54	54	64	64	70	74	80	84	94	104	110
	d_{0max}	11.5	11.5	13.5	15.5	17.5	17.5	20	22	22	24	24	26	26	26	26	26
腹板	c_{max}	35	35	40	45	50	50	50	60	60	65	65	70	75	75	80	80
	d_{0max}	9.5	11.5	13.5	15.5	17.5	17.5	20	22	22	24	24	24	26	26	26	26

表 19-9　　　　　　　　　　　　普通槽钢上螺栓线距表　　　　　　　　　　　　mm

型　号		5	6.3	8	10	12.6	14	16	18	20	22	25	28	32	36	40
翼缘	a	20	22	25	28	30	35	35	40	45	45	50	50	50	60	60
	d_{0max}	11.5	11.5	13.5	15.5	17.5	17.5	20	22	22	22	24	24	26	26	26
腹板	c_{max}	—	—	—	35	45	45	50	55	55	60	60	65	70	75	75
	d_{0max}	—	—	—	11.5	13.5	17.5	20	22	22	22	24	24	26	26	26

注：d_{0max} 为最大孔径。

3. 螺栓连接的构造要求

螺栓连接除了应满足上述螺栓排列的限值要求外，根据不同情况尚应满足下列构造要求：

（1）为使连接可靠，每一杆件在节点上以及拼接接头的一端，不宜少于两个永久性螺栓。对于组合构件的缀条，其端部连接可采用一个螺栓。

（2）直接承受动力荷载的普通受拉螺栓连接应采用双螺帽或其他防止螺帽松动的有效措施。如采用弹簧垫圈，或将螺帽与螺杆焊死等方法。

（3）C级螺栓与孔壁的间隙较大，宜用于沿其杆轴方向受拉的连接。承受静力荷载或间接承受动力荷载结构中的次要连接、承受静力荷载的可拆卸结构的连接和临时固定构件用的安装连接中，也可用C级螺栓受剪。但在重要的连接中，例如：吊车梁或制动梁上翼缘与柱的连接，由于传递制动梁的水平支承反力，同时受到反复动力荷载作用，所以不得采用C级螺栓。制动梁与吊车梁上翼缘的连接，承受着反复的水平制动力和卡轨力，应优先采用高强度螺栓。柱间支撑与柱的连接，以及在柱间支撑处吊车梁下翼缘与柱的连接等承受剪力较大的部位，均不得采用C级螺栓承受剪力。

（4）由于型钢的抗弯刚度较大，采用高强度螺栓时不易使摩擦面紧密贴合，故其拼接件宜采用钢板。

19.3.2 普通螺栓连接的受力性能

螺栓连接按螺栓传力方式可分为受剪螺栓连接、抗拉螺栓连接和同时受拉受剪螺栓连接，如图19-34所示。受剪螺栓连接是连接受力后使被连接件的接触面产生相对滑移倾向的螺栓连接，它依靠螺杆的受剪和螺杆对孔壁挤压来传递垂直于螺杆方向的外力；受拉螺栓连接是连接受力后使被连接件的接触面产生相互脱离倾向的螺栓连接，它由螺杆直接承受拉力来传递平行于螺杆的外力；连接受力后产生相对滑移和脱离倾向的螺栓连接是同时受拉受剪螺栓连接，它依靠螺杆的承压、受剪和直接承受拉力来传递外力。

微课79
普通螺栓连接

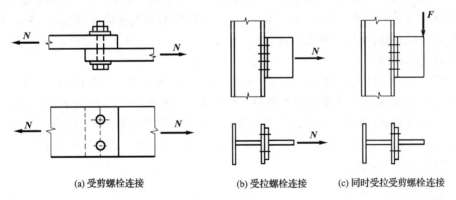

| (a)受剪螺栓连接 | (b)受拉螺栓连接 | (c)同时受拉受剪螺栓连接 |

图19-34 普通螺栓按传力方式分类

1.受剪螺栓连接

受剪螺栓受力后，当外力不大时，由构件间的摩擦力来传递外力。当外力增大超过极限摩擦力后，构件间相对滑移，螺杆开始接触构件的孔壁而受剪，孔壁则受压。

当连接处于弹性阶段时，螺栓群中的各螺栓受力不等，两端大，中间小；当外力继续增大，达到塑性阶段时，各螺栓承担的荷载逐渐接近，最后趋于相等直到破坏。如图19-35所示。

连接工作经历了三个阶段：弹性阶段；相对滑移阶段；弹塑性阶段。

受剪螺栓连接在荷载的作用下，可能有五种破坏形式：①螺杆被剪断；②板件被挤压破坏

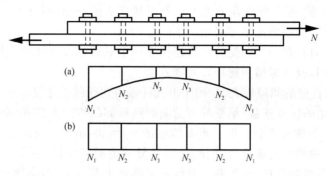

图 19-35　螺栓的内力分布

或螺栓承压破坏;③板件被拉断;④板件端部被冲剪破坏;⑤螺杆弯曲破坏。如图19-36所示。

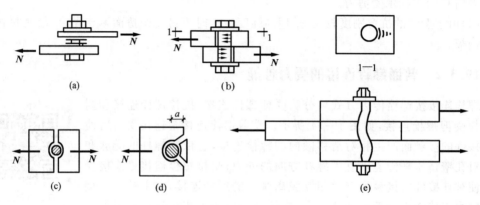

图 19-36　受剪螺栓连接的破坏形式

为保证螺栓连接能安全承载,对第①、②种破坏,通过计算单个螺栓的承载力来控制;对第③种破坏,通过验算构件净截面强度来控制;对第④⑤种破坏,通过采取一定构造措施来控制,保证螺栓间距及边距不小于表 19-6 的规定,可避免构件端部板被剪坏,限制板叠厚度不超过螺杆直径的 5 倍,可防止螺杆弯曲破坏。

2. 受拉螺栓连接

受拉螺栓的破坏形式一般表现为螺杆被拉断,拉断的部位通常在螺纹削弱的截面处。

如图 19-37(a)所示为柱翼缘与牛腿用螺栓连接。螺栓群在弯矩作用下,连接的上部牛腿与翼缘有分离的趋势,使螺栓群的旋转中心下移。通常近似假定螺栓群绕最底排螺栓旋转,各排螺栓所受拉力的大小与该排螺栓到转动轴线的距离 y 成正比。因此顶排螺栓(1 号)所受拉力最大,如图 19-37(b)所示。

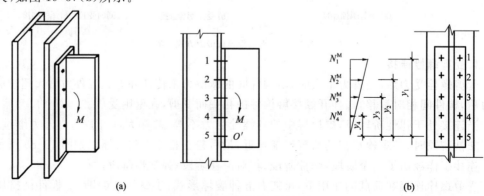

图 19-37　弯矩作用下的受拉螺栓

3.同时受拉受剪螺栓连接

如图 19-38 所示,螺栓群承受偏心力 F 的作用,将 F 向螺栓群简化,可知螺栓群同时承受剪力 $V=F$ 和弯矩 $M=Fe$ 的作用。

同时承受剪力和拉力作用的普通螺栓连接,应考虑两种可能的破坏形式:①螺杆受剪力兼受拉力破坏;②孔壁承压破坏。

对于 C 级螺栓,一般不允许受剪(承受静力荷载的次要连接或临时安装连接除外),可设置承托受剪力,螺栓只承受弯矩产生的拉力。

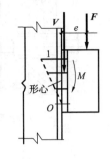

图 19-38　螺栓同时承受拉力和剪力作用

19.4　高强度螺栓连接

高强度螺栓连接有摩擦型和承压型两种。摩擦型高强度螺栓的连接较承压型高强度螺栓的变形小,承载力小,耐疲劳、抗动力荷载性能好;而承压型高强度螺栓连接承载力大,但抗剪变形大,所以一般仅用于承受静力荷载和间接动力荷载结构中的连接。

高强度螺栓的构造和排列要求,除螺杆与孔径的差值较小外,与普通螺栓相同。

高强度螺栓安装时将螺帽拧紧,使螺杆产生预拉力而压紧构件接触面,靠接触面的摩擦来阻止连接板相互滑移,以达到传递外力的目的。

19.4.1　高强度螺栓的材料和性能等级

目前我国采用的高强度螺栓性能等级,按热处理后的强度分为 8.8 级和 10.9 级。8.8 级的高强度螺栓采用中碳钢中的 45 钢和 35 钢制成。10.9 级的高强度螺栓采用 20MnTiB 钢(20 锰钛硼)、40B(40 硼)钢和 35VB(35 钒硼)钢制成;螺母常用 45 钢、35 钢和 15MnVB(15 锰钒硼)钢制成。垫圈常用 45 钢和 35 钢制成。螺栓、螺母、垫圈制成品均应经过热处理,以达到规定的指标要求。

19.4.2　高强度螺栓的紧固方法和预拉力

1.高强度螺栓的紧固方法

高强度螺栓和与之配套的螺母和垫圈合称连接副。我国现有的高强度螺栓有大六角头型和扭剪型两种,如图 19-39 所示。这两种高强度螺栓都是通过拧紧螺帽,使螺杆受到拉伸,产生预拉力,从而使被连接板件间产生压紧力。但具体控制方法不同,大六角头型采用转角法和扭矩法;扭剪型采用扭掉螺栓尾部的梅花卡头法。

(1)转角法

转角法先用普通扳手初拧,使被连接板件相互紧密贴合,再以初拧位置为起点,用长扳手或风动扳手旋转螺母至终拧角度。终拧角度与螺栓直径和连接件厚度有关。这种方法无需专用扳手,工具简单,但不够精确。

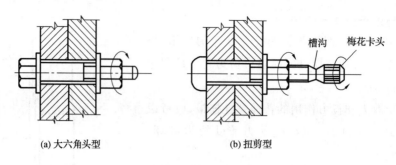

| (a) 大六角头型 | (b) 扭剪型 |

图 19-39　高强度螺栓

（2）扭矩法

扭矩法用一种可直接显示扭矩大小的特制扳手来实现。先用普通扳手初拧（不小于终拧扭矩值的 50%），使连接件紧贴，然后用定扭矩测力扳手终拧。终拧扭矩值按预先测定的扭矩与螺栓拉力之间的关系确定。施拧时偏差不得超过 ±10%。

（3）扭掉螺栓尾部的梅花卡头法

这种方法紧固时用特制的电动扳手，这种扳手有两个套筒，外套筒套在螺母六角体上，内套筒套在螺栓的梅花卡头上。接通电源后，两个套筒按相反方向转动，螺母逐步拧紧，梅花卡头的环形槽沟受到越来越大的剪力，当达到所需要的紧固力时，环形槽沟处剪断，梅花卡头掉下，这时螺栓预拉力达到设计值，安装结束。安装后一般不拆卸。

2. 高强度螺栓的预拉力

高强度螺栓的预拉力值应尽量高些，但必须保证螺栓在拧紧过程中不会屈服或断裂，因此，控制预拉力是保证连接质量的关键因素之一。预拉力值与螺栓的材料强度和有效截面等因素有关，《钢结构设计标准》（GB 50017—2017）规定其计算公式为

$$P=\frac{0.9\times0.9\times0.9}{1.2}f_u A_e \qquad (19-28)$$

式中　A_e——螺纹处的有效面积；

　　　f_u——螺栓材料经热处理后的最低抗拉强度，对于 8.8 级螺栓，$f_u=830\ \text{N/mm}^2$；对于 10.9 级螺栓，$f_u=1\ 040\ \text{N/mm}^2$。

式（19-28）中系数 1.2 是考虑拧紧螺栓时螺杆内产生的剪应力的影响，三个系数 0.9 是分别考虑：螺栓材质的不均匀性；补偿螺栓紧固后因有一定松弛而引起的预拉力损失；以螺栓的抗拉强度为准，为了安全引入的附加安全系数。各种规格高强度螺栓预拉力取值见表 19-10。

表 19-10　　　　　　　　　高强度螺栓的预拉力 P 值　　　　　　　　　单位:kN

螺栓性能等级	螺栓型号					
	M16	M20	M22	M24	M27	M30
8.8 级	80	125	150	175	230	280
10.9 级	100	155	190	225	290	355

3. 高强度螺栓摩擦面抗滑移系数

提高摩擦面抗滑移系数 μ，是提高高强度螺栓连接承载力的有效措施。摩擦面抗滑移系数 μ 的大小与连接处构件接触面的处理方法和钢材的品种有关。《钢结构设计标准》

(GB 50017—2017)推荐采用的接触面处理方法有:喷砂(丸)、喷砂(丸)后涂无机富锌漆、喷砂(丸)后生赤锈和钢丝刷消除浮锈或对干净轧制表面不加处理等,各种处理方法相应的 μ 值详见表 19-11。

表 19-11

摩擦面抗滑移系数 μ 值

连接处构件接触面的处理方法	构件的钢号		
	Q235	Q345 或 Q390	Q420
喷砂(丸)	0.45	0.50	0.50
喷砂(丸)后涂无机富锌漆	0.35	0.40	0.40
喷砂(丸)后生赤锈	0.45	0.50	0.50
钢丝刷清除浮锈或对干净轧制表面不加处理	0.30	0.35	0.40

本章小结

1.钢结构的连接方法有焊缝连接、螺栓连接、铆钉连接和轻型钢结构用的紧固件连接四种。

2.焊缝连接按被连接构件的相对位置可分为对接、搭接、T形连接和角连接四种形式。

3.焊缝质量级别按《钢结构工程施工质量验收规范》(GB 50205—2001)分为三级,三级焊缝只要求对全部焊缝进行外观检查;二级焊缝除要求对全部焊缝进行外观检查外,还对部分焊缝进行超声波等内部无损检验;一级焊缝除要求对全部焊缝进行外观检查和内部无损检验外,这些检查还都应符合相应级别质量标准。

4.钢结构构件或节点在焊接过程中,局部区域受到很强的高温作用,在此不均匀的加热和冷却过程中产生的变形称为焊接残余变形。焊接后冷却时,焊缝与焊缝附近的钢材不能自由收缩,由此约束而产生的应力称为焊接残余应力。

5.抗剪螺栓连接在荷载的作用下,可能有五种破坏形式:①螺杆被剪断;②板件被挤压破坏或螺栓承压破坏;③板件被拉断;④构件端部被冲剪破坏;⑤螺杆弯曲破坏。

复习思考题

19-1 钢结构常用的连接方法有哪几种?

19-2 连接形式和焊缝形式各有哪些类型?

19-3 焊缝质量分几个等级?与钢材等强度的受拉和受弯对接焊缝应采用什么等级?

19-4 轴心受拉的对接焊缝在什么情况下必须进行强度验算?

19-5 角焊缝的构造要求有哪些?

19-6 角焊缝的基本计算公式 $\sqrt{\left(\dfrac{\sigma_f}{\beta_f}\right)^2 + \tau_f^2} \leqslant f_f^w$ 中的 σ_f、β_f 和 τ_f 如何确定?

19-7 残余应力对结构有哪些影响?

19-8 普通螺栓的受剪螺栓连接有哪几种破坏形式?用什么方法可以防止?

19-1 设计如图 19-40 所示的钢板对接焊缝拼接。已知轴心拉力设计值 $N=450$ kN(静力荷载),材料为 Q235 钢,焊条为 E43 型,手工电弧焊,焊缝质量为三级,施焊时采用引弧板。

19-2 验算图 19-41 所示的柱与牛腿连接的对接焊缝。已知:静力荷载 $F=200$ kN(设计值),偏心距 $e=150$ mm,钢材为 Q390 钢,采用 E55 型焊条,手工电弧焊,焊缝质量为二级,施焊时采用引弧板。

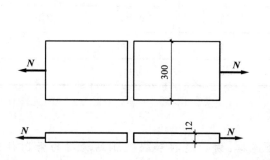

图 19-40 习题 19-1 图

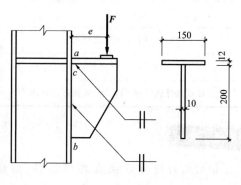

图 19-41 习题 19-2、19-5 图

19-3 设计一双盖板的钢板对接接头,如图 19-42 所示,已知钢板截面尺寸为 400 mm× 12 mm,承受的轴心拉力设计值 $N=900$ kN(静力荷载),钢材为 Q345 钢,焊条采用 E50 型,手工电弧焊。

19-4 图 19-43 所示的连接,已知:轴心拉力设计值 $N=550$ kN(静力荷载),材料为 Q345 钢,焊条 E50 型,手工电弧焊。

(1)计算角钢与节点板间的角焊缝 A 的焊缝长度,只用侧焊缝相连。

(2)计算节点板与端板的角焊缝 B 需要的焊脚尺寸 h_f。

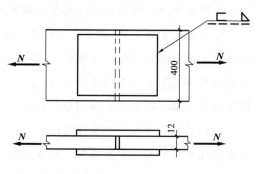

图 19-42 习题 19-3 图

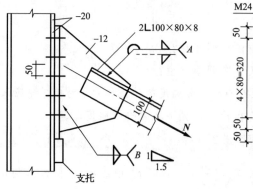

图 19-43 习题 19-4 图

19-5 将习题 19-2 的连接改用角焊缝,试验算其连接强度。

第 20 章　轴心受力构件

学习目标

掌握轴心受力构件的强度和刚度计算方法；熟悉轴压构件的整体稳定和局部稳定计算；掌握实腹式轴心受压构件的构造要求。

20.1　轴心受力构件的截面形式

轴心受力构件是指只承受通过构件截面形心的轴向力作用的构件。它分为轴心受拉构件和轴心受压构件两类，广泛应用于网架、网壳、桁架、屋架、托架和塔架等各类承重体系以及支撑体系中。

轴心受力构件按其截面形式，可分为实腹式构件和格构式构件两种。如图 20-1 所示为轴心受压柱的截面形式。

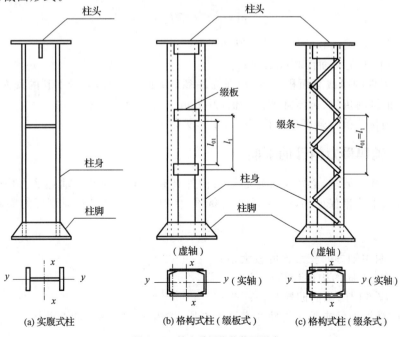

图 20-1　轴心受压柱的截面形式

实腹式截面具有整体连通的截面,常见的有三种截面形式。第一种是热轧型钢截面,有圆钢、圆管、方管、角钢、槽钢、工字钢、宽翼缘 H 型钢、T 型钢等,其中最常用的是工字形或 H 形截面;第二种是冷弯型钢截面,有卷边和不卷边的方管、角钢和槽钢;第三种是型钢或钢板连接而成的组合截面。

格构式构件一般由两个或多个分肢用缀件连接而成,常用的是双肢格构式构件。通过分肢腹板的主轴称为实轴,通过分肢缀件的主轴称为虚轴。分肢通常采用轧制槽钢或工字钢,承受荷载较大时可采用焊接工字形截面或槽形组合截面。缀件设置在分肢翼缘两侧平面内,其作用是将各分肢连成整体,使其共同受力,并承受绕虚轴弯曲时产生的剪力。

实腹式构件比格构式构件构造简单,制造方便,整体受力和抗剪性能好,但截面尺寸较大时耗钢量多;而格构式构件容易实现两个主轴方向的等稳定性,刚度较大,抗扭性能较好,用料较省。

20.2 轴心受力构件的强度及刚度

轴心受力构件的设计要满足两种极限状态的要求。对承载能力极限状态,轴心受拉构件只需要满足强度的要求;而轴心受压构件既需要满足强度的要求,也需要满足稳定性的要求。对正常使用极限状态,两类构件都需要满足刚度的要求。

20.2.1 轴心受力构件的强度

轴心受拉构件,当端部连接及中部拼接处组成截面的各板件都由连接件直接传力时,其截面强度计算应符合下列规定:

除采用高强度螺栓摩擦型连接者外,其截面强度应采用下列公式计算:

毛截面屈服

$$\sigma = \frac{N}{A} \leqslant f \tag{20-1}$$

净截面断裂

$$\sigma = \frac{N}{A_n} \leqslant 0.7 f_u \tag{20-2}$$

式中 N——所计算截面处的拉力设计值(N);

A——构件的毛截面面积(mm^2);

A_n——构件的净截面面积(mm^2),当构件多个截面有孔时,取最不利的截面;

f——钢材的抗拉、抗压强度设计值(N/mm^2),见附表 B-1;

f_u——钢材的抗拉强度最小值(N/mm^2),见附表 B-1。

20.2.2 轴心受力构件的刚度

为满足正常使用要求,必须保证轴心受力构件具有一定的刚度。轴心受力构件的刚度是通过限制构件长细比来保证的,《钢结构设计标准》(GB 50017—2017)对刚度的要求是

$$\lambda_{max} = \frac{l_0}{i} \leqslant [\lambda] \tag{20-3}$$

式中 λ_{max}——两主轴方向长细比的较大值;

l_0——相应方向的构件计算长度;

i——相应方向的截面回转半径;

$[\lambda]$——受拉构件或受压构件的容许长细比,按表 20-1 或表 20-2 选用。

表 20-1 受拉构件的容许长细比

项次	构件名称	承受静力荷载或间接承受动力荷载的结构			直接承受动力荷载的结构
		一般建筑结构	对腹杆提供平面外支点的弦	有重级工作制吊车的厂房	
1	桁架的杆件	350	250	250	250
2	吊车梁或吊车桁架以下的柱间支撑	300	—	200	—
3	其他拉杆、支撑系杆等（张紧圆钢除外）	400	—	350	—

注：①承受静力荷载的结构中，可仅计算受拉构件在竖向平面内的长细比。

②在直接或间接承受动力荷载的结构中，计算单角钢受拉构件的长细比时，应采用角钢的最小回转半径；在计算单角钢交叉受拉杆件平面外的长细比时，应采用与角钢肢边平行轴的回转半径。

③中级、重级工作制吊车桁架下弦杆的长细比不宜超过 200。

④在设有夹钳吊车或刚性料耙硬钩吊车的厂房中，支撑（表中第 2 项除外）的长细比不宜超过 300。

⑤受拉构件在永久荷载与风荷载组合作用下受压时，其长细比不宜超过 250。

⑥跨度等于或大于 60 m 的桁架，其受拉弦杆和腹杆的长细比不宜超过 300（承受静力荷载或间接动力荷载）或 250（直接承受动力荷载）。

表 20-2 受压构件的容许长细比

项次	构件名称	容许长细比
1	柱、桁架和天窗架中的杆件	150
	柱的缀条、吊车梁或吊车桁架以下的柱间支撑	
2	支撑（吊车梁或吊车桁架以下的柱间支撑除外）	200
	用以减少受压构件长细比的杆件	

注：①桁架（包括空间桁架）的受压腹杆，当其内力等于或小于承载能力的 50% 时，容许长细比可取 200。

②单角钢受压构件长细比的计算方法与表 20-1 注②相同。

③跨度等于或大于 60 m 的桁架，其受压弦杆和端压杆的容许长细比宜取 100，其他受压腹杆可取 150（承受静力荷载或间接动力荷载）或 120（直接承受动力荷载）。

【例 20-1】 试确定如图 20-2 所示截面的轴心受拉构件的最大承载力设计值和最大容许计算长度，钢材为 Q235 钢，构件端部有两个直径为 22 mm 的普通螺栓连接，$[\lambda]=350$。

【解】 由附表 B-1 查得，$f=215 \text{ N/mm}^2$。

查型钢表（扫描附录 B 中二维码查看）热轧等边角钢的规格和截面特征，可知 $A=19.261 \times 2=38.52 \text{ cm}^2$，$i_x=3.05 \text{ cm}$，$i_y=4.52 \text{ cm}$。

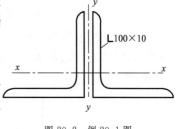

图 20-2 例 20-1 图

$$A_n = A - 22 \times 10 \times 2 \times 10^{-2} = 38.52 - 4.4 = 34.12 \text{ cm}^2$$

由毛截面屈服强度计算公式 $\sigma=\dfrac{N}{A} \leq f$ 得，该轴心拉杆的最大承载能力设计值为

$$N=Af=38.52 \times 10^2 \times 215 \times 10^{-3}=828.18 \text{ kN}$$

由净截面断裂强度计算公式 $\sigma=\dfrac{N}{A_n} \leq 0.7f_u$ 得，该轴心拉杆的最大承载能力设计值为

$$N=0.7A_n f_u=0.7 \times 34.12 \times 10^2 \times 370 \times 10^{-3}=883.71 \text{ kN}$$

两者取小值，该轴心拉杆的最大承载能力设计值为 828.18 kN

由轴心受力构件的刚度公式 $\lambda=\dfrac{l_0}{i}\leqslant[\lambda]$ 得,该轴心拉杆的最大容许计算长度为

$$l_{0x}=[\lambda]i_x=350\times3.05\times10^{-2}=10.68 \text{ m}$$
$$l_{0y}=[\lambda]i_y=350\times4.52\times10^{-2}=15.82 \text{ m}$$

因此,该轴心受拉构件的最大承载能力设计值为 828.18 kN,最大容许计算长度对于 x 轴为 10.68 m,对于 y 轴为 15.82 m。

20.3 实腹式轴心受压构件的稳定

20.3.1 轴心受压构件的整体稳定

轴心受压构件的受力性能与轴心受拉构件差别很大,轴心受压构件除了较为短粗或截面有很大削弱时,可能因其净截面的平均应力达到屈服强度而丧失承载能力破坏外,一般情况下,轴心受压构件的承载能力是由稳定条件决定的。国内外因压杆突然失稳而导致结构物倒塌的重大事故屡有发生,需要加以重视。

1. 实际轴心受压构件的受力性能

实际轴心受压构件的屈曲(失稳)性能受到初始缺陷和杆端约束的影响,初始缺陷主要有初弯曲、初偏心、残余应力等,它们使轴心受压构件的稳定承载能力降低;杆端约束使轴心受压构件的稳定承载能力提高。

不同杆端约束的轴心受压构件同样可以按二阶弹性分析计算。为计算方便,采用计算长度 l_0 来反映杆端约束的影响。即把不同约束的轴心压杆等效为跨度为 l_0 的两端铰接轴心压杆,设该杆临界荷载与原来杆件(有不同约束)的临界荷载相等,由此计算出 l_0 与原来杆件跨度的关系: $l_0=\mu l$(l 为杆件长度),这样原来杆件的临界荷载就可用 l_0 算得,即

$$N_{cr}=\frac{\pi^2EI}{l_0^2}=\frac{\pi^2EI}{(\mu l)^2} \tag{20-4}$$

式中 l_0——杆件的计算长度,$l_0=\mu l$;

μ——杆件的计算长度系数,其值见表 20-3。

表 20-3 中 μ 的理论值是按理想的支承条件求出的,考虑到实际支承条件与理想支承条件的差别,因此对理论值加以修正并给出建议值,供实际设计时使用。

表 20-3 **轴心受压构件计算长度系数 μ**

构件的屈曲形式						
理论值	0.5	0.7	1.0	1.0	2.0	2.0
建议值	0.65	0.80	1.2	1.0	2.1	2.0
端部条件示意	⊻ 无转动、无侧移			⊻ 无转动、自由侧移		
	⊻ 自由转动、无侧移			⚬ 自由转动、自由侧移		

2. 实际轴心受压构件的实用计算方法

如前所述,钢结构工程中的实际杆件都具有一定的初始缺陷,为了能更真实地反映杆件实际承载力,《钢结构设计标准》(GB 50017—2017)对于弯曲屈曲采用具有初弯曲及残余应力的杆件,按二阶弹塑性分析来确定其稳定承载能力。轴心受压构件的整体稳定计算公式为

$$\sigma = \frac{N}{A} \leqslant \frac{N_u}{A\gamma_R} = \frac{N_u f_y}{A f_y \gamma_R} = \varphi f \quad \text{或} \quad \frac{N}{\varphi A} \leqslant f \qquad (20\text{-}5)$$

式中　N —— 轴心压力;

　　　A —— 构件的毛截面面积;

　　　γ_R —— 材料抗力分项系数;

　　　f_y —— 钢材屈服强度;

　　　f —— 钢材抗压强度设计值,见附表 B-1;

　　　φ —— 轴心受压构件整体稳定系数,$\varphi = \dfrac{N_u}{A f_y}$。

在式(20-5)中,如何确定 φ 值是一个关键问题。《钢结构设计标准》(GB 50017—2017)对200 多种杆件按不同长细比算出 N_u 值。由此求得 φ 与长细比的关系曲线,又称之为柱曲线。针对不同类型杆件,可得到 200 多条柱曲线。然后从中选出最常用的曲线,根据数理统计原理及可靠度分析,将其中数值相近的截面分别归并成 a、b、c、d 四条曲线,如图 20-3 所示。这四条曲线各代表一类截面,见表 20-4 和表 20-5。四类截面中,a 类稳定性较好,c 类、d 类较差,b 类居中。

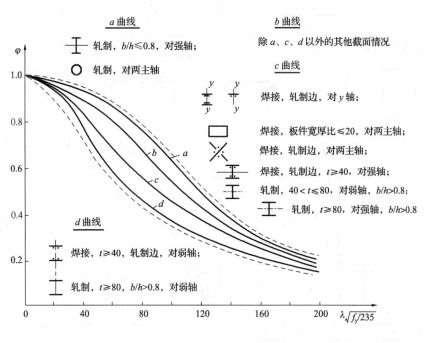

图 20-3　柱曲线

表 20-4　　　　**轴心受压构件的截面分类(板厚 $t<40$ mm)**

截面形式			对 x 轴	对 y 轴
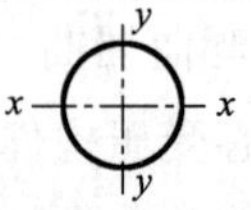 轧制			a 类	a 类
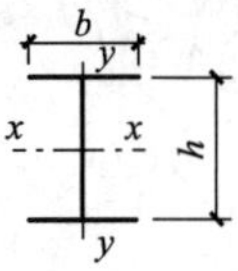 轧制		$b/h\leqslant0.8$	a 类	b 类
		$b/h>0.8$	a^{*} 类	b^{*} 类
轧制,等边角钢 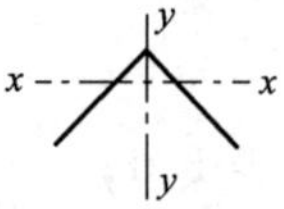				
焊接,翼缘为焰切边 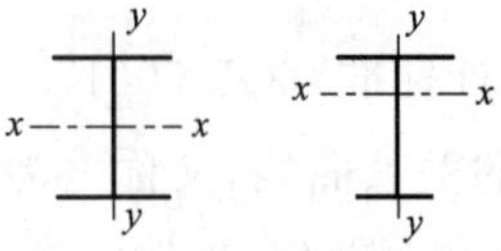	焊接 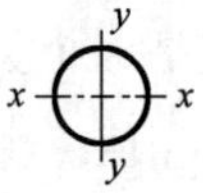		b 类	b 类
轧制 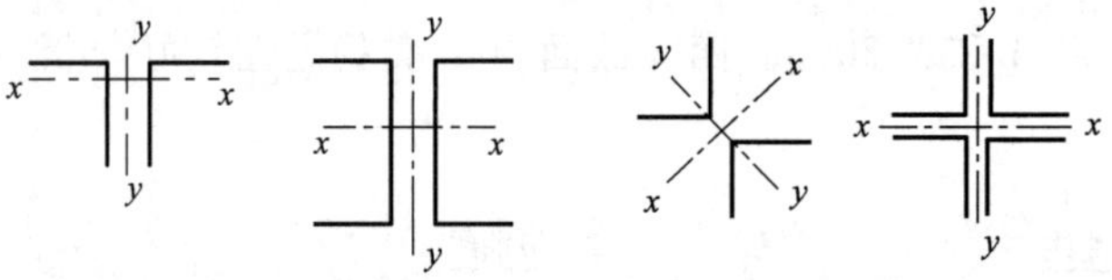				
轧制,焊接(板件宽厚比>20) 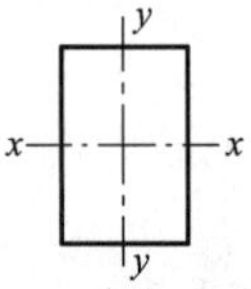	轧制或焊接 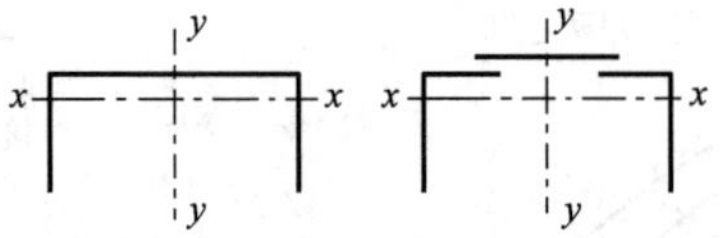		b 类	b 类
焊接 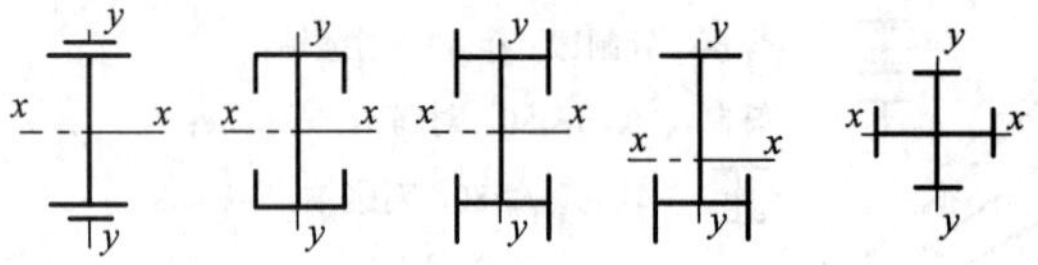	轧制截面和翼缘为焰切边的焊接截面 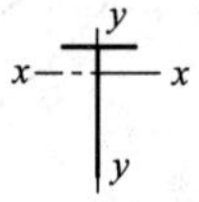			
格构式 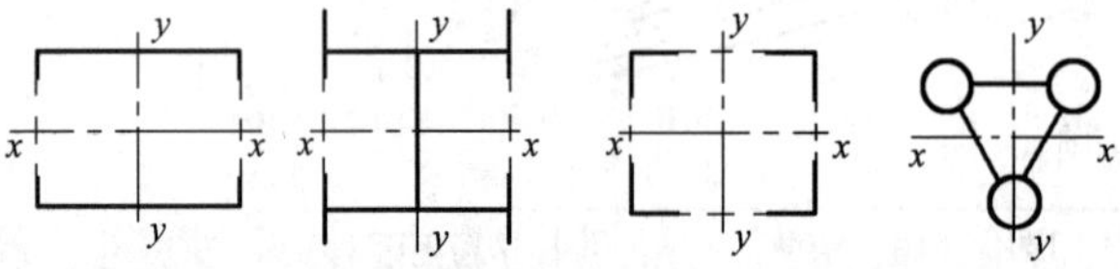	焊接,板件边缘焰切 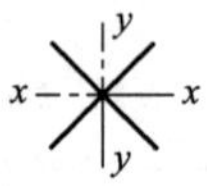			
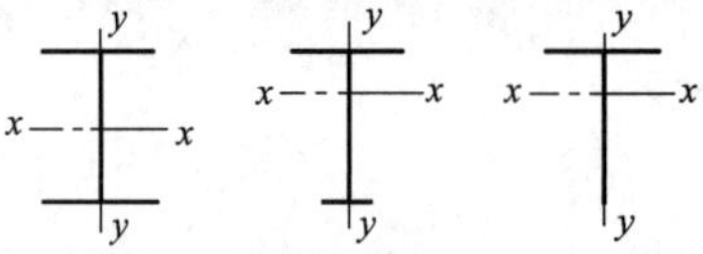 焊接,翼缘为轧制或剪切边			b 类	c 类

截 面 形 式		对 x 轴	对 y 轴
焊接,板件边缘轧制或剪切	焊接,板件宽厚比≤20	c 类	c 类

注:①a^* 类含义为 Q235 钢取 b 类,Q345、Q390、Q420 和 Q460 钢取 a 类;b^* 类含义为 Q235 钢取 c 类,Q345、Q390、Q420 和 Q460 钢取 b 类。

②无对称轴且剪心和形心不重合的截面,其截面分类可按有对称轴的类似截面确定,如不等边角钢采用等边角钢的类别;当无类似截面时,可取 c 类。

表 20-5 轴心受压构件的截面分类(板厚 $t \geqslant 40$ mm)

截 面 形 式		对 x 轴	对 y 轴
轧制工字形或 H 形截面	$t < 80$ mm	b 类	c 类
	$t \geqslant 80$ mm	c 类	d 类
焊接工字形截面	翼缘为焰切边	b 类	b 类
	翼缘为轧制或剪切边	c 类	d 类
焊接箱形截面	板件宽厚比>20	b 类	b 类
	板件宽厚比≤20	c 类	c 类

由图 20-3、表 20-4 和表 20-5 可知,轴心受压构件整体稳定系数 φ 与构件截面种类、钢材品种和构件长细比 λ 三个因素有关。为了便于设计应用,《钢结构设计标准》(GB 50017—2017)将不同钢材的 a、b、c、d 四条曲线分别归并编成四个表格,即附表 B-7.1~附表 B-7.4。因此 φ 值可按截面种类及 λ/ε_k 查表求得,ε_k 为钢号修正系数,其值为 235 与钢材牌号中屈服强度数值的比值的平方根。

对于杆件长细比 λ 的计算,《钢结构设计标准》(GB 50017—2017)有如下规定:

(1)截面为双轴对称或极对称的杆件

$$\lambda_x = \frac{l_{0x}}{i_x}, \quad \lambda_y = \frac{l_{0y}}{i_y} \tag{20-6}$$

式中 l_{0x}、l_{0y}—— 杆件对主轴 x 轴和 y 轴的计算长度;

i_x、i_y—— 杆件截面对主轴 x 轴和 y 轴的回转半径。

对双轴对称的十字形截面构件,λ_x 或 λ_y 取值不得小于 $\frac{5.07b}{t}$($\frac{b}{t}$ 为板件伸出肢宽厚比)。

(2)截面为单轴对称的杆件,绕非对称轴的长细比 λ_x 仍按式(20-6)计算。但是绕对称轴方向弯扭失稳比弯曲失稳临界荷载要低。因此计算扭转效应时,用换算长细比 λ_{yz} 代替 λ_y。λ_{yz} 的计算公式详见《钢结构设计标准》(GB 50017—2017)。

对无任何对称轴且非极对称的截面(单面连接的不等边单角钢除外),一般不宜作为轴心受压杆件。

对单面连接的单角钢轴心受压杆件,按附表 B-6 考虑折减系数后,可不考虑弯扭效应。

当槽形截面用于格构式构件的分肢,计算分肢绕对称轴(y 轴)的稳定性时,不必考虑弯扭效应,直接用 λ_y 查出 φ_y 值。

20.3.2　实腹式轴心受压构件的局部稳定

对于轴心受压构件,主要应限制板件的宽厚比不能过大,以保证在构件丧失整体稳定之前,不会发生局部失稳。即根据板的屈曲应力 σ_{cr} 和构件的整体稳定极限承载应力 σ_u 相等的等稳定准则,计算板件的宽厚比限值。

1. 工字形及 H 形截面[图 20-4(a)]

工字形及 H 形截面翼缘外伸部分宽厚比 $\dfrac{b}{t_f}$ 的限值为

$$\frac{b}{t_f} \leqslant (10+0.1\lambda)\varepsilon_k \tag{20-7}$$

式中　b——翼缘板的外伸宽度,对于焊接构件,取腹板边缘至翼缘板边缘的距离;

　　　　t_f——翼缘板的厚度;

　　　　λ——构件长细比,取两个方向长细比中较大者,当 $\lambda<30$ 时,取 $\lambda=30$,当 $\lambda>100$ 时,取 $\lambda=100$。

工字形截面及 H 形截面腹板高厚比 $\dfrac{h_0}{t_w}$ 的限值为

$$\frac{h_0}{t_w} \leqslant (25+0.5\lambda)\varepsilon_k \tag{20-8}$$

式中　h_0、t_w——腹板的高度和厚度,λ 取值同式(20-7)。

2. 箱形截面壁板[图 20-4(b)]

$$\frac{b}{t} \leqslant 40\varepsilon_k \tag{20-9}$$

式中　b——壁板的净宽度。当箱形截面没有纵向加劲肋时,为壁板与加劲肋之间的净宽度。

3. T 形截面[图 20-4(c)]

T 形截面翼缘外伸部分宽厚比 $\dfrac{b}{t}$ 的限值同工字形及 H 形截面,即

$$\frac{b}{t} \leqslant (10+0.1\lambda)\varepsilon_k \tag{20-10}$$

T 形截面腹板高厚比的限值为

热轧 T 型钢　　　　　$$\frac{h_0}{t_w} \leqslant (15+0.2\lambda)\varepsilon_k \tag{20-11}$$

焊接 T 型钢　　　　　$$\frac{h_0}{t_w} \leqslant (13+0.17\lambda)\varepsilon_k \tag{20-12}$$

对于某些工字形、H 形柱,当腹板的高厚比不满足式(20-8)要求时,可以用纵向加劲肋加强或按截面有效宽度计算,如图 20-5 所示。有关纵向加劲肋的设计详见《钢结构设计标准》(GB 50017—2017)。

对于轧制型钢,由于翼缘、腹板较厚,一般都能满足局部稳定要求,因此无须进行局部稳定验算。

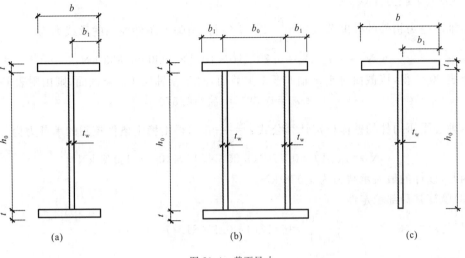

图 20-4 截面尺寸

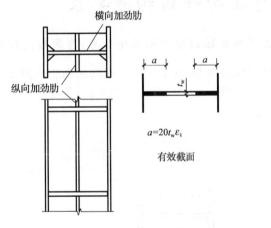

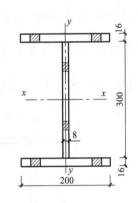

图 20-5 腹板纵向加劲肋及有效截面   图 20-6 例 20-2 图

【例 20-2】 试求如图 20-6 所示轴心受压柱的最大承载力。已知柱高为 8 m,在中部设有侧向支撑,柱截面由 3 块剪切边的钢板焊成工字形,并验算其局部稳定性,在设支撑的截面上翼缘及腹板各设有 $d=21.5$ mm 的孔 2 个,共 6 个孔,对称布置,钢材为 Q235BF 钢。

【解】 由附表 B-1 查得,$f=215$ N/mm², $f_u=370$ N/mm²。

(1)截面的几何特征值计算

$$A=200\times16\times2+300\times8=8\,800\text{ mm}^2$$

$$A_n=8\,800-(4\times16\times21.5+2\times8\times21.5)=7\,080\text{ mm}^2$$

$$I_x=\frac{1}{12}\times(200\times332^3-192\times300^3)=1.78\times10^8\text{ mm}^4$$

$$I_y=\frac{1}{12}\times(2\times16\times200^3+300\times8^3)=2.13\times10^7\text{ mm}^4$$

$$i_x=\sqrt{\frac{I_x}{A}}=\sqrt{\frac{1.78\times10^8}{8\,800}}=142.2\text{ mm},\quad i_y=\sqrt{\frac{I_y}{A}}=\sqrt{\frac{2.13\times10^7}{8\,800}}=49.2\text{ mm}$$

$$\lambda_x=\frac{l_{0x}}{i_x}=\frac{8\,000}{142.2}=56.3,\quad \lambda_y=\frac{l_{0y}}{i_y}=\frac{4\,000}{49.2}=81.3$$

（2）最大承载力计算

由轴心受力构件的强度公式 $\sigma=\dfrac{N}{A_n}\leqslant 0.7f_u$ 得，由强度条件控制的承载力为

$$N_1=0.7f_uA_n=0.7\times 370\times 10^{-3}\times 7080=1\ 833\ \text{kN}$$

查表 20-4 得，该截面对于 x 轴属于 b 类截面，对于 y 轴属于 c 类截面，则由附表 B-7 查得

$$\varphi_x=0.827,\quad \varphi_y=0.570$$

由轴心受压构件的整体稳定计算公式 $\sigma=\dfrac{N}{\varphi A}\leqslant f$，得由稳定条件控制的承载力为

$$N_2=\varphi_{\min}Af=0.570\times 8\ 800\times 215\times 10^{-3}=1\ 078\ \text{kN}$$

因此，该柱的最大承载力为 1 078 kN。

（3）验算其局部稳定性

对于翼缘

$$\frac{b}{t_f}=\frac{96}{16}=6<(10+0.1\times 81.3)=18.13$$

对于腹板

$$\frac{h_0}{t_w}=\frac{300}{8}=37.5<(25+0.5\times 81.3)=65.65$$

因此，该柱局部稳定性满足要求。

20.4 实腹式轴心受压构件的构造要求

为了提高构件的抗扭刚度，保证构件在施工和运输过程中不发生变形，当腹板高厚比 $\dfrac{h_0}{t_w}>80$ 时，应成对设置间距不大于 $3h_0$ 的横向加劲肋，如图 20-7 所示。横向加劲肋的截面尺寸应满足：外伸宽度 $b_s\geqslant(\dfrac{h_0}{30}+40)$，厚度 $t_s\geqslant\dfrac{b_s}{15}$。

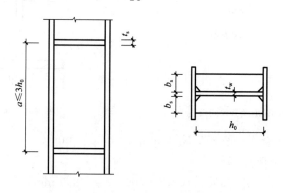

图 20-7 实腹式柱的横向加劲肋

对大型实腹式柱，为了增加其抗扭刚度和传递集中力的作用，在有较大水平力作用处、运输单元的端部和其他需要加强截面刚度的地方应设置横隔（加宽的横向加劲肋）。横隔间距不得大于柱截面长边尺寸的 9 倍和 8 m。

轴心受压实腹式柱板件间（如工字形截面翼缘与腹板间）的纵向焊缝只承受柱初弯曲或因偶然横向力作用等产生的很小剪力，因此不必计算，焊脚尺寸可按构造要求采用。

20.5 格构式轴心受压构件

20.5.1 格构式轴心受压构件的组成

常用的格构式轴心受压柱的截面形式有槽钢或工字钢组成的双肢格构式柱。对于轴心压力较小但长度较大的构件,可以采用角钢或钢管组成的三肢、四肢格构式柱。

20.5.2 格构式轴心受压构件的整体稳定性

格构式轴心受压构件需分别考虑对实轴和虚轴的整体稳定性。

1. 对实轴的整体稳定性

格构式双肢构件相当于两个并列的实腹式杆件,因此格构式轴心受压构件对实轴的整体稳定承载力计算和实腹式柱完全相同,可以直接用对实轴的长细比 λ_y 查附表 B-7 得到 φ 值,再由式(20-5)计算对实轴(y-y 轴)的整体稳定承载力。

2. 对虚轴的整体稳定性

轴心受压构件整体弯曲后,杆内将出现弯矩和剪力,对于实腹式受压杆,由于抗剪刚度大,剪力产生的附加变形很小,因此,可以忽略剪力产生的附加变形对整体稳定承载力的影响。但对于格构式轴心受压杆绕虚轴发生弯曲失稳时,所产生的剪力由缀件承担,由此产生的附加剪切变形较大,导致构件刚度减小,整体稳定承载力降低,因此,其影响不能忽略。

20.5.3 分肢的稳定性

格构式受压构件的分肢可以看成单独的实腹式轴心受压构件,因此要求单肢不先于构件整体失去承载能力,为此《钢结构设计标准》(GB 50017—2017)规定单肢的稳定性不应低于构件的整体稳定性。对于缀条式构件要求 $\lambda_1 \leqslant 0.7\lambda_{max}$,对于缀板式构件要求 $\lambda_1 \leqslant 0.5\lambda_{max}$ 且不应大于 40,当 $\lambda_{max} < 50$ 时,取 $\lambda_{max} = 50$。

20.5.4 格构式轴心受压柱的横隔

和大型实腹式柱一样,为了增加构件的抗扭刚度,避免截面变形,格构式构件应设置用钢板或角钢做的横隔,如图 20-8 所示。横隔在有较大的水平力处、运输单元的端部设置,横隔的间距不得大于柱截面较大宽度的 9 倍且不得大于 8 m。

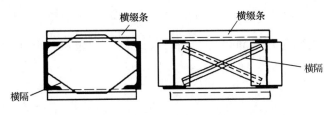

图 20-8 格构式构件的横隔

本章小结

1.轴心受力构件按其截面形式,可分为实腹式构件和格构式构件两种。

2.《钢结构设计标准》(GB 50017—2017)从不同类型杆件的 200 多条柱曲线中选出最常用的曲线,根据数理统计原理及可靠度分析,将其中数值相近的截面分别归并成 a、b、c、d 四条曲线,这四条曲线各代表一类截面。

3.轴心受压构件整体稳定系数 φ 与构件截面种类、钢材品种和构件长细比 λ 三个因素有关。

4.对于轴心受压构件,主要限制板件的宽厚比不能过大,以保证在构件丧失整体稳定之前不会发生局部失稳。

复习思考题

20-1 轴心受压构件整体失稳时有哪几种屈曲形式?双轴对称截面的屈曲形式是什么样的?

20-2 轴心受压构件的整体稳定承载力与哪些因素有关?其中哪些因素为初始缺陷?

20-3 轴心受压构件的整体稳定系数 φ 由哪些因素确定?

20-4 为了保证实腹式轴心受压构件的局部稳定,《钢结构设计标准》(GB 50017—2017)规定了板件宽厚比限值,该限值是根据什么原则制定的?

综合练习题

20-1 图 20-9 所示的两个轴心受压柱,两端铰接,两个工字形截面面积相等,翼缘为轧制边,柱高 6.6 m,钢材为 Q235 钢。比较这两个柱的承载能力大小,并验算其截面的局部稳定。

20-2 计算如图 20-10 所示的屋架下弦杆所能承受的最大拉力 N,下弦杆截面为 2∟110×8,有 2 个安装螺栓,螺栓孔径为 21.5 mm,钢材为 Q235 钢。

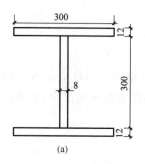

(a)

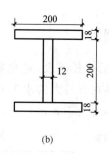

(b)

图 20-9 习题 20-1 图

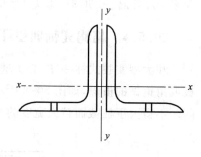

图 20-10 习题 20-2 图

第 21 章

受弯构件——梁

学习目标

　　了解钢梁的强度、刚度的计算方法；掌握梁整体稳定的概念及保证整体稳定的措施；熟悉组合梁的局部稳定及腹板加劲肋的设计；熟悉梁的拼接和连接。

　　受弯构件是指主要承受横向荷载作用的构件。钢结构中最常用的受弯构件就是钢梁。它是组成钢结构的基本构件之一，钢梁多指用型钢或钢板制造的实腹式构件。钢梁在建筑结构中应用广泛，例如，工作平台梁、楼盖梁、墙梁、吊车梁及屋面檩条等。

　　钢梁按荷载作用情况的不同可分为单向弯曲梁和双向弯曲梁。如工作平台梁、楼盖梁等只在一个平面内受弯，属于单向弯曲梁；而吊车梁、檩条、墙梁等在两个主平面内受弯，属于双向弯曲梁。

　　钢梁按加工制作方式可分为型钢梁和组合梁，如图 21-1 所示。

　　由型钢截面组成的梁称为型钢梁，如图 21-1(a)～图 21-1(c)所示；由几块钢板组成的梁称为组合梁，如图 21-1(d)、图 21-1(e)所示。

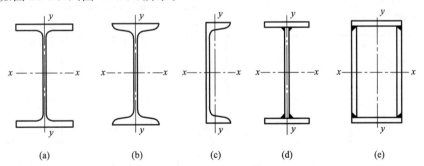

　　　(a)　　　　　　(b)　　　　　　(c)　　　　　　(d)　　　　　　(e)

图 21-1　钢梁的截面形式

　　型钢梁通常采用的型钢为工字钢、H 型钢和槽钢，如图 21-1(a)～图 21-1(c)所示。工字钢及 H 型钢是双轴对称截面，受力性能好，应用广泛。槽钢截面剪力中心在腹板外弯曲时比较理想，并且在构造上便于处理。

　　型钢梁结构简单，制造方便，成本较低，但因轧制条件的限制，截面尺寸小，故仅适用于跨度及荷载较小时的情况。当荷载及跨度较大时，现有的型钢规格往往不能满足要求，应考虑采用组合梁。

组合梁最常用的是用三块钢板焊成的工字形截面,如图 21-1(d)所示,由于其构造简单,加工方便,并且可以根据受力需要调配截面尺寸,所以用钢节省。当荷载或跨度较大且梁高又受限制或抗扭要求较高时,可采用双腹板式的箱形截面,如图 21-1(e)所示,但其制造费工,施焊不易,且较费钢。

钢梁的设计应满足强度、刚度、整体稳定和局部稳定四个方面的要求。

21.1 梁的强度和刚度

21.1.1 截面板件宽厚比等级

进行受弯和压弯构件计算时,截面板件宽厚比等级及限值应符合表 21-1 的规定,其中参数 α_0 应按下式计算:

$$\alpha_0 = \frac{\sigma_{max} - \sigma_{min}}{\sigma_{max}} \tag{21-1}$$

式中 σ_{max}——腹板计算边缘的最大压应力(N/mm^2);

σ_{min}——腹板计算高度另一边缘相应的应力(N/mm^2),压应力取正值,拉应力取负值。

表 21-1　　　　　　　　　　压弯和受弯构件的截面板件宽厚比等级及限值

构件	截面板件宽厚比等级		S1 级	S2 级	S3 级		S4 级	S5 级
压弯构件(框架柱)	H形截面	翼缘 b/t	$9\varepsilon_k$	$11\varepsilon_k$	$13\varepsilon_k$		$15\varepsilon_k$	20
		腹板 h_0/t_w	$(33+13\alpha_0^{1.3})\varepsilon_k$	$(38+13\alpha_0^{1.39})\varepsilon_k$	$0\leqslant\alpha_0\leqslant 1.6$	$(16\alpha_0+0.5\lambda+25)\varepsilon_k$	$(45+25\alpha_0^{1.66})\varepsilon_k$	250
					$1.6\leqslant\alpha_0\leqslant 2.0$	$(48\alpha_0+0.5\lambda-26.2)\varepsilon_k$		
	箱形截面	壁板(腹板)间翼缘 b_0/t	$30\varepsilon_k$	$35\varepsilon_k$	$0\leqslant\alpha_0\leqslant 1.6$	$(12.8\alpha_0+0.4\lambda+20)\varepsilon_k$ 且不小于 $40\varepsilon_k$	$45\varepsilon_k$	—
					$1.6\leqslant\alpha_0\leqslant 2.0$	$(38.4\alpha_0+0.4\lambda-21)\varepsilon_k$		
	圆钢管截面	径厚比 D/t	$50\varepsilon_k^2$	$70\varepsilon_k^2$	$90\varepsilon_k^2$		$100\varepsilon_k^2$	
受弯构件(梁)	工字形截面	翼缘 b/t	$9\varepsilon_k$	$11\varepsilon_k$	$13\varepsilon_k$		$15\varepsilon_k$	20
		腹板 h_0/t_w	$65\varepsilon_k$	$72\varepsilon_k$	$(40.4+0.5\lambda)\varepsilon_k$		$124\varepsilon_k$	250
	箱形截面	壁板(腹板)间翼缘 b_0/t	$25\varepsilon_k$	$32\varepsilon_k$	$37\varepsilon_k$		$42\varepsilon_k$	—

1. b 为工字形、H 形截面的翼缘外伸宽度,t、h_0、t_w 分别是翼缘厚度、腹板净高度和腹板厚度。对轧制型截面,腹板净高度不包括翼缘腹板过渡处圆弧段;对于箱形截面,b_0、t 分别为壁板间的距离和壁板厚度;D 为圆管截面外径;λ 为构件在弯矩平面内的长细比。

2. 箱形截面梁及单向受弯的箱形截面柱,其腹板限值可根据 H 形截面腹板采用。

3. 腹板的宽厚比可通过设置加劲肋减小。

21.1.2 梁的强度

梁在承受弯矩作用时,一般还伴随有剪力作用,有时局部还有压力作用,故对于钢梁要保证强度安全,就应要求在设计荷载作用下梁的正应力、剪应力及局部压应力不超过规范规定的强度设计值。对于梁内有正应力、剪应力及局部压应力共同作用处,还应验算其折算应力。

1. 抗弯强度

梁在弯矩作用下,截面上正应力的发展过程可分为三个阶段,即弹性工作阶段、弹塑性工作阶段和塑性工作阶段,如图 21-2 所示。

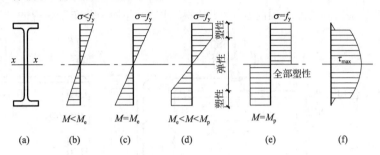

图 21-2 梁截面的应力分布

梁按塑性工作状态设计可以取得一定的经济效益,但若截面上塑性过分发展,则不仅会导致梁的挠度过大,而且受压翼缘可能过早失去局部稳定,因此《钢结构设计标准》(GB 50017—2017)规定用定值的截面塑性发展系数 γ 进行控制,以限制截面的塑性发展深度,即只考虑部分截面发展塑性。因此梁的抗弯强度的计算公式为

单向弯曲时

$$\frac{M_x}{\gamma_x W_{nx}} \leqslant f \tag{21-2}$$

双向弯曲时

$$\frac{M_x}{\gamma_x W_{nx}} + \frac{M_y}{\gamma_y W_{ny}} \leqslant f \tag{21-3}$$

式中　M_x、M_y——同一截面处绕 x 轴、y 轴的弯矩(对工字形截面,x 轴为强轴,y 轴为弱轴)。

W_{nx}、W_{ny}——对 x 轴和 y 轴的净截面模量;当截面板件宽厚比等级为 S1、S2、S3 或 S4 级时,应取全截面模量;当截面板件宽厚比等级为 S5 级时,应取有效截面模量,均匀受压翼缘有效外伸宽度可取 $15\varepsilon_k$,腹板有效截面可按《钢结构设计标准》(GB 50017—2017)相关规定采用。

γ_x、γ_y——截面塑性发展系数,对工字形和箱形截面,当截面板件宽厚比等级为 S4 或 S5 级时,截面塑性发展系数应取为 1.0;当截面板件宽厚比等级为 S1、S2 及 S3 级时,截面塑性发展系数应按下列规定取值:

(1)工字形截面(x 轴为强轴,y 轴为弱轴):$\gamma_x=1.05$,$\gamma_y=1.2$。

(2)箱形截面:$\gamma_x=\gamma_y=1.05$。

(3)其他截面应根据其受压板件的内力分布情况确定其截面板件宽厚比等级。

(4)对需要计算疲劳的梁,宜 $\gamma_x=\gamma_y=1.0$。

f——钢材抗弯强度设计值,见附表 B-1。

2. 抗剪强度

梁的抗剪强度按弹性设计,《钢结构设计标准》(GB 50017—2017)以截面的最大剪应力达到钢材的抗剪屈服强度作为抗剪承载能力的极限状态。由此对于绕强轴（x 轴）受弯的梁，剪应力分布如图 21-2(f)所示。

3. 腹板局部压应力

当梁上翼缘承受沿腹板平面作用的固定集中荷载，且该处又未设支承加劲肋（图 21-3(b)），或承受移动集中荷载（如吊车轮压，图 21-3(a)）作用时，腹板上边缘局部范围的压应力可能达到钢材的抗压屈服强度，为保证这部分腹板不致受压破坏，必须对集中荷载引起的腹板局部横向压力进行计算。在集中荷载作用下，翼缘类似于支承在腹板上的弹性地基梁，腹板在计算高度边缘处的局部压应力分布如图 21-3(a)所示，计算时通常假定集中荷载从作用点处在 h_y 高度范围内以 1∶2.5 的斜率，在 h_R 高度范围内以 1∶1 的斜率扩散，并均匀分布于腹板的计算高度边缘。

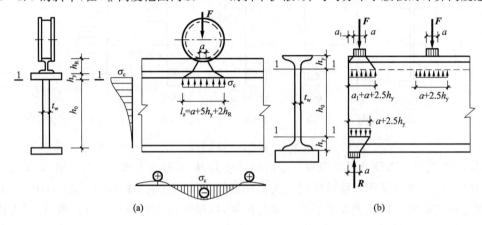

图 21-3　梁腹板局部压应力

4. 折算应力

在组合梁的腹板计算高度边缘处若同时受有较大的正应力、剪应力和局部压应力，或同时受有较大的正应力和剪应力（如连续梁支座处或梁的翼缘截面改变处等）时，应按复杂应力状态计算其折算应力。例如，如图 21-4 所示对于受集中荷载作用的梁，在跨中截面处，弯矩及剪力均为最大值，同时还有集中荷载引起的局部横向压应力，这时梁截面腹板（计算高度）边缘 A 点处，同时有正应力 σ、剪应力 τ 及横向压应力共同作用。

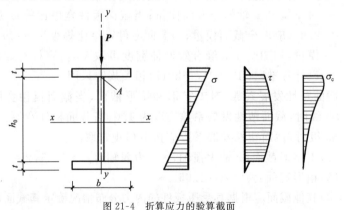

图 21-4　折算应力的验算截面

21.1.3　梁的刚度

梁必须具有一定的刚度才能保证正常使用。刚度不足时，会产生较大的挠度。如平台挠度过大，会使人产生不舒适感和不安全感，并影响操作；吊车梁挠度过大，可能使吊车不能正常运

行,因此对梁的最大挠度或相对挠度 v/l 应加以限制,即

$$v \leqslant [v] \tag{21-4}$$

或

$$\frac{v}{l} \leqslant \frac{[v]}{l} \tag{21-5}$$

式中　v——梁的最大挠度,计算时荷载取标准值;

　　　$[v]$——梁的容许挠度,见表 21-2。

梁的刚度属于正常使用极限状态,故计算时应采用荷载标准值,且可不考虑螺栓(或铆钉)孔引起的截面削弱。对动力荷载标准值不乘以动力系数。

表 21-2　　　　　　　　　　受弯构件的容许挠度

项次	构件类别	挠度容许值	
		$[v_T]$	$[v_Q]$
1	吊车梁和吊车桁架(按自重和起重量最大的一台吊车计算挠度) (1)手动起重机和单梁起重机(含悬挂起重机) (2)轻级工作制桥式起重机 (3)中级工作制桥式起重机 (4)重级工作制桥式起重机	$l/500$ $l/750$ $l/900$ $l/1\,000$	—
2	手动或电动葫芦的轨道梁	$l/400$	—
3	有重轨(质量≥38 kg/m)轨道的工作平台梁 有轻轨(质量≥24 kg/m)轨道的工作平台梁	$l/600$ $l/400$	—
4	楼(屋)盖梁或桁架、工作平台梁(第3项除外)和平台板 (1)主梁或桁架(包括设有悬挂起重设备的梁和桁架) (2)仅支承压型金属板屋面和冷弯型钢檩条 (3)除支承压型金属板屋面和冷弯型钢檩条外,尚有吊顶 (4)抹灰顶棚的次梁 (5)除(1)~(4)款外的其他梁(包括楼梯梁) (6)屋盖檩条 ①吊顶 ②支承压型金属板等屋面者 ③支承其他屋面材料者 (7)平台板	$l/400$ $l/250$ $l/250$ $l/240$ $l/150$ $l/200$ $l/150$	$l/500$ $l/350$ $l/300$ — — —
5	墙梁构件(风荷载不考虑阵风系数) (1)支柱 (2)抗风桁架(作为连续支柱的支承时,水平位移) (3)砌体墙的横梁(水平方向) (4)支承压型金属板(水平方向) (5)带有玻璃窗的横梁(竖直和水平方向)	— — — — $l/200$	$l/400$ $l/1\,000$ $l/300$ $l/100$ $l/200$

注:①l 为受弯构件的跨度(对悬臂梁和伸臂梁为悬伸长度的 2 倍)。

　　②$[v_T]$ 为全部荷载标准值产生的挠度(如有起拱应减去拱度)的容许值。

　　③$[v_Q]$ 为可变荷载标准值产生的挠度的容许值。

21.2　梁的整体稳定与局部稳定

21.2.1　整体稳定的概念

梁是受弯构件,为了有效地利用材料,梁截面常设计成窄而高且壁厚较薄的开口截面,以提

高梁的承载能力和刚度,但其抗扭和侧向抗弯能力则较差,当梁在最大刚度平面内受弯时,若弯矩 M_x 较小,则梁仅在弯矩作用平面内弯曲,当弯矩 M_x 逐渐增大而达到某一值时,梁在偶然很小的侧向干扰力作用下,会突然向刚度较小的侧向弯曲,并伴随扭转。此时即使除去侧向干扰力,侧向弯扭变形也不再消失。若弯矩再略增加,则弯扭变形将迅速增大,梁也随之失去承载

能力,这种现象称为梁的整体失稳。梁的整体失稳是突然发生的,并且在强度未充分发挥之前,往往事先又无明显征兆,因此必须特别加以重视。

现以工字形截面梁为例对梁的整体稳定概念进一步阐述(图21-5)。从受力特性上看,梁上部受压、下部受拉,其受压翼缘和腹板连成一体,腹板起着支承作用,当受压部分压应力较小时此种情况不可能产生。当压应力增大到一定数值时,受压翼缘将沿其侧向压曲,并带动梁整个截面一起侧向位移,即整体失稳。梁失稳时表现为不同程度(受压翼缘大,受拉翼缘小)侧向变形的弯扭屈曲,因此梁丧失整体稳定性,又称为梁发生侧向弯曲扭转屈曲。

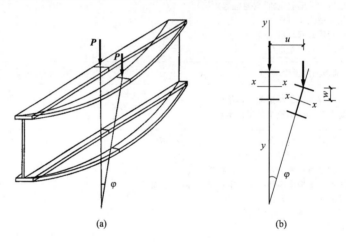

图21-5 梁丧失整体稳定的情况

21.2.2 保证梁整体稳定性的措施

当梁有铺板(各种钢筋混凝土板和钢板)密铺在梁的受压翼缘上并与其牢固相连、能阻止梁受压翼缘的侧向位移时,梁已具有足够的侧向抗弯和抗扭能力,其整体稳定可以得到保证,因此不必计算其整体稳定。

对于不符合上述条件的梁,可以按《钢结构设计标准》(GB 50017—2017)验算其整体稳定性。

21.2.3 组合梁局部稳定的概念

在进行梁截面设计时,为了节省材料,要尽可能地选用较薄的截面。这样在总截面面积不变的条件下,可以提高梁的高度和宽度,以增加梁的承载力。但是当其高厚比(或宽厚比)过大时,有可能在弯曲压应力、剪应力和局部压应力作用下,出现偏离其平面位置的波状屈曲(图21-6),这称为梁的局部失稳。

轧制型钢梁的规格和尺寸都已考虑了局部稳定的要求,不需验算,本节仅分析组合梁的局部稳定问题。

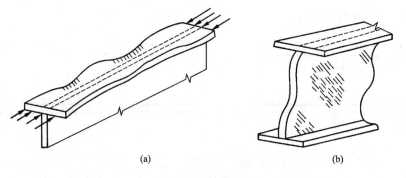

图 21-6 梁翼缘和腹板的失稳变形

组合梁的翼缘和腹板出现局部失稳,虽然不会使梁立即失去承载能力,但是板局部屈曲部位退出工作后,将使梁的刚度减小,强度和整体稳定性降低。梁的局部稳定问题的实质是组成梁的矩形薄板在各种应力如弯曲压应力、剪应力及局部压应力作用下的屈曲问题。组合梁的局部稳定可通过《钢结构设计标准》(GB 50017—2017)相应的规定与计算保证。

21.3 梁的拼接与连接

21.3.1 梁的拼接

梁的拼接按施工条件分为工厂拼接和工地拼接。由于钢材尺寸限制,梁的翼缘或腹板常常需接长或拼大,这种拼接在工厂中进行时,称为工厂拼接。由于运输或安装条件限制,梁需分段制作和运输,然后在现场拼装,即工地拼接。

1. 工厂拼接

工厂拼接常采用焊接连接。施工时,先将梁的翼缘和腹板分别接长,然后再拼装成整体。拼接位置一般由钢材尺寸确定,但要注意翼缘和腹板的拼接位置最好错开,并避免与加劲肋以及次梁的连接处重合,以防焊缝密集与交叉。腹板的拼接焊缝与平行于它的加劲肋间至少应相距 $10t_w$,如图 21-7所示。

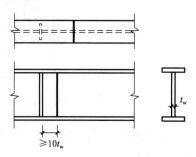

图 21-7 焊接梁的工厂拼接

腹板和翼缘的拼接宜采用对接焊缝拼接,并用引弧板。对于一级、二级质量检验级别的焊缝不需要进行焊缝验算。但当采用三级焊缝时,因焊接抗拉强度低于钢材的强度,故可采用斜焊缝或将拼接位置布置在应力较小的区域。斜焊缝连接比较费工费料,特别是对于较宽的腹板不宜采用斜焊缝。

2. 工地拼接

工地拼接的位置主要由运输及安装条件确定。但最好布置在弯矩较小处,一般应使翼缘和腹板在同一截面和接近于同一处断开,以便于分段运输。当在同一截面断开时(图 21-8(a)),端部平齐,运输时不易碰损,但同一截面拼接会导致薄弱位置集中。为提高焊接质量,上、下翼缘要做成向上的 V 形坡口,以便俯焊。为使焊缝收缩比较自由,减小焊接残余应力,靠近拼接处的翼缘板要预留出 500 mm 长度在工厂不焊,在工地焊接时再按照图21-8(a)所示序号施焊。

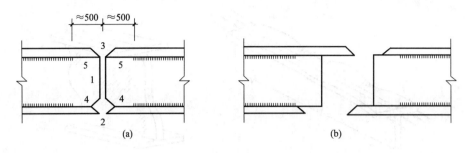

图 21-8　焊接梁的工地拼接

图 21-8(b)所示为翼缘和腹板拼接位置相互错开的拼接方式,这种拼接受力较好,但端部突出部分在运输中易碰损,应注意保护。

对于需要在高空拼接的梁,常常考虑高空焊接操作困难,采用摩擦型高强度螺栓连接。对于较重要的或受动力荷载作用的大型组合梁,考虑现场施焊条件较差,焊缝质量难以保证,工地拼接时也可采用摩擦型高强度螺栓连接。这时梁的腹板和翼缘在同一截面断开,吊装就位后用拼接板和螺栓连接,如图 21-9 所示。设计时拼接处的剪力全部由腹板承担,弯矩则由腹板和翼缘共同承担,并根据各自刚度按比例分配。

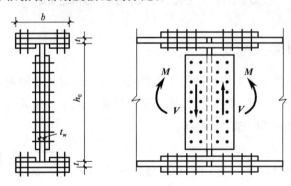

图 21-9　梁的高强度螺栓工地拼接

21.3.2　主、次梁的连接

主梁和次梁的连接分为铰接和刚性连接两种,铰接应用较多,刚性连接只在次梁设计成连续梁时采用。

1. 铰接

主、次梁铰接时,连接主要传递次梁反力,通常有叠接和侧面连接两种形式。图 21-10 所示为主、次梁叠接,这种连接是把次梁直接放到主梁顶面,并用螺栓或焊缝相连,它构造简单,安装方便,但所占结构高度较大,连接刚度较差。图 21-11 所示为次梁连于主梁侧面的连接,侧面连接是将次梁端部上翼缘切去,端部下翼缘则切去一边,然后将次梁端部与主梁加劲肋用螺栓相连。当次梁反力较大,螺栓承载力不够时,可采用围焊缝将次梁腹板与加劲肋端部连牢,以传递反力,这时螺栓只用于安装定位。考虑连接并非真正铰接,实际上会产生一些弯矩,故计算螺栓或焊缝时应将次梁反力加大 20%～30%。

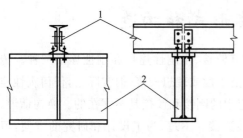

图 21-10　简支次梁与主梁叠接
1—次梁；2—主梁

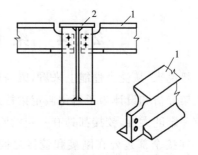

图 21-11　简支次梁与主梁侧面连接
1—次梁；2—主梁

2. 刚性连接

刚性连接也可采用叠接和侧面连接。叠接可使次梁在主梁上连接贯通，施工较简便，缺点也是结构高度较大。

侧面连接的构造如图 21-12 所示，次梁的支座反力由承托传至主梁，端部的负弯矩则由上、下翼缘承受，上翼缘设置的连接盖板和承托顶板传递弯矩分解的水平力 N。连接盖板与次梁的连接焊缝以及承托顶板与主梁腹板的连接焊缝均按承受水平力进行计算。

盖板与主梁上翼缘的连接焊缝采用构造焊缝。为避免仰焊，连接盖板的宽度应比次梁上翼缘稍窄，承托顶板的宽度应比次梁下翼缘稍宽。连接构造设计形式多样，要根据具体情况用不同的构造方法，计算时首先要明确力的传递过程和每一部分在传力中的作用，由此确定计算方法，进行合理的设计。

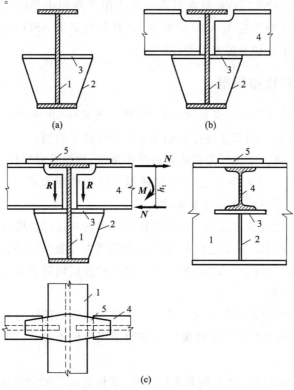

图 21-12　连续次梁与主梁侧面连接的安装过程
1—主梁；2—承托竖板；3—承托顶板；4—次梁；5—连接盖板

21.4 梁柱连接形式和构造

一般说来,从受力性能上来看,梁与柱的连接有铰接、半刚性连接和刚性连接三种。传统的钢框架分析和设计为了简化假定梁柱连接是完全刚性或理想铰接,但实际上,任何刚性连接都具有一定的柔性,铰接都具有一定的刚性。理想中的刚接和铰接是不存在的。换句话说,目前梁柱连接全部是处在刚接和铰接之间的半刚性连接。不过,为了设计和研究的方便,习惯上,只要连接对转动约束达到理想刚接的 90%以上,即可视为刚接,而把外力作用下梁柱轴线夹角的改变量达到理想的铰接的 80%以上的连接视为铰接。那么,处在两者之间的连接,就全部是半刚性连接。

在我国,钢框架梁柱连接只限于刚接和铰接两种,对于半刚性连接目前有关设计规范中还没有涉及。而在其他一些国家,如美国钢结构学会(AISC)已经做出规定,允许设计者在钢框架设计中明确地考虑连接特性。

美国容许应力设计(ASD)规范列出了三种类型的构造:

(1)类型 1 或"刚性连接"。这种构造假定梁与柱的连接有足够的刚性,能保持相交杆件之间原有的角度不变。类型 1 连接假定用于弹性结构分析。

(2)类型 2 或"简支连接"。假定结构承受重力荷载时,主梁和次梁连接只传递剪力,不传递弯矩。这种连接可以不受约束地转动。

(3)类型 3 或"半刚性连接"。它假定连接可以传递剪力,也能够传递部分弯距。

荷载抗力系数设计(LRTD)规范在其条文中指出了两种类型的构造:FR 型(全约束)和 PR 型(部分约束)。FR 型相应于 ASD 的类型 1,PR 型包括了 ASD 的类型 2 和 3。如果采用 PR 型,在分析和设计中必须考虑连接柔性的影响。

21.4.1 半刚性连接类型

半刚性连接主要通过摩擦型高强度螺栓/焊缝和连接件(角钢、端板和 T 型钢)把梁柱连接在一起,根据连接件的不同和连接位置的变化主要有以下类型:

(1)双腹板角钢连接。双腹板角钢连接由两个角钢,用焊缝或螺栓连接到柱子及梁的腹板上,如图 21-13(a)所示。试验证明,这类连接能够承受的弯矩为梁在工作荷载下的全固端弯矩的 29%,对于梁高度较大的连接尤其如此。

(2)矮端板连接。矮端板连接由一个长度比梁高小的端板用焊缝与梁相连,用螺栓与柱相连组成,如图21-13(b)所示。这类连接的弯矩-转角特性与双腹板角钢连接相似。

(3)顶底角钢连接。如图 21-13(c)所示为一典型的顶底角钢连接。根据试验结果,这类连接可以抵抗一些梁端弯矩。

(4)带双腹板角钢的顶底角钢连接。这类连接是顶底角钢连接与双腹板角钢连接的组合。图 21-13(d)所示的是一个典型的带双腹板角钢的顶底角钢连接。这类连接被视为最典型的半刚性连接。

(5)外伸/平齐端板连接。当连接要求抗弯时,端板连接是梁与柱连接的常用方式。端板在加工厂与梁端两个翼缘及腹板焊接,然后在现场用螺栓与柱连接。外伸端板连接分为两类:

一类为仅在受拉边的延伸端板连接,另一类为在受拉及受压两边的外伸端板连接。当结构承受交变荷载时,则可用双边的外伸端板连接,如图 21-13(e)、图 21-13(f)所示。另外,为了增加端板本身的刚度,可在端板外伸部分加设斜向加劲肋。

(6)短 T 型钢连接

由设在梁上、下翼缘处的两个短 T 型钢用螺栓与梁和柱相连而成,如图 21-13(g)所示,这类连接被认为是最刚劲的半刚性连接之一,当与双腹板角钢一起使用时,尤其刚劲。

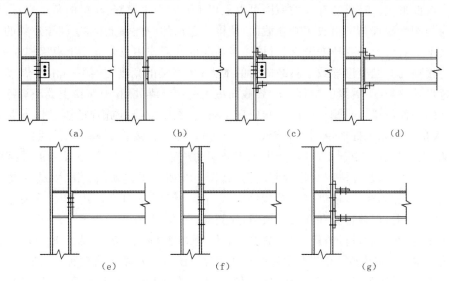

图 21-13　各种半刚性连接类型

21.4.2　铰接连接类型

按照工程分析中的规定,只要外力作用下梁柱轴线夹角的改变量达到理想铰接的 80% 的连接都属于铰接连接,因此连接弯矩-转角刚度很小,柔性很大的单腹板角钢连接或单板连接属于典型的铰接连接。另外柔性较小的双腹板连接有时也属于铰接连接。单腹板角钢连接由一个角钢用螺栓或焊缝连接到柱子及梁的腹板上,最常用的形式是角钢在制造厂与柱焊接,而梁在现场用螺栓与角钢连接。单板连接是用一块板来取代连接角钢,它所消耗的材料比单角钢连接少,同时偏心的影响也小。

21.4.3　刚性连接类型

(1)目前刚性连接类型

钢框架结构的梁柱连接多按刚性连接设计。梁柱刚性连接的主要构造形式有以下三种:

①全焊节点,即梁的上、下翼缘用全熔透坡口对接焊缝,腹板用角焊缝与柱翼缘连接。

②全栓接节点,梁的翼缘和腹板通过 T 形连接件使用高强度螺栓与柱翼缘连接。

③栓焊混合节点,即梁的上、下翼缘通过全熔透坡口对接焊缝与柱翼缘,梁腹板使用高强度螺栓与预先焊在柱翼缘上的剪切板相连接。

全焊节点适用于工厂连接,不适用工地连接,而全栓接节点的费用较高,因而栓焊混合节点在多高层建筑钢结构中成为典型的梁柱刚性节点形式。

20 世纪八九十年代完成的一大批节点和框架试验为美国、日本等国的规范采用栓焊混合节点提供了依据。根据理论和试验研究认为,栓焊混合节点具有较好的塑性转动能力,因此在 1994 年以前,栓焊混合节点成为钢框架结构中的常用的梁柱刚性节点形式。

(2)刚性连接存在的问题

在 1994 年美国北岭地震和 1995 年日本阪神地震中,数百幢多高层钢结构房屋的梁柱刚性连接节点出现大量的脆性断裂。根据震后对钢结构破坏的观察和检测,钢框架梁柱刚性节点的破坏形式可归纳为梁柱刚性节点在地震中的破坏集中在节点下翼缘焊缝处,连接的脆性断裂通常由此形成。其可能存在的原因可以从以下几方面来解释:从梁的角度来看,首先位于梁上翼缘的刚性楼板与梁组成了组合截面,使得梁截面的中性轴上移,这就导致梁的下翼缘在荷载作用下会有较大的受拉变形,同时楼面板与梁的共同作用也降低了上翼缘屈曲的可能性。其次梁与楼板的共同变形导致下翼缘应力的增大;从焊接的角度看,第一,由于焊接工艺的要求要设置焊接垫板,下翼缘的垫板位于梁截面最大受拉纤维处,相对来说上翼缘焊缝处的焊接垫板所处的截面位置具有较小的应力和应变。第二,在上翼缘处施焊的困难比下翼缘处小一些,技术人员则可以更好地控制上翼缘焊接的质量;第三,焊接质量达不到预期目的,离散性较大。第四,大量焊缝集中于小范围,产生了相当高的约束力。第五,梁下翼缘的焊接施工在腹板所留焊接孔内进行,无法一次连续完成,在翼缘中线留下焊接缺陷。第六,焊接垫板在施焊后留在原处,使柱翼缘、对接焊缝与垫板间形成一条"人工"的"K"形裂缝,裂缝尖端的应力集中非常严重;第七,焊缝自身存在质量缺陷,如裂缝、欠焊、夹渣及气孔等。

基于这些,在震后进行的研究中,减少梁翼缘处对接焊缝的应力,人为地使塑性铰在梁上某一部位形成,成为改进刚性节点设计的重要思路。具体方法主要有两种:一是将梁端连接部位局部加强,但需注意不要因此出现弱柱,有违"强柱弱梁"抗震设计原则。另一种方法是,在离开柱面一定距离处将梁的上、下翼缘局部削弱。

(3)新型梁柱刚性连接类型

①加强连接型

Ⅰ.加盖板节点。加盖板节点是在节点部位梁的上、下翼缘外表面焊上楔形的钢板,在现场采用坡口全熔透对接焊缝和角焊缝分别与柱翼缘和梁翼缘连接,使焊缝截面面积不小于单独翼缘截面面积的 1.2 倍,盖板的长度宜取 $0.3h_b$ 且不小于 180 mm(h_b 为梁截面高度)。加设盖板后,减少了柱表面区域的应力集中程度,迫使较大应力和非弹性应变远离焊缝、切割孔,使三向拉应力状态向梁中转移,如图 21-14(a)所示。

根据试验,此类节点具有较好的塑性转动能力,多数试件的塑性转角大于 0.025 弧度;但也有少数构件出现脆性断裂,原因是梁翼缘的有效厚度加大,坡口焊缝因过厚而出现残余三轴拉应力,以及柱翼缘热影响区扩大并严重变脆,加大了柱翼缘层状撕裂的危险性。

Ⅱ.加腋节点。加腋节点是在节点部位梁的下面加上三角形的梁腋,其目的在于通过加腋增加节点处截面的有效高度,从而迫使塑性铰在梁腋区域外形成,减少梁下翼缘处对接焊缝的应力。梁腋由 H 型钢或工字钢切割而成,梁腋的腹板、翼缘分别通过角焊缝、对接焊缝与梁柱焊接,如图 21-14(b)所示。

试验结果表明,此类节点的塑性转角达到 0.04 弧度以上。此外,由于与柱焊接的梁端截面高度增大,柱翼缘出现厚度方向裂缝的可能性有所减少。缺点是,梁腋与柱翼缘之间的斜向坡口焊缝,施焊比较困难。

②梁翼缘削弱型

梁翼缘削弱型,是按照"强节点弱构件"的抗震设计概念,采取削弱节点附近梁翼缘的办法,以保护梁柱间的连接焊缝,实现梁端塑性铰位置的外移。试验结果表明,梁的塑性转角在0.03弧度以上。

Ⅰ.狗骨式节点。狗骨式节点为刚性连接节点,是在靠近柱边的等截面钢梁上,将上、下翼缘沿梁的纵向对称于腹板进行圆弧切割,其翼缘的切除宽度约为40%;梁腹板与柱翼缘之间用角焊缝代替通常的螺栓连接;上、下翼缘的全熔透坡口焊缝要用引弧板;下翼缘焊接衬板要割除,割除后,焊根用焊缝补焊;上翼缘衬板焊后保留,用焊缝封闭;柱翼缘加劲板与梁翼缘等厚,等等,如图21-14(c)所示,其实质是削弱了梁翼缘,从而将塑性铰人为外移,从实际发展情况看,因削弱梁截面的方法省工、效果好,已在某些工程中采用。

对于这类节点应特别注意削弱处气割后应磨平,避免在刻痕处产生应力集中效应,减少梁的塑性变形能力。

Ⅱ.梁翼缘钻孔。削弱梁翼缘的一种更简单的方法是,在离开柱面一段距离处,在梁的上翼缘和下翼缘各钻两排圆孔,有两种方式,一种方式是,所有孔径都相等;另一种方式是由柱面算起,由近到远,孔径逐渐加大,如图21-14(d)所示。

梁翼缘削弱型节点最突出的优点是:构造简单、造价低、施工方便;缺点是:可能需要加大整根梁的截面尺寸,以满足承载力和刚度的需要。

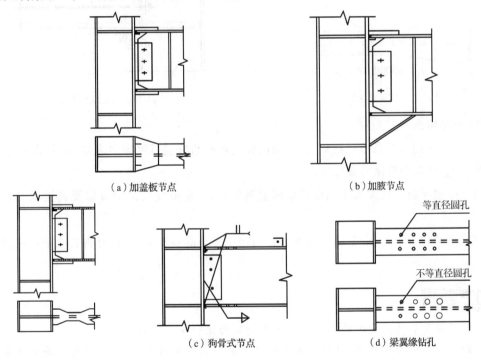

（a）加盖板节点　　　　　　　　　　　（b）加腋节点

（c）狗骨式节点　　　　　　　　　（d）梁翼缘钻孔

图21-14　新型梁柱连接类型

③加强梁段型

这类节点的基本构造是,在工厂里将一段较宽翼缘短梁焊于柱上,形成带有各层悬臂梁段的树枝状柱,然后,在工地现场再采用栓焊连接或全螺栓连接将悬臂梁段与梁拼接。短梁特意做得稍强一些,短梁翼缘可以变宽度或等宽度,使梁端塑性铰位置由柱面向外转移,如图21-15所示,这种梁柱连接方法在日本得到广泛应用。

这种节点的优点是:梁柱连接关键处焊缝可以在工厂内制作,质量可以得到较为严格的控制;现场仅有高强度螺栓连接工作,安装费用较低。缺点是:树形柱的运输较复杂、费用较高。

④预应力型

Ⅰ.设计概念

（Ⅰ）一般的抗震钢结构是利用结构的延性和非弹性耗能来吸收输入结构的地震能量。然而，地震时结构的过大塑性变形，往往导致结构承载力的下降，以致危及结构安全。

（Ⅱ）美国里海大学通过试验研究，借鉴预制混凝土结构后张无黏结预应力组装原理，以顶底角钢连接的半刚性连接节点为基础，增设后张预应力拉杆，使结构在增大耗能容量的同时，提高梁柱节点在往复地震作用下梁端转动变形的可恢复性，减少节点角变形的积累，如图 21-16 所示。

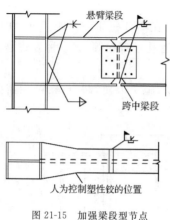

图 21-15　加强梁段型节点

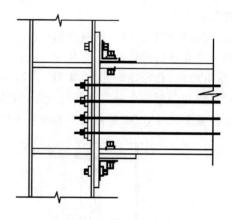

图 21-16　预应力型节点

Ⅱ.细部构造

（Ⅰ）在梁端上、下翼缘设置角钢，采用高强度螺栓与柱进行摩擦型连接；并在梁的上、下翼缘设置盖板，以防梁翼缘局部屈曲。

（Ⅱ）在梁翼缘与柱翼缘之间设置承压型钢垫板，以保证仅仅是梁翼缘及其盖板与柱翼缘接触。

（Ⅲ）在梁柱节点处，沿梁轴线设置数根后张预应力高强度钢丝束，并将其在节点区段以外锚固。

本章小结

1.钢梁按荷载作用情况的不同可分为单向弯曲梁和双向弯曲梁。

2.钢梁要保证强度安全，就应要求在设计荷载作用下梁的正压力、剪应力及局部压应力不超过规范规定的强度设计值。对于梁内有正应力、剪应力及局部压应力共同作用处，还应验算其折算应力。

3.梁的局部稳定问题的实质是组成梁的矩形薄板在各种应力（如弯曲压应力、剪应力及局部压应力）作用下的屈曲问题。《钢结构设计标准》(GB 50017—2017)对梁翼缘采取限制宽厚比的方法来保证其局部稳定。

4.梁的拼接位置一般由钢材尺寸确定，但要注意翼缘和腹板的拼接位置最好错开，并避免与加劲肋以及次梁的连接处重合，以防焊缝密集与交叉。

5.从受力性能上来看，梁与柱的连接有铰接、半刚性连接和刚性连接三种。

复习思考题

21-1 组合梁在什么情况下需要进行折算应力计算？计算公式中的符号分别代表什么？

21-2 梁的整体稳定和局部稳定在概念上有什么不同？如何判断它们是否有了可靠保证？如不能保证，应采取哪些有效措施防止失稳？

21-3 组合梁腹板配置加劲肋的原则有哪些？这些原则是根据什么因素决定的？

21-4 钢梁的拼接和主、次梁的连接各有哪些方式？其主要设计原则是什么？

21-5 从受力性能上看，梁与柱的连接有哪几种类型？并简要分析每种类型的特点。

第22章 拉弯构件和压弯构件

学习目标

掌握拉弯和压弯构件的基本概念;掌握实腹式拉弯和压弯构件的强度和刚度的验算方法;理解压弯构件整体稳定的原理;熟悉压弯构件柱脚的常用构造形式;了解实腹式和格构式压弯构件的设计。

22.1 拉弯和压弯构件的强度和刚度

拉弯构件是指同时承受轴心拉力和弯矩作用的构件;压弯构件是指同时承受轴心压力和弯矩作用的构件。拉弯、压弯构件一般有偏心力作用(图 22-1(a)和图 22-2(a))、轴心力与横向力共同作用(图 22-1(b)和图 22-2(b))及轴心力与端弯矩共同作用(图 22-1(c)和图 22-2(c))三种类型。

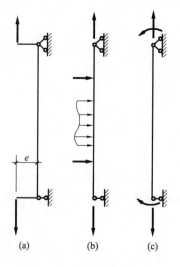

图 22-1 拉弯构件

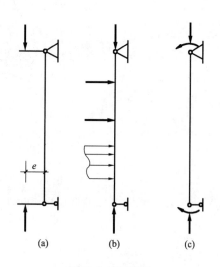

图 22-2 压弯构件

拉弯、压弯构件在钢结构中的应用十分广泛，有节间荷载作用的屋架、塔架支柱、厂房框架柱及高层建筑的框架柱等都属拉弯或压弯构件。例如，图 22-3 所示的屋架，其下弦杆 AB 为拉弯构件，上弦杆 CD 为压弯构件；图 22-4 所示的单层厂房框架柱为压弯构件。

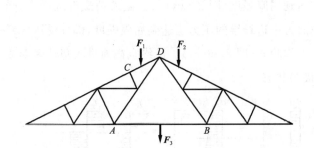

图 22-3　屋架结构中的拉弯、压弯构件

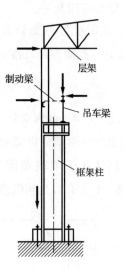

图 22-4　单层厂房框架柱

22.1.1　拉弯、压弯构件的截面形式

拉弯、压弯构件的截面形式可分为型钢截面和组合截面两类。组合截面又分为实腹式和格构式两种。当弯矩较小时，拉弯、压弯构件的截面形式与轴心受力构件相同；当弯矩较大时，除采用双轴对称截面（图 22-5(a)）外，还可以采用如图 22-5(b)所示的单轴对称截面，并应使较大翼缘位于受压（压弯构件）或受拉（拉弯构件）一侧；当弯矩很大并且构件较大时，可选用格构式截面（图 22-5(c)），以获得较好的经济效果。

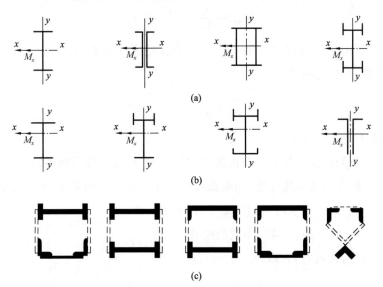

图 22-5　拉弯、压弯构件的截面形式

22.1.2 拉弯、压弯构件的强度

拉弯、压弯构件在轴心力和弯矩共同作用下,最终以危险截面(σ_{max}处)形成塑性铰而达到强度承载能力极限状态。

图 22-6 所示为一受轴心拉力 N 和弯矩 M 共同作用的矩形截面构件。在弹性阶段(图 22-6(a)),截面边缘纤维最大拉应力为

$$\sigma_{max} = \frac{N}{A_n} + \frac{M}{W_n} \leqslant f_y \tag{22-1}$$

当 $\sigma_{max} = f_y$ 时,截面受拉区边缘纤维达到屈服强度(图 22-6(b))。随着荷载继续增大,受拉一侧的塑性区向截面内部发展,继而截面另一边纤维的压力也达到屈服强度,部分受压区纤维也进入塑性状态,构件截面处于弹塑性工作阶段(图 22-6(c))。最终全截面进入塑性区形成塑性铰(图 22-6(d)),达到强度承载能力极限状态。

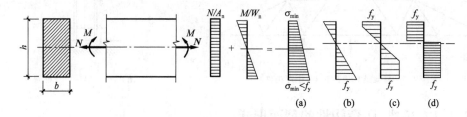

图 22-6 拉弯构件截面的应力状态

构件截面出现塑性铰时,将发生过大的变形而不能正常使用。因此《钢结构设计标准》(GB 50017—2017)考虑截面在弹塑性阶段工作,并像受弯构件一样用截面塑性发展系数 γ 控制其塑性区发展深度。

(1)对单向拉弯、压弯构件

$$\sigma_{max} = \frac{N}{A_n} \pm \frac{M}{\gamma_x W_n} \leqslant f \tag{22-2}$$

式(22-2)也适用于单轴对称截面,因此在弯曲正应力项前有正、负号。

(2)对双向拉弯、压弯构件

$$\sigma_{max} = \frac{N}{A_n} \pm \frac{M_x}{\gamma_x W_{nx}} \pm \frac{M_y}{\gamma_y W_{ny}} \leqslant f \tag{22-3}$$

式中 A_n——构件净截面面积;

γ_x、γ_y——与截面模量相应的截面塑性发展系数,根据其受压板件的内力情况确定截面板件的宽厚比等级,当截面板件宽厚比等级不满足 S3 级要求时取 1.0,当满足 S3 级要求时,按表 22-1 选用;

W_{nx}、W_{ny}——对 x 轴、y 轴的净截面模量。

当需要计算疲劳强度时,宜取 $\gamma_x = \gamma_y = 1.0$。

表 22-1　　　　　　　　　　　　　　截面塑性发展系数

项次	截面形式	γ_x	γ_y
1	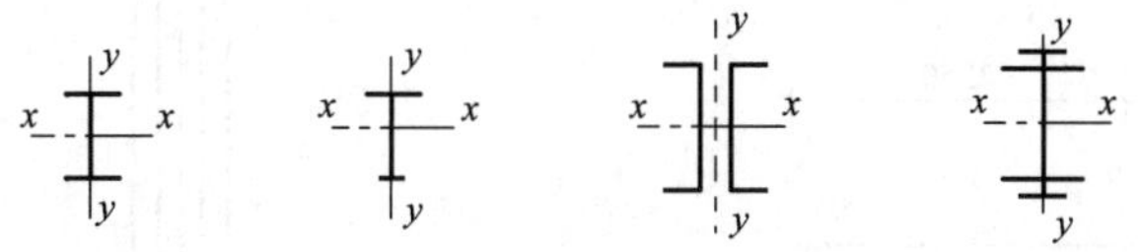		1.2
2	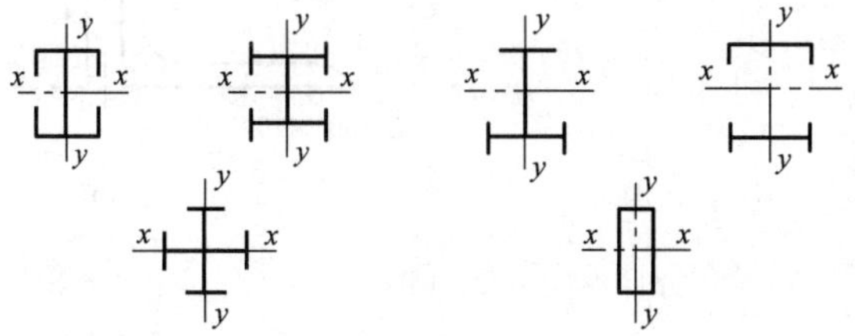	1.05	1.05
3		$\gamma_{x1}=1.05$ $\gamma_{x2}=1.2$	1.2
4			1.05
5	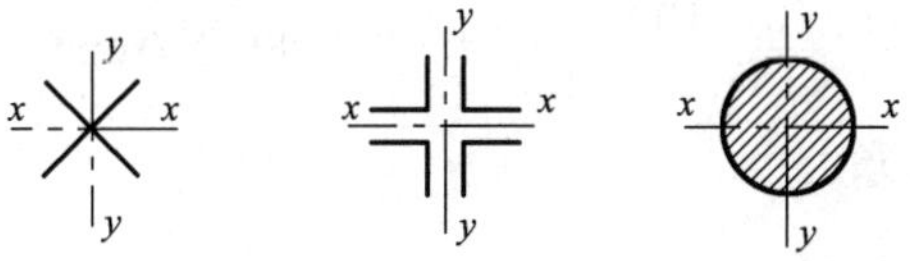	1.2	1.2
6	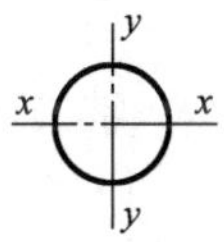	1.15	1.15
7			1.05
8		1.0	1.0

【例 22-1】　如图 22-7 所示,试验算屋架下弦的强度。该构件材料为 Q235 钢,承受静力荷载,荷载设计值为轴向力 $N=280$ kN,弯矩 $M=50$ kN·m,截面无削弱,截面板件宽厚比等级满足 S3 级要求。

【解】　(1)屋架下弦截面特性

由型钢表(扫描附录 B 中二维码查看)查得 2 ∟180×110×10 的截面几何特性为

$A=28.4\times2=56.8$ cm^2,$i_x=5.81$ cm(查型钢表得),$I_x=Ai_x^2=56.8\times5.81^2=1\,917.35$ cm^4,

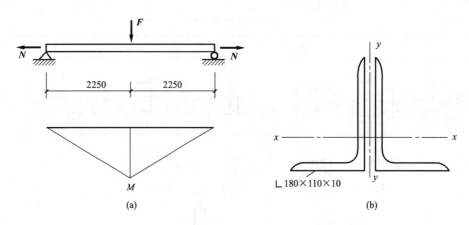

图 22-7　例 22-1 图

$$W_{x\max}=\frac{I_x}{Z_x}=\frac{1\,917.35}{5.89}=325.53\ \text{cm}^3\,,W_{x\min}=\frac{I_x}{B-Z_x}=\frac{1\,917.35}{18-5.89}=158.33\ \text{cm}^3$$

（2）强度验算

查附表 B-1 得 $f=215\ \text{N/mm}^2$，查表 22-1 得 $\gamma_{x1}=1.05$，$\gamma_{x2}=1.2$

肢背处受拉

$$\frac{N}{A_n}+\frac{M}{\gamma_{x1}W_{x\max}}=\frac{280\times10^3}{5\,680}+\frac{50\times10^6}{1.05\times325.53\times10^3}=195.58\ \text{N/mm}^2<f=215\ \text{N/mm}^2$$

肢尖处受压

$$\frac{N}{A_n}-\frac{M}{\gamma_{x2}W_{x\min}}=\frac{280\times10^3}{5\,680}-\frac{50\times10^6}{1.2\times158.33\times10^3}=-213.86\ \text{N/mm}^2<f=215\ \text{N/mm}^2$$

因此，该屋架下弦强度满足要求。

22.1.3　拉弯、压弯构件的刚度

拉弯、压弯构件的刚度除个别情况（如弯矩较大、轴力较小或有其他特殊要求）需进行变形验算外，一般仍采用长细比来控制，即

$$\lambda_{\max}\leqslant[\lambda]\tag{22-4}$$

式中　$[\lambda]$——构件容许长细比，见表 20-1、表 20-2。

22.2　实腹式压弯构件的稳定

22.2.1　实腹式压弯构件的整体稳定

单向压弯构件由于弯矩通常绕截面强轴作用（在最大刚度平面内），因此构件既可能发生在弯矩作用平面内的弯曲屈曲，称为平面内失稳；也可能发生在弯矩作用平面外的弯扭屈曲，称为平面外失稳。故对压弯构件应进行弯矩作用平面内和平面外的稳定计算。

实腹式压弯构件在弯矩作用平面内的稳定计算公式参见《钢结构设计标准》（GB 50017—2017）。

当压弯构件的弯矩作用于截面的较大刚度平面内时，如果构件在侧向没有可靠的支承阻止其侧向挠曲变形，则构件在垂直于弯矩作用平面的刚度较小，构件就可能在弯矩作用平面外发生侧向弯扭屈曲而破坏，如图 22-8 所示。实腹式压弯构件在弯矩作用平面外的稳定性验算公式参见《钢结构设计标准》（GB 50017—2017）。

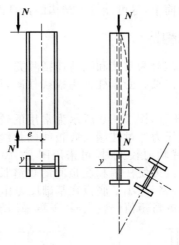

图 22-8 弯矩作用平面外的弯扭屈曲

22.2.2 实腹式压弯构件的局部稳定

实腹式压弯构件要求不出现局部失稳者,其腹板高厚比、翼缘宽厚比应符合表 20-1 规定的压弯构件 S4 级截面要求。

22.3 格构式压弯构件简介

格构式压弯构件的截面有实轴和虚轴之分,常用截面形式如图 22-9 所示。

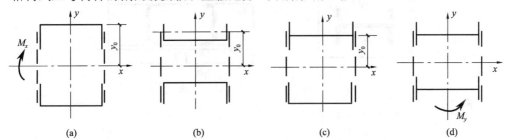

图 22-9 格构式压弯构件常用截面形式

1. 强度计算

格构式压弯构件的强度计算公式为

$$\frac{N}{A_n} + \frac{M_x}{\gamma_x W_{nx}} \leqslant f \tag{22-5}$$

当弯矩绕虚轴作用时,取 $\gamma_x = 1.0$;当弯矩绕实轴作用时,按表 22-1 取值。

2. 稳定计算

格构式压弯构件的稳定计算与实腹式压弯构件相比有一些不同之处,计算公式参见《钢结构设计标准》(GB 50017—2017)。

3. 刚度验算

刚度验算仍按长细比控制,仅对虚轴取换算长细比。

4. 构造规定

格构式压弯构件的构造规定与格构式轴心受压构件相同。

22.4 柱 脚

柱脚的作用是将柱身的压力均匀地传递给基础并与基础固定。由于柱脚的耗钢量大、制造费工,因此设计时应使其构造简单,尽可能符合结构的计算简图,并便于安装固定。

22.4.1　柱脚的形式和构造

柱脚按其与基础的连接方式,分为铰接和刚性连接两类。不论是轴心受压柱、框架柱或压弯构件,这两种形式均有采用。但轴心受压柱常用铰接柱脚,而框架柱则多用刚性连接柱脚。本节只讲述铰接柱脚。

铰接柱脚主要用于轴心受压柱,图 22-10 所示为常用的铰接柱脚形式。图 22-10(a)所示为铰接柱脚的最简单形式,柱身压力通过柱端与底板间的焊缝传给底板,底板再传给基础,它只适用于柱轴力很小的柱。当柱轴力较大时,可采用图 22-10(b)~图 22-10(d)所示的形式,由于增设了靴梁、隔板、肋板,所以可使柱端和底板间的焊缝长度增加,焊脚尺寸减小。同时,底板因被靴梁分成几个较小的区格,减小了底板在基础反力作用下的最大弯矩值,故底板厚度亦可减小。当采用靴梁后,底板的弯矩值仍较大时,可再采用隔板和肋板。

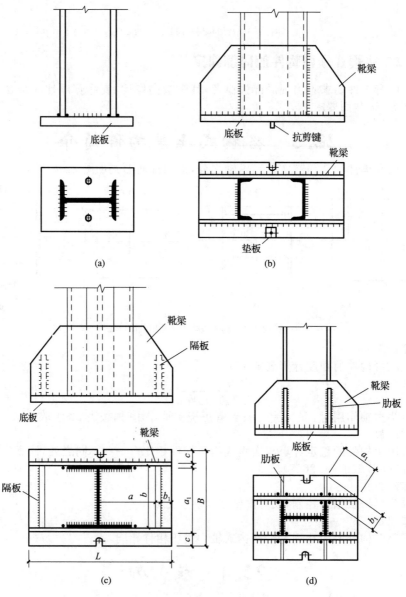

图 22-10　常用的铰接柱脚形式

柱脚通过锚栓固定于基础。铰接柱脚只沿着一条轴线设置两个连接在底板上的锚栓,锚栓的直径一般为 20~25 mm。为便于柱的安装和调整,底板上的锚栓孔的孔径应比锚栓直径大 1~1.5 倍或做成 U 形缺口。最后固定时,应用孔径比锚栓直径大 1~2 mm 的锚栓垫板套住锚栓并与底板焊固。

22.4.2 轴心受压柱脚

轴心受压柱脚的计算包括按所承受的轴心压力确定底板的尺寸、靴梁尺寸以及它们之间的连接焊缝尺寸。柱脚的剪力一般数值不大,可由底板与基础表面间的摩擦力传递,必要时可设置抗剪键,如图 22-10(b)所示。

22.4.3 压弯柱脚

压弯构件与基础的连接有铰接和刚性连接两种形式,铰接柱脚的构造和计算与第 19 章轴心受压构件相同。刚性连接柱脚要求能传递轴向压力和弯矩,柱端剪力由底板与基础表面的摩擦力传递,当剪力较大时,在底板下设置抗剪键传递剪力。刚性连接柱脚的构造形式有整体式和分离式两种,实腹式压弯构件的柱脚采用整体式的构造形式,如图 22-11 所示。

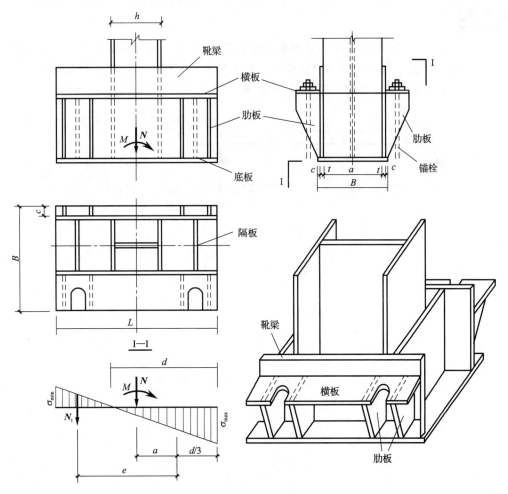

图 22-11　整体式柱脚结构

本章小结

1. 拉弯、压弯构件的截面形式可分为型钢截面和组合截面两类。组合截面又分为实腹式和格构式两种。

2. 压弯构件应进行弯矩作用平面内和平面外的稳定计算。

3. 实腹式压弯构件的设计包括下面几个方面的内容：①截面选择；②截面强度验算；③弯矩作用平面内和平面外的整体稳定验算；④局部稳定验算；⑤刚度验算。

复习思考题

22-1 什么是压弯和拉弯构件？

22-2 实腹式拉弯、压弯构件的强度计算公式中，截面塑性发展系数按承受静力荷载和承受动力荷载且需计算疲劳强度两种情况有不同的取值，它们是依据怎样的工作状态确定的？

22-3 为什么要对实腹式压弯构件进行稳定性验算？

22-4 如何保证实腹式压弯构件翼缘的局部稳定？

22-5 简述柱脚的形式与构造。

综合练习题

22-1 图 22-12 所示为 I22a 工字钢截面拉弯构件，承受轴心拉力设计值 $N=400$ kN，长 6 m，两端铰接，截面无削弱，钢材为 Q235 钢。试确定该构件能承受的最大横向均布荷载设计值 q 的大小，截面板件宽厚比等级不满足 S3 级要求。

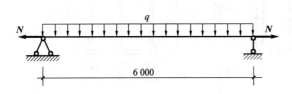
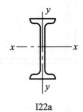

图 22-12 习题 22-1 图

第 23 章　门式刚架轻型钢结构

学习目标

　　理解轻型钢结构的含义、特点及结构形式；掌握门式刚架轻型钢结构的组成和特点；熟悉门式刚架轻型钢结构的节点构造，为钢结构施工图的识读奠定基础；熟悉门式刚架轻型钢结构柱网布置；了解门式刚架结构形式。

　　轻型钢结构是当前采用较多的一种建筑结构形式，轻型钢结构建筑是指以冷弯薄壁型钢、轻型焊接和高频焊接型钢、薄钢板、薄壁钢管、轻型热轧型钢及以上各种构件拼接、焊接而成的组合构件等为主要受力构件，并且大量采用轻质围护结构的建筑。它具有结构自重轻、加工制造简单、工业化程度高、运输安装方便、经济指标好等特点，应用范围很广。

　　轻质屋面材料包括：压型钢板、太空板（发泡水泥复合板）、石棉水泥波形瓦、瓦楞铁、加气混凝土屋面板等。

　　单层轻型钢结构房屋一般采用门式刚架、屋架、网架为主要承重结构。

1. 门式刚架

　　门式刚架轻型钢结构主要是指承重结构为单跨或多跨实腹门式刚架和格构门式刚架。刚架有单层和多层，单跨和多跨；刚架杆件有实腹式和格构式。它能有效地利用建筑空间，降低房屋的高度，具有造型简洁美观，构件规格整齐，工地安装方便，施工速度快等优点，是当前轻型钢结构的主要结构形式。

2. 屋架

　　当房屋跨度较大、高度较高时一般采用屋架结构。目前大量应用的压型钢板有檩体系和太空轻质大型屋面板无檩体系，多为平坡轻型屋面。

　　门式刚架和屋架均为平面结构体系，为保证结构的整体性、稳定性及空间刚度，在每榀刚架和屋架间应设置纵向构件和支撑系统连接。

3. 网架

　　随着现代建筑不断地向大跨度大柱网方向发展，其结构形式亦从平面结构发展到空间结构，网架就是为了适应这种大跨度需要而发展起来的一种空间结构。网架整体性好、刚度大，能有效地承受地震等动力荷载，近几年来发展迅速。

23.1 门式刚架轻型钢结构的特点与应用

23.1.1 门式刚架轻型钢结构的特点

门式刚架轻型钢结构相对于钢筋混凝土结构具有以下特点：

(1)自重轻。围护结构采用压型金属板、玻璃棉及冷弯薄壁型钢等材料组成,屋面、墙面的自重都很轻。根据国内工程实例统计,单层轻型门式刚架房屋承重结构的用钢量一般为10～30 kg/m²,在相同跨度和荷载情况下,自重仅约为钢筋混凝土结构的1/20～1/30。由于结构自重轻,基础可以做得较小,地基处理费用也较低。同时在相同地震烈度下结构的地震反应小。但当风荷载较大或房屋较高时,风荷载可能成为单层轻型门式刚架结构的控制荷载。

(2)工业化程度高,施工周期短。门式刚架轻型钢结构的主要构件和配件多为工厂制作,质量易于保证,工地安装方便;除基础施工外,基本没有湿作业;构件之间的连接多采用高强度螺栓连接,安装迅速。

(3)综合经济效益高。门式刚架轻型钢结构通常采用计算机辅助设计,设计周期短,原材料种类单一,构件采用先进自动化设备制造,运输方便等。所以门式刚架轻型钢结构的工程周期短、资金回报快、投资效益相对较高。

(4)柱网布置比较灵活。传统钢筋混凝土结构形式由于受屋面板、墙板尺寸的限制,柱距多为6 m,当采用12 m柱距时,需设置托架及墙架柱。而门式刚架轻型钢结构的围护体系采用金属压型板,所以柱网布置不受模数限制,柱距大小主要根据使用要求和用钢量最省的原则来确定。

(5)刚度较差。受荷载后产生挠度,用于工业厂房时,吊车起重量不能过大。

门式刚架轻型钢结构除上述特点外,还有以下特点：

门式刚架体系的整体性可以依靠檩条、墙梁及隅撑来保证,从而减少了屋盖支撑的数量,同时支撑多用张紧的圆钢做成,很轻便。

门式刚架的梁、柱多采用变截面杆,可以节省材料。图 23-1 所示刚架,柱为楔形构件,梁则由多段楔形杆组成。梁、柱腹板在设计时利用屈曲后强度,可使腹板宽厚比放大。当然,由于变截面门式刚架达到极限承载力时,可能会在多个截面处形成塑性铰而使刚架瞬间形成机动体系,因此塑性理论设计不再适用。

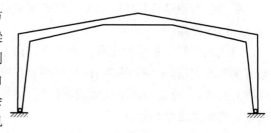

图 23-1　变截面轻型门式刚架

组成构件的杆件较薄,对制作、涂装、运输、安装的要求高。在门式刚架轻型钢结构中,焊接构件中板的最小厚度为 3.0 mm;冷弯薄壁型钢构件中板的最小厚度为 1.5 mm;压型钢板的最小厚度为 0.4 mm。板件的宽厚比大,使得构件在外力撞击下容易发生局部变形。同时,锈蚀对构件截面削弱带来的后果更为严重。

构件截面的抗弯刚度、抗扭刚度比较小,结构的整体刚度也比较小。因此,在运输和安装过程中要采取必要的措施,防止构件发生弯曲和扭转变形。同时,要重视支撑体系和隅撑的布置,重视屋面板、墙面板与构件的连接构造,使其能参与结构的整体工作。

23.1.2　门式刚架轻型钢结构的应用

门式刚架轻型钢结构在我国的应用大约始于20世纪80年代初期,仅有短短30多年发展历史。但从我国目前情况来看,门式刚架轻型钢结构已如雨后春笋般发展起来,大量单层工业厂房、多层工业厂房以及中小型商场、体育馆等建筑物都应用这种结构形式。可以说,门式刚架轻型钢结构房屋是近年来发展最快、应用最广的结构形式之一。

23.2　门式刚架轻型钢结构的组成与布置

23.2.1　门式刚架轻型钢结构的组成

门式刚架轻型钢结构是梁、柱单元构件的组合体,它一般由结构(刚架、吊车梁)、次结构(檩条、墙架柱及抗风柱、墙梁)、支撑结构(屋盖支撑、柱间支撑)及围护结构(屋面、墙面)几个部件一起协同工作。

门式刚架轻型钢结构的组成如图23-2所示。在门式刚架轻型钢结构体系中,屋盖应采用压型钢板屋面板和冷弯薄壁型钢檩条,主刚架可采用变截面实腹刚架,外墙宜采用压型钢板墙板和冷弯薄壁型钢墙梁,也可以采用砌体外墙或底部为砌体、上部为轻质材料的外墙。主刚架斜梁下翼缘和刚架内翼缘的平面外稳定性,由与檩条或墙梁相连接的隔撑来保证。主刚架间的交叉支撑可采用张紧的圆钢。

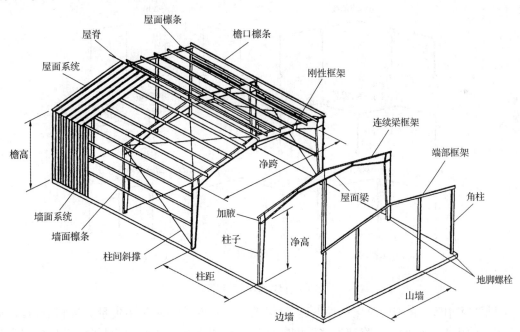

图23-2　门式刚架轻型钢结构的组成

单层门式刚架轻型房屋可采用乙烯泡沫塑料、硬质聚氨酯泡沫塑料、岩棉、矿棉、玻璃棉等作为保温隔热材料,可以采用带保温层的板材做屋面。

门式刚架轻型房屋屋面坡度宜取1/8～1/20,在雨水较多的地区宜取其中较大值。

对于门式刚架轻型房屋:其檐口高度,取地坪至房屋外侧檩条上缘的高度;其最大高度,取地坪至屋盖顶部檩条上缘的高度;其宽度,取房屋侧墙墙梁外皮之间的距离;其长度,取两端山墙墙梁外皮之间的距离。

在多跨刚架局部抽掉中柱处,可布置托架。

山墙处可设置由斜梁、抗风柱和墙架组成的山墙墙架,或直接采用门式刚架。

23.2.2 门式刚架结构形式

1.门式刚架分类

门式刚架的结构形式较多,可以按照以下方法进行分类:

(1)按构件体系的不同,门式刚架可分为实腹式和格构式两类。

(2)按构件横截面的组成划分,门式刚架的梁、柱可采用变截面或等截面实腹焊接工字形截面或轧制 H 型钢截面,少数为 Z 形;格构式刚架横截面为矩形或三角形。

(3)按刚架的跨度不同,其结构形式可分为单跨(图 23-3(a)、图 23-3(b)、图 23-3(h))、双跨(图 23-3(e)、图 23-3(f)、图 23-3(g)、图 23-3(i))和多跨〔图 23-3(c)、图 23-3(d)〕。

(4)按屋面坡脊数不同,可分为单脊单坡(图 23-3(a))、单脊双坡(图 23-3(b)、图 23-3(c)、图 23-3(d)、图 23-3(g)、图 23-3(h))、多脊多坡(图 23-3(e)、图 23-3(f)、图 23-3(i))。

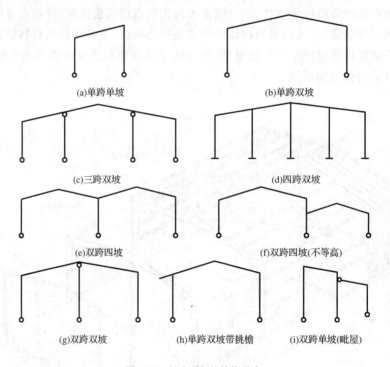

图 23-3　门式刚架的结构形式

对于多跨刚架,在相同跨度条件下,多脊多坡与单脊双坡的刚架用钢量大致相当,常做成一个屋脊的大双坡屋面。单脊双坡多跨刚架用于无桥式吊车房屋时,当刚架柱不是特别高且风荷载也不是很大时,中柱宜采用两端铰接的摇摆柱(图 23-3(c)、图 23-3(g)),中间摇摆柱和梁的连接构造简单,而且制作和安装都省工。这些柱不参与抵抗侧力,截面也比较小。但是在设有桥式吊车的房屋时,中柱宜为两端刚接(图 23-3(d)),以增加刚架的侧向刚度。

(5)按刚架结构材料,门式刚架可以由普通型钢、薄壁型钢、钢管或钢板焊接而成。

2. 实腹门式刚架

实腹门式刚架(图 23-4)适用于荷载小、跨度为 9～18 m,柱高为 4.5～9.0 m,无吊车或吊车起重量较小的房屋。当跨度不超过 15 m,柱高不超过 6 m,按塑性理论设计时,宜采用等截面;当跨度大于 15 m,柱高为 6 m 以上及有吊车时,宜采用变截面。

采用三块钢板焊成的工字形截面实腹刚架(图 23-4(a)、图 23-4(b)),其截面形式简单,受力性能好,在实际工程中应用较多。采用钢板冷加工弯曲成型的 Z 形截面的实腹刚架(图 23-4(c)),其主要优点是可以定型化生产,焊接拼装工作量小,运输、安装方便。但其横截面不对称,翼缘板与腹板等厚,不如工字形截面性能好。

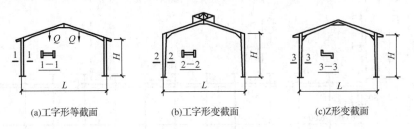

(a)工字形等截面　　　　(b)工字形变截面　　　　(c)Z形变截面

图 23-4　实腹门式刚架

3. 格构门式刚架

格构门式刚架(图 23-5)通常用于荷载、跨度、柱高均较大的情况,如跨度大于或等于 18 m,柱高在 7 m 以上,柱距为 6 m 或大于 6 m 以及有吊车的厂房。

格构门式刚架的材料选择和截面组成比较灵活,组成形式可以因材制宜,多样化。

当刚架内力较小时,宜采用等截面(图 23-5(a)),其截面为单腹杆或双腹杆的矩形以及三腹杆的三角形,材料可用普通角钢、槽钢以及薄壁型槽钢、薄壁钢管等。

当刚架内力较大时,宜采用变截面(图 23-5(b)),其截面采用双腹杆的矩形或三腹杆的三角形,材料可用普通角钢、槽钢以及无缝钢管等。

采用钢管的三角形截面,构造简单,造型美观,制作方便,较适用于展览馆等公共建筑。对于跨度较大的门式刚架,可采用折线形或弧形的横梁(图 23-5(c)),以降低刚架的矢高,减小建筑高度,改善建筑造型。

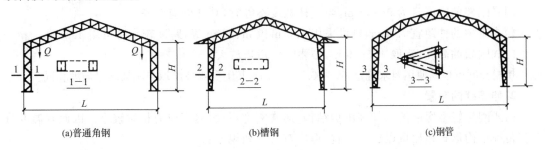

(a)普通角钢　　　　　　(b)槽钢　　　　　　　　(c)钢管

图 23-5　格构门式刚架

23.2.3　门式刚架轻型钢结构的结构布置

1. 柱网布置

柱网布置就是确定门式刚架承重柱在平面上的排列,即确定它们的纵向和横向定位轴线所形成的格,如图 23-6 所示。刚架的跨度就是柱纵向定位轴线之间的距离;刚架的柱距就是柱子横向定位轴线之间的距离。

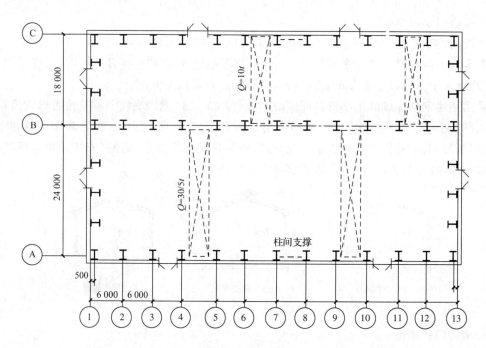

图 23-6 柱网布置

首先,柱网尺寸的确定应满足生产工艺要求。厂房是直接为工业生产服务的,不同性质的厂房具有不同的生产工艺流程,各种工艺流程所需主要设备、产品尺寸和生产空间都是决定厂房柱网尺寸的主要因素。

其次,为使结构设计经济合理,厂房结构构件逐步统一,提高设计标准化、生产工厂化及施工机械化的水平,柱网布置还必须满足《厂房建筑模数协调标准》(GB 50006—2010)的规定:厂房跨度小于或等于 18 m 时,应以 3 m 为模数,即 9 m、12 m、15 m、18 m;当厂房跨度大于18 m 时,以 6 m 为模数,如 24 m、30 m、36 m。但当对工艺布置和技术经济特别有优越性时,可取 21 m、27 m、33 m。厂房柱距一般采用 6 m 较为经济,当对工艺有特殊要求时,可局部抽柱,即取 12 m 柱距;对某些有扩大柱距要求的厂房也可采用 9 m 及 12 m 柱距。

门式刚架的跨度宜为 9~36 m,当边柱宽度不等时,其外侧应对齐。

门式刚架的柱距宜为 6 m,也可采用 7.5 m、9 m、12 m 等,跨度较小时可用 4.5 m。

门式刚架的高度,宜取 4.5~9 m,必要时可适当放大。

挑檐长度可根据使用要求确定,宜为 0.5~1.2 m,其上翼缘坡度取与刚架斜梁坡度相同。

2. 伸缩缝的布置

门式刚架轻型房屋的构件和围护结构,通常刚度不大,温度应力相对较小。因此其温度分区与传统结构形式相比可以适当放宽,但应符合下列规定:

纵向温度区段<300 m;横向温度区段<150 m。当有计算依据时,温度区段可适当放大。

当房屋的平面尺寸超过上述规定时,需设置伸缩缝,伸缩缝可采用两种做法:

(1)设置双柱。

(2)在搭接檩条的螺栓处采用长圆孔,并使该处屋面板在构造上允许胀缩。

对有吊车的厂房,当设置双柱形式的纵向伸缩缝时,伸缩缝两侧刚架的横向定位轴线可加插入距(图 23-7)。

3. 托梁

当因建筑或工艺要求门式刚架柱被抽除时,应沿纵向柱列布置托梁以支承已抽位置上的中间榀刚架上的斜梁。托梁一般采用焊接工字形截面,当屋面荷载偏心产生较大扭矩时,可采用箱形截面或桁架。图 23-8 所示为托梁的形式和尺寸。

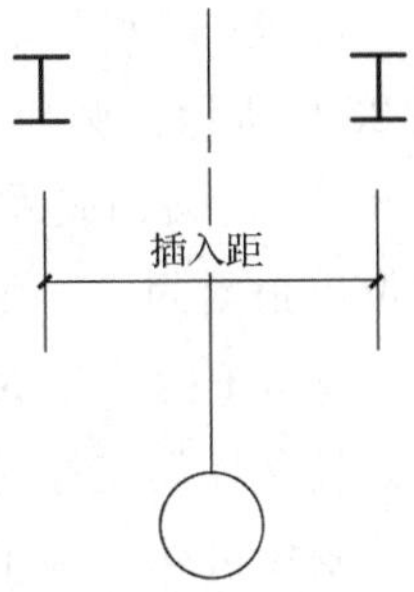

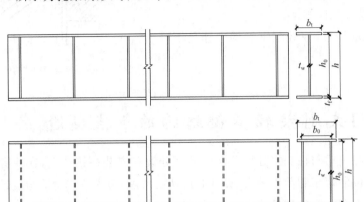

图 23-7 轴线插入距

图 23-8 托梁的形式和尺寸

4. 檩条和墙梁的布置

屋面檩条一般应等间距布置。但在屋脊处,应沿屋脊两侧各布置一道檩条,使得屋面板的外伸宽度不要太长(一般小于 200 mm),在天沟附近应布置一道檩条,以便于天沟的固定。确定檩条间距时,应综合考虑天窗、通风屋脊、采光带、屋面材料、檩条规格等因素,计算确定。

侧墙墙梁的布置,应考虑设置门窗、挑檐、雨篷等构件和围护材料的要求。当采用压型钢板做围护墙时,墙梁宜布置在刚架柱的外侧,其间距由墙板板型和规格确定,且不大于由计算确定的数值。

5. 支撑和刚性系杆的布置

支撑和刚性系杆的布置应符合下列规定:

(1)在每个温度区段或分期建设的区段中,应分别设置能独立构成空间稳定结构的支撑体系。

(2)在设置柱间支撑的开间时,应同时设置屋盖横向支撑,以构成几何不变体系。

(3)端部支撑宜设在温度区段端部的第一或第二个柱间。柱间支撑的间距应根据房屋纵向受力情况及安装条件确定,一般取 30~45 m;有吊车时不宜大于 60 m。

(4)当房屋高度较大时,柱间支撑应分层设置;当房屋宽度大于 60 m 时,内柱列宜适当设置支撑。

(5)当端部支撑设在端部第二个柱间时,在第一个柱间的相应位置应设置刚性系杆。

(6)在刚架转折处(边柱柱顶、屋脊及多跨刚架的中柱柱顶)应沿房屋全长设置刚性系杆。

(7)由支撑斜杆等组成的水平桁架,其直腹杆宜按刚性系杆考虑。

(8)刚性系杆可由檩条兼任,此时檩条应满足压弯构件的承载力和刚度要求,当不满足时可在刚架斜梁间设置钢管、H 型钢或其他截面形式的杆件。

（9）门式刚架轻型钢结构宜用十字交叉圆钢支撑，如图 23-9 所示。圆钢与相连构件的夹角宜接近 45°，不超出 30°～60°。圆钢应采用特制的连接件与梁、柱腹板连接，校正定位后张紧固定。张紧手段最好用花篮螺丝。当房屋内设有不小于 5 t 的吊车时，柱间支撑宜用型钢支撑。当房屋中不允许设置柱间支撑时，应设置纵向刚架。

支撑虽然不是主要承重构件，在轻型钢结构中却是不可或缺的。

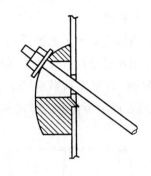

图 23-9　门式刚架轻型钢结构的支撑

23.3　门式刚架轻型钢结构的节点构造

实腹式门式刚架一般在斜梁与柱交接处以及跨中屋脊处设置安装拼接节点，在柱脚基础处设置锚固节点。这些部位的弯矩和剪力较大，设计时应认真考虑，力求节点构造与设计简图一致，并有足够的强度、刚度和一定的转动能力。同时应使其制造、运输和安装方便。

23.3.1　端板节点构造

1. 门式刚架斜梁与柱的连接

门式刚架斜梁与柱的连接可采用如图 23-10 所示三种形式，即端板竖放、端板平放和端板斜放。其应符合下列要求：

(a)端板竖放　　　　　　　(b)端板平放　　　　　　　(c)端板斜放

图 23-10　门式刚架斜梁与柱的连接形式

端板连接应按所受最大内力设计；当内力较小时，应按能承受不小于较小被连接截面承载力一半设计。

为了满足强度需要，主刚架的连接宜采用高强度螺栓，其直径可根据需要选用，通常采用 M16～M30 螺栓。檩条和墙梁与刚架斜梁和柱的连接通常采用 M12 普通螺栓。

端板螺栓应成对对称布置。在受拉翼缘和受压翼缘的内、外两侧均应设置，并宜使每个翼缘的螺栓群中心与翼缘的中心重合或接近。为此应采用将端板伸出截面高度范围以外的外伸式连接，如图 23-10 所示。当螺栓群间的力臂足够大（例如在端板斜置时）或受力较小（例如某些斜梁拼接）时，也可采用将螺栓全部设在构件截面高度范围内的端板平齐式连接。

螺栓中心至翼缘板表面的距离，应满足拧紧螺栓时的施工要求，不宜小于 35 mm。螺栓端距不应小于螺栓孔径的 2 倍。

在门式刚架中,受压翼缘的螺栓不宜少于两排。当受拉翼缘两侧各设一排螺栓尚不能满足承载力要求时,可在翼缘内侧增设螺栓,如图 23-11 所示,其间距可取 75 mm,且不小于螺栓孔径的 3 倍。

与斜梁端板连接的柱翼缘部分应与端板等厚度,当端板上两对螺栓间的最大距离大于 400 mm 时,应在端板的中部增设一对螺栓。

图 23-11 端板竖放时的螺栓和檐檩

同时受拉和受剪的螺栓,应验算螺栓在拉、剪共同作用下的强度。

2. 斜梁与屋脊拼接节点

斜梁在中间拼接时宜使端板与构件外边缘垂直(图 23-12),在屋脊拼接时则应使端板垂直于地面。屋脊拼接节点通常采用加腋式螺栓连接节点(图 23-13)。加腋主要是螺栓连接节点构造的需要,同时,也可减小刚架的横向水平变位。但由于屋脊节点附近的弯矩变化比较缓慢,故对提高刚架承载能力,并不起直接作用。

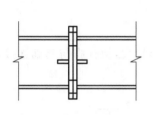

图 23-12 斜梁拼接节点

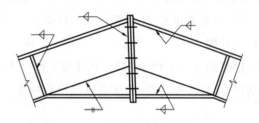

图 23-13 屋脊拼接节点

3. 摇摆柱与斜梁的连接构造

多跨刚架中采用上、下两端均铰接的中间柱称为摇摆柱。摇摆柱自身的稳定性依赖刚架的抗侧移刚度,作用于摇摆柱中的内力将起促进刚架失稳的作用。摇摆柱与斜梁的连接比较简单,其构造如图 23-14 所示。

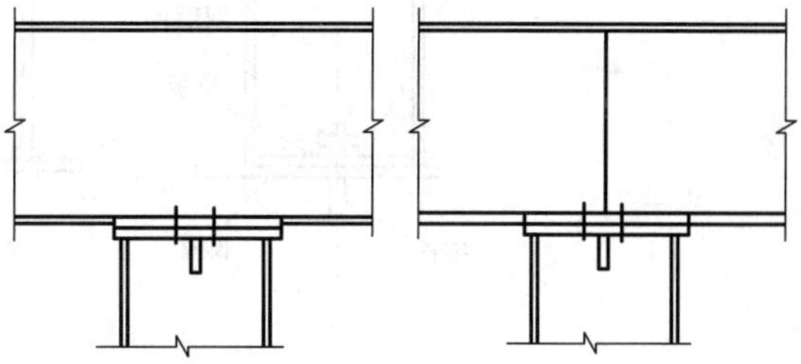

4. 檩条与刚架连接

图 23-14 摇摆柱与斜梁的连接构造

檩条与刚架连接宜采用搭接。带斜卷边的 Z 形檩条可采用叠置搭接,卷边槽形檩条可采用不同型号的卷边槽形冷弯钢套置搭接。带斜卷边 Z 形檩条的搭接长度 2a(图 23-15)及其连接螺栓直径,应根据连接梁中间支座处的弯矩值确定。在同一工程中宜尽量减少不同的搭接长度。

5. 隔撑

宜采用单角钢制作。隔撑可连接在刚架构件下(内)翼缘附近的腹板上(图 23-15),也可连接在下(内)翼缘上(图 23-16)。通常采用单个螺栓连接。隔撑与刚架构件腹板的夹角不宜小于 45°。

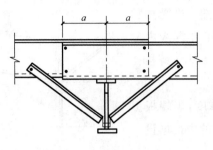

图 23-15　斜卷边檩条的搭接

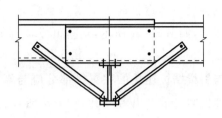

图 23-16　隅撑的连接

23.3.2　柱脚节点构造

1. 门式刚架轻型钢结构的柱脚形式

门式刚架轻型钢结构的柱脚形式有铰接柱脚和刚接柱脚两种。铰接柱脚与基础的连接方式为支承式;刚接柱脚与基础的连接方式有支承式、埋入式、外包式三种。铰接柱脚和刚接柱脚各有优缺点,应合理选用。在一般情况下,当荷载较小,对横向水平变形要求不高时,宜采用铰接柱脚;反之(如有吊车时)应采用刚接柱脚。

(1)铰接柱脚

铰接柱脚(图 23-17、图 23-18),其柱顶的横向水平变形较大,但柱脚与基础连接处没有弯矩,受力情况好,柱脚构造简单,所需基础尺寸较小。

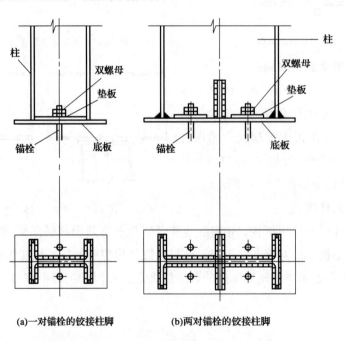

(a)一对锚栓的铰接柱脚　　(b)两对锚栓的铰接柱脚

图 23-17　门式刚架工字形柱铰接柱脚

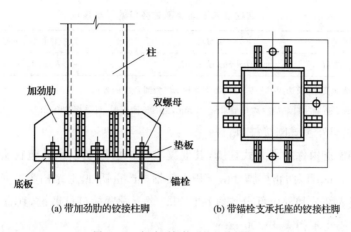

| (a) 带加劲肋的铰接柱脚 | (b) 带锚栓支承托座的铰接柱脚 |

图 23-18 门式刚架箱形柱铰接柱脚

（2）支承式刚接柱脚

支承式刚接柱脚（图 23-19），其柱顶的横向水平变形较小，但由于柱脚与基础连接处需要承受较大的弯矩，柱脚构造较复杂。

（3）插入式刚接柱脚

插入式刚接柱脚（图 23-20），钢柱插入混凝土基础杯口的最小深度可按表 23-1 取用，但不宜小于 500 mm，亦不宜小于吊装时钢柱长度的 1/20。

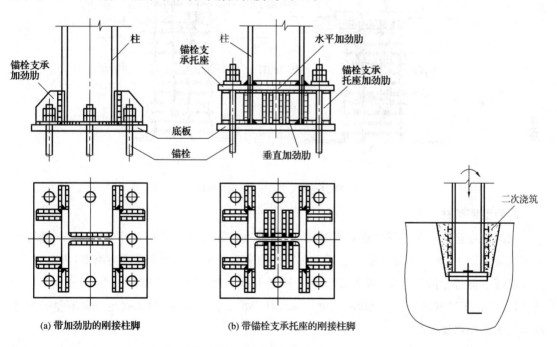

| (a) 带加劲肋的刚接柱脚 | (b) 带锚栓支承托座的刚接柱脚 |

图 23-19 门式刚架支承式刚接柱脚　　　　　图 23-20 门式刚架插入式刚接柱脚

插入式刚接柱脚构造比传统柱脚简单，施工方便、省工节料，可使钢柱耗钢量节约 15%，它有利于基础的整体稳定性和发挥自身的强度，近年来，随着钢结构的应用越来越多，工程施工速度越来越快，插入式刚接柱脚应用越来越广泛，大有取代传统的螺栓连接式柱脚的趋势。

柱截面形式	实腹柱	双肢格构柱(单杯口或双杯口)
最小插入深度 d	$1.5h_c$ 或 $1.5d_c$	$0.5h_c$ 或 $1.5b_c$(或 d_c) 较大值

表 23-1　　　　　　　钢柱插入混凝土基础杯口的最小深度 d

注:①h_c 为柱截面高度(长边尺寸);b_c 为柱截面宽度;d_c 为圆管柱的外径。

②钢柱底端至基础杯口底的距离一般采用 50 mm,当有柱底板时,可采用 200 mm。

(4)埋入式与外包式刚接柱脚

预埋入混凝土构件的埋入式柱脚,其混凝土保护层厚度以及外包柱脚外包混凝土的厚度均不应小于 180 mm,以防止柱脚处由于积水使钢材严重锈蚀,对结构产生安全隐患(图 23-21)。

钢柱的埋入部分和外包部分均宜在柱的翼缘上设置栓钉抗剪键,其直径不得小于16 mm,水平及竖向中心距不得大于 200 mm。

埋入式柱脚在基础中的埋深可参照表 23-1 的实腹柱,在埋入部分的顶部应设置水平加劲肋或隔板。

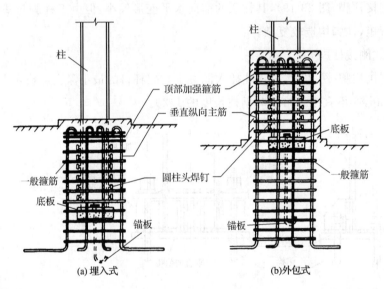

(a)埋入式　　　　　　(b)外包式

图 23-21　埋入式与外包式刚接柱脚

2. 轻型刚架柱脚锚栓

柱脚通过锚栓固定于下部混凝土基础,柱脚锚栓应采用 Q235 或 Q345 钢材制作。锚栓一头埋入混凝土中,埋入的长度要以混凝土对其的握裹力不小于其自身强度为原则,所以对于不同的混凝土标号和锚栓强度,所需最小埋入长度也不一样。为了增加握裹力,对于Φ39 以下锚栓,需将其下端弯成 L 形,弯钩的长度为 $4d$;对于Φ39 以上锚栓,因其直径过大不便于折弯,则在其下端焊接锚固板。

铰接柱脚锚栓的直径通过构造要求确定,但考虑安装阶段的稳定和正常使用阶段不可避免地传递部分水平反力,锚栓直径不宜太小,一般为 $20\sim25$ mm;刚接柱脚锚栓除了传递垂直力和水平力外,还要传递拉力,地脚螺栓的尺寸要通过设计计算来确定。

3. 抗剪键

钢结构柱脚抗剪键是抵抗柱底剪力用的,它通常由较厚的钢板、钢管、工字钢、H 型钢、角钢、十字形截面钢材垂直焊在柱脚底面的水平钢板上，并埋在混凝土基础内构成，如图23-22所示。

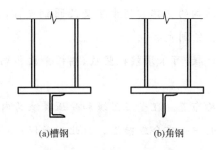

(a)槽钢　　(b)角钢

图23-22　柱底板下的抗剪键

原则上铰接柱脚锚栓及柱脚构造可以外露，但要有一定的防护措施，当采用强度等级较低的混凝土包裹时，应注意柱脚在正常使用状态上保持铰接，如图23-23所示。

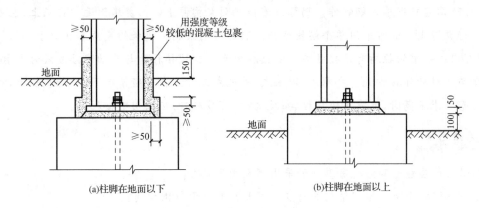

(a)柱脚在地面以下　　(b)柱脚在地面以上

图23-23　外露式柱脚的防护措施

本章小结

1.轻型钢结构是当前采用较多的一种建筑结构形式，轻型钢结构建筑是指以冷弯薄壁型钢、轻型焊接和高频焊接型钢、薄钢板、薄壁钢管、轻型热轧型钢及以上各种构件拼接、焊接而成的组合构件等为主要受力构件，并且大量采用轻质围护结构的建筑。它具有结构自重轻、加工制造简单、工业化程度高、运输安装方便、经济指标好等特点，应用范围很广。

2.门式刚架结构是梁、柱单元构件的组合体，它一般由结构(刚架、吊车梁)、次结构(檩条、墙架柱及抗风柱、墙梁)、支撑结构(屋盖支撑、柱间支撑)及围护结构(屋面、墙面)几个部件一起协同工作。

3.门式刚架的梁、柱可采用变截面或等截面实腹焊接工字形截面或轧制H型钢截面。

4.门式刚架轻型钢结构主要用于跨度9～36 m(目前最大跨度已经达到72 m)、柱距6～9 m、平均柱高4.5～12 m，设有较小起重量吊车的单层房屋。设置桥式吊车时，属于A1～A5轻、中级工作制吊车；起重量不大于20 t；设置悬挂吊车时起重量不大于3 t。

5.门式刚架轻型房屋屋面坡度宜取1/8～1/20，在雨水较多的地区宜取其中较大值。

6. 门式刚架轻型钢结构的纵向温度区段长度不大于 300 mm,横向温度区段长度不大于 150 mm。

7. 门式刚架轻型房屋钢结构的支撑宜用十字交叉圆钢支撑,圆钢应采用特制的连接件与梁、柱腹板连接,校正定位后张紧固定。

8. 门式刚架斜梁与柱的连接,可采用端板竖放、端板平放和端板斜放三种形式。斜梁拼接时宜使端板与构件边缘垂直。

9. 端板连接的螺栓应对称布置。在受拉翼缘和受压翼缘的内、外两侧均应设置,并宜使每个翼缘的螺栓群中心与翼缘的中心重合或接近。为此应采用将端板伸出截面高度范围以外的外伸式连接。

10. 螺栓中心至翼缘板表面的距离,应满足拧紧螺栓时的施工要求,不宜小于 35 mm。螺栓端距不应小于螺栓孔径的 2 倍。

11. 隔撑宜采用单角钢制作。隔撑可连接在刚架构件下(内)翼缘附近的腹板上,也可连接在下(内)翼缘上。通常采用单个螺栓连接。隔撑与刚架构件腹板的夹角不宜小于 45°。

12. 门式刚架的柱脚有铰接柱脚和刚接柱脚两种。铰接柱脚与基础连接方式为支承式;刚接柱脚与基础的连接方式有支承式、埋入式、外包式三种。在一般情况下,当荷载较小,对横向水平变形要求不高时,宜采用铰接柱脚;反之(如有吊车时)应采用刚接柱脚。

复习思考题

23-1 单层轻型钢结构房屋一般采用哪几种形式?

23-2 门式刚架轻型钢结构的特点有哪些?其应用范围如何?

23-3 门式刚架轻型钢结构由哪些构件组成?它们各有什么作用?

23-4 门式刚架轻型钢结构中要求设置哪些支撑?它们各起什么作用?

23-5 门式刚架轻型钢结构的柱网及变形缝如何布置?

23-6 门式刚架轻型钢结构端板节点连接方法有哪几种?各有何特点?

23-7 门式刚架轻型钢结构柱脚节点的主要形式有哪些?

第 24 章　钢屋盖

学习目标

　　熟悉轻钢屋架杆件截面形式；熟悉钢屋盖结构的组成、结构体系类型；了解轻钢屋盖特点及应用；了解常用轻钢屋架结构形式；了解钢屋架支撑的布置类型；了解轻钢屋架节点构造；了解网架结构的形式与节点连接构造。

24.1　钢屋盖的组成及特点

24.1.1　钢屋盖的组成

　　钢屋盖主要是由屋面、屋架、檩条、托架和天窗架等构件组成。根据屋面材料和屋面结构布置情况的不同，钢屋盖可分为有檩屋盖结构体系和无檩屋盖结构体系。

1. 有檩屋盖结构体系

　　有檩屋盖结构体系(图 24-1)一般用于轻型屋面材料情况，如压型钢板、压型铝合金板、石棉瓦、瓦楞铁皮等。需设置檩条，檩条一般支承在屋架上。屋架间距通常为 6 m；当柱距大于或等于 12 m 时，则设托架支承中间屋架。一般适用于较陡的屋面坡度以便排水，常用坡度为 1：2～1：3。

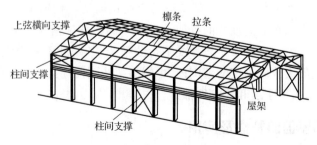

图 24-1　有檩屋盖结构体系

　　有檩体系屋盖可供选用的屋面材料种类较多，屋架间距和屋面布置较灵活，自重轻，用料省，运输和安装较轻便，但构件的种类和数量多，构造较复杂。

2. 无檩屋盖结构体系

无檩屋盖结构体系(图 24-2)中,当采用预应力大型屋面板或加气钢筋混凝土板时,属普通钢屋盖;当采用压型钢板、太空板做屋面板时,属轻型钢屋盖结构。

图 24-2 无檩屋盖结构体系

无檩屋盖结构,其体系构件的种类和数量少,构造简单,安装方便,施工速度快,且屋盖刚度大,整体性能好;但自重大(压型钢板和太空板除外),常要增大屋架杆件和下部结构的截面,对抗震也不利。一般常用于屋面坡度为 1:8~1:12 的情况。

在选用屋盖结构体系时,应全面考虑房屋的使用要求、受力特点、材料供应情况以及施工和运输条件等,以确定最佳方案。

3. 天窗架形式

在工业建筑中,为了满足采光和通风等要求,常需在屋盖上设置天窗。天窗的形式有纵向天窗、横向天窗和井式天窗三种。后两种天窗的构造较为复杂,较少采用。最常用的是沿房屋纵向在屋架上设置天窗架(图 24-3),该部分的檩条和屋面板由屋架上弦平面移到天窗架上弦平面,而在天窗架侧柱部分设置采光窗。天窗架支承于屋架之上,将荷载传递到屋架。

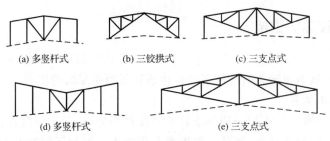

图 24-3 纵向天窗架的形式

4. 托架形式

在工业建筑中的某些部位,常因放置设备或交通运输要求而需局部少放一根或几根柱。这时该处的屋架就需支承在专门设置的托架上(图 24-4)。托架两端支承于相邻的柱上,托架跨中承受中间屋架的反力。钢托架一般做成平行弦桁架,其跨度不一定大,但所受荷载较重。钢托架通常做在与屋架大致同高度的范围内,中间屋架从侧面连接于托架的竖杆,构造方便且屋架和托架的整体性、水平刚度和稳定性都好。

24.1.2 轻钢屋盖的特点及应用

轻钢屋盖一般指采用轻型屋面和轻型钢屋架而形成的屋盖结构,它具有轻质、高强、耐火、保温、隔热、抗震等性能,同时构造简单、施工方便,并能工业化生产。轻钢屋架与普通钢屋架本质上无多大差别,两者在设计方法上相同,只是轻钢屋架的杆件截面尺寸较小,连接构造和

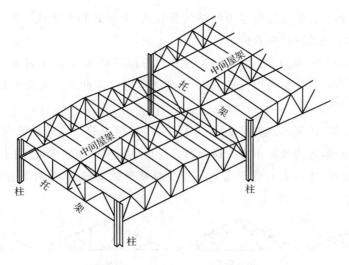

图 24-4 托架支承中间屋架

使用条件等稍有不同。

与普通钢屋盖结构相比，轻钢屋盖结构自重减轻 20％～30％，经济效果较好。用钢量一般为8～15 kg/m²，接近于相同条件下钢筋混凝土结构的用钢量。轻钢屋盖广泛应用于跨度不大、吊车起重量不大的工业与民用房屋中。

24.2 轻钢屋架简介

24.2.1 轻钢屋架结构形式

轻钢屋架按结构形式可分为三角形屋架、三铰拱屋架、梭形屋架、梯形屋架；按所用材料可分为圆钢、小角钢、热轧 T 型钢、热轧 H 型钢和薄壁型钢屋架。常用的轻型屋架有：三角形角钢屋架、三角形方管屋架、三角形圆管屋架、三铰拱屋架、梭形屋架、梯形屋架等六种。

1. 三角形屋架

（1）屋架的外形及腹杆的布置

三角形屋架可分为一般三角形屋架、上折式三角形屋架和下折式三角形屋架三种形式（图 24-5）。一般三角形屋架如图 24-5（a）所示，屋架的上下弦为一直线，形式较简单，便于下弦支撑的设置和制作，应用较普遍。但其弦杆在各节间的内力变化比较显著，近支座处较大，跨中较小，受力不够合理，不够经济。为了改变一般三角形屋架受力不够合理的情况，可将一般三角形屋架的上弦杆在端点节点处向下弯折，形成上折式三角形屋架（图 24-5（b）），以增大端支座处上下弦杆间的夹角。可减小弦杆的最大内力和截面，使屋架获得较好的经济效果。下折式三角形屋架（图 24-5（c））将下弦杆在端节间向上弯折，也可减小端节间弦杆的最大内力和截面。

一般三角形屋架虽然具有受力不够合理的情况，但由于其构造简单、制作方便、有利于支撑的设置，故工程中采用较多。

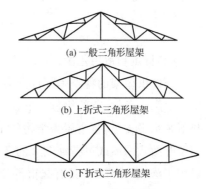

(a) 一般三角形屋架

(b) 上折式三角形屋架

(c) 下折式三角形屋架

图 24-5 三角形屋架结构形式

一般三角形屋架按腹杆的布置可归纳为芬克式、单斜式和人字式三类,如图 24-6 所示为一般三角形屋架常用的腹杆布置形式。

芬克式屋架(图 24-6(a)、图 24-6(b)),腹杆以等腰三角形再分,短杆受压,长杆受拉,受力合理,节点构造简单,且屋架可以拆成三部分,便于运输。因此是三角形屋架中较经济和常用的一种形式。

单斜式屋架(图 24-6(c)),斜杆受压,竖杆受拉,与相应的芬克式屋架相比,压杆长度增大近一倍,受力不合理,经济效果不好。这种形式在钢屋架中采用较少,适用于钢木组合屋架。

人字式屋架(图 24-6(d)),便于布置吊顶龙骨和下弦支撑,且腹杆与弦杆的夹角较适宜,节点构造较合理。

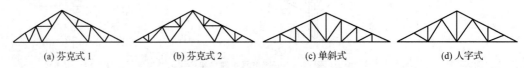

(a) 芬克式1　　　　(b) 芬克式2　　　　(c) 单斜式　　　　(d) 人字式

图 24-6　一般三角形屋架常用的腹杆布置形式

(2)屋架特点和适用范围

通常用于屋面坡度较陡的有檩体系屋盖,屋面材料为波形石棉瓦、瓦楞铁或短尺压型钢板,屋面坡度为 1/3~1/2.5,跨度一般为 9~18 m,柱距 6 m,吊车吨位一般不超过 5 t,如超出上述范围,设计中宜采取适当的措施,如增强支撑系统,加强屋面刚度等。

2. 三铰拱屋架

(1)外形及杆件布置

三铰拱屋架由两根斜梁和一根水平拱拉杆组成,斜梁的截面形式可分为平面桁架式和空间桁架式两种(图 24-7)。斜梁为平面桁架式的三铰拱屋架,杆件较少,受力简单明确,制造简单,但侧向刚度较差,适用于跨度较小的屋盖,斜梁截面高度与斜梁长度的比值不得小于 1/8;斜梁为空间桁架式的三铰拱屋架,杆件较多,制造较费工,但侧向刚度较大,适用于跨度较大的屋盖。为保证空间桁架式斜梁的整体稳定性,斜梁截面高度与斜梁长度的比值不得小于 1/8,斜梁截面宽度与斜梁截面高度的比值不得小于 2/5。

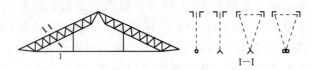

图 24-7　三铰拱屋架

(2)特点和适用范围

三铰拱屋架的特点是杆件受力合理,斜梁的腹杆长度短,一般为 0.6~0.8 m,可以充分利用圆钢和小角钢,节约钢材。三铰拱屋架拱拉杆比较柔细,不能承压,并且无法设置垂直支撑和下弦水平支撑,整个屋盖结构的刚度较差。同时,由于在风吸力作用下拱拉杆可能受压,故用于开敞式房屋或风荷载较大的房屋时,应进行详细的验算并慎重对待,近年来应用极少。主要用于跨度 $l \leqslant 18$ m,具有起重量 $Q \leqslant 5$ t 轻、中级工作制桥式吊车,且无高温、高湿和强烈侵蚀性环境的房屋,以及中小型仓库、农业用温室、商业售货棚等的屋盖。

3. 梭形屋架

（1）外形及杆件布置

梭形屋架（图 24-8）因其外形而得名，是由两片平面桁架组成的空间桁架。屋架的截面形式有正三角形和倒三角形两种，图 24-8 所示为正三角形。这种屋架的外形与简支梁在均布荷载作用下的弯矩图接近，使屋架下弦杆各节间的内力分布趋于均匀，克服了梯形屋架和三角形屋架下弦杆各节间内力差较大的缺点。

腹杆采用等节间距离，变高度的 V 形腹杆，在其中部设水平矩形箍，以减小杆件的计算长度。矩形箍对梭形屋架的受压腹杆起着极其重要的作用，它不仅增加腹杆的稳定，也提高了整个屋架的承载力。

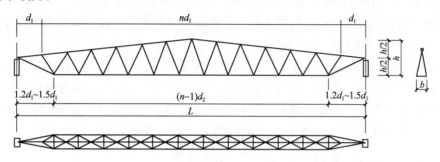

图 24-8　正三角形梭形屋架

（2）特点和适用范围

梭形屋架多用于无檩结构，屋面材料一般采用钢筋混凝土槽形板和加气混凝土板。梭形屋架的用钢量较其他类型的屋架略高一些，为 7～12 kg/m²，但由于不设檩条和支撑系统，对屋面系统的总用钢量来说是不高的，但节点构造复杂，制造较费工。适用于中小型工业与民用建筑，一般多用于跨度为 9～15 m，柱距为 3～4.2 m 的建筑。

4. 梯形屋架

（1）屋架的外形及杆件布置

外形采用梯形，与受弯构件的弯矩图比较接近。按腹杆布置的不同，可分为人字式、单斜式和再分式（图 24-9）三种。人字式按支座斜杆与弦杆组成的支承点在下弦或在上弦分为下承式和上承式两种（图 24-9(a)、图 24-9(b)）。一般情况下与柱刚接时采用下承式；与柱铰接时采用上承式与下承式均可。由于下承式使排架柱计算高度减小，又便于在下弦设置屋盖纵向水平支撑，故以往多采用之，但上承式使屋架重心降低，支座斜腹杆受拉，且给安装带来很大的方便，故近年来逐渐推广使用。当桁架下弦要做天棚时，需设置吊杆或者单斜式腹杆（图 24-9(c)）。当上弦节间长度为 3 m，而大型屋面板宽度为 1.5 m 时，可采用再分式腹杆（图 24-9(d)），使节间为 1.5 m，以避免上弦承受局部弯矩，用料经济，但节点和腹杆数量增多，制造费工，故仍有采用较大节间 3 m 使上弦承受节间荷载的做法，这种虽然构造较简单，但用钢量增多，一般很少采用。

（2）屋架特点和适用范围

梯形屋架属无檩体系，弦杆受力较为均匀，且腹杆较短，受力合理，屋面坡度较为平缓，是目前无檩体系的工业厂房屋盖中应用最广的屋盖形式。

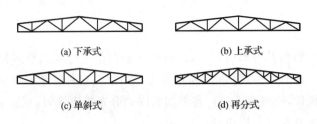

(a) 下承式　　　　　　　(b) 上承式

(c) 单斜式　　　　　　　(d) 再分式

图 24-9　梯形屋架

24.2.2　轻钢屋架杆件截面形式

选择钢屋架材料时,要考虑构造简单、施工方便、取材容易、连接方便等因素,并尽可能增大屋架的侧向刚度。对轴心受力构件宜使杆件在屋架平面内和平面外的长细比接近。在工程实践中,一般采用如下几种截面形式:

(1)采用双角钢组成的 T 形截面或十字形截面(图 24-10)。受力较小的次要杆件可采用单角钢。角钢屋架构造简单,取材容易,在工业厂房中得到广泛应用。双角钢截面是三角形屋架杆件的主要截面形式。因双角钢杆件与杆件之间需用节点板和填板相连,可保证两个角钢能共同受力。但存在用钢量大,角钢背之间抗腐蚀性能较差等缺陷。小角钢(小于 ∟45×4 或 ∟56×36×4)在三角形屋架、平坡梯形屋架中采用较多。

(2)采用热轧 T 型钢截面(图 24-11)。热轧 T 型钢截面主要用于梯形屋架,可以省去节点板,用钢经济(节约钢材大约 10%),用工量少(省工 15%~20%)。易于涂油漆且提高抗腐蚀性能,延长其使用寿命,降低造价(约 16%~20%)。热轧 T 型钢的应用,为采用 T 型钢代替角钢提供了技术保证条件,并逐步有代替角钢的趋势。

(3)采用 H 型钢截面(图 24-12)。在大跨度屋架中,如平坡梯形屋架中,主要杆件多选取用热轧 H 型钢或高频焊接轻型 H 型钢,用作屋架上弦杆时,能承受较大内力,如平坡梯形轻钢屋架的上、下弦杆。

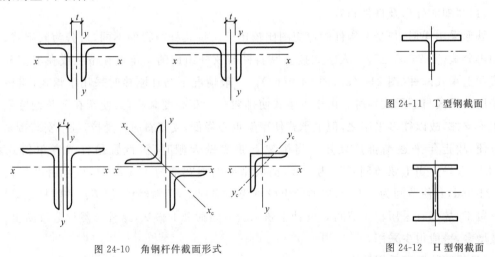

图 24-11　T 型钢截面

图 24-10　角钢杆件截面形式

图 24-12　H 型钢截面

(4)采用冷弯薄壁型钢截面(图 24-13)。冷弯薄壁型钢是一种经济型材,截面比较开展,截面形状合理且多样化。它与热轧型钢相比,截面面积相同时具有较大的截面惯性矩、抵抗矩和回转半径等,对受力和整体稳定有利。

薄壁型钢中的钢管有方管和圆管两种类型（图 24-14），截面具有刚度大、受力性能好、构造简单等优点，宜优先采用。如三角形屋架、平坡梯形屋架等多采用。

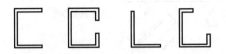

图 24-13　冷弯薄壁型钢截面

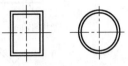

图 24-14　薄壁型钢钢管截面

（5）采用圆钢截面。圆钢截面较小，钢材、构件和连接的缺陷（初弯曲、节点构造和受力偏心、焊接缺陷、尺寸负公差等）对受力影响较大，此外，采用双圆钢截面时，两根圆钢的松紧常有较多的差异，故杆件和连接强度的设计值比一般钢结构低。

由于圆钢的截面不舒展，回转半径小，所以稳定承载力低，因此不宜用作受压弦杆和受压端斜杆。

杆件截面的最小厚度（或直径）建议不小于表 24-1 中的数值。

表 24-1　　　　　　　　　　屋架杆件截面的最小厚度（或直径）　　　　　　　　　　mm

截面形式	上下弦杆	主要腹杆	次要腹杆
角钢	4	4	4
圆钢	Φ14	Φ14	Φ14
薄壁方管	2.5	2	2
薄壁圆管	2.5	2	2

24.2.3　轻钢屋架节点构造

本节只介绍三角形角钢屋架节点构造，其他屋架不做介绍。

角钢屋架的杆件是采用节点板互相连接，各杆件内力通过各自的杆端焊缝传至节点板，并汇交于节点中心而取得平衡。节点的设计应做到传力明确、可靠、构造简单、制造和安装方便等。

1. 桁架杆件的定位轴线

桁架杆件的定位轴线是截面重心线（图 24-15），以避免杆件偏心受力（角钢的形心位置可直接从角钢表中查出）。但因角钢的形心与肢背的距离不是整数，为了制造上的方便，将此距离调整成 5 mm 的倍数。

如果弦杆截面有变化时，使角钢背平齐，取两条形心线的中线为桁架轴线，并调整为 5 mm 的倍数。

2. 节点板尺寸及要求

在同一榀屋架中，所有中间节点板均采用同一种厚度，支座节点板由于受力大且很重要，厚度比中间的增大 2 mm。梯形屋架根据腹杆最大内力，三角形屋架根据弦杆最大内力来确定。

Q235 节点板厚度可参照表 24-2 选用。

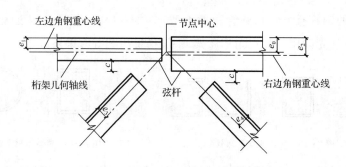

图 24-15　杆件轴线位置

表 24-2   **Q235 节点板厚度选取参照表**

端斜杆最大内力设计值/kN	≤150	160～300	310～400
中间节点板厚度/mm	6	8	10
支座节点板厚度/mm	8	10	12

　　节点板形状根据腹杆与节点板的焊缝布置确定。形状应大致规整,两边尽量平行,使切割边最小;应优先采用矩形、平行四边形或直角梯形,至少应有两边平行或有一个直角,以减少加工时钢材损耗和便于切割(图 24-16)。节点板的长和宽宜取为 5 mm 的倍数。

　　当节点处只有单根斜杆与弦杆相交时,节点板应采用图 24-17 所示图形。沿焊缝方向应多留约为 10 mm 的长度,以考虑施焊时的"焊口",垂直于焊缝长度方向应留出 10～15 mm 的焊缝位置。节点板的边缘与轴线的夹角不小于30°,且应具有不小于 1∶4 的坡度,使杆内力在节点板中有良好的扩散,以改善节点板的受力情况。

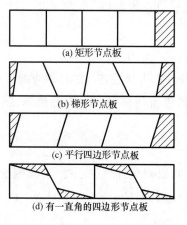

(a) 矩形节点板

(b) 梯形节点板

(c) 平行四边形节点板

(d) 有一直角的四边形节点板

图 24-16　节点板的切割
(阴影部分表示切割余料)

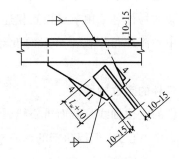

图 24-17　单相腹杆的节点

3. 杆件填板的设置

　　双角钢 T 形或十字形截面是组合截面,应每隔一定间距在两角钢间放置填板(图 24-18),以保证两个角钢能共同受力。

　　填板的厚度同节点板的厚度,宽度一般为 40～60 mm;其长度对双角钢 T 形截面可伸出角钢肢背和角钢肢尖各 10～15 mm,十字形截面比角钢肢缩进 10～15 mm;角钢与填板通常用 5 mm 侧焊或围焊的角焊缝连接。

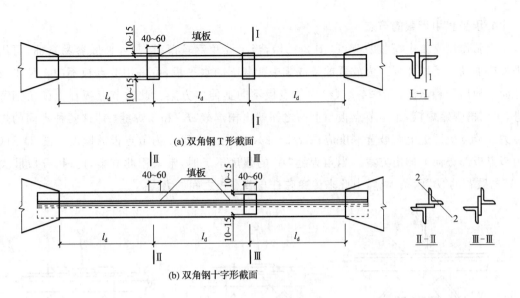

(a) 双角钢 T 形截面

(b) 双角钢十字形截面

图 24-18 角钢屋架杆件填板

填板间距 l_d：对压杆，$l_d \leqslant 40i$；对拉杆，$l_d \leqslant 80i$，i 为截面回转半径，对双角钢 T 形截面取一个角钢与填板平行的形心轴的回转半径；对十字形截面取一个角钢的最小回转半径。一般杆件中，对于 T 形截面，填板数量不少于 2 个；对于十字形截面，不少于 3 个，且在节间一横一竖交替布置使用。

4. 角钢的切削

一般采用垂直杆件轴线的直切，但有时为了减小节点板尺寸，使节点紧凑，也可采用斜切的方法，但不允许切割角钢背(图 24-19)。

5. 腹杆与弦杆或腹杆与腹杆杆件边缘间的距离 c

腹杆与弦杆或腹杆与腹杆之间应尽量靠近，以增加屋架的刚度。但各杆件之间仍需留出一定的空隙 c(图 24-20)，在焊接屋架中不宜小于 20 mm，相邻角焊缝焊趾间净距不小于 5 mm；在非焊接屋架中宜不小于 10 mm。节点板应伸出弦杆 10～20 mm，以便施焊。

节点板可伸出上弦角钢肢背 10～15 mm 进行贴角焊，也可缩进 5～10 mm 进行槽焊。当有檩屋盖在檩条处需设短角钢，以支托檩条，此时应采用槽焊。

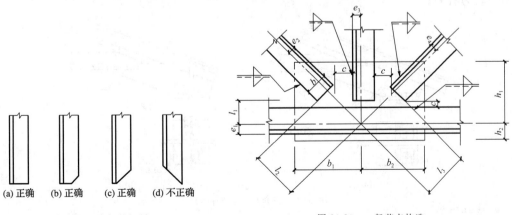

(a) 正确　(b) 正确　(c) 正确　(d) 不正确

图 24-19　角钢的切削　　　　　　　图 24-20　一般节点构造

6. 承受集中荷载的节点

上弦作用有集中荷载的节点(图 24-21),当上弦角钢较薄时,其外伸肢容易弯曲,可用水平板或加劲肋予以加强。为放置檩条或集中荷载下的水平板,可采用节点板不向上伸出或部分向上伸出两种做法。图 24-21(a)为节点板不向上伸出方案。此时节点板在上弦角钢背凹进,采用槽焊缝焊接,于是节点板与上弦之间就由槽焊缝"K"和角焊缝"A"这两种不同的焊缝传力。节点板凹进上弦肢背深度应在$(t/2+2)$mm 与 t 之间,t 为节点板的厚度。图 24-21(b)为节点板部分向上伸出方案。当角焊缝"A"的强度不足时,常采用此方案,此时,开成肢尖的"A"与肢背的"B"两条焊缝,由此来传递弦杆与节点板之间的力。

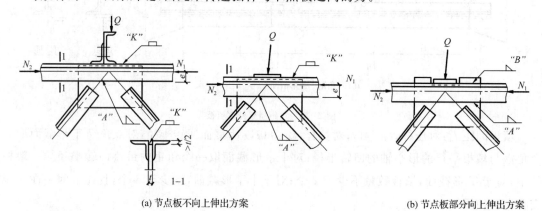

(a) 节点板不向上伸出方案　　　　　　　　　　(b) 节点板部分向上伸出方案

图 24-21　上弦作用有集中荷载的节点两种做法

7. 支座节点

三角形屋架的支座节点一般采用图 24-22 所示平板铰接支座的形式。在节点下面有一支座底板与节点板垂直相连,用以固定屋架的位置,并把支座反力均匀地传给钢筋混凝土柱顶。此外,由于支座反力较大,节点板应用加劲肋加强。为了安装屋架和传递柱顶剪力,在钢筋混凝土柱顶应设置预埋锚栓,常用直径为 18～24 mm,视屋架跨度不同而定。节点底板上开有锚栓孔,孔径约为锚栓直径的 2 倍,常用 U 形孔。当屋架安装定位后,在锚栓孔上应设矩形小垫板围焊固定。小垫板的常用边宽为 80～100 mm,厚为 10～12 mm,其孔径比螺栓直径大1～2 mm。图 24-22(a)中的加劲肋较图 24-22(b)中的宽,对抵抗房屋的纵向地震作用或其他水平力较为有利。

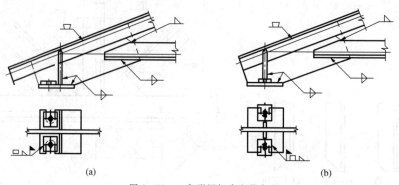

(a)　　　　　　　　　　　(b)

图 24-22　三角形屋架支座节点

8. 弦杆拼接

当角钢长度不足或弦杆截面有改变以及屋架分单元运输时,弦杆经常要拼接。工厂拼接,拼接点通常在节点范围以外；工地拼接，拼接点通常在节点处。

图 24-23 为杆件在节点范围外的工厂拼接，图 24-24 和图 24-25 为屋架下弦拼接节点和屋脊拼接节点。

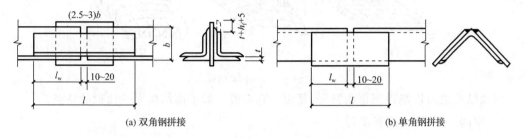

(a) 双角钢拼接　　　　　　　　(b) 单角钢拼接

图 24-23　杆件在节点范围外的工厂拼接

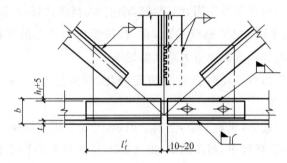

图 24-24　屋架下弦拼接节点

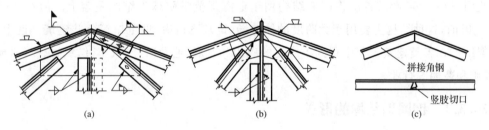

(a)　　　　　　　　(b)　　　　　　　　(c)

图 24-25　屋脊拼接节点

弦杆采用拼接角钢拼接。拼接角钢采取与弦杆相同的角钢截面（弦杆截面改变时，与较小截面弦杆相同），并需切去垂直肢及角背直角边棱。切肢 $\Delta = t + h_\mathrm{f} + 5$ mm，以便施焊，其中 t 为拼接角钢肢厚，h_f 为角焊缝焊脚尺寸，5 mm 为余量，以避开肢尖圆角；切直角边棱是为了使拼接角钢与弦杆贴紧。

工地拼接屋脊节点，对屋面坡度较大的三角形屋架，上弦坡度较陡且角钢肢较宽不易弯折时，可将上弦切断而后冷弯成形并直对焊（图 24-23(b)）。采用图 24-23(a)所示形式时，如为工地拼接，为便于现场拼装，拼接节点需设置安装螺栓。这种节点形式既适用于整榀制造的屋架，又适用于将两个半榀运至工地后再拼成整榀的屋架，因而采用较多。

24.3　网架结构简介

网架结构是由多根杆件根据建筑体型的要求，按照一定规律进行布置，通过节点连接起来的三维空间杆系结构。网架结构根据外形可分为平板网架和曲面网架。平板网架称为网架,曲面网架称为网壳,如图 24-26 所示。

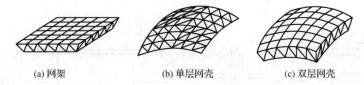

(a) 网架   (b) 单层网壳   (c) 双层网壳

图 24-26 空间网架结构

网架结构之所以能得到蓬勃发展,是由于它有着一般平面结构无法比拟的特点。

(1)空间工作,传力途径简捷。

(2)重量轻,用钢量小,经济指标好。

(3)由于杆件之间的相互支承作用,网架结构刚度大、整体性好、抗震性能好。

(4)取材方便,一般采用 Q235 钢或 Q345 钢,杆件截面形式有钢管和角钢两类,以钢管居多,并且可以用小规格的杆件截面建造大跨度的建筑。

(5)网架结构的杆件和节点规格统一,适宜定型化、商品化生产,施工安装简便,为提高工程进度提供了有利的条件。

(6)网架的平面布置灵活,屋盖平整,有利于吊顶、安装管道和设备。

网架结构有通用的计算程序,制图简单,加之其本身所具有的特点和优越性,为其应用和发展提供了有利条件。

我国早在 1964 年就首次将网架结构用于上海师范学院球类馆的屋盖上。但在 20 世纪 90 年代以前,这种结构主要用于大跨度的体育场(馆)、飞机库、展览馆等公共建筑。近十多年来网架结构在各类建筑工程中得到了广泛的应用和发展,遍及冶金、汽车、纺织、橡胶、机械、石化、煤矿和造船等行业。

24.3.1　钢网架结构的形式

网架结构采用平面桁架和角锥体形式(图 24-27),近来又成功研制了三层网架。平面桁架网架杆件分为上弦杆、下弦杆和腹杆,主要承受拉力和压力,目前我国的网架结构绝大部分采用板型网架结构。

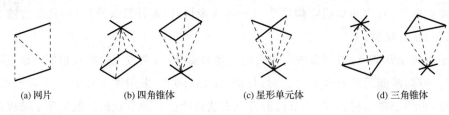

(a) 网片 (b) 四角锥体 (c) 星形单元体 (d) 三角锥体

图 24-27 网架结构形式

网架结构按支承形式的不同,可分为周边支承和多点支承相结合的支承形式。

周边支承的网架可分成周边支承在柱上或周边支承在圈梁上两类形式。周边支承在柱上时,柱距可取成网格的模数,将网架直接支承在柱顶上,这种形式一般用于大、中型跨度的网架。周边支承在圈梁上时,它的网格划分比较灵活,适用于中小跨度的网架。

多点支承的网架可分成四点支承或多点支承的网架：四点支承的网架，宜带悬挑，一般悬挑出中间跨度的 1/3。多点支承的连续跨悬挑出中间跨度的 1/4，这样可减小网架跨中弯矩，改善网架受力性能，节约钢材。多点支承网架可根据使用功能布置支点，一般多用于厂房、仓库和展览厅等建筑。

1. 网架结构常用形式

网架结构常用结构形式、受力特点及适用范围见表 24-3。

表 24-3　　　　　　　　　　网架结构常用结构形式、受力特点及适用范围

名称		平面图形	受力特点	适用范围
由平面桁架系组成的网架	两向正交正放		两个方向的竖向平面桁架垂直交叉，且分别与边界方向平行。上、下弦的网格尺寸相同，且在同一方向的平面桁架长度一致。这种网架的上、下弦平面呈正方形的网格，因而它的基本单元为几何可变体系。为增加其空间刚度并有效传递水平荷载，应沿网架支承周边设置水平支撑。当采用周边支承且平面接近正方形时，杆件受力均匀	适用于平面接近方形的中小跨度的建筑
	两向正交斜放		两个方向的竖向平面桁架垂直交叉，且与边界呈 45° 斜夹角。各片桁架长短不一，而其高度又基本相同，因此靠近四角的短桁架相对刚度较大，对与其相垂直的长桁架起弹性支承作用，从而减小了长桁架的跨中正弯矩，改善了网架的受力状态，因而比正交正放网架经济。但同时长桁架的两端也产生了负弯矩，对四角支座产生较大的拉力，为减少拉力而将四角做成平的斜角	适用于平面为正方形和矩形的建筑，比正交正放网架的用钢量省，跨度大时其优越性更为显著
	三向网架		由三组互为 60° 的平面桁架相互交叉组成。在三向网架中，上、下弦平面内的网格均为几何不变的正三角形，因此三向网架比两向网架的受力性能好，空间刚度大，内力分布也较均匀，各个方向能较均匀地将力传给支承结构。不过其汇交于一个节点的杆件多达 13 根，使节点构造比较复杂	适用于大跨度的三边形、多边形或圆形的建筑平面
由四角锥体组成的网架	正放四角锥		以倒四角锥为组成单元，锥底为四边网架的上弦杆，锥棱为腹杆，各锥顶相连即下弦杆，它的上、下弦杆均与相应边界平行。正放四角锥网架的上、下弦节点分别连接 8 根杆件。当取腹杆与下弦平面夹角为 45° 时，网架的所有杆件等长，便于制成统一的预制单元，制作、安装都比较方便。 杆件受力比较均匀，空间刚度比其他类型四角锥及两向网架好。当采用钢筋混凝土板做屋面板时，板的规格单一，便于起拱	适用于建筑平面呈正方形或接近正方形的周边支承、点支承大柱距，以及设有悬挂吊车的工业厂房与有较大屋面荷载的情况

建筑结构

322

名称		平面图形	受力特点	适用范围
由四角锥体组成的网架	正放抽空四角锥	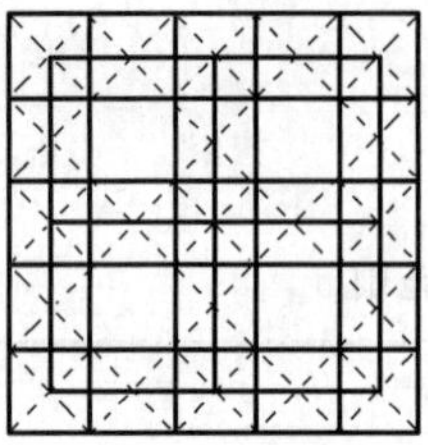	在正放四角锥网架的基础上,除周边网格不动外,适当抽掉一些四角锥单元中的腹杆和下弦杆,使下弦网格尺寸比上弦网格尺寸大一倍。如果将一列锥体当作一根梁,则其受力与正交正放交叉梁系相似。正放抽空四角锥网架的杆件数目较少,构造简单,经济效果好,起拱比较方便。不过抽空以后,下弦杆内力的均匀性较差,刚度比未抽空的正放四角锥网架小些,但能够满足工程要求	适用于中、小跨度或屋面荷载较轻的周边支承、点支承以及周边支承与点支承混合等情况
	斜放四角锥	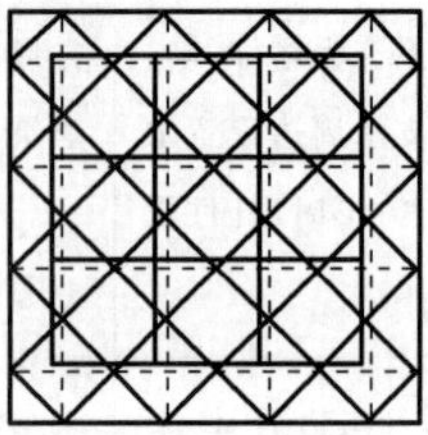	以倒四角锥体为组成单元,由锥底构成的上弦杆与边界成45°夹角,而连接各锥顶的下弦杆则与相应边界平行。这样,它的上弦网格呈正交斜放,下弦网格呈正交正放。斜放四角锥网架上弦杆长度比下弦杆长度小,在周边支承的情况下,杆件受力合理。此外,节点处汇交的杆件(上弦节点6根,下弦节点8根)相对较少,用钢量较省	适用于中、小跨度的周边支承、周边支承与点支承混合情况下的矩形建筑平面
由三角锥体组成的网架	三角锥	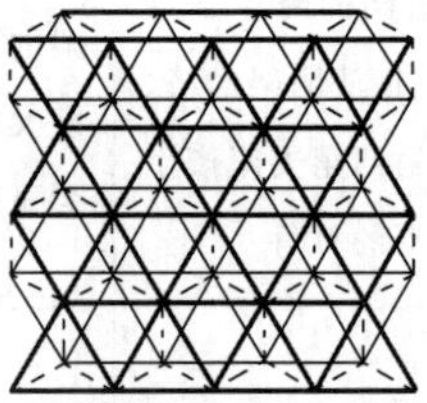	由顺置的错格排列的三角锥体与三向互呈60°的上弦杆系连接而成。下弦三角形的节点正对上弦三角形的重心,用3根斜腹杆把下弦每个节点和上弦三角形的三个顶点相连,即组成三角锥体。网架杆件受力均匀,抗弯和抗扭刚度均较好,但节点构造较复杂	适用于平面为三角形、六边形和圆形的建筑
	抽空三角锥	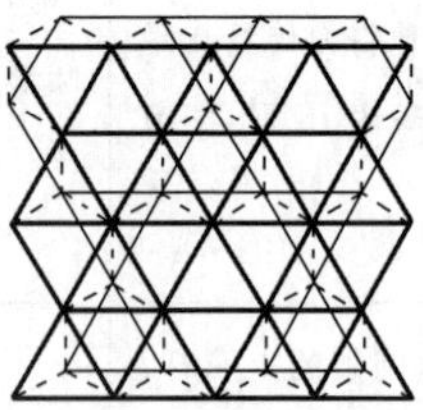	在三角锥网架的基础上抽去部分锥体的腹杆,即形成抽空三角形网架。其上弦仍为三角形网格,而下弦为三角形或六边形网格。网架减少了杆件数量,用钢量省,但空间刚度也受到削弱	适用于荷载较轻,跨度较小的平面为三角形、六边形和圆形的建筑
	蜂窝形三角锥	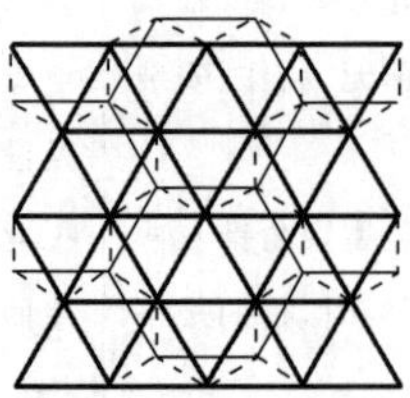	由倒置的三角锥体两两相连而成,上弦平面为正三角形和正六边形网格,下弦平面为正六边形网格,下弦杆与腹杆位于同一竖向平面内。其上弦杆较短,下弦杆较长,受力合理,每个节点汇交6根杆件,在常见的几种网架中,是杆件数量和节点数量最少的	适用于中、小跨度,周边支承,平面为六边形、圆形和矩形的建筑

2. 其他形式网架

除以上所述平面桁架网架及角锥体网架两大类外,还有三层网架及组合网架等结构形式。

(1)三层网架

三层网架分全部三层和局部三层两种形式,一般中等跨度的网架,可采用后者。因材料关系,内力值受到限制的情况下采用局部三层网架会获得良好的效果。对大跨度的飞机库或体育馆则采用全部三层网架较为合理;三层网架对中、小跨度来说,因构造复杂,一般不采用,近年来有些跨度超过 50 m 的网架也有采用的。

(2)组合网架

组合网架是指利用钢筋混凝土屋面板代替网架上弦杆的一种结构形式,它可使屋面板与网架结构共同工作,节约钢材,改善网架受力条件,是一种有很大发展前途的结构形式。这种组合网架不但适用于屋盖,更适用于楼盖,因目前尚属发展阶段,应用面有限。

24.3.2 网架主要尺寸的确定

网格尺寸与屋面荷载、跨度、平面形状、支承条件及设备管道等因素有关。屋面荷载较大、跨度较大时,网架高度应选得大一些。平面形状为圆形、正方形或接近正方形时,网架高度可取得小一些,狭长平面时,单向传力明显,网架高度应大一些。点支承网架比周边支承的网架高度要大一些。当网架中有穿行管道时,网架高度要满足要求。

标准网格多采用正方形,但也有的采用长方形,网格尺寸可取 $(1/6\sim1/20)L_2$,网架高度(也称网架矢高)H 可取 $(1/10\sim1/20)L_2$,L_2 为网架的短向跨度。表 24-4 给出了网格尺寸和网架高度的建议取值。

表 24-4　　　　　　　　　　网格尺寸和网架高度的建议取值

网架的短向跨度 L_2/m	上弦网格尺寸	网架高度 H
<30	$(1/12\sim1/6)L_2$	$(1/14\sim1/10)L_2$
30～60	$(1/16\sim1/10)L_2$	$(1/16\sim1/12)L_2$
>60	$(1/20\sim1/12)L_2$	$(1/20\sim1/14)L_2$

24.3.3 网架结构的杆件截面形式

(1)网架杆件截面可采用普通型钢和薄壁型钢。当有条件时应优先采用薄壁管形截面,各向同性,截面封闭,管壁薄,这样能增大杆件的回转半径,对稳定有利。目前以圆钢管性能最优,使用最广泛。

双角钢组成的杆件曾经也有采用,主要原因是过去角钢比无缝钢管便宜许多,一般只在小跨度而且网架形式简单的情况下使用。

(2)杆件截面的最小尺寸应根据网架跨度及网格尺寸确定,普通型钢不宜小于 ∟45 mm × 3 mm 或 ∟56 mm×36 mm×3 mm,钢管不宜小于 Φ48 mm×2 mm。

(3)每个网架所选截面规格不宜过多,一般较小跨度网架以 2～3 种为宜,较大跨度也不宜超过 6～7 种。

(4)网架杆件材料通常选用 Q235 系列和 Q345 系列钢材,这两种材料的力学及焊接性能都好,材料性质稳定。当跨度或荷载较大时,宜采用 Q345 钢,以减轻结构自重,节约钢材。

24.3.4　网架结构的杆件节点连接构造

节点起连接杆件、传递荷载的作用,因此,节点设计是网架结构设计中的重要内容。通常节点用钢量占整个网架杆件用量的 20%～25%。合理的节点设计对网架结构的安全性能、制作安装、工程进度和工程造价都有着直接的影响。

1. 焊接钢板节点

焊接钢板节点由十字节点板和盖板组成,适用于连接型钢杆件。十字节点板宜由两块带企口的钢板对插焊成(图 24-28(a)),也可由三块钢板焊成(图 24-28(b))。有时为了增加节点的强度和刚度,也可以在十字节点板中心加设一段圆钢管,将十字节点板直接焊于中心钢管上,从而形成一个由中心钢管加强的焊接钢板节点(图 24-28(c))。

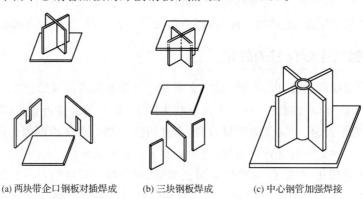

(a) 两块带企口钢板对插焊成　　(b) 三块钢板焊成　　(c) 中心钢管加强焊接

图 24-28　焊接钢板节点

2. 焊接空心球节点

焊接空心球节点(图 24-29)的应用历史较长,是目前应用最广泛的一种节点。它是由两个半球对焊而成。半球有冷压和热压成型两种方法。热压成型简单,不需要很大的压力,采用较多;冷压成型不仅需要很大的压力,还要求钢材的材质好,而且对模具的磨损也较大,目前很少采用。当焊接空心球的直径较大时,为了增加球体的承载力,可以在两个半球的对焊处增加肋板,三者焊成整体。网架杆件通过角焊缝或对接焊缝与空心球相连。

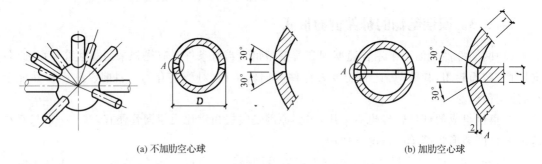

(a) 不加肋空心球　　　　　　　　　　　　(b) 加肋空心球

图 24-29　焊接空心球节点

3. 螺栓球节点

螺栓球节点是指将网架杆件通过高强度螺栓、套筒、螺钉或销钉、锥头、封板与实心钢球连接起来的一种节点形式(图 24-30)。螺栓球节点安装拆卸方便,适用于工厂化生产。一般适用于大、中跨度网架,杆件最大拉力以不超过 700 kN,杆件长度以不超过 3 m 为宜。

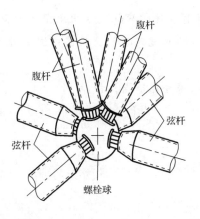
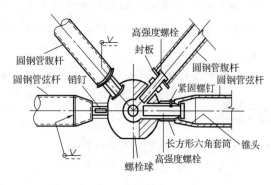

图 24-30　螺栓球节点

本章小结

1.钢屋盖主要是由屋面、屋架、檩条、托架和天窗架等构件组成。根据屋面材料和屋面结构布置情况的不同,钢屋盖可分为有檩屋盖结构体系和无檩屋盖结构体系。

2.有檩屋盖结构体系一般用于轻型屋面材料情况,如压型钢板、压型铝合金板、石棉瓦、瓦楞铁皮等。需设置檩条,檩条一般支承在屋架上。有檩体系屋盖可供选用的屋面材料种类较多,屋架间距和屋面布置较灵活,自重轻,用料省,运输和安装较轻便,但构件的种类和数量多,构造较复杂。

3.无檩屋盖结构体系一般用预应力大型屋面板或加气钢筋混凝土板等,屋架间距一般为6 m。跨度应符合6 m 的倍数。屋面板直接搁置在屋架上或天窗架上,然后在其上做保温、防水等层次。

4.轻钢屋架一般指采用轻型屋面和轻型钢屋架而形成的屋盖结构,它具有轻质、高强、耐火、保温、隔热、抗震等性能,同时构造简单、施工方便,并能工业化生产。

5.屋架的结构形式主要取决于房屋的使用要求、屋面材料、屋架与柱的连接方式及屋盖的整体刚度等。轻型钢屋架的结构形式可分为:三角形屋架、三铰拱屋架、梭形屋架、梯形屋架等。按所用材料可分为圆钢、小角钢、热轧 T 型钢、热轧 H 型钢和薄壁型钢屋架。常用的轻型屋架有:三角形角钢屋架、三角形方管屋架、三角形圆管屋架、三铰拱屋架、梭形屋架、梯形屋架等六种。

6.角钢屋架的杆件采用节点板互相连接,各杆件内力通过各自的杆端焊缝传至节点板,并汇交于节点中心而取得平衡。节点的设计应做到传力明确、可靠、构造简单、制造和安装方便等。

7.网架结构是由多根杆件根据建筑体型的要求,按照一定规律进行布置,通过节点连接起来的三维空间杆系结构。

8.网架结构采用平面桁架和角锥体形式,近年来又成功研制了三层网架。平面桁架网架杆件分为上弦杆、下弦杆和腹杆,主要承受拉力和压力,目前我国的网架结构绝大部分采用板型网架结构。

9. 网架杆件截面可采用普通型钢和薄壁型钢。当有条件时应优先采用薄壁管形截面,各向同性,截面封闭,管壁薄,这样能增大杆件的回转半径,对稳定有利。目前以圆钢管性能最优,使用最广泛。

10. 网架的节点有焊接钢板节点、焊接空心球节点、螺栓球节点三种。

复习思考题

24-1 钢屋盖结构由哪些部分组成?

24-2 钢屋盖的结构体系分哪两种?

24-3 轻型钢屋架的结构形式有哪几种?各有什么特点?

24-4 建筑工程中常见的屋架形式有哪些?

24-5 轻型钢屋架杆件截面形式有哪些?各有何特点?如何选用?

24-6 节点板的尺寸如何确定?有哪些要求?

24-7 为何桁架支座节点板厚度比中间节点板厚?若取它们相等是否可行?为什么?

24-8 什么叫网架结构?网架结构有何特点?

24-9 钢网架杆件截面形式有哪些?有何特点?

24-10 网架的节点有哪几种形式?应用情况如何?

模块五

砌体结构

第 25 章

砌体材料及砌体主要力学性能

学习目标

掌握砌体的受压性能和影响砌体抗压强度的主要因素；熟悉砌体材料种类和砌体种类；了解砌体的受拉、受弯和受剪的力学性能。

砌体结构是指由块体和砂浆砌筑而成的墙、柱等作为建筑物主要受力构件的结构。

微课81

砌体结构的概念及优缺点

1. 砌体结构的主要优点

（1）材料来源广泛，易于就地取材。天然石材易于开采加工；黏土、砂等几乎到处都有，块材易于生产；利用工业固体废物生产的新型砌体材料既有利于节约天然资源，又有利于保护环境。

（2）砌体结构造价低。它不仅比钢结构节约钢材，较钢筋混凝土结构节约水泥和钢材，而且砌筑砌体时不需要模板及特殊的技术设备，可以节约木材。

（3）砌体结构比钢结构甚至较钢筋混凝土结构有更好的耐火性，且具有良好的保温、隔热性能，节能效果明显。

（4）砌体结构施工操作简单快捷。一般新砌筑的砌体上可承受一定荷载，因而可以连续施工；在寒冷地区，必要时还可以用冻结法施工。

（5）当采用砌块或大型板材作为墙体时，可以减轻结构自重，加快施工进度。采用配筋混凝土砌块的高层建筑与现浇钢筋混凝土高层建筑相比，可节省模板，加快施工进度。

2. 砌体结构存在的缺点

（1）砌体结构的自重大。因为砖石砌体的抗弯、抗拉性能很差，强度较低，故必须采用较大截面尺寸的构件，致使其体积大，自重也大，材料用量多，运输量也随之增加。因此，应加强轻质高强材料的研究，以减小截面尺寸并减轻自重。

（2）由于砌体结构工程多为小型块材经人工砌筑而成，所以砌筑工作相当繁重（在一般砖砌体结构居住建筑中，砌砖用工量占 1/4 以上）。目前的砌筑操作基本上还是采用手工方式，因此必须进一步推广砌块和墙板等工业化施工方法，以逐步克服这一缺点。

（3）现场的手工操作，不仅使工程进展缓慢，而且施工质量得不到保证。应十分注重施工时对块材和砂浆等材料质量以及砌体的砌筑质量进行严格的检查。

（4）砂浆和块材间的黏结力较弱，使无筋砌体的抗拉、抗弯及抗剪强度都很低，造成砌体抗震能力较差，有时需采用配筋砌体。

（5）采用烧结普通黏土砖建造砌体结构，不仅毁坏大量的农田，严重影响农业生产，而且对环境造成污染。所以，应加强采用工业废料和地方性材料代替黏土实心砖的研究，以解决上述矛盾。

3. 我国砌体结构发展概况

（1）应用范围不断扩大。

（2）新材料、新技术和新结构不断研制和使用。

（3）砌体结构计算理论和计算方法逐步完善。

目前，砌体结构广泛应用于一般的工业与民用建筑中，也可以用来建造桥梁、隧道、堤坝、水池等构筑物。由于砌体材料的抗压强度高而抗拉强度低，因而常用于多层建筑物中以受压为主的墙、柱和基础，并与钢筋混凝土楼盖、屋盖组成砖混结构。当在砌块砌体中配置承受竖向和水平作用的钢筋时，就形成了配筋砌体剪力墙，它和钢筋混凝土楼盖、屋盖组成配筋砌块砌体剪力墙结构，可作为高层建筑的承重结构。

25.1 砌体材料

25.1.1 块 材

1. 砖

砖是砌筑砖砌体整体结构中的块体材料。我国目前用于砌体结构的砖主要可分为烧结砖和非烧结砖两大类。

微课82
块材和砂浆强度等级的划分

烧结砖可分为烧结普通砖与烧结多孔砖，一般由黏土、煤矸石、页岩或粉煤灰等为主要原料，压制成土坯后经烧制而成。烧结普通砖按其主要原料种类的不同又可分为烧结黏土砖、烧结页岩砖、烧结煤矸石砖及烧结粉煤灰砖等。

烧结普通砖包括实心或孔洞率不大于 15% 且外形尺寸符合规定的砖，其规格尺寸为 $240\ mm\times115\ mm\times53\ mm$，如图 25-1（a）所示。烧结普通砖具有较高的抗压强度，良好的耐久性和保温隔热性能，且生产工艺简单，砌筑方便，其生产应用最为普遍，但因为占用和毁坏农田，所以在一些大中城市现已逐渐被禁止使用。

烧结多孔砖是指孔洞率不大于 35%，孔尺寸小而数量多，多用于承重部位的砖。烧结多孔砖分为 P 型砖与 M 型砖以及相应的配砖。P 型砖的规格尺寸为 $240\ mm\times115\ mm\times90\ mm$，如图 25-1（b）所示。M 型砖的规格尺寸为 $190\ mm\times190\ mm\times90\ mm$，如图 25-1（c）所示。烧结多孔砖与实心砖相比，可以减轻结构自重，节省砌筑砂浆，减少砌筑工时，同时，其原料用量与耗能亦可相应减少。

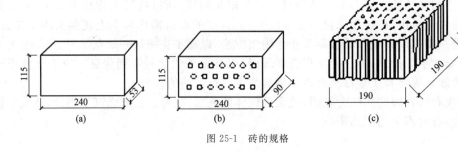

图 25-1 砖的规格

此外，用黏土、页岩、煤矸石等原料还可经焙烧成孔洞较大、孔洞率大于35%的烧结空心砖，多用于砌筑围护结构。

非烧结砖包括蒸压灰砂砖和蒸压粉煤灰砖。蒸压灰砂砖是以石灰和砂为主要原料，经坯料制备、压制成形、蒸压养护而成的实心砖，简称灰砂砖。蒸压粉煤灰砖是以粉煤灰、石灰为主要原料，掺加适量石膏和集料，经坯料制备、压制成形、蒸压养护而成的实心砖，简称粉煤灰砖。蒸压灰砂砖与蒸压粉煤灰砖的规格尺寸与烧结普通砖相同。

烧结砖中以烧结黏土砖的应用最为久远，也最为普遍，但由于烧结黏土砖生产要侵占农田，影响社会经济的可持续发展，且我国人口众多、人均耕地面积少，所以更应逐步限制或取消烧结黏土砖的生产和应用，并进行墙体材料的改革，积极发展其替代产品，利用当地资源或工业废料研制生产新型墙体材料。蒸压灰砂砖与蒸压粉煤灰砖均属硅酸盐制品，这类砖的生产不需黏土且可大量利用工业废料，减少环境污染，是值得大力推广应用的一类墙体材料。

砖的强度等级一般根据抗压强度的大小来划分。烧结普通砖、烧结多孔砖的强度等级有MU30、MU25、MU20、MU15和MU10，其中MU表示砌体中的块体（Masonry Unit），其后数字表示块体的抗压强度值，单位为MPa。蒸压灰砂砖与蒸压粉煤灰砖的强度等级有MU25、MU20和MU15。混凝土普通砖，混凝土多孔砖的强度等级有MU30、MU25、MU20和MU15。

2. 砌块

砌块一般指混凝土空心砌块、加气混凝土砌块及硅酸盐实心砌块。此外还有以黏土、煤矸石等为原料，经焙烧而制成的烧结空心砌块，如图25-2所示。

砌块按尺寸大小可分为小型、中型和大型三种，我国通常把砌块高度为180～350 mm的称为小型砌块，高度为360～900 mm的称为中型砌块，高度大于900 mm的称为大型砌块。我国目

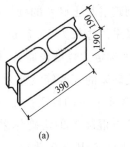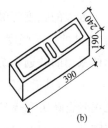

(a)　　　　　　(b)

图25-2　砌块

前在承重墙体材料中使用最为普遍的是混凝土小型空心砌块，它由普通混凝土或轻集料混凝土制成，主要规格尺寸为390 mm×190 mm×190 mm，空心率为25%～50%，通常简称为混凝土砌块或砌块。采用较大尺寸的砌块代替小块砖砌筑砌体，可减轻劳动量并加快施工进度，是墙体材料改革的一个重要方向。

混凝土空心砌块的强度等级是根据毛截面面积计算的极限抗压强度值来划分的。根据《普通混凝土小型砌块》（GB 8239—2014），混凝土小型空心砌块的强度等级分为MU40、MU35、MU30、MU25、MU20、MU15、MU10、MU7.5、MU5.0九个等级。

实心砌块以粉煤灰硅酸盐砌块为主，其加工工艺与蒸压粉煤灰砖类似，主要规格尺寸有880 mm×190 mm×380 mm和580 mm×190 mm×380 mm等。加气混凝土砌块由加气混凝土和泡沫混凝土制成，由于自重轻，加工方便，故可按使用要求制成各种尺寸，且可在工地进行切锯，因此广泛应用于工业与民用建筑的围护结构。

3. 石材

天然建筑石材具有很高的抗压强度，良好的耐磨性、耐久性和耐水性，表面经加工后具有

较好的装饰性,可在各种工程中用于承重和装饰,且其资源分布较广,蕴藏量丰富,是所有块体材料中应用历史最悠久、最广泛的土木工程材料之一。

砌体中的石材应选用无明显风化的石材。因石材的大小和规格不一,通常由边长为70 mm 的立方体试块进行抗压试验,取 3 个试块破坏强度的平均值作为确定石材强度等级的依据。石材的强度等级划分为 MU100、MU80、MU60、MU50、MU40、MU30 和 MU20 七个等级。

25.1.2　砂　浆

砂浆由胶结料、细集料和水配制而成,为改善其性能,常在其中添加掺入料和外加剂。砂浆的作用是将砌体中的单个块体连成整体,并抹平块体表面,从而促使其表面均匀受力,同时填满块体间的缝隙,减少砌体的透气性,提高砌体的保温性能和抗冻性能。

砂浆按胶结料成分不同可分为水泥砂浆、水泥混合砂浆以及不含水泥的石灰砂浆、黏土砂浆和石膏砂浆等。水泥砂浆是由水泥、砂和水按一定配合比拌制而成的砂浆,水泥混合砂浆是在水泥砂浆中加入一定量的熟化石灰膏拌制成的砂浆,而石灰砂浆、黏土砂浆和石膏砂浆分别是用石灰、黏土和石膏与砂和水按一定配合比拌制而成的砂浆。工程上常用的砂浆为水泥砂浆和水泥混合砂浆,临时性砌体结构砌筑时多采用石灰砂浆。对于混凝土小型空心砌块砌体,应采用由胶结料、细集料、水及根据需要添加的掺入料及外加剂等组分,按照一定比例,采用机械搅拌的专门用于砌筑混凝土砌块的砌筑砂浆。

砂浆的强度等级采用边长为 70.7 mm 的砂浆立方体标准试块,在标准条件下养护、龄期为 28 d 的抗压强度来确定。烧结普通砖、烧结多孔砖、蒸压灰砂普通砖和蒸压粉煤灰普通砖砌体采用的普通砌筑砂浆的强度等级分为 M15、M10、M7.5、M5 和 M2.5。其中 M 表示砂浆(Mortar),其后数字表示砂浆的抗压强度(单位为 MPa)。混凝土普通砖、混凝土多孔砖、单排孔混凝土砌块和煤矸石混凝土砌块砌体采用的砂浆强度等级:Mb20、Mb15、Mb10、Mb7.5 和 Mb5(b 表示块,block)。蒸压灰砂普通砖和蒸压粉煤灰普通砖砌体采用的专用砌筑砂浆强度等级为 Ms15、Ms10、Ms7.5、Ms5.0(b 表示专用的,special)。当验算施工阶段砂浆尚未硬化的新砌体强度时,可按砂浆强度为零来确定其砌体强度。

对于砌体所用砂浆的要求是:砂浆应具有足够的强度,以保证砌体结构的强度;砂浆应具有适当的保水性,以保证砂浆硬化所需要的水分;砂浆应具有一定的可塑性,即和易性应良好,以便于砌筑,提高工效,保证砌筑质量和提高砌体强度。

25.1.3　砌体材料的选择

砌体结构所用材料,应因地制宜,就地取材,并确保砌体在长期使用过程中具有足够的承载力和符合要求的耐久性,还应满足建筑物整体或局部部位处于不同环境条件下正常使用时建筑物对其材料的特殊要求。此外,还应贯彻执行国家墙体材料革新政策,使用新型墙体材料来代替传统的墙体材料,以满足建筑结构设计的经济、合理、技术先进的要求。

对于具体的设计,砌体材料的选择应遵循如下原则:对于地面以下或防潮层以下的砌体、潮湿房间的墙或潮湿室内外环境的砌体所用材料应提出最低强度要求,见表 25-1。

表 25-1 地面以下或防潮层以下的砌体、潮湿房间墙体所用材料的最低强度等级

基土的潮湿程度	烧结普通砖	混凝土普通砖、蒸压普通砖	混凝土砌块	石 材	水泥砂浆
稍湿的	MU15	MU20	MU7.5	MU30	M5
很湿的	MU20	MU20	MU10	MU30	M7.5
含水饱和的	MU20	MU25	MU15	MU40	M10

注：在冻胀地区，地面以下或防潮层以下的砌体，不宜采用多孔砖，如采用时，其孔洞应用不低于 M10 的水泥砂浆预先灌实；当采用混凝土空心砌块时，其孔洞应采用强度等级不低于 Cb20 的混凝土预先灌实。对安全等级为一级或设计使用年限大于 50 年的房屋，表中材料强度等级应至少提高一级。

25.2 砌体种类

砌体按所用材料不同可分为砖砌体、砌块砌体及石砌体；按砌体中有无配筋可分为无筋砌体与配筋砌体；按在结构中所起的作用不同可分为承重砌体与自承重砌体等。

25.2.1 无筋砌体

1. 无筋砖砌体

由砖和砂浆砌筑而成的砌体称为砖砌体，砖砌体包括烧结普通砖砌体、烧结多孔砖砌体和蒸压硅酸盐砖砌体。在房屋建筑中，砖砌体常用作一般单层和多层工业与民用建筑的内外墙、柱和基础等承重结构以及多高层建筑的围护墙与隔墙等自承重结构等。

实心砖砌体墙常用的砌筑方法有一顺一丁（砖长面与墙长度方向平行的为顺砖，砖短面与墙长度方向平行的为丁砖）、三顺一丁或梅花丁，如图 25-3 所示。

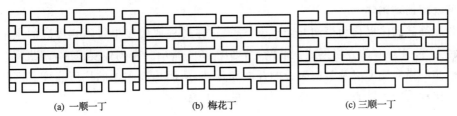

(a) 一顺一丁   (b) 梅花丁   (c) 三顺一丁

图 25-3 实心砖砌体墙常用的砌筑方法

试验表明，采用相同强度等级的材料，按照上述几种方法砌筑的砌体，其抗压强度相差不大。标准砌筑的实心墙体厚度常为 240 mm（一砖）、370 mm（一砖半）、490 mm（二砖）、620 mm（二砖半）、740 mm（三砖）等。

因砖砌体使用面广，故确保砌体的质量尤为重要。例如，在砌筑作为承重结构的墙体或砖柱时，应严格遵守施工规程，防止强度等级不同的砖混用，特别是应防止大量混入低于要求强度等级的砖，并应使配制的砂浆强度符合设计强度的要求。

2. 无筋砌块砌体

由砌块和砂浆砌筑而成的砌体称为砌块砌体，目前国内外常用的砌块砌体以混凝土空心砌块砌体为主，其中包括普通混凝土空心砌块砌体和轻骨料混凝土空心砌块砌体。

砌块砌体主要用作住宅、办公楼及学校等建筑以及一般工业建筑的承重墙或围护墙。砌块大小的选用主要取决于房屋墙体的分块情况及吊装能力。砌块排列设计是砌块砌体砌筑施

工前的一项重要工作,设计时应充分利用其规律性,尽量减少砌块类型,使其排列整齐,避免通缝,并砌筑牢固,以取得较好的经济技术效果。

3. 无筋石砌体

由天然石材和砂浆(或混凝土)砌筑而成的砌体称为石砌体。用作石砌体块材的石材分为毛石和料石两种。毛石又称片石,是采石场由爆破直接获得的形状不规则的石块。料石是由人工或机械开采出的较规则的六面体石块,再略经凿琢而成。毛石混凝土砌体是在模板内交替铺置混凝土层及形状不规则的毛石构成的。

石材是最古老的土木工程材料之一,用石材建造的砌体结构物具有很高的抗压强度、良好的耐磨性和耐久性,且石砌体表面经加工后美观并富于装饰性。利用石砌体具有永久保存的可能性,人们用它来建造重要的建筑物和纪念性的结构物;利用石砌体给人以威严雄浑、庄重高贵的感觉,欧洲许多皇家建筑采用石砌体,例如欧洲最大的皇宫——法国凡尔赛宫(1661~1689 年建造),宫殿建筑物的墙体全部使用石砌体建成。此外,石砌体中的石材资源分布广,蕴藏量丰富,便于就地取材,生产成本低,故古今中外在修建城垣、桥梁、房屋、道路和水利等工程中多有应用。如用料石砌体砌筑房屋建筑上部结构、石拱桥、储液池等建筑物,用毛石砌体砌筑基础、堤坝、城墙、挡土墙等。

25.2.2 配筋砌体

为提高砌体强度、减小其截面尺寸、增加砌体结构(或构件)的整体性,可在砌体中配置钢筋或钢筋混凝土,形成配筋砌体。配筋砌体可分为配筋砖砌体和配筋砌块砌体,其中配筋砖砌体又可分为网状配筋砖砌体和组合砖砌体,配筋砌块砌体又可分为均匀配筋砌块砌体、集中配筋砌块砌体以及均匀-集中配筋砌块砌体。

1. 网状配筋砖砌体

网状配筋砖砌体又称为横向配筋砖砌体,是指在砖柱或砖墙中每隔几皮砖的水平灰缝中设置直径为 3~4 mm 的方格网式钢筋网片,如图 25-4 所示。在砌体受压时,网状配筋可约束和限制砌体的横向变形以及竖向裂缝的开展和延伸,从而提高砌体的抗压强度。网状配筋砖砌体可用作承受较大轴心压力或偏心距较小的较大偏心压力的墙、柱。

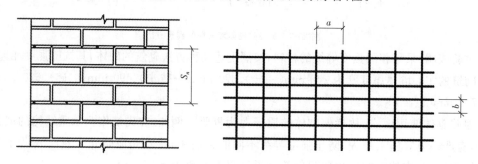

图 25-4　网状配筋砖砌体

2. 组合砖砌体

组合砖砌体是由砖砌体和钢筋混凝土面层或钢筋砂浆面层构成的整体材料。工程应用上有两种形式:一种是采用钢筋混凝土或钢筋砂浆作为面层的砌体,这种砌体可以用作承受偏心距较大的偏心压力的墙、柱,如图 25-5 所示;另一种是在砖砌体的转角、交接处以及每隔一定距离设置钢筋混凝土构造柱,并在各层楼盖处设置钢筋混凝土圈梁,使砖砌体墙与钢筋混凝土构造柱、圈梁组成一个共同受力的整体结构。组合砖砌体建造的多层砖混结构房屋的抗震性能较无筋砌体砖混结构房屋的抗震性能有显著改善,同时它的抗压和抗剪强度亦有一定程度的提高。

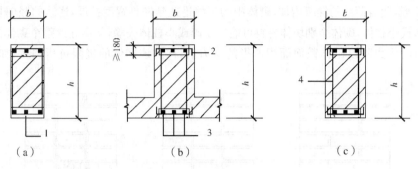

图 25-5　组合砖砌体构件截面
1—混凝土或砂浆;2—拉结钢筋;3—纵向钢筋;4—箍筋

3. 配筋砌块砌体

配筋砌块砌体是在混凝土小型空心砌块砌体的水平灰缝中配置水平钢筋,在孔洞中配置竖向钢筋并用混凝土灌实的一种配筋砌体。其中,集中配筋砌块砌体是仅在砌块墙体的转角、接头部位及较大洞口的边缘砌块孔洞中设置竖向钢筋,并在这些部位砌体的水平灰缝中设置一定数量的钢筋网片,主要用于中、低层建筑;均匀配筋砌块砌体是在砌块墙体上下贯通的竖向孔洞中插入竖向钢筋,并用灌孔混凝土灌实,使竖向和水平钢筋与砌体形成一个共同工作的整体,故又称配筋砌块剪力墙,可用于大开间建筑和中高层建筑;均匀-集中配筋砌块砌体在配筋方式和建造的建筑物方面均处于上述两种配筋砌块砌体之间。

配筋砌体不仅加强了砌体的各种强度和抗震性能,还扩大了砌体结构的使用范围。国外配筋砌体类型较多,大致可概括为两类:一类是在空心砖或空心砌块的水平灰缝或凹槽内设置水平直钢筋或桁架状钢筋,在孔洞内设置竖向钢筋,并灌筑混凝土;另一类是在内、外两片砌体的中间空腔内设置竖向和横向钢筋,并灌筑混凝土。国外已采用配筋砌体建造了许多高层建筑,积累了丰富的经验。如美国拉斯维加斯的 Excalibur Hotel(五星级酒店),其4幢28层的大楼采用的就是配筋砌块砌体剪力墙承重结构。

25.3　砌体的受压性能和抗压强度

25.3.1　砌体受压破坏特征和机理

试验表明,砌体轴心受压从加载直到破坏,按照裂缝的出现、开展和最终破坏,大致经历三个阶段。

第一阶段,从砌体受压开始,当压力增大至 $50\%\sim70\%$ 的破坏荷载时,砌体内出现第一条(批)裂缝。对于砖砌体,在此阶段,单块砖内产生细小裂缝,且多数情况下裂缝约有数条,但一般均不穿过砂浆层,如果不再增加压力,单块砖内的裂缝也不继续开展。对于混凝土小型空心砌块,在此阶段,砌体内通常只产生一条细小裂缝,但裂缝往往在单个块体的高度内贯通,如图 25-6(a)所示。

第二阶段,随着荷载的增加,当压力增大至 $80\%\sim90\%$ 的破坏荷载时,单个块体内的裂缝将不断开展,裂缝沿着竖向灰缝通过若干皮砖或砌块,并逐渐在砌体内连接成一段段较连续的裂缝。此时荷载即使不再增加,裂缝仍会继续开展,砌体已临近破坏,在工程实践中可视为处于十分危险的状态,如图 25-6(b)所示。

第三阶段,随着荷载的继续增加,砌体中的裂缝迅速延伸且宽度扩展,连续的竖向贯通裂缝将砌体分割形成小柱体,砌体个别块体材料可能被压碎或小柱体失稳,从而导致整个砌体的破坏。以砌体破坏时的压力除以砌体截面面积所得的应力值,称为该砌体的极限抗压强度,如图 25-6(c)所示。

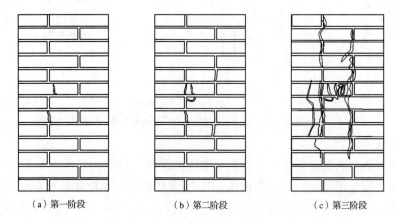

(a) 第一阶段　　　　　　(b) 第二阶段　　　　　　(c) 第三阶段

图 25-6　轴心受压砖砌体受压的三个阶段

试验表明,砌体的破坏,并不是由于砖本身抗压强度不足,而是竖向裂缝扩展连通使砌体分割成小柱体,最终砌体因小柱体失稳而破坏。分析认为产生这一现象的原因除砖与砂浆表面接触不良,使砖内出现弯剪应力外,另一个原因是由于砖和砂浆的受压变形性能不一致造成的。砌体在受压产生压缩变形的同时还要产生横向变形,但在一般情况下砖的横向变形小于砂浆的横向变形,又由于两者之间存在着黏结力和摩擦力,故砖将阻止砂浆的横向变形,使砂浆受到横向压力,但反过来砂浆将通过两者间的黏结力增大砖的横向变形,使砖受到横向拉力。砖内产生的附加横向拉应力将加快裂缝的出现和发展,另外,由于砌体的竖向灰缝往往不饱满、不密实,这将造成砌体在竖向灰缝处的应力集中,也加快了砖的开裂,使砌体强度降低,如图 25-7 所示。

综上可见,砌体的破坏是由于砖块受压、弯、剪、拉而开裂及最后小柱体失稳引起的,所以块体的抗压强度没有充分发挥出来,故砌体的抗压强度总是远低于砖的抗压强度。

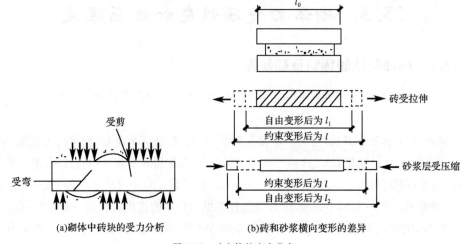

(a)砌体中砖块的受力分析　　　　(b)砖和砂浆横向变形的差异

图 25-7　砖砌体的应力分布

25.3.2　影响砌体抗压强度的因素

砌体是一种复合材料,其抗压性能不仅与块体和砂浆材料的物理、力学性能有关,还受施工质量以及试验方法等多种因素的影响。影响砌体抗压强度的主要因素有以下几个。

1. 块体和砂浆的强度

块体和砂浆的强度是决定砌体抗压强度的最主要因素。试验表明,块体和砂浆的强度越高,砌体的抗压强度越高。相比较而言,块体强度对砌体强度的影响要大于砂浆,因此要提高砌体的抗压强度,要优先考虑提高块体的强度。而在考虑提高块体强度时,应首选提高块体的抗弯强度,因为提高块体抗压强度对砌体强度的影响不如提高块体抗弯强度明显。

2. 砂浆的性能

除了强度以外,砂浆的保水性、流动性和变形能力均对砌体的抗压强度有影响。砂浆的流动性与保水性好时,容易铺成厚度均匀和密实性良好的灰缝,从而提高砌体强度。而对于纯水泥砂浆,其流动性差,且保水性较差,不易铺成均匀的灰缝层,影响砌体的强度,所以同一强度等级的混合砂浆砌筑的砌体强度要比纯水泥砂浆砌体高。

3. 块体的尺寸、形状与灰缝的厚度

砌体中块体的高度增大,其块体的抗弯、抗剪及抗拉能力增大,其抗压强度提高;砌体中块体的长度增加时,块体在砌体中引起的弯、剪应力也增大,其抗压强度降低。因此砌体强度随块体高度的增大而加大,随块体长度的增大而降低。块体的形状越规则,表面越平整,砌体的抗压强度越高。

灰缝厚时,容易铺砌均匀,对改善单块砖的受力性能有利,但砂浆横向变形的不利影响也相应增大;灰缝薄时,虽然砂浆横向变形的不利影响可大大降低,但难以保证灰缝的均匀与密实性,使单块块体处于弯剪作用明显的不利受力状态,严重影响砌体的强度。因此,应控制灰缝的厚度,使其既容易铺砌均匀密实,厚度又尽可能地薄。实践证明:对于砖和小型砌块砌体,灰缝厚度应控制在 8~12 mm;对于料石砌体,一般不宜大于 20 mm。

4. 砌筑质量

砌体砌筑时水平灰缝的饱满度、水平灰缝厚度、块体材料的含水率以及组砌方法等都关系着砌体质量的优劣。砂浆铺砌饱满、均匀,可改善块体在砌体中的受力性能,使之较均匀地受压,从而提高砌体抗压强度;反之,则降低砌体强度。因此《砌体结构工程施工质量验收规范》(GB 50203—2011)规定,砖墙水平灰缝的砂浆饱满度不得低于 80%,砖柱水平灰缝和竖向灰缝饱满度不得低于 90%。在保证质量的前提下,采用快速砌筑法能使砌体在砂浆硬化前即受压,可增加水平灰缝的密实性,从而提高砌体的抗压强度。砌体在砌筑前,应先将块体材料充分湿润。

砌体的抗压强度除以上一些影响因素外,还与砌体的龄期和抗压试验方法等因素有关。因砂浆强度随龄期增长而提高,故砌体的强度亦随龄期增长而提高,但在龄期超过 28 d 后,强度增长缓慢。砌体抗压时试件的尺寸、形状和加载方式不同,其所得的抗压强度也不同。

25.3.3　砌体抗压强度设计值

砌体强度有抗压强度 f、轴心抗拉强度 f_t、弯曲抗拉强度 f_{tm} 和抗剪强度 f_v 四种。砌体抗压强度有平均值 f_m、标准值 f_k 与设计值 f 之分。先由块材强度等级(或平均值)及砂浆抗压强度平均值按系统试验

微课83

砌体抗压强度设计值
确定方法

归纳得出的经验公式计算砌体抗压强度的平均值 f_m，然后根据保证值为 95% 原则确定其标准值 f_k，最后将标准值 f_k 除以材料分项系数 1.6，得出抗压强度的设计值 f。

施工质量控制等级为 B 级、龄期为 28 d、以毛截面面积计算的各类砌体的抗压强度设计值见表 25-2～表 25-7。

表 25-2   烧结普通砖和烧结多孔砖砌体的抗压强度设计值   MPa

砖强度等级	砂浆强度等级					砂浆强度
	M15	M10	M7.5	M5	M2.5	0
MU30	3.94	3.27	2.93	2.59	2.26	1.15
MU25	3.60	2.98	2.68	2.37	2.06	1.05
MU20	3.22	2.67	2.39	2.12	1.84	0.94
MU15	2.79	2.31	2.07	1.83	1.60	0.82
MU10	—	1.89	1.69	1.50	1.30	0.67

注：当烧结多孔砖的孔洞率大于 30% 时，表中数值应乘以 0.9。

表 25-3   混凝土普通砖和混凝土多孔砖砌体的抗压强度设计值   MPa

砖强度等级	砂浆强度等级					砂浆强度
	Mb20	Mb15	Mb10	Mb7.5	Mb5	0
MU30	4.61	3.94	3.27	2.93	2.59	1.15
MU25	4.21	3.60	2.98	2.68	2.37	1.05
MU20	3.77	3.22	2.67	2.39	2.12	0.94
MU15	—	2.79	2.31	2.07	1.83	0.82

表 25-4   蒸压灰砂砖和蒸压粉煤灰普通砖砌体的抗压强度设计值   MPa

砖强度等级	砂浆强度等级				砂浆强度
	M15	M10	M7.5	M5	0
MU25	3.60	2.98	2.68	2.37	1.05
MU20	3.22	2.67	2.39	2.12	0.94
MU15	2.79	2.31	2.07	1.83	0.82

注：当采用专用砂浆砌筑时，其抗压强度设计值按表中数值采用。

表 25-5   单排孔混凝土和轻集料混凝土砌块对孔砌筑砌体的抗压强度设计值   MPa

砌块强度等级	砂浆强度等级					砂浆强度
	Mb20	Mb15	Mb10	Mb7.5	Mb5	0
MU20	6.3	5.68	4.95	4.44	3.94	2.33
MU15	—	4.61	4.02	3.61	3.20	1.89
MU10	—	—	2.79	2.50	2.22	1.31
MU7.5	—	—	—	1.93	1.71	1.01
MU5	—	—	—	—	1.19	0.70

注：①对独立柱或厚度为双排组砌的砌块砌体，应按表中数值乘以 0.7。

②对 T 形截面墙体、柱，应按表中数值乘以 0.85。

表 25-6   **块体高度为 180～350 mm 的毛料石砌体的抗压强度设计值**   MPa

料石强度等级	砂浆强度等级			砂浆强度
	M7.5	M5	M2.5	0
MU100	5.42	4.80	4.18	2.13
MU80	4.85	4.29	3.73	1.91
MU60	4.20	3.71	3.23	1.65
MU50	3.83	3.39	2.95	1.51
MU40	3.43	3.04	2.64	1.35
MU30	2.97	2.63	2.29	1.17
MU20	2.42	2.15	1.87	0.95

注:对细料石砌体、粗料石砌体和干砌勾缝石砌体,表中数值应分别乘以调整系数 1.4、1.2、0.8。

表 25-7   **毛石砌体的抗压强度设计值**   MPa

毛石强度等级	砂浆强度等级			砂浆强度
	M7.5	M5	M2.5	0
MU100	1.27	1.12	0.98	0.34
MU80	1.13	1.00	0.87	0.30
MU60	0.98	0.87	0.76	0.26
MU50	0.90	0.80	0.69	0.23
MU40	0.80	0.71	0.62	0.21
MU30	0.69	0.61	0.53	0.18
MU20	0.56	0.51	0.44	0.15

25.4 砌体的受拉、受弯和受剪强度

与砌体的抗压强度相比,砌体的轴心抗拉、弯曲抗拉以及抗剪强度都低很多。但有时也用它来承受轴心拉力、弯矩和剪力,如圆形水池池壁在液体的侧向压力作用下将产生轴向拉力作用;挡土墙在土压力作用下将产生弯矩、剪力作用;砖砌过梁在自重和墙体、楼面荷载作用下受到弯矩、剪力作用等。

砌体的轴心受拉、受弯和受剪可能发生以下三种破坏形态:

(1)砌体沿齿缝截面破坏,如图 25-8(a)所示。

(2)砌体沿竖缝及块材截面破坏,如图 25-8(b)所示。

(3)砌体沿水平通缝截面破坏,如图 25-8(c)所示。

施工质量控制等级为 B 级、龄期为 28 d、以毛截面面积计算的各类砌体的轴心抗拉强度设计值、弯曲抗拉强度设计值及抗剪强度设计值见表 25-8。

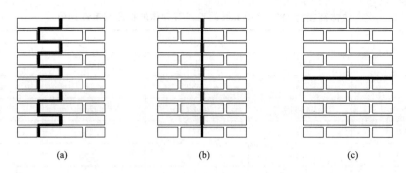

图 25-8 砌体的轴心受拉、受弯和受剪破坏形态

表 25-8 砌体沿灰缝截面破坏时的轴心抗拉强度设计值、弯曲抗拉强度设计值和抗剪强度设计值　　MPa

强度类别	破坏特征及砌体种类		砂浆强度等级			
			≥M10	M7.5	M5	M2.5
轴心抗拉	沿齿缝	烧结普通砖、烧结多孔砖	0.19	0.16	0.13	0.09
		混凝土普通砖、混凝土多孔砖	0.19	0.16	0.13	—
		蒸压灰砂砖、蒸压粉煤灰砖	0.12	0.10	0.08	—
		混凝土和轻集料混凝土砌块	0.09	0.08	0.07	—
		毛石	—	0.07	0.06	0.04
弯曲抗拉	沿齿缝	烧结普通砖、烧结多孔砖	0.33	0.29	0.23	0.17
		混凝土普通砖、混凝土多孔砖	0.33	0.29	0.23	—
		蒸压灰砂砖、蒸压粉煤灰砖	0.24	0.20	0.16	—
		混凝土和轻集料混凝土砌块	0.11	0.09	0.08	—
		毛石	—	0.11	0.09	0.07
	沿通缝	烧结普通砖、烧结多孔砖	0.17	0.14	0.11	0.08
		混凝土普通砖、混凝土多孔砖	0.17	0.14	0.11	—
		蒸压灰砂砖、蒸压粉煤灰砖	0.12	0.10	0.08	—
		混凝土和轻集料混凝土砌块	0.18	0.06	0.05	—
抗剪	烧结普通砖、烧结多孔砖		0.17	0.14	0.11	0.08
	混凝土普通砖、混凝土多孔砖		0.17	0.14	0.11	—
	蒸压灰砂砖、蒸压粉煤灰砖		0.12	0.10	0.08	—
	混凝土和轻集料混凝土砌块		0.09	0.08	0.06	—
	毛石		—	0.19	0.16	0.11

注：①对于用形状规则的块体砌筑的砌体，当搭接长度与块体高度的比值小于 1 时，其轴心抗拉强度设计值和弯曲抗拉强度设计值应按表中数值乘以搭接长度与块体高度比值后采用。

②表中数值是依据普通砂浆砌筑的砌体确定的，采用经研究性试验且通过技术鉴定的专用砂浆砌筑的蒸压灰砂普通砖、蒸压粉煤灰普通砖砌体，其抗剪强度设计值按相应普通砂浆强度等级砌筑的烧结普通砖砌体采用。

③对混凝土普通砖、混凝土多孔砖、混凝土和轻集料混凝土砌块砌体，表中的砂浆强度等级为：≥Mb10、Mb7.5 及 Mb5。

考虑实际工程中各种可能的不利因素，各类砌体的强度设计值，当符合表 25-9 所列使用情况时，应乘以调整系数 γ_a。

表 25-9　　　　　　　　　　　砌体强度设计值的调整系数 γ_a

使用情况		调整系数
构件截面面积 $A<0.3\ m^2$ 的无筋砌体		$0.7+A$
构件截面面积 $A<0.2\ m^2$ 的配筋砌体		$0.8+A$
采用等级小于 M5 的水泥砂浆砌筑的砌体	对表 25-2～表 25-7 中的数值	0.9
	对表 25-8 中的数值	0.8
验算施工中房屋的构件时		1.1

注：①表中构件截面面积 A 以 m^2 计。

②当砌体同时符合表中所列几种使用情况时，应将砌体的强度设计值连续乘以调整系数。

本章小结

1. 砌体是由块体和砂浆组砌而成的整体结构，本章较为系统地介绍了砌体的种类、组成砌体的材料及其强度等级。在砌体结构设计时，应根据不同情况合理地选用不同的砌体种类和组成砌体材料的强度等级。

2. 砌体主要用作受压构件，故砌体轴心抗压强度是砌体最重要的力学性能。应了解砌体轴心受压的破坏过程——单个块体先裂、裂缝贯穿若干皮块体、形成独立小柱后失稳破坏，以及影响砌体抗压强度的主要因素。

3. 砌体受压破坏是从单个块体先裂开始的，推迟单个块体先裂，则可推迟形成独立小柱的破坏，故提高砌体的抗压强度可通过推迟单个块体先裂为突破口。砌体在轴心受压时，其内单个块体处于拉、压、弯、剪复合应力状态，这是单个块体先裂的主要原因，而改善这种复杂应力状态和提高砌体对这种应力状态的承受能力，是提高砌体抗压强度的有效途径。

复习思考题

25-1　在砌体结构中，块体和砂浆的作用是什么？砌体对所用块体和砂浆各有何基本要求？

25-2　砌体的种类有哪些？

25-3　选择砌体结构所用材料时，应注意哪些事项？

25-4　试述砌体轴心受压时的破坏特征。

25-5　影响砌体抗压强度的主要因素有哪些？

25-6　试述砌体抗压强度远小于块体抗压强度的原因。

25-7　砌体轴心受拉和弯曲受拉的破坏形态有哪些？

第26章 砌体房屋设计概述

学习目标

掌握砌体房屋的构造要求;熟悉砌体结构房屋的承重体系;了解砌体房屋开裂的原因及防止措施;了解过梁、挑梁、墙梁、雨篷的受力特点及构造要求。

混合结构房屋系指主要承重构件由不同的材料组成的房屋,如楼(屋)盖用钢筋混凝土结构,承重墙为砌体的房屋。常见的多层砌体房屋均为混合结构。

26.1 砌体结构房屋的承重体系

在砌体结构房屋的设计中,承重墙、柱的布置十分重要。因为承重墙、柱的布置不仅影响着房屋建筑平面的划分和室内空间的大小,而且还决定着竖向荷载的传递路线及房屋的空间刚度,甚至影响房屋的工程造价。

在砌体结构中,一般将平行于房屋长向的墙体称为纵墙,平行于房屋短向的墙体称为横墙,房屋四周与外界相隔的墙体称为外墙,其余称内墙。

在砌体结构中,纵横向墙体、屋盖、楼盖、柱和基础等构件互相连接,共同构成一个空间受力体系,承受着建筑物受到的水平和竖向荷载。根据建筑物竖向荷载传递路线的不同,可将混合结构房屋的承重体系划分为下列几种类型。

1. 横墙承重体系

如房屋的横墙间距较小,可将楼板直接搁置在横墙上,由横墙承重(图 26-1)。这种方案房屋的整体性好,抗震性能好,且纵墙上可以开设较大窗洞。住宅或宿舍楼等建筑常采用此种方案。

横墙承重体系的房屋,其荷载传递的主要路线是:

楼(屋)面板→横墙→基础→地基

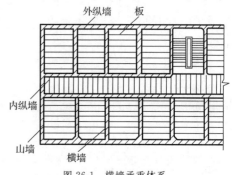

图 26-1 横墙承重体系

横墙承重体系房屋的特点是：

(1)横墙是主要承重墙,纵墙只承受墙体自重,并起围护、隔断和将横墙连成整体的作用。

(2)横墙间距较小(一般为 $3\sim4.5$ m),还有纵墙拉结。

(3)横墙承重体系楼盖结构简单,施工方便。

2. 纵墙承重体系

如果房屋内部空间较大,横墙间距较大,一般采用纵墙承重。当房屋进深不大时,楼板直接搁置在纵墙上(图 26-2(a));当房屋进深较大时,可将梁搁置在纵墙上,再将楼板搁置在梁上(图 26-2(b))。这种方案房屋整体性较差,抗震性能不如横墙承重方案,在纵墙上开窗洞受到一定限制。教学楼、办公楼、食堂等建筑常采用这种方案。

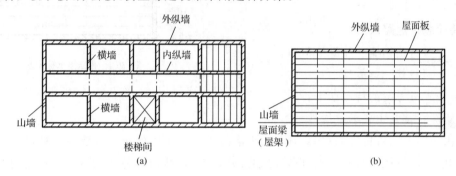

图 26-2 纵墙承重体系

纵墙承重体系荷载传递的主要路线是：

$$楼(屋)面板→屋面大梁(或屋架)→纵墙→基础→地基$$

纵墙承重体系房屋的特点是：

(1)纵墙是主要承重墙,室内空间较大,有利于使用上灵活布置。

(2)纵墙上所受荷载较大,在纵墙上设置门窗洞口时将受到一定的限制。

(3)横墙的数量较少,房屋横向刚度较差。

(4)与横墙承重体系相比,墙体材料用量较少,楼面材料用量较多。

3. 纵横墙承重体系

如果房屋横墙间距大小兼有,可将横墙间距小的楼板搁置在横墙上,由横墙承重,将横墙间距大的部分布置成纵墙承重,称为纵横墙承重体系(图 26-3)。这种方案集中了横墙承重方案和纵墙承重方案的优点,其整体性介于横墙承重方案和纵墙承重方案之间。带内走廊的教学楼等建筑常采用此种方案。

纵横墙承重体系荷载传递路线是：

$$楼(屋)面板→\begin{cases}梁→纵墙\\横墙或纵墙\end{cases}→基础→地基$$

纵横墙承重体系房屋的特点是：

(1)适用于多层的塔式住宅大楼,所有的墙体都承受楼面传来的荷载,且房屋在两个相互垂直的方向上刚度均较大,有较强的抗风能力。

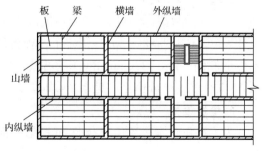

图 26-3 纵横墙承重体系

（2）在占地面积相同的条件下，外墙面积较小。

（3）砌体应力分布较均匀，可以减少墙厚，或墙厚相同时房屋可做得较高，且地基土压应力分布均匀。

4. 内框架承重体系

由钢筋混凝土梁柱构成内框架，周边为砖墙，楼板沿纵向搁置在大梁上，这种承重方案称为内框架承重方案（图 26-4）。此方案因内框架与周边墙体刚度差异较大，整体工作能力差，抗震性能差，仅在少数无抗震设防要求的多层厂房、商店等建筑中采用。

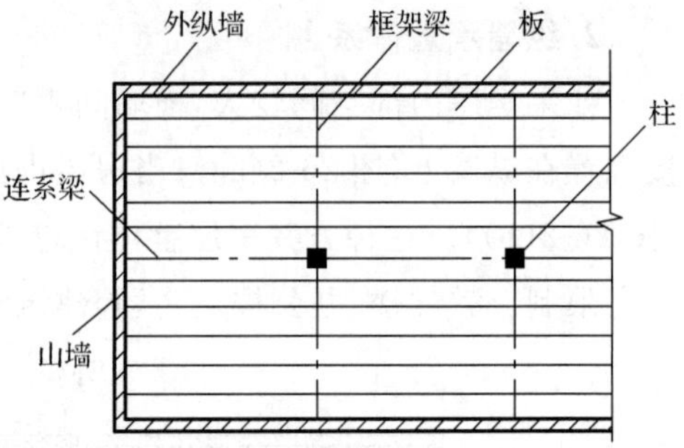

主要荷载传递路线是

$$板 \rightarrow 梁 \rightarrow \begin{cases} 外纵墙 \rightarrow 外纵墙基础 \\ 柱 \rightarrow 柱基础 \end{cases} \rightarrow 地基$$

内框架承重方案的特点如下：

（1）墙和柱都是主要承重构件。

（2）由于竖向承重构件的材料不同，钢筋混凝土柱和砖墙的压缩性能不一样，以及柱基础和墙基础的沉降量也不容易一致，设计时如果处理不当，结构容易产生不均匀的竖向变形，使结构中产生较大的附加内力。

（3）横墙较少，房屋的空间刚度较差，对抗震不利，在地震区应慎重使用这种结构体系。

图 26-4　内框架承重体系

26.2　砌体房屋构造要求

砌体结构房屋，除应进行承载能力计算和高厚比验算外，尚应满足砌体结构的一般构造要求，同时保证房屋的空间刚度和稳定性，必须采取合理的构造措施。

26.2.1　一般构造要求

1. 材料的最低强度等级

地面以下或防潮层以下的砌体，潮湿房间的墙或潮湿室内外环境的砌体所用材料的最低强度等级应符合表 25-1 的要求。

2. 墙、柱最小尺寸

为了避免墙、柱截面过小导致稳定性能变差，以及局部缺陷对构件的影响增大，《砌体结构设计规范》（GB 50003—2011）规定了各种构件的最小尺寸：对于承重的独立砖柱，其截面尺寸不应小于 240 mm×370 mm；对于毛石墙，其厚度不宜小于 350 mm；对于毛料石柱截面较小边长，不宜小于 400 mm；当有振动荷载时，墙、柱不宜采用毛石砌体。

3. 垫块设置

为了增强砌体房屋的整体性和避免局部受压损坏，《砌体结构设计规范》（GB 50003—2011）规定：

对于跨度大于 6 m 的屋架和跨度大于下列数值的梁，应设置素混凝土垫块或钢筋混凝土垫块,当墙中设有圈梁时,垫块与圈梁宜浇成整体;砖砌体 4.8 m,砌块和料石砌体 4.2 m,毛石砌体 3.9 m。

4. 壁柱设置

当大梁跨度大于或等于下列数值时,其支承处宜加设壁柱,或采用配筋砌体和在墙中设钢筋混凝土柱等措施对墙体予以加强:对 240 mm 厚的砖墙为 6 m;对 180 mm 厚的砖墙为 4.8 m;对砌块和料石墙为 4.8 m。

5. 砌块砌体房屋的构造

(1)砌块砌体应分皮错缝搭砌,上下皮搭砌长度不得小于 90 mm。当搭砌长度不满足上述要求时,应在水平灰缝内设置不少于 $2\phi4$ 的焊接钢筋网片(横向钢筋间距不应大于 200 mm),网片每端均应超过该垂直缝,其长度不得小于 300 mm。

(2)砌块墙与后砌隔墙交接处,应沿墙高每 400 mm 在水平灰缝内设置不少于 $2\phi4$、横筋间距不应大于 200 mm 的焊接钢筋网片。

(3)混凝土砌块房屋,宜将纵横墙交接处、距墙中心线每边不小于 300 mm 范围内的孔洞,采用强度等级不低于 Cb20 的混凝土将孔洞灌实,灌实高度应为墙身全高。

(4)混凝土砌块墙体的下列部位,若未设圈梁或混凝土垫块,则应采用强度等级不低于 Cb20 的混凝土将孔洞灌实:

①搁栅、檩条和钢筋混凝土楼板的支承面下,高度不应小于 200 mm 的砌体。

②屋架、梁等构件的支承面下,高度不应小于 600 mm,长度不应小于 600 mm 的砌体。

③挑梁支承面下,距墙中心线每边不应小于 300 mm,高度不应小于 600 mm 的砌体。

6. 砌体中留槽洞及埋设管道时的构造要求

如果砌体中由于某些需求,必须在砌体中留槽洞、埋设管道时,应该严格遵守下列规定:

(1)不应在截面长边小于 500 mm 的承重墙体、独立柱内埋设管线。

(2)不宜在墙体中穿行暗线或预留、开凿沟槽,当无法避免时应采取必要的措施或按削弱后的截面验算墙体的承载力。

(3)对受力较小或未灌孔的砌块砌体,允许在墙体的竖向孔洞中设置管线。

7. 夹心墙的构造要求

夹心墙是一种具有承重、保温和装饰等多种功能的墙体,一般在北方寒冷地区房屋的外墙使用。它由两片独立的墙体组合在一起,分为内叶墙和外叶墙,中间夹层为高效保温材料。内叶墙通常用于承重,外叶墙用于装饰等作用,内外叶墙之间采用金属拉结件拉结。

墙体的材料、拉结件的布置和拉结件的防腐等必须保证墙体在不同受力情况下的安全性和耐久性。因此《砌体结构设计规范》(GB 50003—2011)规定必须符合以下构造要求:

(1)夹心墙应符合下列规定:

①外叶墙的砖及混凝土砌块的强度等级不应低于 MU10。

②夹心墙的夹层厚度不宜大于 120 mm。

③夹心墙外叶墙的最大横向支承间距:设防烈度为 6 度时不宜大于 9 m;7 度时不宜大于 6 m;8、9 度时不宜大于 3 m。

(2)夹心墙内外叶墙的连接应符合下列规定:

①夹心墙宜用不锈钢拉结件。采用钢筋制作的钢筋网片时应先进行防腐处理。

②当采用环形拉结件时,钢筋直径不应小于 4 mm;当为 Z 形拉结件时,钢筋直径不应小于 6 mm。拉结件应沿竖向梅花形布置,拉结件的水平和竖向最大间距分别不宜大于800 mm 和 600 mm;对有振动或有抗震设防要求时,其水平和竖向最大间距分别不宜大于 800 mm 和 400 mm。

③当采用钢筋网片作为拉结件时,网片横向钢筋的直径不应小于 4 mm,其间距不应大于 400 mm;网片的竖向间距不宜大于 600 mm,对有振动或有抗震设防要求时,不宜大于 400 mm。

④拉结件在内外叶墙上的搁置长度,不应小于叶墙厚度的 2/3,且不应小于 60 mm。

⑤门窗洞口周边 300 mm 范围内应附加间距不大于 600 mm 的拉结件。

8. 墙、柱稳定性的一般构造要求

(1)预制钢筋混凝土板在混凝土圈梁上的支承长度不应小于 80 mm,板端伸出的钢筋与圈梁可靠连接,且同时浇筑;预制钢筋混凝土板在墙上的支承长度不应小于 100 mm,并应按下列方法进行连接:①板支承于内墙时,板端钢筋伸出长度不应小于 70 mm;板支承于外墙时,板端钢筋伸出长度不应小于 100 mm;且均与支座处沿墙配置的纵筋绑扎,用强度等级不应低于 C25 的混凝土浇筑成板带。②预制钢筋混凝土板与现浇板对接时,预制板端钢筋应伸入现浇板中进行连接后,再浇筑现浇板。

(2)为了提高墙体稳定性和房屋整体性,在墙体转角处和纵横墙交接处应沿竖向每隔 400~500 mm 设拉结钢筋,其数量为每 120 mm 墙厚不少于 1 根直径 6 mm 的钢筋;或采用焊接钢筋网片,埋入长度从墙的转角或交接处算起,对实心砖墙每边不小于 500 mm,对多孔砖墙和砌块墙不小于 700 mm。

(3)填充墙、隔墙应采取措施与周边构件进行可靠连接。例如在框架结构中的填充墙可在框架柱上预留拉结钢筋,沿高度方向每隔 500 mm 预埋两根直径 6 mm 的钢筋。锚入钢筋混凝土柱内 200 mm 深,外伸 500 mm(抗震设防时外伸 1 000 mm),砌砖时将拉结钢筋嵌入墙体的水平灰缝内。

(4)山墙处的壁柱宜砌至山墙顶部,且屋面构件与山墙应有可靠拉结。

9. 圈梁设置的构造要求

圈梁是沿建筑物外墙四周、内纵墙及部分横墙上设置的连续封闭梁。为了增强房屋的整体刚性,防止由于地基的不均匀沉降或较大震动荷载对房屋引起的不利影响,应在墙中设置现浇钢筋混凝土圈梁。

圈梁在砌体中主要用于承受拉力,当地基有不均匀沉降时,房屋可能发生向上或向下弯曲变形,这时设置在基础顶面和檐口部位的圈梁对抵抗不均匀沉降最为有效。如果房屋可能发生微凹形沉降,则基础顶面的圈梁受拉与上部砌体共同工作;如果发生微凸形沉降,则檐口部位圈梁受拉与下部砌体共同工作。由于不均匀沉降会引起墙体裂缝,墙体稳定性降低,另外温度收缩应力、地震作用等也会引起墙体开裂,破坏房屋的整体性和造成砌体的稳定性降低,所以为了解决这些问题,在砌体结构墙体中设置圈梁是比较有效的构造措施。

圈梁应按《砌体结构设计规范》(GB 50003—2011)当受震动或建筑在软土地基上的砌体

房屋可能出现不均匀沉降时,应增加圈梁的数量。为了保证圈梁发挥应有的作用,圈梁必须满足以下构造要求:

(1)圈梁宜连续地设在同一水平面上,并形成封闭状。当圈梁被门窗洞口截断时,应在洞口上部增设相同截面的附加圈梁。附加圈梁和圈梁的搭接长度不应小于其中对中垂直间距的 2 倍,且不得小于 1 m,如图 26-5 所示。

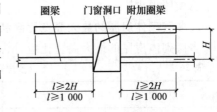

图 26-5　洞口处的附加圈梁

(2)纵横墙交接处的圈梁应有可靠的连接。对于刚弹性和弹性方案房屋,圈梁应与屋架、大梁等构件可靠连接。

(3)钢筋混凝土圈梁的宽度宜与墙厚相同,当墙厚 $h \geqslant 240$ mm 时,其宽度不宜小于 $2h/3$,圈梁高度不应小于 120 mm。纵向钢筋不应少于 $4\Phi10$,绑扎接头的搭接长度按受拉钢筋考虑,箍筋间距不应大于 300 mm。

(4)圈梁兼作过梁时,在过梁部分的钢筋应按计算用量另行增配。

26.2.2　多层砌体房屋抗震设计一般规定

1. 多层砌体房屋的层数和总高度

(1)多层砌体房屋的层数和总高度不应超过表 26-1 的规定。

表 26-1　　　　　　　　　　　　多层砌体房屋的层数和总高度限值　　　　　　　　　　　　　　m

房屋类别		最小抗震墙厚度/mm	烈度										
			6 度		7 度				8 度				9 度	
			0.05 g		0.01 g		0.15 g		0.20 g		0.30 g		0.40 g	
			高度	层数	高度	层数	高度	层数	高度	层数	高度	层数	高度	层数
多层砌体房屋	普通砖	240	21	7	21	7	21	7	18	6	15	5	12	4
	多孔砖	240	21	7	21	7	18	6	18	6	15	5	9	3
	多孔砖	190	21	7	18	6	15	5	15	5	12	4	—	—
	小砌块	190	21	7	21	7	18	6	18	6	15	5	9	3
底部框架-抗震墙砌体房屋	普通砖、多孔砖	240	22	7	22	7	19	7	16	5	—	—	—	—
	多孔砖	190	22	7	19	7	16	6	13	4	—	—	—	—
	小砌体	190	22	7	22	7	19	6	16	5	—	—	—	—

注:普通砖包括烧结、蒸压、混凝土普通砖;小砌块为混凝土小型空心砌块的简称。

(2)横墙较少的多层砌体房屋,总高度比表 26-1 中的规定降低 3 m,层数相应减少一层;各层横墙很少的多层砌体房屋,还应再减少一层。

(3)抗震设防烈度为 6、7 度时,横墙较少的丙类多层砌体房屋,当按现行《建筑抗震设计规范》(GB 50011—2010)规定采取加强措施并满足抗震承载力要求时,其高度和层数允许仍按表 26-1 中的规定采用。

横墙较少是指同一楼层内,开间大于 4.2 m 的房间占该层总面积的 40% 以上;其中,开间不大于 4.2 m 的房间占该层总面积不到 20% 且开间大于 4.8 m 的房间占该层总面积的 50% 以上为横墙很少。

2. 多层砌体房屋的最大高宽比限制

多层砌体房屋的最大高宽比应符合表 26-2 的规定。

表 26-2　　　　　　　　　　　　多层砌体房屋的最大高宽比

烈　度	6 度	7 度	8 度	9 度
最大高宽比	2.5	2.5	2	1.5

注:①高度指室外地面到屋面板板顶的高度。

②单边走廊的房屋总宽度不包括走廊宽度。

③建筑平面接近正方形时,其高宽比宜适当减小。

3. 抗震横墙间距

多层房屋抗震横墙的间距不应超过表 26-3 的规定。

表 26-3　　　　　　　　　　　　多层房屋抗震横墙的最大间距　　　　　　　　　　　　m

房屋类型		烈　度			
		6 度	7 度	8 度	9 度
多层砌体房屋	现浇或装配整体式钢筋混凝土楼、屋盖	15	15	11	7
	装配式钢筋混凝土楼、屋盖	11	11	9	4
	木楼屋盖	9	9	4	—
底部框架-抗震墙砌体房屋	上部各层	同多层砌体房屋			—
	底层或底部两层	18	15	11	—

注:①多层砌体房屋的顶层,除木屋盖外的最大横墙间距应允许适当放宽,但应采取相应加强措施。

②多孔砖抗震横墙厚度为 190 mm,最大横墙间距应比表中数值减少 3 m。

4. 多层房屋的局部尺寸限制

为了保证在地震时,不因局部墙段的首先破坏,而造成整片墙体的连续破坏,导致整体结构倒塌,必须对多层房屋的局部尺寸加以限制,见表 26-4。

表 26-4　　　　　　　　　　　　多层房屋的局部尺寸限值　　　　　　　　　　　　m

部　位	6 度	7 度	8 度	9 度
承重窗间墙最小宽度	1.0	1.0	1.2	1.5
承重外墙尽端至门窗洞边的最小距离	1.0	1.0	1.2	1.5
非承重外墙尽端至门窗洞边的最小距离	1.0	1.0	1.0	1.0
内墙阳角至门窗洞边的最小距离	1.0	1.0	1.5	2.0
无锚固女儿墙(非出入口处)的最大高度	0.5	0.5	0.5	0.0

注:①局部尺寸不足时,应采取局部加强措施弥补,且最小宽度不宜小于 1/4 层高和表列数据的 80%。

②出入口处女儿墙应有锚固。

5. 多层砌体房屋的结构布置

多层砌体房屋的震害统计表明,横墙承重体系抗震性能较好,纵墙承重体系较差。应优先采用横墙或纵横墙混合承重的结构体系,并且多层砌体房屋的结构布置宜符合以下要求:

（1）在平面布置时，纵横向砌体抗震墙宜均匀对称，沿平面内对齐，沿竖向应上下连续，且纵横向墙体的数量不宜相差过大；应避免墙体的高度不一致而造成错层。

（2）楼梯间不应布置在房屋尽端和转角处。

（3）烟道、风道、垃圾道的设置不应削弱墙体，当墙体被削弱时应对墙体刚度采取加强措施，不宜采用无竖向配筋的附墙烟囱及出屋面的烟囱。

（4）当房屋立面高差大于 6 m、房屋有错层且楼板高差大于层高的 1/4，或房屋的各部分结构刚度及质量截然不同时，应设置抗震缝，缝两侧均应设置墙体，缝宽应根据烈度和房屋高度确定，可采用 70～100 mm。

（5）不应采用无锚固的钢筋混凝土预制挑檐。

26.2.3　多层砌体房屋抗震构造措施

为了加强房屋的整体性，提高结构的延性和抗震性能，除进行抗震验算以保证结构具有足够的承载能力外，《建筑抗震设计规范》（GB 50011—2010）和《砌体结构设计规范》（GB 50003—2011）还规定了墙体的一系列抗震构造措施。

微课84

多层砌体房屋
抗震构造措施

1. 构造柱

（1）钢筋混凝土构造柱的设置

钢筋混凝土构造柱，是指先砌筑墙体，而后在墙体两端或纵横墙交接处现浇的钢筋混凝土柱。唐山地震震害分析和近年来的试验表明：钢筋混凝土构造柱可以明显提高房屋的抵抗变形能力，增加建筑物的延性，提高建筑物的抗侧移能力，防止或延缓建筑物在地震影响下发生突然倒塌，减轻建筑物的损坏程度。因此应根据房屋的用途、结构部位的重要性、设防烈度等条件，将构造柱设置在震害较重、连接比较薄弱、易产生应力集中的部位。

对于多层普通砖、多孔砖房应按下列要求设置钢筋混凝土构造柱。

①构造柱设置部位，一般情况下应符合表 26-5 的要求。

表 26-5　　　　　　　　　砖房构造柱的设置要求

房 屋 层 数				设 置 部 位	
6 度	7 度	8 度	9 度	楼、电梯间的四角处，楼梯斜梯段上下端对应的墙体处；外墙四角和对应转角处；错层部位横墙与外纵墙交接处；大房间内外墙交接处；较大洞口两侧处	
≤五	≤四	≤三			隔 12 m 或单元横墙与外纵墙的交接处；楼梯间对应的另一侧内横墙与外纵墙交接处
六	五	四	二		隔开间横墙（轴线）与外纵墙交接处，山墙与内纵墙交接处
七	六、七	五、六	三、四		内墙（轴线）与外纵墙交接处；内墙的局部较小墙垛处，内纵墙与横墙（轴线）交接处

②外廊式和单面走廊式的多层房屋，应根据房屋增加一层后的层数，按表 26-5 的要求设置构造柱；且单面走廊两侧的纵墙均应按外墙处理。

③教学楼、医院等横墙较少的房屋，应根据房屋增加一层后的层数，按表 26-5 的要求设置构造柱；当教学楼、医院的横墙较少的房屋为外廊式或单面走廊式时，应按表 26-5 中第 2 款要求设置构造柱，但 6 度不超过四层、7 度不超过三层和 8 度不超过二层时，应按增加两层后的层数对待。

（2）构造柱的构造要求（图 26-6）

①构造柱的最小截面可采用 240 mm×180 mm。目前在实际应用中，一般构造柱截面多取 240 mm×240 mm。纵向钢筋宜采用 4Φ12，箍筋直径可采用 6 mm，其间距不宜大于 250 mm，且在柱的上下端宜适当加密；6、7 度时超过六层，8 度时超过五层和 9 度时，构造柱纵向钢筋宜采用 4Φ14，箍筋间距不应大于 200 mm；房屋四角的构造柱可适当加大截面及配筋。

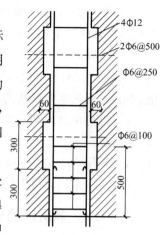

图 26-6　砖墙与构造柱

②钢筋混凝土构造柱必须先砌墙，后浇柱，构造柱与墙连接处应砌成马牙槎，并应沿墙高每隔 500 mm，设 2Φ6 水平钢筋和 Φ4 分布短筋平面内点焊组成的拉结网片或 Φ4 点焊钢筋网片，每边伸入墙内不宜小于 1.0 m。但当墙上门窗洞边到构造柱边（即墙马牙槎外齿边）的长度小于 1.0 m 时，则伸至洞边上。6、7 度时，底部 1/3 楼层，8 度时，底部 1/2 楼层，9 度时，全楼层，上述拉结钢筋和网片应沿墙体水平通长设置。

③构造柱应与圈梁连接，以增加构造柱的中间支点。构造柱与圈梁连接处，构造柱的纵筋应在圈梁纵筋内侧穿过，保证构造柱纵筋上下贯通。

④构造柱可不单独设置基础，但应伸入室外地面下 500 mm 或与埋深小于 500 mm 的基础圈梁相连。

2. 圈梁

抗震设防的房屋圈梁的设置应符合《建筑抗震设计规范》（GB 50011—2010）的要求：

（1）装配式钢筋混凝土楼（屋）盖、木屋盖的砖房按表 26-6 的要求设置圈梁。纵墙承重时抗震横墙上的圈梁间距应比表内规定适当加密。现浇或装配整体式钢筋混凝土楼（屋）盖与墙体有可靠连接的房屋可不另设圈梁，但楼板沿抗震墙体周边均应加强配筋并应与相应的构造柱钢筋可靠连接。

圈梁的截面高度不应小于 120 mm，配筋应符合表 26-6 的要求。为了加强基础的整体性和刚性而增设的基础圈梁，其截面高度不应小于 180 mm，纵筋不应小于 4Φ12。

（2）多层砌块房屋均应按表 26-7 的要求来设置现浇钢筋混凝土圈梁，圈梁宽度不小于 190 mm，配筋不应小于 4Φ12，箍筋间距不应大于 200 mm。

表 26-6　　　　　　　　　　　　砖房现浇钢筋混凝土圈梁设置要求

墙 类 别	地 震 烈 度		
	6 度、7 度	8 度	9 度
外墙和内纵墙	屋盖处和每层楼盖处	屋盖处和每层楼盖处	屋盖处和每层楼盖处
内横墙	同上，屋盖处间距不大于 4.5 m，楼盖处间距不大于 7.2 m，构造柱对应部位	同上，各层所有横墙，且间距不大于 4.5 m，构造柱对应部位	同上，各层所有横墙处

表 26-7 砖房圈梁配筋要求

配 筋	地 震 烈 度		
	6度、7度	8度	9度
最小纵筋	4ϕ10	4ϕ12	4ϕ14
最大箍筋间距/mm	250	200	150

26.3 过梁、墙梁、挑梁及雨篷

26.3.1 过 梁

为了承受门窗洞口上部墙体的重力和楼盖传来的荷载,并将其传给洞口两侧的墙体而设置的横梁称为过梁。

1.过梁的种类及构造

(1)砖砌平拱过梁

砖砌平拱是指将砖竖立或侧立构成跨越洞口的过梁,其跨度不宜超过 1.2 m。

(2)砖砌弧拱过梁

砖砌弧拱是指将砖竖立或侧立成弧形跨越洞口的过梁,当矢高 $f=(1/8\sim1/12)l_n$ 时,$l_n=2.5\sim3.0$ m;矢高 $f=(1/5\sim1/6)l_n$ 时,$l_n=3.0\sim4.0$ m,此种形式过梁由于施工复杂,目前很少采用。

(3)钢筋砖过梁

钢筋砖过梁是指在洞口顶面砖砌体下的水平灰缝内配置纵向受力钢筋而形成的过梁,其净跨 l_n 不宜超过 1.5 m。

(4)钢筋混凝土过梁

钢筋混凝土过梁是采用较普遍的一种,可现浇,也可预制。其断面形式有矩形和 L 形。

目前常用的有钢筋砖过梁和钢筋混凝土过梁两种形式,如图 26-7 所示。

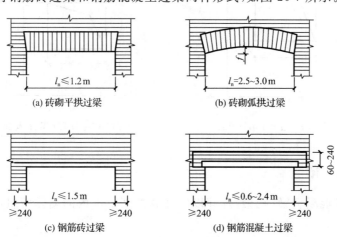

图 26-7 过梁的常用类型

2. 过梁的计算要点

过梁的工作不同于一般的简支梁,砖砌过梁由于过梁与其上部砌体及墙间砌成一整体,彼此共同工作,这样上部砌体不仅仅是过梁的荷载,而且,由于它本身的整体性而具有拱的作用,即部分荷载通过这种拱的作用直接传递到窗间墙上,从而减轻过梁的荷载。对于钢筋混凝土过梁,其受力状态类似于墙梁中的托梁,处于偏心受拉状态。但工程上由于过梁的跨度通常不大,故将过梁按简支梁计算,并通过调整荷载的取值来考虑其有利影响。

(1)过梁上的荷载

作用在过梁上的荷载有一定高度内的砌体自重和过梁计算高度范围内的梁、板传来的荷载。

①墙体荷载(图 26-8):对于砖砌体,当过梁上的墙体高度 $h_w < l_n/3$ 时,应按墙体的均布自重采用,否则应按高度为 $l_n/3$ 墙体的均布自重来采用。对于砌块砌体,当过梁上的墙体高度 $h_w < l_n/2$ 时,应按墙体的均布自重采用,否则应按高度为 $l_n/2$ 墙体的均布自重采用。

②梁、板荷载(图 26-9):砖和砌块砌体,当梁、板下的墙体高度 $h_w < l_n$(l_n 为过梁的净跨)时,应计入梁、板传来的荷载,否则可不考虑梁、板传来的荷载。

(2)过梁的计算

按钢筋混凝土受弯构件计算,同时应验算过梁梁端支承处的砌体局部承压。

3. 钢筋混凝土过梁通用图集

钢筋混凝土过梁分为现浇过梁和预制过梁,预制过梁一般为标准构件,全国和各地区均有标准图集。

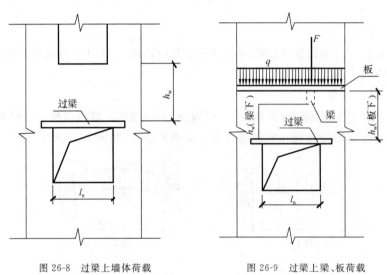

图 26-8 过梁上墙体荷载   图 26-9 过梁上梁、板荷载

26.3.2 墙 梁

墙梁是由钢筋混凝土梁(托梁)及其以上计算高度范围内的墙体所组成的组合构件,如图 26-10 所示。

1. 墙梁的种类

墙梁按是否承受楼屋盖荷载分为承重墙梁和自承重墙梁。前者除承受托梁和墙体自重外,还承受楼盖和屋盖荷载等。墙梁按支承形式分为简支墙梁、连续墙梁和框支墙梁。若按墙

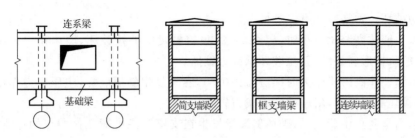

图 26-10 墙梁

梁中墙体计算高度范围内有无洞口分为有洞口墙梁和无洞口墙梁两种。墙梁中用于承托砌体墙和楼（屋）盖的钢筋混凝土简支梁、连续梁或框架梁，称为托梁。墙梁支座处与墙体垂直连接的纵向落地墙体，称为翼墙。多层混合结构中的商店、住宅，通常采用在二层楼盖处设置承重墙梁来解决低层大空间，上部小房间的矛盾。单层工业厂房围护墙的基础梁、连系梁也是典型的自承重墙梁的托梁。

采用烧结普通砖砌体、混凝土普通砖砌体、混凝土多孔砖砌体和混凝土砌块砌体的墙梁设计应符合表 26-8 的规定。墙梁计算高度范围内每跨允许设置一个洞口；洞口边缘至支座的中心距 a_i，距边支座不应小于 $0.15l_{0i}$。对于多层房屋的墙梁，各层洞口宜设置在相同的位置且宜上下对齐。墙梁的计算跨度 l_{0i}，对于简支墙梁和连续墙梁取 $1.1l_{ni}$ 或 $1.1l_{ni}$ 和 l_{ci} 两者较小值；l_{ni} 为净跨，l_{ci} 为支座中心线距离。对于框支墙梁取框架柱中心线间的距离 l_{ci}。墙体计算高度 h_w，取托梁顶面上一层墙体高度，当 $h_w > l_0$ 时，取 $h_w = l_0$（对连续墙梁或多跨框支墙梁 l_0 取各跨的平均值）。

表 26-8   墙梁设计一般规定

墙梁类型	墙体总高/m	跨度/m	墙体高跨比 (h_w/l_{0i})	托梁高跨比 (h_b/l_{0i})	洞宽比 (b_h/l_{0i})	洞高 h_h
承重墙梁	≤18	≤9	≥0.4	≥1/10	≤0.3	≤$5h_w/6$ 且 $h_w - h_h ≥ 0.4$ m
自承重墙梁	≤18	≤12	≥1/3	≥1/15	≤0.8	

注：①墙体总高度指托梁顶面到檐口的高度，带阁楼的坡屋面应算到山尖墙 1/2 高度处。

②对自承重墙梁，洞口至边支座中心的距离不宜小于 $0.1l_{0i}$。门窗洞上口至墙顶的距离不应小于 0.5 m。

③h_w—墙体计算高度；h_b—托梁截面高度；l_{0i}—墙梁计算跨度；b_h—洞口宽度；h_h—洞口高度，对于窗洞取洞顶至托梁顶面距离。

2. 墙梁的受力特点

试验表明，对于简支墙梁，当无洞口和跨中开洞墙梁，作用于简支墙梁顶面的荷载通过墙体拱的作用向支座传递。此时托梁上、下部钢筋全部受拉，沿跨度方向钢筋应力分布比较均匀，处于小偏心受拉状态。托梁与计算高度范围内的墙体组成一拉杆拱机构。

偏开洞墙梁，由于墙梁顶部荷载通过墙体的大拱和小拱作用向两端支座及托梁传递。托梁既作为大拱的拉杆承受拉力，又作为小拱一端的弹性支座，承受小拱传来的竖向压力，产生较大的弯矩，一般处于大偏心受拉状态。托梁与计算范围内的墙体组成梁-拱组合受力机构。

而连续墙梁的托梁与计算高度范围内的墙体组成了连续组合拱受力体系。托梁大部分区段处于偏心受拉状态，而托梁中间支座附近小部分区段处于偏心受压状态，框支墙梁将形成框架组合拱结构，托梁的受力与连续墙梁类似。

墙梁可能发生的破坏形态主要有三种：

（1）弯曲破坏。

（2）剪切破坏。剪切破坏有三种情况：

第一种，当墙体高跨比较小时（$h_w/L_0 < 0.5$）容易发生斜拉破坏，墙体在主拉应力作用下产生沿灰缝的阶梯形斜裂缝，斜拉破坏承载力较低。

第二种，当墙体高跨比较大时（$h_w/L_0 > 0.5$），容易发生斜压破坏，主压应力作用下沿支座斜上方形成较陡的斜裂缝，斜压破坏承载力较高。

第三种，当承受集中荷载时，破坏斜裂缝发生在支座和集中荷载作用点的连线上，破坏呈脆性，这种破坏称劈裂破坏。

（3）局压破坏。

3. 墙梁的构造要求

墙梁应满足如下基本构造要求：

（1）托梁和框支柱的混凝土强度等级不应低于 C30。

（2）托梁每跨底部的纵向受力钢筋应通长设置，不应在跨中弯起或截断；钢筋应采用机械连接或焊接。

（3）承重墙梁的托梁纵向钢筋配筋率，不应小于 0.6%。

（4）托梁上部通长布置的纵筋面积与跨中下部纵筋面积之比值不应小于 0.4；当托梁截面高度大于或等于 450 mm 时，应沿梁高设置通长水平腰筋，其直径不应小于 12 mm，间距不应大于 200 mm。

（5）承重墙梁的托梁在砌体墙、柱上的支承长度不应小于 350 mm；托梁纵向受力钢筋应伸入支座并应满足受拉钢筋的锚固要求。

（6）承重墙梁的块体强度等级不应低于 MU10，计算高度范围内墙体的砂浆强度等级不应低于 M10（Mb10）。

（7）墙梁的计算高度范围内的墙体厚度，对砖砌体不应小于 240 mm，对混凝土砌块砌体不应小于 190 mm。

（8）墙梁开洞时，应在洞口上方设置钢筋混凝土过梁，过梁支承长度不应小于 240 mm；在洞口范围内不应施加集中荷载。

（9）承重墙梁的支座处应设置落地翼墙，翼墙厚度，对砖砌体不应小于 240 mm，对混凝土砌块砌体不应小于 190 mm，翼墙宽度不应小于 3 倍墙梁墙厚，墙梁墙体与翼墙应同时砌筑。当不能设置翼墙时，应设置落地且上下贯通的混凝土构造柱。

（10）墙梁计算高度范围内的墙体，每天可砌高度不应超过 1.5 m，否则应加设临时支撑。

26.3.3 挑 梁

在砌体结构房屋中，一端埋入墙内，另一端悬挑在墙外的钢筋混凝土梁，称为挑梁。

挑梁可能发生的破坏形态有以下三种：

①挑梁倾覆破坏：挑梁倾覆力矩大于抗倾覆力矩，挑梁尾端墙体斜裂缝不断开展，挑梁绕倾覆点发生倾覆破坏。

②梁下砌体局部受压破坏：当挑梁埋入墙体较深、梁上墙体高度较大时，挑梁下靠近墙边小部分砌体由于压应力过大而发生局部受压破坏。

③挑梁弯曲破坏或剪切破坏。

26.3.4 雨 篷

雨篷是建筑入口处和顶层阳台上部用来遮挡雨雪、保护外门免受雨淋的构件。它与建筑类型、风格、体型有关。雨篷常为现浇,由雨篷板和雨篷梁两部分组成。

现浇雨篷的雨篷板为悬臂板,其悬挑长度由建筑要求来确定。一般为 $600 \sim 1\ 200$ mm。其厚度一般做成变截面厚度的,其根部厚度不小于 $l_n/10$(l_n 为板挑出长度),且不小于 80 mm,板端不小于 60 mm。雨篷梁两端伸入墙内的支承长度不小于 370 mm。

本章小结

1.砌体结构房屋的结构布置方案:纵墙承重方案、横墙承重方案、纵横墙承重方案和内框架承重方案。

2.砌体结构的构造要求是保证结构正常工作的合理措施,应熟练掌握并正确应用。

3.对于多层砌体房屋的设计,主要考虑层数和总高度、最大高宽比限制、抗震横墙间距、房屋的局部尺寸限制及其结构布置。

4.砌体结构房屋中,在墙体内沿水平方向设置的连续的、封闭的钢筋混凝土梁,称为圈梁。圈梁的主要作用是增强房屋的整体性和空间刚度,防止由于地基不均匀沉降或较大震动荷载等对房屋的不利影响。在各类房屋砌体结构中均应按规定设置圈梁。

5.钢筋混凝土构造柱,是指先砌筑墙体,而后在墙体两端或纵横墙交接处现浇的钢筋混凝土柱。钢筋混凝土构造柱可以提高房屋的抵抗变形能力,增加建筑物的延性,提高建筑物的抗侧移能力,防止或延缓建筑物在地震影响下发生突然倒塌,或减轻建筑物的损坏程度。应根据房屋的用途、结构部位的重要性和设防烈度等条件,将构造柱设置在震害较重、连接比较薄弱、易产生应力集中的部位。

6.圈梁、过梁、墙梁、挑梁和雨篷等是砌体结构房屋中的常见构件,是由钢筋混凝土梁或砌体梁与其上墙体组合而成的混合结构,其特点是墙与梁共同工作。

复习思考题

26-1 砌体结构房屋的承重体系有哪几种承重方案?其特点是什么?

26-2 砌块砌体结构的构造要求有哪些?

26-3 多层砌体房屋的墙体裂缝有哪几种?

26-4 防止收缩和温差引起的墙体裂缝有哪些主要措施?

26-5 圈梁有什么作用?简述圈梁的设置原则。

26-6 多层砌体结构的抗震设计规定有哪些?

26-7 构造柱有什么作用?简述构造柱的设置原则。

26-8 圈梁的构造要求有哪些?

26-9 构造柱的构造要求有哪些?

参考文献

1.《钢结构设计标准》(GB 50017—2017).北京:中国建筑工业出版社,2017

2.《装配式混凝土结构技术规程》(JGJ 1—2014).北京:中国建筑工业出版社,2014

3.《混凝土结构工程施工规范》(GB 50666—2011).北京:中国建筑工业出版社,2012

4.《混凝土结构设计规范》(2015 年版)(GB 50010—2010).北京:中国建筑工业出版社,2010

5.《建筑抗震设计规范》(附条文说明)(2016 年版)(GB 50011—2010).北京:中国建筑工业出版社,2010

6.《砌体结构设计规范》(GB 50003—2011).北京:中国计划出版社,2012

7.《建筑结构荷载规范》(GB 50009—2012).北京:中国建筑工业出版社,2012

8.《厂房建筑模数协调标准》(GB 50006—2010).北京:中国计划出版社,2011

9.《砌体结构工程施工质量验收规范》(GB 50203—2011).北京:中国建筑工业出版社,2012

10.《钢结构焊接规范》(GB 50661—2011).北京:中国建筑工业出版社,2012

11.《建筑结构制图标准》(GB/T 50105—2010).北京:中国建筑工业出版社,2011

12.《热轧 H 型钢和剖分 T 型钢》(GB/T 11263—2017).北京:中国标准出版社,2017

13.《低合金高强度结构钢》(GB/T 1591—2008).北京:中国标准出版社,2009

14.《焊缝符号表示法》(GB/T 324—2008).北京:中国标准出版社,2008

15.《碳素结构钢》(GB/T 700—2006)).北京:中国标准出版社,2007

16.《钢筋焊接网混凝土结构技术规程》(JGJ 114—2014).北京:中国建筑工业出版社,2014

17.《钢筋连接用灌浆套筒》(JG/T 398—2012).北京:中国标准工业出版社,2013

18.《钢筋连接用套筒灌浆料》(JG/T 408—2013).北京:中国标准出版社,2013

19.《钢筋机械连接技术规程》(JGJ 107— 2016).北京:中国建筑工业出版社,2016

20.《钢筋锚固板应用技术规程》(JGJ 256—2011).北京:中国建筑工业出版社,2012

21.《钢筋焊接及验收规程》(JGJ 18—2012).北京:中国建筑工业出版社,2012

22.《普通混凝土拌合物性能试验方法标准》(GB/T 50080—2016).北京:中国建筑工业出版社,2017

23.《水泥基灌浆材料应用技术规范》(GB/ T 50448—2015).北京:中国建筑工业出版社,2015

24.《混凝土外加剂匀质性试验方法》(GB/T 8077—2012).北京:中国标准出版社,2013

25.《普通混凝土力学性能试验方法标准》(GB/T 50081—2002).北京:中国建筑工业出版社,2003

26.《钢筋混凝土用钢》(GB 1499.1—2017).北京:中国标准出版社,2017

27.《钢筋混凝土用钢》(GB 1499.2—2018).北京:中国标准出版社,2018

28.《建筑结构用钢板》(GB/T 19879—2015).北京:中国标准出版社,2016

29.《高层建筑混凝土结构技术规程》(JGJ 3—2010).北京:中国建筑工业出版社,2011

30.中国建筑标准设计研究院.混凝土结构施工图平面整体表示方法制图规则和构造详图(11G101—2).北京:中国计划出版社,2011

31.宋群,宗兰.建筑结构(下册)(第二版).北京:机械工业出版社,2008

32.宗兰,宋群.建筑结构(上册)(第二版).北京:机械工业出版社,2010

33.胡兴福.建筑结构(第三版)[M].北京:中国建筑工业出版社,2014

34.茅洪斌.钢筋翻样方法及实例[M].北京:中国建筑工业出版社,2009

附 录

附表 A 混凝土部分附表

附表 A-1　　混凝土强度标准值　　N/mm²

强度种类	混凝土强度等级													
	C15	C20	C25	C30	C35	C40	C45	C50	C55	C60	C65	C70	C75	C80
f_{ck}	10.0	13.4	16.7	20.1	23.4	26.8	29.6	32.4	35.5	38.5	41.5	44.5	47.4	50.2
f_{tk}	1.27	1.54	1.78	2.01	2.20	2.39	2.51	2.64	2.74	2.85	2.93	2.99	3.05	3.11

附表 A-2　　混凝土强度设计值　　N/mm²

强度种类	混凝土强度等级													
	C15	C20	C25	C30	C35	C40	C45	C50	C55	C60	C65	C70	C75	C80
f_c	7.2	9.6	11.9	14.3	16.7	19.1	21.1	23.1	25.3	27.5	29.7	31.8	33.8	35.9
f_t	0.91	1.10	1.27	1.43	1.57	1.71	1.80	1.89	1.96	2.04	2.09	2.14	2.18	2.22

附表 A-3　　混凝土弹性模量　　×10⁴ N/mm²

混凝土强度等级	C15	C20	C25	C30	C35	C40	C45	C50	C55	C60	C65	C70	C75	C80
E_c	2.20	2.55	2.80	3.00	3.15	3.25	3.35	3.45	3.55	3.60	3.65	3.70	3.75	3.80

注:1. 当有可靠试验依据时,弹性模量可根据试验实测数据确定。

　　2. 当混凝土中掺有大量矿物掺和料时,弹性模量可按规定龄期根据实测值确定。

附表 A-4　　普通钢筋强度标准值、设计值　　N/mm²

牌号	符号	公称直径 d/mm	屈服强度标准值 f_{yk}	极限强度标准值 f_{stk}	抗拉强度设计值 f_y	抗压强度设计值 f_y'
HPB300	Φ	6~14	300	420	270	270
HRB335	Φ	6~16	335	455	300	300
HRB400 HRBF400 RRB400	Φ ΦF ΦR	6~50	400	540	360	360
HRB500 HRBF500	Φ ΦF	6~50	500	630	435	435

附表 A-5 　　　　　　　　　预应力钢筋强度标准值、设计值　　　　　　　　　　　　N/mm²

种类		符号	公称直径 d(mm)	屈服强度标准值 f_{pyk}	极限强度标准值 f_{ptk}	抗拉强度设计值 f_{py}	抗压强度设计值 f'_{py}
中强度预应力钢丝	光面螺旋肋	Φ^{PM} Φ^{HM}	5、7、9	620	800	510	410
				780	970	650	
				980	1 270	810	
预应力螺纹钢筋	螺纹	Φ^{T}	18、25、32、40、50	785	980	650	400
				930	1 080	770	
				1 080	1 230	900	
消除应力钢丝	光面螺旋肋	Φ^{P} Φ^{H}	5	—	1 570	1 110	410
				—	1 860	1 320	
			7	—	1 570	1 110	
			9	—	1 470	1 040	
				—	1 570	1 110	
钢绞线	1×3 (三股)	Φ^{S}	8.6	—	1 570	1 110	390
			10.8	—	1 860	1 320	
			12.9	—	1 960	1 390	
	1×7 (七股)		9.5	—	1 720	1 220	
			12.7 15.2	—	1 860	1 320	
			17.8	—	1 960	1 390	
			21.6	—	1 860	1 320	

附表 A-6 　　　　　　　普通钢筋及预应力钢筋在最大力下的总伸长率最小限值

钢筋品种	普通钢筋			预应力钢筋
	HPB300	HRB335、HRB400、HRBF400、HRB500、HRBF500	RRB400	
$\delta_{gt}/\%$	10.0	7.5	5.0	3.5

附表 A-7 　　　　　　　　　　　钢筋的弹性模量 E_s 　　　　　　　　　　　$\times 10^5$ N/mm²

牌号或种类	弹性模量 E_s
HPB300 钢筋	2.10
HRB335、HRB400、HRB500、HRBF400、HRBF500、RRB400 钢筋、预应力螺纹钢筋	2.00
消除应力钢丝、中强度预应力钢丝	2.05
钢绞线	1.95

注：必要时可采用实测的弹性模量。

附表 A-8　　　　　　　　　　　混凝土保护层最小厚度 c　　　　　　　　　　mm

环境类别	板、墙、壳	梁、柱、杆
一	15	20
二 a	20	25
二 b	25	35
三 a	30	40
三 b	40	50

注:1.混凝土强度等级不大于 C25 时,表中保护层厚度数值增加 5 mm。

　　2.钢筋混凝土基础宜设置混凝土垫层,基础中钢筋的混凝土保护层厚度应从垫层顶面算起,且不应小于 40 mm。

附表 A-9　　　　　　　　　　　混凝土结构的环境类别

环境类别	条　件
一	室内干燥环境;无侵蚀性静水浸没环境
二 a	室内潮湿环境;非严寒和非寒冷地区的露天环境;非严寒和非寒冷地区与无侵蚀性的水或土壤直接接触的环境;严寒和寒冷地区的冰冻线以下与无侵蚀性的水或土壤直接接触的环境
二 b	干湿交替环境;水位频繁变动环境;严寒和寒冷地区的露天环境;严寒和寒冷地区的冰冻线以上与无侵蚀性的水或土壤直接接触的环境
三 a	严寒和寒冷地区冬季水位变动区环境;受除冰盐影响环境;海风环境
三 b	盐渍土环境;受除冰盐作用环境;海岸环境
四	海水环境
五	受人为或自然的侵蚀性物质影响的环境

注:1.室内潮湿环境是指构件表面经常处于结露或湿润状态的环境。

　　2.严寒和寒冷地区的划分应符合现行国家标准《民用建筑热工设计规范》(GB 50176—2016)的有关规定。

　　3.海岸环境和海风环境宜根据当地情况,考虑主导风向及结构所处迎风、背风部位等因素的影响,由调查研究和工程经验确定。

　　4.受除冰盐影响环境是指受到除冰盐、盐雾影响的环境;受除冰盐作用环境是指被除冰盐溶液溅射的环境以及使用除冰盐地区的洗车房、停车楼等建筑。

　　5.暴露的环境是指混凝土结构表面所处的环境。

附表 A-10　　　　　　钢筋混凝土结构构件中纵向受力钢筋的最小配筋百分率　　　　　　%

受力类型			最小配筋百分率
受压构件	全部纵向钢筋	强度等级 500 MPa	0.50
		强度等级 400 MPa	0.55
		强度等级 300 MPa、335 MPa	0.60
	一侧纵向钢筋		0.20
受弯构件及偏心受拉、轴心受拉构件一侧的受拉钢筋			0.2 和 $45f_t/f_y$ 中的较大值

注:1.受压构件全部纵向钢筋最小配筋百分率,当采用 C60 以上强度等级的混凝土时,应按表中规定增加 0.01。

2. 板类受弯构件(不包含悬臂板)的受拉钢筋,当采用强度等级 400 MPa、500 MPa 的钢筋时,其最小配筋百分率应允许采用 0.15 和 $45f_t/f_y$ 中的较大值。

3. 偏心受拉构件中的受压钢筋,应按受压构件一侧纵向钢筋考虑。

4. 受压构件的全部纵向钢筋和一侧纵向钢筋的配筋率以及轴心受拉构件和小偏心受拉构件一侧受拉钢筋的配筋率应按构件的全截面面积计算。

5. 受弯构件、大偏心受拉构件一侧受拉钢筋的配筋率应按全截面面积扣除受压翼缘面积 $(b_f'-b)h_f'$ 后的截面面积计算。

6. 当钢筋沿构件截面周边布置时,"一侧纵向钢筋"系指沿受力方向两个对边中的一边布置的纵向钢筋。

附表 A-11   钢筋混凝土矩形截面受弯构件正截面受弯承载力计算系数表

α_s	ξ	γ_s	α_s	ξ	γ_s
0.010	0.01	0.995	0.262	0.31	0.845
0.020	0.02	0.990	0.269	0.32	0.840
0.030	0.03	0.985	0.275	0.33	0.835
0.039	0.04	0.980	0.282	0.34	0.830
0.048	0.05	0.975	0.289	0.35	0.825
0.058	0.06	0.970	0.295	0.36	0.820
0.067	0.07	0.965	0.301	0.37	0.815
0.077	0.08	0.960	0.309	0.38	0.810
0.085	0.09	0.955	0.314	0.39	0.805
0.095	0.10	0.950	0.320	0.40	0.800
0.104	0.11	0.945	0.326	0.41	0.795
0.113	0.12	0.940	0.332	0.42	0.790
0.121	0.13	0.935	0.337	0.43	0.785
0.130	0.14	0.930	0.343	0.44	0.780
0.139	0.15	0.925	0.349	0.45	0.775
0.147	0.16	0.920	0.354	0.46	0.770
0.155	0.17	0.915	0.359	0.47	0.765
0.164	0.18	0.910	0.365	0.48	0.760
0.172	0.19	0.905	0.366	0.482	0.759
0.180	0.20	0.900	0.370	0.49	0.755
0.188	0.21	0.895	0.375	0.50	0.750
0.196	0.22	0.890	0.380	0.51	0.745
0.203	0.23	0.885	0.384	0.518	0.741
0.211	0.24	0.880	0.385	0.52	0.740
0.219	0.25	0.875	0.390	0.53	0.735
0.226	0.26	0.870	0.394	0.54	0.730
0.234	0.27	0.865	0.400	0.55	0.725
0.241	0.28	0.860	0.403	0.56	0.720
0.248	0.29	0.855	0.408	0.57	0.715
0.255	0.30	0.850	0.410	0.576	0.712

注:当混凝土强度等级为 C50 及以下时,$\xi_b=0.576$、0.55、0.518、0.482 分别为(HPB300)、(HRB335)、(HRB400,HRBF400,RRB400)和(HRB500,HRBF500)钢筋的界限相对受压区高度。

附表 A-12 　　　　　　　钢筋的公称直径、公称截面面积及理论质量

公称直径/mm	不同根数钢筋的公称截面面积/mm²									单根钢筋理论质量/(kg·m⁻¹)
	1	2	3	4	5	6	7	8	9	
6	28.3	57	85	113	142	170	198	226	255	0.222
8	50.3	101	151	201	252	302	352	402	453	0.395
10	78.5	157	236	314	393	471	550	628	707	0.617
12	113.1	226	339	452	565	678	791	904	1 017	0.888
14	153.9	308	461	615	769	923	1 077	1 231	1 385	1.21
16	201.1	402	603	804	1 005	1 206	1 407	1 608	1 809	1.58
18	254.5	509	763	1 017	1 272	1 527	1 781	2 036	2 290	2.00(2.11)
20	314.2	628	942	1 256	1 570	1 884	2 199	2 513	2 827	2.47
22	380.1	760	1 140	1 520	1 900	2 281	2 661	3 041	3 421	2.98
25	490.9	982	1 473	1 964	2 454	2 945	3 436	3 927	4 418	3.85(4.10)
28	615.8	1 232	1 847	2 463	3 079	3 695	4 310	4 926	5 542	4.83
32	804.2	1 609	2 413	3 217	4 021	4 826	5 630	6 434	7 238	6.31(6.65)
36	1 017.9	2 036	3 054	4 072	5 089	6 107	7 125	8 143	9 161	7.99
40	1 256.6	2 513	3 770	5 027	6 283	7 540	8 796	10 053	11 310	9.87(10.34)
50	1 963.5	3 928	5 892	7 856	9 820	11 784	13 748	15 712	17 676	15.42(16.28)

附表 A-13 　　　　　　　每米板宽内的钢筋截面面积

钢筋间距/mm	当钢筋直径为下列数值时的钢筋截面面积/mm²										
	6	6/8	8	8/10	10	10/12	12	12/14	14	14/16	16
70	404	561	719	920	1 121	1 369	1 616	1 908	2 199	2 536	2 872
75	377	524	671	859	1 047	1 277	1 508	1 780	2 053	2 367	2 681
80	354	491	629	805	981	1 198	1 414	1 669	1 924	2 218	2 513
85	333	462	592	758	924	1 127	1 331	1 571	1 811	2 088	2 365
90	314	437	559	716	872	1 064	1 257	1 484	1 710	1 972	2 234
95	298	414	529	678	826	1 008	1 190	1 405	1 620	1 868	2 116
100	283	393	503	644	785	958	1 131	1 335	1 539	1 775	2 011
110	257	357	457	585	714	871	1 028	1 214	1 399	1 614	1 828
120	236	327	419	537	654	798	942	1 112	1 283	1 480	1 676
125	226	314	402	515	628	766	905	1 068	1 232	1 420	1 608
130	218	302	387	495	604	737	870	1 027	1 184	1 366	1 547
140	202	282	359	460	561	684	808	954	1 100	1 268	1 436
150	189	262	335	429	523	639	754	890	1 026	1 183	1 340
160	177	246	314	403	491	599	707	834	962	1 110	1 257
170	166	231	296	379	462	564	665	786	906	1 044	1 183
180	157	218	279	358	436	532	628	742	855	985	1 117
190	149	207	265	339	413	504	595	702	810	934	1 058
200	141	196	251	322	393	479	565	668	770	888	1 005
220	129	178	228	292	357	436	514	607	700	807	914
240	118	164	209	268	327	399	471	556	641	740	838
250	113	157	201	258	314	383	452	534	616	710	804
260	109	151	193	248	302	368	435	514	592	682	773
280	101	140	180	230	281	342	404	477	550	634	718
300	94	131	168	215	262	320	377	445	513	592	670
320	88	123	157	201	245	299	353	417	481	554	628

注:表中钢筋直径 6/8、8/10 等指两种直径钢筋间隔放置。

建筑结构

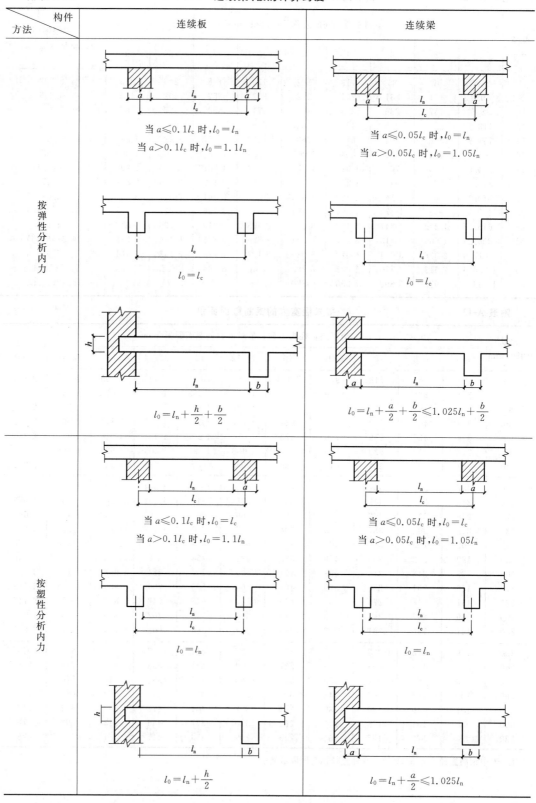

方法 构件	连续板	连续梁
按弹性分析内力	当 $a \leqslant 0.1l_c$ 时，$l_0 = l_n$ 当 $a > 0.1l_c$ 时，$l_0 = 1.1l_n$	当 $a \leqslant 0.05l_c$ 时，$l_0 = l_n$ 当 $a > 0.05l_c$ 时，$l_0 = 1.05l_n$
	$l_0 = l_c$	$l_0 = l_c$
	$l_0 = l_n + \dfrac{h}{2} + \dfrac{b}{2}$	$l_0 = l_n + \dfrac{a}{2} + \dfrac{b}{2} \leqslant 1.025l_n + \dfrac{b}{2}$
按塑性分析内力	当 $a \leqslant 0.1l_c$ 时，$l_0 = l_c$ 当 $a > 0.1l_c$ 时，$l_0 = 1.1l_n$	当 $a \leqslant 0.05l_c$ 时，$l_0 = l_c$ 当 $a > 0.05l_c$ 时，$l_0 = 1.05l_n$
	$l_0 = l_n$	$l_0 = l_n$
	$l_0 = l_n + \dfrac{h}{2}$	$l_0 = l_n + \dfrac{a}{2} \leqslant 1.025l_n$

附表 A-15　　　　**均布荷载和集中荷载作用下等跨连续梁的内力系数**

1. 在均布及三角形荷载作用下：

$$M = 表中系数 \times ql^2, V = 表中系数 \times ql$$

2. 在集中荷载作用下：

$$M = 表中系数 \times Pl, V = 表中系数 \times P$$

3. 内力正负号规定：

M——使截面上部受压、下部受拉者为正。

V——对邻近截面所产生的力矩沿顺时针方向者为正。

（1）两　跨　梁

荷载图	跨内最大弯矩		支座弯矩	剪　力		
	M_1	M_2	M_B	V_A	V_{BL} V_{BR}	V_C
	0.070	0.070	−0.125	0.375	−0.625 0.625	−0.375
	0.096	−0.025	−0.063	0.437	−0.563 0.063	0.063
	0.048	0.048	−0.078	0.172	−0.328 0.328	−0.172
	0.064	—	−0.039	0.211	−0.289 0.039	0.039
	0.156	0.156	−0.188	0.312	−0.688 0.688	−0.312
	0.203	−0.047	−0.094	0.406	−0.594 0.094	0.094
	0.222	0.222	−0.333	0.667	−1.333 1.333	−0.667
	0.278	−0.056	−0.167	0.833	−1.167 0.167	0.167

（2）三　跨　梁

荷载图	跨内最大弯矩		支座弯矩		剪　力			
	M_1	M_2	M_B	M_C	V_A	V_{BL} V_{BR}	V_{CL} V_{CR}	V_D
	0.080	0.025	−0.100	−0.100	0.400	−0.600 0.500	−0.500 0.600	−0.400
	0.101	−0.050	−0.050	−0.050	−0.450	−0.550 0	0 0.550	−0.450
	−0.025	0.075	−0.050	−0.050	−0.050	−0.050 0.500	−0.500 0.050	0.050
	0.073	0.054	−0.117	−0.033	0.383	−0.617 0.583	−0.417 0.033	0.033

荷载图	跨内最大弯矩		支座弯矩		剪 力			
	M_1	M_2	M_B	M_C	V_A	V_{BL} / V_{BR}	V_{CL} / V_{CR}	V_D
	0.094	—	−0.067	0.017	0.433	−0.567 0.083	0.083 −0.017	−0.017
	0.054	0.021	−0.063	−0.063	0.188	−0.313 0.250	−0.250 0.313	−0.188
	0.068	—	−0.031	−0.031	0.219	−0.281 0	0 0.281	−0.219
	—	0.052	−0.031	−0.031	−0.031	−0.031 0.250	−0.250 0.031	0.031
	0.050	0.038	−0.073	−0.021	0.177	−0.323 0.302	−0.198 0.021	0.021
	0.063	—	−0.042	0.010	0.208	−0.292 0.052	0.052 −0.010	−0.010
	0.175	0.100	−0.150	−0.150	0.350	−0.650 0.500	−0.500 0.650	−0.350
	0.213	−0.075	−0.075	−0.075	0.425	−0.575 0	0 0.575	−0.425
	−0.038	0.175	−0.075	−0.075	−0.075	−0.075 0.500	−0.500 0.075	0.075
	0.162	0.137	−0.175	−0.050	0.325	−0.675 0.625	−0.375 0.050	0.050
	0.200	—	−0.100	0.025	0.400	−0.600 0.125	0.125 −0.025	−0.025
	0.244	0.067	−0.267	−0.267	0.733	−1.267 1.000	−1.000 1.267	−0.733
	0.289	−0.133	−0.133	−0.133	0.866	−1.134 0	0 1.134	−0.866
	−0.044	0.200	−0.133	−0.133	−0.133	−0.133 1.000	−1.000 0.133	0.133
	0.229	0.170	−0.311	−0.089	0.689	−1.311 1.222	−0.778 0.089	0.089
	0.274	—	−0.178	0.044	0.822	−1.178 0.222	0.222 −0.044	−0.044

建筑结构

364

(3) 四 跨 梁

荷载图	跨内最大弯矩				支座弯矩			剪 力				
	M_1	M_2	M_3	M_4	M_B	M_C	M_D	V_A	V_{BL} / V_{BR}	V_{CL} / V_{CR}	V_{DL} / V_{DR}	V_E
（荷载图）	0.077	0.036	0.036	0.077	−0.107	−0.071	−0.107	0.393	−0.607 / 0.536	−0.464 / 0.464	−0.536 / 0.607	−0.393
（荷载图）	0.100	−0.045	0.081	−0.023	−0.054	−0.036	−0.054	0.446	−0.554 / 0.018	0.018 / 0.482	−0.518 / 0.054	0.054
（荷载图）	0.072	0.061	—	0.098	−0.121	−0.018	−0.058	0.380	−0.620 / 0.603	−0.397 / −0.040	−0.040 / 0.558	−0.442
（荷载图）	—	0.056	0.056	—	−0.036	−0.107	−0.036	−0.036	−0.036 / 0.429	−0.571 / 0.571	−0.429 / 0.036	0.036
（荷载图）	0.094	—	—	—	−0.067	0.018	−0.004	0.433	−0.567 / 0.085	0.085 / −0.022	−0.022 / 0.004	0.004
（荷载图）	—	0.071	—	—	−0.049	−0.054	0.013	−0.049	−0.049 / 0.496	−0.504 / 0.067	0.067 / −0.013	−0.013
（荷载图）	0.052	0.028	0.028	0.052	−0.067	−0.045	−0.067	0.183	−0.317 / 0.272	−0.228 / 0.228	−0.272 / 0.317	−0.183
（荷载图）	0.067	—	0.055	—	−0.034	−0.022	−0.034	0.217	−0.284 / 0.011	0.011 / 0.239	−0.261 / 0.034	0.034
（荷载图）	0.049	0.042	—	0.066	−0.075	−0.011	−0.036	0.175	−0.325 / 0.314	−0.186 / 0.025	−0.025 / 0.286	−0.214
（荷载图）	—	0.040	0.040	—	−0.022	−0.067	−0.022	−0.022	−0.022 / 0.205	−0.295 / 0.295	−0.205 / 0.022	0.022

续表

荷载图	跨内最大弯矩				支座弯矩			剪 力				
	M_1	M_2	M_3	M_4	M_B	M_C	M_D	V_A	V_{BL} / V_{BR}	V_{CL} / V_{CR}	V_{DL} / V_{DR}	V_E
	0.063	—	—	—	−0.042	0.011	−0.003	0.208	−0.292 / 0.053	0.053 / −0.014	−0.014 / 0.003	0.003
	—	0.051	—	—	−0.031	−0.034	0.008	−0.031	−0.031 / 0.247	−0.253 / 0.042	0.042 / −0.008	−0.008
	0.169	0.116	0.116	0.169	−0.161	−0.107	−0.161	0.339	−0.661 / 0.554	−0.446 / 0.446	−0.554 / 0.661	−0.339
	0.210	−0.067	0.183	−0.040	−0.080	−0.054	−0.080	0.420	−0.580 / 0.027	0.027 / 0.473	−0.527 / 0.080	0.080
	0.159	0.146	—	0.206	−0.181	−0.027	−0.087	0.319	−0.681 / 0.654	−0.346 / 0.060	−0.060 / 0.587	−0.413
	—	0.142	0.142	—	−0.054	−0.161	−0.054	0.054	−0.054 / 0.393	−0.607 / 0.607	−0.393 / 0.054	0.054
	0.200	—	—	—	−0.100	0.027	−0.007	0.400	−0.600 / 0.127	0.127 / −0.033	−0.033 / 0.007	0.007
	—	0.173	—	—	−0.074	−0.080	0.020	−0.074	−0.074 / 0.493	−0.507 / 0.100	0.100 / −0.020	−0.020
	0.238	0.111	0.111	0.238	−0.286	−0.191	−0.286	0.714	−1.286 / 1.095	−0.905 / 0.905	−1.095 / 1.286	−0.714
	0.286	−0.111	0.222	−0.048	−0.143	−0.095	−0.143	0.857	−1.143 / 0.048	0.048 / 0.952	−1.048 / 0.143	0.143

四跨梁（续）

荷载图	M_1	M_2	M_3	M_4	M_B	M_C	M_D	V_A	V_{BL}/V_{BR}	V_{CL}/V_{CR}	V_{DL}/V_{DR}	V_E
PP PP（集中荷载）	0.226	0.194	—	0.282	−0.321	−0.048	−0.155	0.679	−1.321 / 1.274	−0.726 / −0.107	−0.107 / 1.155	−0.845
PP PP	—	0.175	0.175	—	−0.095	−0.286	−0.095	−0.095	−0.095 / 0.810	−1.190 / 1.190	−0.810 / 0.095	0.095
PP PP	0.274	—	—	—	−0.178	0.048	−0.012	0.822	−1.178 / 0.226	0.226 / −0.060	−0.060 / 0.012	0.012
PP	—	0.198	—	—	−0.131	−0.143	0.036	−0.131	−0.131 / 0.988	−1.012 / 0.178	0.178 / −0.036	−0.036

(4) 五 跨 梁

荷载图	跨内最大弯矩			支座弯矩				剪 力					
	M_1	M_2	M_3	M_B	M_C	M_D	M_E	V_A	V_{BL}/V_{BR}	V_{CL}/V_{CR}	V_{DL}/V_{DR}	V_{EL}/V_{ER}	V_F
$A\,\overset{b}{\triangle}\,B\,C\,D\,E\,F$　$M_1\,M_2\,M_3\,M_4\,M_5$　$l\ l\ l\ l\ l$	0.078	0.033	0.046	−0.105	−0.079	−0.079	−0.105	0.394	−0.606 / 0.526	−0.474 / 0.500	−0.500 / 0.474	−0.526 / 0.606	−0.394
（满跨均布）	0.100	0.079	0.085	−0.053	−0.040	−0.040	−0.053	0.447	−0.553 / 0.013	0.013 / 0.500	−0.500 / −0.013	−0.013 / 0.553	−0.447
	—	—	—	−0.053	−0.040	−0.040	−0.053	−0.053	−0.053 / 0.513	−0.487 / 0	0 / 0.487	−0.513 / 0.053	0.053
	0.073	②0.059 / 0.078	—	−0.119	−0.022	−0.044	−0.051	0.380	−0.620 / 0.598	−0.402 / −0.023	−0.023 / 0.493	−0.507 / 0.052	0.052

续表

荷载图	跨内最大弯矩			支座弯矩				剪 力					
	M_1	M_2	M_3	M_B	M_C	M_D	M_E	V_A	V_{BL} / V_{BR}	V_{CL} / V_{CR}	V_{DL} / V_{DR}	V_{EL} / V_{ER}	V_F
	① — / 0.098	0.055	0.064	−0.035	−0.111	−0.020	−0.057	0.035	0.035 / 0.424	0.576 / 0.591	−0.409 / −0.037	−0.037 / 0.557	−0.443
	0.094	—	—	−0.067	0.018	−0.005	0.001	0.433	0.567 / 0.085	0.086 / 0.023	0.023 / 0.006	0.006 / −0.001	0.001
	—	0.074	—	−0.049	−0.054	0.014	−0.004	0.019	−0.049 / 0.496	−0.505 / 0.068	0.068 / −0.018	−0.018 / 0.004	0.004
	—	—	0.072	0.013	0.053	0.053	0.013	0.013	0.013 / −0.066	−0.066 / 0.500	−0.500 / 0.066	0.066 / −0.013	0.013
	0.053	0.026	0.034	−0.066	−0.049	0.049	−0.066	0.184	−0.316 / 0.266	−0.234 / 0.250	−0.250 / 0.234	−0.266 / 0.316	0.184
	0.067	—	0.059	−0.033	−0.025	−0.025	0.033	0.217	0.283 / 0.008	0.008 / 0.250	−0.250 / −0.006	−0.008 / 0.283	0.217
	—	0.055	—	−0.033	−0.025	−0.025	−0.033	0.033	−0.033 / 0.258	−0.242 / 0	0 / 0.242	−0.258 / 0.033	0.033
	0.049	② 0.041 / 0.053	0.044	−0.075	−0.014	−0.028	−0.032	0.175	0.325 / 0.311	−0.189 / −0.014	−0.014 / 0.246	−0.255 / 0.032	0.032
	① — / 0.066	0.039	—	−0.022	−0.070	−0.013	−0.036	−0.022	−0.022 / 0.202	−0.298 / 0.307	−0.198 / −0.028	−0.023 / 0.286	−0.214
	0.063	—	—	−0.042	0.011	−0.003	0.001	0.208	−0.292 / 0.053	0.053 / −0.014	−0.014 / 0.004	0.004 / −0.001	−0.001

位置	1	2	3	4	5	6	7	8	9	10
1	0.002	−0.008	−0.342	−0.421	0.079	0.077	−0.414	−0.002	0.005	−0.020
2	−0.011 / 0.002	0.041 / −0.008	−0.540 / 0.658	−0.020 / 0.579	−0.520 / 0.079	−0.511 / 0.077	−0.056 / 0.586	0.009 / −0.002	−0.027 / 0.005	0.090 / −0.020
3	0.049 / −0.011	−0.250 / 0.041	−0.500 / 0.460	−0.500 / −0.020	0 / 0.480	−0.034 / 0.489	−0.363 / −0.056	−0.034 / 0.009	0.102 / −0.027	−0.500 / 0.099
4	−0.253 / 0.043	−0.041 / 0.250	−0.460 / 0.500	0.020 / 0.500	−0.480 / 0	−0.353 / −0.034	−0.615 / 0.637	0.127 / −0.031	−0.507 / 0.102	−0.099 / 0.500
5	−0.031 / 0.247	0.008 / −0.041	−0.658 / 0.540	−0.579 / 0.020	−0.079 / 0.520	−0.679 / 0.647	−0.052 / 0.385	−0.600 / 0.127	−0.073 / 0.493	0.020 / −0.099
6	−0.031	0.008	0.342	0.421	−0.079	0.321	−0.052	0.400	−0.073	0.020
7	−0.002	0.008	−0.158	−0.079	−0.079	−0.077	−0.086	0.002	−0.005	0.020
8	0.009	−0.033	−0.118	−0.059	−0.059	−0.066	−0.031	−0.007	0.022	−0.079
9	−0.034	−0.033	−0.118	−0.059	−0.059	−0.032	−0.167	C.027	−0.081	−0.079
10	−0.031	0.008	−0.158	−0.079	−0.079	−0.179	−0.052	−0.100	−0.073	0.020
11	—	0.050	0.132	0.191	—	—	0.151	—	—	0.171
12	0.051	—	0.112	—	0.181	②0.144 / 0.178	0.140	—	0.173	—
13	—	—	0.171	0.211	—	0.160	① — / 0.207	0.200	—	—

荷载图	跨内最大弯矩			支座弯矩				剪力					
	M_1	M_2	M_3	M_B	M_C	M_D	M_E	V_A	V_{BL} / V_{BR}	V_{CL} / V_{CR}	V_{DL} / V_{DR}	V_{EL} / V_{ER}	V_F
（荷载图）	0.240	0.100	0.122	−0.281	−0.211	0.211	−0.281	0.719	−1.281 / 1.070	−0.930 / 1.000	−1.000 / 0.930	1.070 / 1.281	−0.719
（荷载图）	0.287	—	0.228	−0.140	−0.105	−0.105	−0.140	0.860	−1.140 / 0.035	0.035 / 1.000	1.000 / −0.035	−0.035 / 1.140	−0.860
（荷载图）	—	0.216	—	−0.140	−0.105	−0.105	−0.140	−0.140	−0.140 / 1.035	−0.965 / 0	0 / 0.965	−1.035 / 0.140	0.140
（荷载图）	0.227	②$\dfrac{0.189}{0.209}$	0.198	−0.319	−0.057	−0.118	−0.137	0.681	−1.319 / 1.262	−0.738 / −0.061	−0.061 / 0.981	−1.019 / 0.137	0.137
（荷载图）	①$\dfrac{}{0.282}$	0.172	0.198	−0.093	−0.297	−0.054	−0.153	−0.093	−0.093 / 0.796	−1.204 / 1.243	−0.757 / −0.099	−0.099 / 1.153	−0.847
（荷载图）	0.274	—	—	−0.179	0.048	−0.013	0.003	0.821	−1.179 / 0.227	0.227 / −0.061	−0.061 / 0.016	0.016 / −0.003	−0.003
（荷载图）	—	0.198	—	−0.131	−0.144	0.038	−0.010	−0.131	−0.131 / 0.987	−1.013 / 0.182	0.182 / −0.048	−0.048 / 0.010	0.010
（荷载图）	—	—	0.193	0.035	−0.140	−0.140	0.035	0.035	0.035 / −0.175	−0.175 / 1.000	−1.000 / 0.175	0.175 / −0.035	−0.035

注:①分子及分母分别为 M_1 及 M_5 的弯矩系数。

②分子及分母分别为 M_2 及 M_4 的弯矩系数。

附表 A-16 　　　　　按弹性理论计算矩形双向板在均布荷载作用下的弯矩系数

1. 符号说明

m_x、$m_{x\max}$——平行于 l_x 方向板中心点单位板宽内的弯矩和板跨内的最大弯矩；

m_y、$m_{y\max}$——平行于 l_y 方向板中心点单位板宽内的弯矩和板跨内的最大弯矩；

m'_x——固定边中点沿 l_x 方向单位板宽内的弯矩；

m'_y——固定边中点沿 l_y 方向单位板宽内的弯矩；

f、$f_{\max}$——板中心点的挠度和最大挠度；

┴┴┴┴┴代表固定边；═══代表简支边。

2. 计算公式

$$挠度 = 表中系数 \times \frac{ql^4}{B_l}$$

$$弯矩 = 表中系数 \times ql^2$$

式中　B_l——刚度，$B_l = \dfrac{Eh^3}{12(1-v)}$；

　　　E——弹性模量；

　　　h——板厚；

　　　v——泊松比；

　　　q——作用于双向板上的均布荷载设计值；

　　　l——板沿短边方向的计算跨度。

本计算表格是按材料的泊松比 $v=0$ 编制的。当泊松比不为零时(如钢筋混凝土,可取 $v=0.2$),跨中弯矩要进行修正。

3. 正负号规定：

弯矩——使板的受荷面受压者为正；

挠度——变位方向与荷载方向相同者为正。

(1)四边简支

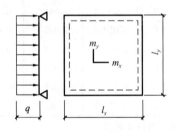

$$挠度 = 表中系数 \times \frac{ql^4}{B_l}$$

$v=0$,弯矩 $=$ 表中系数 $\times ql^2$

式中 l 取用 l_x 和 l_y 中较小者

l_x/l_y	f	m_x	m_y	l_x/l_y	f	m_x	m_y
0.50	0.010 13	0.096 5	0.017 4	0.80	0.006 03	0.056 1	0.033 4
0.55	0.009 40	0.089 2	0.021 0	0.85	0.005 47	0.050 6	0.034 8
0.60	0.008 67	0.082 0	0.024 2	0.90	0.004 96	0.045 6	0.035 8
0.65	0.007 96	0.075 0	0.027 1	0.95	0.004 49	0.041 0	0.036 4
0.70	0.007 27	0.068 3	0.029 6	1.00	0.004 06	0.036 8	0.036 8
0.75	0.006 63	0.062 0	0.031 7				

(2)三边简支,一边固定

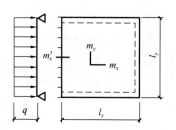

$$挠度＝表中系数\times\dfrac{ql^4}{B_l}$$

$$v＝0,弯矩＝表中系数\times ql^2$$

l_x/l_y	l_y/l_x	f	$f_{\max}$	m_x	$m_{x\max}$	m_y	$m_{y\max}$	m'_x
0.50		0.004 88	0.005 04	0.058 3	0.064 6	0.006 0	0.006 3	−0.121 2
0.55		0.004 71	0.004 92	0.056 3	0.061 8	0.008 1	0.008 7	−0.118 7
0.60		0.004 53	0.004 72	0.053 9	0.058 9	0.010 4	0.011 1	−0.115 8
0.65		0.004 32	0.004 48	0.051 3	0.055 9	0.012 6	0.013 3	−0.112 4
0.70		0.004 10	0.004 22	0.048 5	0.052 9	0.014 8	0.015 4	−0.108 7
0.75		0.003 88	0.003 99	0.045 7	0.049 6	0.016 8	0.017 4	−0.104 8
0.80		0.003 65	0.003 76	0.042 8	0.046 3	0.018 7	0.019 3	−0.100 7
0.85		0.003 43	0.003 52	0.040 0	0.043 1	0.020 4	0.021 1	−0.096 5
0.90		0.003 21	0.003 29	0.037 2	0.040 0	0.021 9	0.022 6	−0.092 2
0.95		0.002 99	0.003 06	0.034 5	0.036 9	0.023 2	0.023 9	−0.088 0
1.00	1.00	0.002 79	0.002 85	0.031 9	0.034 0	0.024 3	0.024 9	−0.083 9
	0.95	0.003 16	0.003 24	0.032 4	0.034 5	0.028 0	0.028 7	−0.088 2
	0.90	0.003 60	0.003 68	0.032 8	0.034 7	0.032 2	0.033 0	−0.092 6
	0.85	0.004 09	0.004 17	0.032 9	0.034 7	0.037 0	0.037 8	−0.097 0
	0.80	0.004 64	0.004 73	0.032 6	0.034 3	0.042 4	0.043 3	−0.101 4
	0.75	0.005 26	0.005 36	0.031 9	0.033 5	0.048 5	0.049 4	−0.105 6
	0.70	0.005 95	0.006 05	0.030 8	0.032 3	0.055 3	0.056 2	−0.109 6
	0.65	0.006 70	0.006 80	0.029 1	0.030 6	0.062 7	0.063 7	−0.113 3
	0.60	0.007 52	0.007 62	0.026 8	0.028 9	0.070 7	0.071 7	−0.116 6
	0.55	0.008 38	0.008 48	0.023 9	0.027 1	0.079 2	0.080 1	−0.119 3
	0.50	0.009 27	0.009 35	0.020 5	0.024 9	0.088 0	0.088 8	−0.121 5

(3)两对边简支,两对边固定

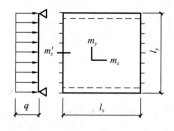

$$挠度＝表中系数\times\dfrac{ql^4}{B_l}$$

$$v＝0,弯矩＝表中系数\times ql^2$$

l_x/l_y	l_y/l_x	f	m_x	m_y	m'_x
0.50		0.002 61	0.041 6	0.001 7	−0.084 3
0.55		0.002 59	0.041 0	0.002 8	−0.084 0
0.60		0.002 55	0.040 2	0.004 2	−0.083 4

l_x/l_y	l_y/l_x	f	m_x	m_y	m'_x
0.65		0.002 50	0.039 2	0.005 7	−0.082 6
0.70		0.002 43	0.037 9	0.007 2	−0.081 4
0.75		0.002 36	0.036 6	0.008 8	−0.079 9
0.80		0.002 28	0.035 1	0.010 3	−0.078 2
0.85		0.002 20	0.033 5	0.011 8	−0.076 3
0.90		0.002 11	0.031 9	0.013 3	−0.074 3
0.95		0.002 01	0.030 2	0.014 6	−0.072 1
1.00	1.00	0.001 92	0.028 5	0.015 8	−0.069 8
	0.95	0.002 23	0.029 6	0.018 9	−0.074 6
	0.90	0.002 60	0.030 6	0.022 4	−0.079 7
	0.85	0.003 03	0.031 4	0.026 6	−0.085 0
	0.80	0.003 54	0.031 9	0.031 6	−0.090 4
	0.75	0.004 13	0.032 1	0.037 4	−0.095 9
	0.70	0.004 82	0.031 8	0.044 1	−0.101 3
	0.65	0.005 60	0.030 8	0.051 8	−0.106 6
	0.60	0.006 47	0.029 2	0.060 4	−0.111 4
	0.55	0.007 43	0.026 7	0.069 8	−0.115 6
	0.50	0.008 44	0.023 4	0.079 8	−0.119 1

(4)四边固定

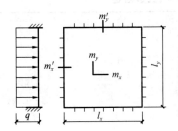

$$挠度 = 表中系数 \times \frac{ql^4}{B_l}$$

$$v = 0, 弯矩 = 表中系数 \times ql^2$$

l_x/l_y	f	m_x	m_y	m'_x	m'_y
0.50	0.002 53	0.040 0	0.003 8	−0.082 9	−0.057 0
0.55	0.002 46	0.038 5	0.005 6	−0.081 4	−0.057 1
0.60	0.0023 6	0.036 7	0.007 6	−0.079 3	−0.057 1
0.65	0.002 24	0.034 5	0.009 5	−0.076 6	−0.057 1
0.70	0.002 11	0.032 1	0.011 3	−0.073 5	−0.056 9
0.75	0.001 97	0.029 6	0.013 0	−0.070 1	−0.056 5
0.80	0.001 82	0.027 1	0.014 4	−0.066 4	−0.055 9
0.85	0.001 68	0.024 6	0.015 6	−0.062 6	−0.055 1
0.90	0.001 53	0.022 1	0.016 5	−0.058 8	−0.054 1
0.95	0.001 40	0.019 8	0.017 2	−0.055 0	−0.052 8
1.00	0.001 27	0.017 6	0.017 6	−0.051 3	−0.051 3

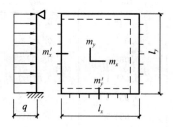

$$挠度＝表中系数\times\frac{ql^4}{B_l}$$

$$v＝0，弯矩＝表中系数\times ql^2$$

l_x/l_y	f	f_{max}	m_x	m_{xmax}	m_y	m_{ymax}	m_x'	m_y'
0.50	0.004 68	0.004 71	0.055 9	0.056 2	0.007 9	0.013 5	−0.117 9	−0.078 6
0.55	0.004 45	0.004 54	0.052 9	0.053 0	0.010 4	0.015 3	−0.114 0	−0.078 5
0.60	0.004 19	0.004 29	0.049 6	0.049 8	0.012 9	0.016 9	−0.109 5	−0.078 2
0.65	0.003 91	0.003 99	0.046 1	0.046 5	0.015 1	0.018 3	−0.104 5	−0.077 7
0.70	0.003 63	0.003 68	0.042 6	0.043 2	0.017 2	0.019 5	−0.099 2	−0.077 0
0.75	0.003 35	0.003 40	0.039 0	0.039 6	0.018 9	0.020 6	−0.093 8	−0.076 0
0.80	0.003 08	0.003 13	0.035 6	0.036 1	0.020 4	0.021 8	−0.088 3	−0.074 8
0.85	0.002 81	0.002 86	0.032 2	0.032 8	0.021 5	0.022 9	−0.082 9	−0.073 3
0.90	0.002 56	0.002 61	0.029 1	0.029 7	0.022 2	0.023 8	−0.077 6	−0.071 6
0.95	0.002 32	0.002 37	0.026 1	0.026 7	0.023 0	0.024 4	−0.072 6	−0.069 8
1.00	0.002 10	0.002 15	0.023 4	0.024 0	0.023 4	0.024 9	−0.067 7	−0.067 7

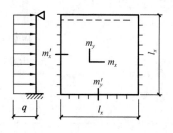

$$挠度＝表中系数\times\frac{ql^4}{B_l}$$

$$v＝0，弯矩＝表中系数\times ql^2$$

l_x/l_y	l_y/l_x	f	f_{max}	m_x	m_{xmax}	m_y	m_{ymax}	m_x'	m_y'
0.50		0.00257	0.002 58	0.040 8	0.040 9	0.002 8	0.008 9	−0.083 6	−0.056 9
0.55		0.002 52	0.002 55	0.039 8	0.039 9	0.004 2	0.009 3	−0.082 7	−0.057 0
0.60		0.002 45	0.002 49	0.038 4	0.038 6	0.005 9	0.010 5	−0.081 4	−0.057 1
0.65		0.002 37	0.002 40	0.036 8	0.037 1	0.007 6	0.011 6	−0.079 6	−0.057 2
0.70		0.002 27	0.002 29	0.035 0	0.035 4	0.009 3	0.012 7	−0.077 4	−0.057 2
0.75		0.002 16	0.002 19	0.033 1	0.033 5	0.010 9	0.013 7	−0.075 0	−0.057 2
0.80		0.002 05	0.002 08	0.031 0	0.031 4	0.012 4	0.014 7	−0.072 2	−0.057 0
0.85		0.001 93	0.001 96	0.028 9	0.029 3	0.013 8	0.015 5	−0.069 3	−0.056 7
0.90		0.001 81	0.001 84	0.026 8	0.027 3	0.015 9	0.016 3	−0.066 3	−0.056 3
0.95		0.001 69	0.001 72	0.024 7	0.025 2	0.016 0	0.017 2	−0.063 1	−0.055 8
1.00	1.00	0.001 57	0.001 60	0.022 7	0.023 1	0.016 8	0.018 0	−0.060 0	−0.055 0
	0.95	0.001 78	0.001 82	0.022 9	0.023 4	0.019 4	0.020 7	−0.062 9	−0.059 9

l_x/l_y	l_y/l_x	f	f_{max}	m_x	m_{xmax}	m_y	m_{ymax}	m_x'	m_y'
	0.90	0.002 01	0.002 06	0.022 8	0.023 4	0.022 3	0.023 8	−0.065 6	−0.065 3
	0.85	0.002 27	0.002 33	0.022 5	0.023 1	0.025 5	0.027 3	−0.068 3	−0.071 1
	0.80	0.002 56	0.002 62	0.021 9	0.022 4	0.029 0	0.031 1	−0.070 7	−0.077 2
	0.75	0.002 86	0.002 94	0.020 8	0.021 4	0.032 9	0.035 4	−0.072 9	−0.083 7
	0.70	0.003 19	0.003 27	0.019 4	0.020 0	0.037 0	0.040 0	−0.074 8	−0.090 3
	0.65	0.003 52	0.003 65	0.017 5	0.018 2	0.041 2	0.044 6	−0.076 2	−0.097 0
	0.60	0.003 86	0.004 03	0.015 3	0.016 0	0.045 4	0.049 3	−0.077 3	−0.103 3
	0.55	0.004 19	0.004 37	0.012 7	0.013 3	0.049 6	0.054 1	−0.078 0	−0.109 3
	0.50	0.004 49	0.004 63	0.009 9	0.010 3	0.053 4	0.058 8	−0.078 4	−0.114 6

附表 B 钢结构附表

附表 B-1 　　　　　　　　　　　钢材的设计用强度指标值 　　　　　　　　　　　　　　　N/mm²

钢材牌号		厚度或直径/mm	强度设计值			屈服强度 F_y	屈服强度 f_u
			抗拉、抗压和抗弯 f	抗剪 f_v	端面承压(刨平顶紧) f_{ce}		
碳素结构钢	Q235	≤16	215	125	320	235	370
		>16,≤40	205	120		225	
		>40,≤60	200	115		215	
低合金高强度结构钢	Q345	≤16	305	175	400	345	470
		>16,≤40	295	170		335	
		>40,≤63	290	165		325	
		>63,≤80	280	160		315	
		>80,≤100	270	155		305	
	Q390	≤16	345	200	415	390	490
		>16,≤40	330	190		370	
		>40,≤63	310	180		350	
		>63,≤100	295	170		330	
	Q420	≤16	375	215	440	420	520
		>16,≤40	355	205		400	
		>40,≤63	320	185		380	
		>63,≤100	305	175		360	
	Q460	≤16	410	235	470	460	550
		>16,≤40	390	225		440	
		>40,≤63	355	205		420	
		>63,≤100	340	195		400	

注:1. 表中直径指实芯棒材直径,厚度系指计算点的钢材或钢管壁厚度,对轴心受拉和轴心受压构件系指截面中较厚板件的厚度。

　　2. 冷弯型材和冷弯钢管,其强度设计值应按现行有关国家标准的规定采用。

附表 B-2 　　　　　　　　　　　　　　焊缝的强度设计值 　　　　　　　　　　　　　　　　N/mm²

焊接方法和焊条型号	构件钢材		对接焊缝强度设计值				角焊缝强度设计值 抗拉、抗压和抗剪 f_f^w	对接焊缝抗拉强度 f_u^w	角焊缝抗拉、抗压和抗剪强度 f_u^f
	牌号	厚度或直径/mm	抗压 f_c^w	焊缝质量为下列等级时抗拉 f_t^w		抗剪 f_v^w			
				一级、二级	三级				
自动焊、半自动焊和 E43 型焊条的手工焊	Q235	≤16	215	215	185	125	160	415	240
		>16,≤40	205	205	175	120			
		>40,≤100	200	200	170	115			
自动焊、半自动焊和 E50、E55 型焊条手工焊	Q345	≤16	305	305	260	175	200	480(E50) 540(E55)	280(E50) 315(E55)
		>16,≤40	295	295	250	170			
		>40,≤63	290	290	245	166			
		>63,≤80	280	280	240	160			
		>80,≤100	270	270	235	155			
	Q390	≤16	345	345	295	200	200(E50) 220(E55)		
		>16,≤40	330	330	280	190			
		>40,≤63	310	310	265	180			
		>63,≤100	295	295	250	170			

焊接方法和焊条型号	构件钢材		对接焊缝强度设计值				角焊缝强度设计值	对接焊缝抗拉强度	角焊缝抗拉、抗压和抗剪强度
	牌号	厚度或直径（mm）	抗压 f_c^w	焊缝质量为下列等级时抗拉 f_t^w		抗剪 f_v^w	抗拉、抗压和抗剪 f_f^w	f_u^w	f_u^f
				一级、二级	三级				
自动焊、半自动焊和E55、E60型焊条手工焊	Q420	≤16	375	375	320	215	220(E55) 240(E60)	540(E55) 590(E60)	315(E55) 340(E60)
		>16,≤40	355	355	300	205			
		>40,≤63	320	320	270	185			
		>63,≤100	305	305	260	175			
自动焊、半自动焊和E55、E60型焊条手工焊	Q460	≤16	410	410	350	235	220(E55) 240(E60)	540(E55) 590(E60)	315(E55) 340(E60)
		>16,≤40	390	390	330	225			
		>40,≤63	355	355	300	205			
		>63,≤100	340	340	290	195			
自动焊、半自动焊和E55、E60型焊条手工焊	Q345GJ	>16,≤35	310	310	265	185	200	480(E50) 540(E55)	280(E50) 315(E55)
		>35,≤50	290	290	245	170			
		>50,≤100	285	285	240	165			

注：表中厚度系指计算点的钢材厚度，对轴心受拉和轴心受压构件系指截面中较厚板件的厚度。

附表 B-3　　　　　　　建筑结构用钢板的设计用强度指标值　　　　　N/mm²

建筑结构用钢板	厚度或直径 /mm	强度设计值			屈服强度 f_y	屈服强度 f_u
		抗拉、抗压和抗弯 f	抗剪 f_v	端面承压（刨平顶紧）f_{ce}		
	>16,≤50	325	190	415	345	490
	>50,≤100	300	175		335	

附表 B-4　　　　　　　　　螺栓螺纹处的有效截面面积

公称直径/mm	12	14	16	18	20	22	24	27	30
螺栓有效截面面积 A_e/cm²	0.84	1.15	1.57	1.92	2.45	3.03	3.53	4.59	5.61
公称直径/mm	33	36	39	42	45	48	52	56	60
螺栓有效截面面积 A_e/cm²	6.94	8.17	9.76	11.2	13.1	14.7	17.6	20.3	23.6
公称直径/mm	64	68	72	76	80	85	90	95	100
螺栓有效截面面积 A_e/cm²	26.8	30.6	34.6	38.9	43.4	49.5	55.9	62.7	70.0

附表 B-5 　　　　　　　　　　　　　　锚栓规格

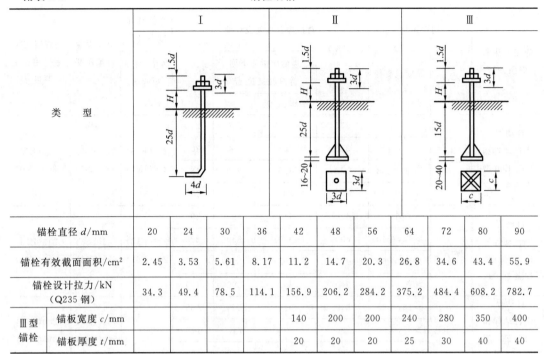

类　型	Ⅰ				Ⅱ			Ⅲ			
锚栓直径 d/mm	20	24	30	36	42	48	56	64	72	80	90
锚栓有效截面面积/cm²	2.45	3.53	5.61	8.17	11.2	14.7	20.3	26.8	34.6	43.4	55.9
锚栓设计拉力/kN（Q235 钢）	34.3	49.4	78.5	114.1	156.9	206.2	284.2	375.2	484.4	608.2	782.7
Ⅲ型锚栓　锚板宽度 c/mm					140	200	200	240	280	350	400
Ⅲ型锚栓　锚板厚度 t/mm					20	20	20	25	30	40	40

附表 B-6 　　　　　　　　　　结构构件或连接设计强度的折减系数

项次	情　况	折减系数
1	单面连接的单角钢 (1)按轴心受力计算强度和连接	0.85
	(2)按轴心受压计算稳定性 等边角钢	$0.6+0.0015\lambda$，但不大于 1.0
	短边相连的不等边角钢	$0.5+0.0025\lambda$，但不大于 1.0
	长边相连的不等边角钢	0.70
2	跨度≥60 m 桁架的受压弦杆和端部受压腹杆	0.95
3	无垫板的单面施焊对接焊缝	0.85
4	施工条件较差的高空安装焊接和铆钉连接	0.90
5	沉头和半沉头铆钉连接	0.80

注：1. λ 为长细比，对中间无连系的单角钢压杆，应按最小回转半径计算，当 $\lambda<20$ 时，取 $\lambda=20$。

　　2. 当几种情况同时存在时，其折减系数应连乘。

附表 B-7 轴心受压构件的稳定系数

7.1 a 类截面轴心受压构件的稳定系数 φ

λ/ε_k	0	1	2	3	4	5	6	7	8	9
0	1.000	1.000	1.000	1.000	0.999	0.999	0.998	0.998	0.997	0.996
10	0.995	0.994	0.993	0.992	0.991	0.989	0.988	0.986	0.985	0.983
20	0.981	0.979	0.977	0.976	0.974	0.972	0.970	0.968	0.966	0.964
30	0.963	0.961	0.959	0.957	0.955	0.952	0.950	0.948	0.946	0.944
40	0.941	0.939	0.937	0.934	0.932	0.929	0.927	0.924	0.921	0.919
50	0.916	0.913	0.910	0.907	0.904	0.900	0.897	0.894	0.890	0.886
60	0.883	0.879	0.875	0.871	0.867	0.863	0.858	0.854	0.849	0.844
70	0.839	0.834	0.829	0.824	0.818	0.813	0.807	0.801	0.795	0.789
80	0.783	0.776	0.770	0.763	0.757	0.750	0.743	0.736	0.728	0.721
90	0.714	0.706	0.699	0.691	0.684	0.676	0.668	0.661	0.653	0.645
100	0.638	0.630	0.622	0.615	0.607	0.600	0.592	0.585	0.577	0.570
110	0.563	0.555	0.548	0.541	0.534	0.527	0.520	0.514	0.507	0.500
120	0.494	0.488	0.481	0.475	0.469	0.463	0.457	0.451	0.445	0.440
130	0.434	0.429	0.423	0.418	0.412	0.407	0.402	0.397	0.392	0.387
140	0.383	0.378	0.373	0.369	0.364	0.360	0.356	0.351	0.347	0.343
150	0.339	0.335	0.331	0.327	0.323	0.320	0.316	0.312	0.309	0.305
160	0.302	0.298	0.295	0.292	0.289	0.285	0.282	0.279	0.276	0.273
170	0.270	0.267	0.264	0.262	0.259	0.256	0.253	0.251	0.248	0.246
180	0.243	0.241	0.238	0.236	0.233	0.231	0.229	0.226	0.224	0.222
190	0.220	0.218	0.215	0.213	0.211	0.209	0.207	0.205	0.203	0.201
200	0.199	0.198	0.196	0.194	0.192	0.190	0.189	0.187	0.185	0.183
210	0.182	0.180	0.179	0.177	0.175	0.174	0.172	0.171	0.169	0.168
220	0.166	0.165	0.164	0.162	0.161	0.159	0.158	0.157	0.155	0.154
230	0.153	0.152	0.150	0.149	0.148	0.147	0.146	0.144	0.143	0.142
240	0.141	0.140	0.139	0.138	0.136	0.135	0.134	0.133	0.132	0.131
250	0.130									

7.2 b 类截面轴心受压构件的稳定系数 φ

λ/ε_k	0	1	2	3	4	5	6	7	8	9
0	1.000	1.000	1.000	0.999	0.999	0.998	0.997	0.996	0.995	0.994
10	0.992	0.991	0.989	0.987	0.985	0.983	0.981	0.978	0.976	0.973
20	0.970	0.967	0.963	0.960	0.957	0.953	0.950	0.946	0.943	0.939
30	0.936	0.932	0.929	0.925	0.922	0.918	0.914	0.910	0.906	0.903
40	0.899	0.895	0.891	0.887	0.882	0.878	0.874	0.870	0.865	0.861
50	0.856	0.852	0.817	0.842	0.838	0.833	0.828	0.823	0.818	0.813
60	0.807	0.802	0.797	0.791	0.786	0.780	0.774	0.769	0.763	0.757
70	0.751	0.745	0.739	0.739	0.726	0.720	0.714	0.707	0.701	0.694
80	0.688	0.681	0.675	0.668	0.661	0.655	0.648	0.641	0.635	0.628
90	0.621	0.614	0.608	0.601	0.594	0.588	0.581	0.575	0.568	0.561
100	0.555	0.549	0.542	0.536	0.529	0.523	0.517	0.511	0.505	0.499
110	0.493	0.487	0.481	0.475	0.470	0.464	0.458	0.453	0.447	0.442
120	0.437	0.432	0.426	0.421	0.416	0.411	0.406	0.402	0.397	0.392
130	0.387	0.383	0.378	0.374	0.370	0.365	0.361	0.357	0.353	0.349
140	0.345	0.341	0.337	0.333	0.329	0.326	0.322	0.318	0.315	0.311
150	0.308	0.304	0.301	0.298	0.295	0.291	0.288	0.285	0.282	0.279
160	0.276	0.273	0.270	0.267	0.265	0.262	0.259	0.256	0.254	0.251
170	0.249	0.246	0.244	0.241	0.239	0.236	0.234	0.232	0.229	0.227
180	0.225	0.223	0.220	0.218	0.216	0.214	0.212	0.210	0.208	0.206
190	0.204	0.202	0.200	0.198	0.197	0.195	0.193	0.191	0.190	0.188
200	0.186	0.184	0.183	0.181	0.180	0.178	0.176	0.175	0.173	0.172
210	0.170	0.169	0.167	0.166	0.165	0.163	0.162	0.160	0.159	0.158
220	0.156	0.155	0.154	0.153	0.151	0.150	0.149	0.148	0.146	0.145
230	0.144	0.143	0.142	0.141	0.140	0.138	0.137	0.136	0.135	0.134
240	0.133	0.132	0.131	0.130	0.129	0.128	0.127	0.126	0.125	0.124
250	0.123									

建筑结构

7.3 c 类截面轴心受压构件的稳定系数 φ

续表

λ/ε_k	0	1	2	3	4	5	6	7	8	9
0	1.000	1.000	1.000	0.999	0.999	0.998	0.997	0.996	0.995	0.993
10	0.992	0.990	0.988	0.986	0.983	0.981	0.978	0.976	0.973	0.970
20	0.966	0.959	0.953	0.947	0.940	0.934	0.928	0.921	0.915	0.909
30	0.902	0.896	0.890	0.884	0.877	0.871	0.865	0.858	0.852	0.846
40	0.839	0.833	0.826	0.820	0.814	0.807	0.801	0.794	0.788	0.781
50	0.775	0.768	0.762	0.755	0.748	0.742	0.735	0.729	0.722	0.715
60	0.709	0.702	0.695	0.689	0.682	0.676	0.669	0.662	0.656	0.649
70	0.643	0.636	0.629	0.623	0.616	0.610	0.604	0.597	0.591	0.584
80	0.578	0.572	0.566	0.559	0.553	0.547	0.541	0.535	0.529	0.523
90	0.517	0.511	0.505	0.500	0.494	0.488	0.483	0.477	0.472	0.467
100	0.463	0.458	0.454	0.449	0.445	0.441	0.436	0.432	0.428	0.423
110	0.419	0.415	0.411	0.407	0.403	0.399	0.395	0.391	0.387	0.383
120	0.379	0.375	0.371	0.367	0.364	0.360	0.356	0.353	0.349	0.346
130	0.342	0.339	0.335	0.332	0.328	0.325	0.322	0.319	0.315	0.312
140	0.309	0.306	0.303	0.300	0.297	0.294	0.291	0.288	0.285	0.282
150	0.280	0.277	0.274	0.271	0.269	0.266	0.264	0.261	0.258	0.256
160	0.254	0.251	0.249	0.246	0.244	0.242	0.239	0.237	0.235	0.233
170	0.230	0.228	0.226	0.224	0.222	0.220	0.218	0.216	0.214	0.212
180	0.210	0.208	0.206	0.205	0.203	0.201	0.199	0.197	0.196	0.194
190	0.192	0.190	0.189	0.187	0.186	0.184	0.182	0.181	0.179	0.178
200	0.176	0.175	0.173	0.172	0.170	0.169	0.168	0.166	0.165	0.163
210	0.162	0.161	0.159	0.158	0.157	0.156	0.154	0.153	0.152	0.151
220	0.150	0.148	0.147	0.146	0.145	0.144	0.143	0.142	0.140	0.139
230	0.138	0.137	0.136	0.135	0.134	0.133	0.132	0.131	0.130	0.129
240	0.128	0.127	0.126	0.125	0.124	0.124	0.123	0.122	0.121	0.120
250	0.119									

7.4 d 类截面轴心受压构件的稳定系数 φ

λ/ε_k	0	1	2	3	4	5	6	7	8	9
0	1.000	1.000	0.999	0.999	0.998	0.996	0.994	0.992	0.990	0.987
10	0.984	0.981	0.978	0.974	0.969	0.965	0.960	0.955	0.949	0.944
20	0.937	0.927	0.918	0.909	0.900	0.891	0.883	0.874	0.865	0.857
30	0.848	0.840	0.831	0.823	0.815	0.807	0.799	0.790	0.782	0.774
40	0.766	0.759	0.751	0.743	0.735	0.728	0.720	0.712	0.705	0.697
50	0.690	0.683	0.675	0.668	0.661	0.654	0.646	0.639	0.632	0.625
60	0.618	0.612	0.605	0.598	0.591	0.585	0.578	0.572	0.565	0.559
70	0.552	0.546	0.540	0.534	0.528	0.522	0.516	0.510	0.504	0.498
80	0.493	0.487	0.481	0.476	0.470	0.465	0.460	0.454	0.449	0.444
90	0.439	0.434	0.429	0.424	0.419	0.414	0.410	0.405	0.401	0.397
100	0.394	0.390	0.387	0.383	0.380	0.376	0.373	0.370	0.366	0.363
110	0.359	0.356	0.353	0.350	0.346	0.343	0.340	0.337	0.334	0.331
120	0.328	0.325	0.322	0.319	0.316	0.313	0.310	0.307	0.304	0.301
130	0.299	0.296	0.293	0.290	0.288	0.285	0.282	0.280	0.277	0.275
140	0.272	0.270	0.267	0.265	0.262	0.260	0.258	0.255	0.253	0.251
150	0.248	0.246	0.244	0.242	0.240	0.237	0.235	0.233	0.231	0.229
160	0.227	0.225	0.223	0.221	0.219	0.217	0.215	0.213	0.212	0.210
170	0.208	0.206	0.204	0.203	0.201	0.199	0.197	0.196	0.194	0.192
180	0.191	0.189	0.188	0.186	0.184	0.183	0.181	0.180	0.178	0.177
190	0.176	0.174	0.173	0.171	0.170	0.168	0.167	0.166	0.164	0.163
200	0.162